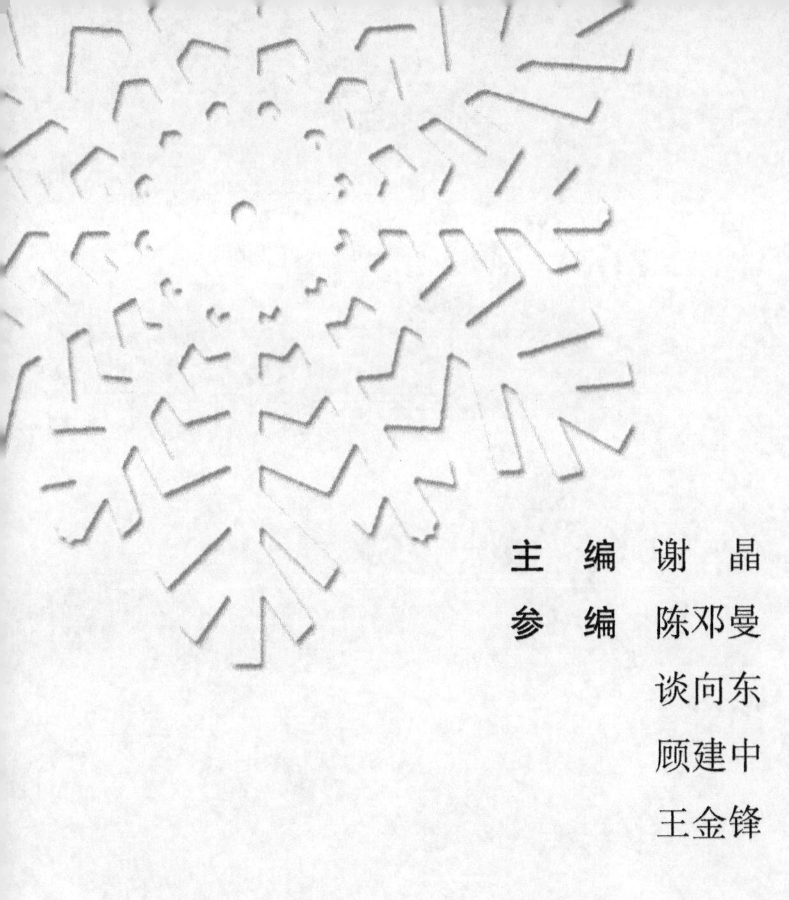

主　编　谢　晶

参　编　陈邓曼

谈向东

顾建中

王金锋

普通高等教育农业部“十二五”规划教材

食品冷冻冷藏原理与技术

谢 晶 主编

中国农业出版社

前言

随着社会经济的迅速发展、人民生活水平的提高，冷加工食品的产量和消费量日益扩大，如何建立完善的食品冷藏链是近年来各级政府多次强调要解决的问题。经申请此书列入普通高等教育农业部“十二五”规划教材，同时也受到上海市教育委员会一流学科“食品科学与工程”的资助。

本书分为制冷原理（基础篇）和制冷技术（应用篇）两部分。基础篇介绍了制冷的理论基础知识，制冷技术的基本原理，制冷系统的主机、主要设备和辅助设备。应用篇介绍了制冷技术在制冷应用最广泛、最早的行业——食品业中的应用，包括食品冷加工、冷藏库、冷藏运输与冷藏柜、工业制冰等食品冷藏链各个环节。同时在本书的编写中注重了有关冷冻冷藏新技术、新动向的论述。

本书以讨论食品冷加工（冷却、冷冻、冷藏）所涉及的制冷技术为重点，论述的制冷原理、制冷设备、制冷技术和食品冷藏链密切相关，介绍的知识都是以实用为出发点。本书提及的制冷技术涵盖了食品冷藏链的各个环节，与食品科学、动力工程学密切相关。希望通过本书的学习培养出一批既懂食品加工工艺又具有一定动力工程基础和操作技能的复合型工程技术人员。

本书由谢晶主编。其中绪论、第一章、第二章、第四章、第五章、第六章和第十章由谢晶撰写，第三章由顾建中撰写，第七章由谢晶、陈邓曼撰写，第九章由谈向东撰写，第八章由谢晶、王金锋撰写。

本书可以作为食品科学与工程、制冷与低温工程、农产品加工与贮藏等专业的教材或教学参考书，以扩大学生专业知识面，提高实际应用知识的能力，从而增强就业竞争力，还可以供相关专业的工程技术人员阅读参考。

由于本书涉及的领域较广，编者的水平有限，书中难免有缺点和错误，恳请广大读者批评指正。

谢　晶

2014年2月

目录

应用篇　制冷技术

绪论

制冷技术（refrigeration technology）是一门研究人工制冷的原理、方法以及如何运用制冷装置获得低温的科学。低温是相对于环境温度而言的，从低于环境温度的空间或物体中吸取热量，并将其转移给环境介质的过程就是制冷。它是为适应人们对低温的需要而产生和发展起来的。

第一节　制冷技术发展简史

制冷技术作为一门科学，是19世纪中期和后期发展起来的。在此之前，人类很早就知道利用天然冷源，如保存到夏季的冬季自然界的天然冰、雪或地下水资源，进行防暑降温和保藏食物。这在我国、埃及和希腊等文化发展较早的国家的历史上都有记载。我国古代的劳动人民早在三千多年前就已经懂得利用天然冷源，即在冬季采集天然的冰贮藏在冰窖中，到夏季再取出来使用。如《诗经》中就有“二之日凿冰冲冲，三之日纳于凌阴”的诗句，反映了当时人们每年二月到河里去凿冰；三月将冰贮存到地窖的情况；又《周礼》中有“凌人夏颁冰掌事”的记载。可见，我国在先秦时代已将采冰、贮冰纳为一项季节性的劳作。魏国曹植所写的《大暑赋》中亦有这样的诗句：“积素冰于幽馆，气飞积而为霜”，说明当时已懂得用天然冰作空调之用了。

西方最早来中国考察的意大利人马可·波罗，在其所著的《马可·波罗游记》一书中，对中国18世纪的用冰保藏鲜肉、制造冰酪冷食的技术及建冰窖的方法有详细记述。

古代的埃及和希腊很早也有利用冰的记载。从约2500年前的埃及壁画可以发现，当时古埃及人就已想到，将清水存于浅盘中，天冷通风时，由蒸发吸热，使盘内剩余水结冰，这可以说是较早的人工制冰。

以上列举的只是古代人民对天然冰的收藏、利用和简单的人工制冰，但还称不上制冷技术。机械制冷技术的发展是随着工业革命而开始的。1755年爱丁堡的化学教授库仑（Cullen）利用乙醚蒸发使水结冰。他的学生布拉克（Black）从本质上解释了融化和汽化现象，提出了潜热的概念，并发明了冰量热器，标志着现代制冷技术的开始。

1809年美国人发现了压缩式制冷的原理。1824年德国人发现了吸收式制冷的原理。1834年在伦敦工作的美国发明家波尔金斯（Jacob Perkins）造出了第一台用乙醚为制冷剂的蒸气压缩式制冷机，并正式申请了乙醚在封闭循环中膨胀制冷的英国专利（No. 6662），这台机器可以看作现代蒸气压缩式制冷机的雏形。1844年美国医生高里（Gorrie）制成了世界上第一台制冷和空调用的空气制冷机，并于1851年获得美国专利。1858年美国人尼斯（Niles）取得了冷库设计的第一个美国专利，从此商业食品冷藏事业开始发展。1859年法国卡列（Carre）设计制造了第一台氨水吸收式制冷机，申请了原理专利。1874年瑞士人皮特（Pitt）采用二氧化硫作为制冷剂。1875年德国人林德（Linde）设计成功氨制冷机，这被大家称为制冷机的始祖，对制冷技术的发展起了重大作用，从此，蒸气压缩式制冷机开始占了统治地位。20 世纪以后，制冷技术有了更大的发展，1910 年左右，马利斯·莱兰克(Maurice Lehlanc) 在巴黎发明了蒸气喷射式制冷系统。1918 年家用冰箱由美国的工程师科普兰 (Copeland) 发明，不久在美国开始作为商品投放市场。空调技术的应用始于 1919 年，美国芝加哥兴建了第一座空调电影院，次年开始在教堂配备空调，11 年后出现了舒适性空调列车。

在各种形式的制冷机中，压缩式制冷机发展始终处于领先地位。随着制冷机形式的不断发展，制冷剂的种类也逐渐增多，从早期的乙醚、空气、二氧化硫到二氧化碳、氨、氯甲烷等。1929—1930 年美国通用电器公司的米杰里 (Thomas Midgley) 首次用 CCl_2F_2 作为制冷剂，取得很好的效果。而生产此工质的杜邦公司，将其命名为氟利昂 12 (Freon12)，简称 F12，后称为 R12，此后 R11、R13 等在制冷上广泛应用，占据了很大的领域，使得压缩式制冷机发展更快。随后，于 20 世纪 50 年代开始使用共沸混合制冷剂，20 世纪 60 年代又开始应用非共沸混合制冷剂。直至 20 世纪 80 年代关于 CFC (chlorofluorocarbon，氯氟烃) 具有消耗臭氧层的问题正式被公认以前，以各种卤代烃为主的制冷剂的发展已达到相当完善的程度。

CFC 问题的出现及其替代技术的发展，对制冷工业来说，是一次历史性的冲击，它打乱了制冷工业已有的发展现状，但又提供了新的发展机遇，使制冷剂又进入一个以 HFC (hydrofluorocarbons，氢氟烃) 为主体和向天然制冷剂发展的新的历史阶段。此外，其他制冷方式和制冷机种类的研究步伐将比以往加快，如半导体制冷、吸收式制冷的发展等。

20 世纪制冷技术的发展还在于制冷范围的扩大，目前人类能达到的最低制冷温度是利用 He^3-He^4 稀释制冷与核绝热去磁的方法达到 10^{-7} K 的温度；机器和机组的种类、形式不断增多，设备规模亦不断扩大；新材料在制冷产品上的应用，以提高其性能、寿命和成本效益；计算机技术的应用，亦推动了制冷技术的蓬勃发展，如计算机辅助设计 (CAD) 和计算机辅助制造 (CAM)、计算机仿真优化、计算机神经网络技术的应用，以及计算机辅助测试、自动控制、集成制造和生产工艺管理等方面计算机技术的应用。此外，家用电冰箱和空调器等家用电器的绿色化、智能化、网络化、信息化等，这一切都预示着制冷技术更加美好的未来。

19 世纪前，我国在自然科学领域科技发展较慢，制约了制冷技术的发展。直到 20 世纪 50 年代末期我国的制冷机制造业才发展起来。到第一个五年计划末期，全国的制冷机制造厂已发展到十几家，产品 30 多种。从刚开始时的仿制到 20 世纪 60 年代自行设计制造，并制订了有关产品系列和标准。以后又陆续发展了多种形式的制冷机。90 年代后，我国的制冷空调行业发展迅猛，制冷空调工业已成为国民经济中的重要支柱产业。目前制冷空调行业已具有品种比较齐全的大、中、小型制冷、空调产品系列，产品质量、性能、技术水平比过去有很大的提高，并已形成有一定基础的科研、教学、设计和生产体系，与国外先进水平的差距正在缩小。

目前，现代制冷工业正处于一个飞速发展的时期。对于家用电冰箱、家用空调器、溴化锂吸收式冷 (热) 水机组等，我国产品在国内外市场已形成一定的竞争力，但我们的优势主要在价格上，中国已成为制冷空调产品的生产大国，但还不是制冷空调产品的强国，提高制冷空调产品的整体水平、以增强国际竞争力是我们的当务之急。在国际竞争中我们有许多需要加倍努力的地方，如国内具有相当知名的品牌和企业与跨国知名公司及其产品相比，无论是在资本实力、生产规模、营销网络和方式、售后服务、产品研究开发能力上，还是在品牌知名度与信誉度上都有相当大的差距；制冷空调系统控制的智能化、网络化运行等方面亦存在较大差距。近年来，我国在基础设施建设、农业产品结构调整及推进城市化进程等改革措施都将会给我国制冷空调行业发展带来新的机遇。目前国家投入巨资对地铁、机场、铁路、高速公路的建设将会带动列车空调、大型空调机组、冷藏运输车辆等产品的生产，同时促进我国冷藏链的建设；工业产业结构的优化升级，基础产业支撑地位的加强，将进一步刺激作为有关产品生产工艺过程保障的工业制冷装置的更新、改造和配套发展；加大农业投入，加速农业产业结构调整，将促使谷物冷却机、粮食种子库的建设，蔬菜、水果、养殖加工业的发展和花卉业的兴起等，这些都将会导致冷冻、冷藏、气调贮藏设备的需求旺盛；城镇化建设还将进一步促使家用制冷空调产业的发展。国家这些政策的实施，亦为从事制冷空调业的设计、监理、咨询等服务业带来项目支持等。可以预言，21 世纪我国制冷空调行业将会更飞速地发展，巨大的市场增长潜力和新技术的交叉渗透为它开辟了广阔发展的道路。

第二节 制冷技术研究的范围和内容

制冷几乎包括了从环境温度到 0K 附近的整个热力学温标。在科学研究和工业应用中，常把制冷分为普冷（简称为制冷）和低温两个体系。制（普）冷和低温这两个概念是以制取低温的温度来区分的，并没有严格的范围。按照国际制冷学会第 13 届国际制冷大会（1971年）的建议，将 120K 规定为普冷和低温的界线。通常，从环境温度到 120K 的范围属于制冷，而从 120K 以下，即从接近液化天然气的正常沸点至 2K 左右的温度范围属于低温，2K 以下的称为极低温，也有将 120K 以下的制冷统称为低温制冷的。

制冷与低温不仅体现在所获得的温度高低不同，还体现在所使用的工质、机器设备以及获得低温的方法不同，但是亦有相同交叉之处。

实现制冷所必需的机器和设备，称为制冷机。例如机械压缩式制冷机包括压缩机、蒸发器、冷凝器和节流机构等。在制冷机中，除压缩机、泵和风机等机器外，其余是换热器及各种辅助设备，统称为制冷设备。而将制冷机同消耗冷量的设备结合在一起的装置称为制冷装置，如冰箱、冷库、空调机等。

除半导体制冷、绝热去磁以外，大多数制冷机都依靠内部循环流动的工作介质来实现制冷过程。它不断地与外界产生能量交换，即不断地从被冷却对象中吸取热量，向环境介质排放热量。制冷机使用的工作介质称为制冷剂。制冷剂在制冷系统中所经历的一系列热力过程总称为制冷循环。为了实现制冷循环，必须消耗能量，该能量可以是电能、热能、机械能、太阳能及其他形式的能量。

制冷的研究内容可以大致分为以下三个方面：研究获得低温的方法和有关的机理以及与此相应的制冷循环及其热力学分析和计算；研究制冷剂的性质，尤其是研究符合环保、节能要求的新型制冷工质；研究实现制冷循环所必需的各种制冷机械和设备，包括其工作原理、性能分析、机构设计、自动控制以及系统的设计。

本书分为制冷原理（基础篇）和制冷技术（应用篇）两部分。书中的“制冷原理”部分主要从热力学的观点来分析和研究制冷循环的理论基础知识，并介绍制冷剂、制冷系统主机、制冷换热器工作原理、结构和传热计算以及辅助设备的结构、工作原理；"制冷技术"部分主要介绍制冷在食品业（制冷应用最广泛、最早的行业）、商业、工业等方面的具体应用，如食品冷加工、冷藏库、冷藏运输、冷藏柜与工业制冰等领域，这些应用已包括食品整个冷藏链和工业冷冻所需的制冷技术。

第三节　制冷技术的应用

制冷技术最早用来保存食物和降低房间温度。随着科学技术的发展和社会的进步，制冷的应用几乎渗透到国民经济各部门，并在提高人类生活的质量方面发挥着巨大的作用。

（1）在商业方面，主要是指制冷技术在易腐食品的保藏及食品冷藏链各环节的应用，这是制冷技术应用最早、最广的领域。由于肉类、水产品、禽、蛋、果蔬等易腐食品的生产有着较强的季节性和地区性，而利用冷加工方法来贮藏食品具有突出的优点，因此目前在食品商业流通中冷却设备、冻结设备、冷库设施、冷藏船、冷藏列车、冷藏汽车及冷藏集装箱被广泛采用。另外，还有供食品零售的商用冷藏柜、冷柜以及消费者的家用冰箱等的使用逐渐普及。现代化的食品工业，对于易腐食品从生产到销售的冷藏链日趋完善，以减少生产和分配中的食品损耗，保证各个季节市场的合理销售。食品工业的发展与制冷技术有密切的关系。

（2）在农业方面，对农作物种子进行低温处理，培育耐寒品种；良种精液的低温保存，以及人工配种牲畜；人造雨雪；建造人工气候育苗室，模拟阳光的日光型植物生长箱育苗等均需要制冷技术。此外，化肥的生产过程中也需要制冷技术的应用，如一个年产 5000t 的合成氨厂，约需 232.6kW 标准制冷量。

（3）在工业方面，制冷技术的应用范围也很广泛。如石油化工、有机合成（橡胶、塑料、化纤等）、基本化工（酸、碱）等工业中如分离、精炼、结晶、浓缩、提纯、气体的液化，混合气分离、润滑油脱脂，及某些化学反应过程的冷却、吸收反应热和控制反应速度等单元操作都要用到制冷技术；又如机械制造中，对钢的低温处理，使金相组织内部的奥氏体转变为马氏体，改善钢的性能；在钢铁和铸造工业中，采用低温除湿送风技术，利用制冷机先将空气除湿，然后再送入高炉或冲天炉，保证冶炼及铸件质量。工业生产用制冷装置的特点是容量比较大，对温度的要求范围广，一个工厂往往需要几千至几万千瓦的制冷量，所需的蒸发温度范围亦大，有的生产过程只需要 0℃以上，有的需要－40℃以下，而天然气液化时蒸发温度达－150℃以下。

（4）在建筑业中，用冻土法挖掘土方。在挖掘矿井、隧道、建筑桥梁、地下铁道，或在泥沼、沙水处掘井时，可采用冻土法施工，使工作面不坍塌，保证施工安全、提高施工效率。制冷还应用于冷却巨型的混凝土块，混凝土加冰搅拌也已经普遍采用，因为混凝土固化时会释放出化学反应热，必须将其移去，以免发生热膨胀和混凝土应力，防止坝体混凝土出现危害性的温度裂缝。如一些工程大坝混凝土预冷系统就是采用综合措施，在胶带机上淋冷水冷却骨料，然后用冷风机风冷，再加片冰拌和混凝土，这些大坝工程需要大冷量的制冷机和片冰机。

（5）大中型民用及公共建筑物中的空调，随着改革开放，旅游业的蓬勃发展，装有空调机的宾馆、酒店、商店、图书馆、会堂、医院、展览馆、游乐场所日益增多。这些场所所用的是舒适性空调，它是用来满足人们舒适需要的空气调节，为人们创造适宜的生活和工作的环境。空气调节对国民经济各部门的发展和对人民物质文化生活水平的提高有着重要的作用。

（6）在运输业，车辆空调的应用也越来越广。如公共汽车、列车、卡车、旅游车、飞机、轮船、吊车中，也不同程度地安装有空气调节设备。这些交通工具中，制冷负荷主要用来抵御来自太阳的辐射热和来自人体散发的热量。与建筑物空调相比，这些负荷的特点是变化迅速，单位体积的强度高。此外，磁悬浮超导列车所用的超导磁体也需要提供连续制冷才能保证，当然随着高温超导体研究的进展，经济性会大大增加。

（7）在工业空调中，空调技术不仅可以为在恶劣环境中工作的工人提供一定程度的舒适条件，而且也包括有利于产品加工和材料制造所需的特殊的温度、湿度、洁净度等要求，这种空调有别于舒适性空调，而称为工艺性空调。这不但意味着受控的空气环境对各种工业生产过程的稳定运行和保证产品的质量有重要作用，而且对提高劳动生产率、保护人体健康、创造舒适的工作环境有重要意义。如工业生产中的精密机械和仪器制造业及精密计量室要求高精度的恒温恒湿；电子工业要求高洁净度的空调；纺织业则要求保证湿度的空调，在现代化的纺织厂中，需要空调来避免纺织品的柔软度和强度发生变化或产生静电。

（8）在医疗卫生中，使用冷却干燥方法制成药物，低温保存血浆、疫苗、菌种和某些药品及生物制品，以及制作各种动植物标本，低温干燥保存用于动物异种移植或同种移植的皮层、角膜、骨骼、心瓣膜、主动脉等组织。医药卫生部门的冷冻手术，如心脏、肿瘤、白内障、扁桃腺的切除手术，皮肤和眼球的移植手术及低温麻醉等，均需要制冷技术。

（9）在人民生活中，家用冰箱、空调器的应用日益增多，有些发达国家的家用冰箱普及率已达到99%以上。在我国城镇，冰箱和空调器已广泛进入家庭，近年来增长速度很快，发展前景很乐观。此外，随着人民生活水平的提高，对娱乐的需求也会增长，制冷技术也可以用于发展人造溜冰场、人造滑雪场等。

（10）在核工业中，制冷技术用来控制原子能反应堆的反应速度，吸收核反应过程放出的热量。如核聚变反应堆托卡马克（Tokamak）装置就要依靠大型的超导磁体对聚变反应器中的高温等离子体进行磁约束。

（11）在航天和国防工业中，航空仪表、火箭、导弹中的控制仪器，以及航空发动机，都需要在模拟高温或低温条件下进行性能实验，高真空的空间环境都需要用液氮和液氦冷却的低温泵来产生；无论是载人还是不载人的航天器，低温总是空间计划的关键部分。在高寒地区使用的汽车、拖拉机、坦克、常规武器、铁路车辆、建筑机械等，也都需要在模拟寒冷气候条件下的低温实验室里进行实验。为此就需要建造各种类型的低温试验室。此外，有些科学实验要求建立人工气候室以模拟高温、高湿、低温、低湿及高空或宇宙环境。又如宇宙空间特殊环境的创造和控制，也需要用到制冷技术。

除此之外，在其他尖端技术领域，如微电子技术、光纤通信、能源、新型材料、宇宙开发等，制冷技术也有重要的应用。

基础篇

制冷原理

【食品冷冻冷藏原理与技术】

第一章　蒸气压缩式制冷循环

本章介绍单、双级蒸气制冷循环的特性及热力计算方法。着重分析理论循环，并讨论理论循环和实际循环的差别，此外还介绍复叠式制冷循环的组成及其应用。

第一节　逆向卡诺循环——制冷机的理想循环

在热力学中，循环可以分为正向循环和逆向循环两种。动力循环，即将热量转化成机械功的循环是正向循环，所有的热力发动机都是按照正向循环工作的。在温—熵图或压—焓图上，循环的各个过程都是依此按顺时针方向变化的。

逆向循环是一种消耗功的循环。所有的制冷机和热泵都是按逆向循环工作的。在温—熵图或压—焓图上，循环的各个过程都是依此按逆时针方向变化的。

循环又可以分为可逆循环和不可逆循环。在构成循环的各个过程中只要包含不可逆因素，则这个循环就是不可逆循环。在制冷循环中不可逆因素分两类：内部不可逆和外部不可逆因素。内部不可逆因素包括制冷剂在流动或状态变化的过程中因摩擦、扰动及内部不平衡而引起的损失；外部不可逆因素是指在蒸发器、冷凝器等热交换器中有温差的传热损失。

一、逆向卡诺循环

人工制冷是根据热力学的原理建立和发展起来的。由热力学第二定律得：①单热源的热机是不存在的，即利用一个热源是无法完成循环过程的；②热量不可能自发地、不付代价地从一个低温物体传到一个高温物体，如果要实现这样一个反向的过程，就必须有一个消耗能量的补偿过程。

在制冷机中，通常都是以周围环境介质作为它的高温热源，而以被冷却物体作为它的低温热源。制冷机使用的工作介质称为制冷剂。制冷剂在制冷系统中所经历的一系列热力学过程总称为制冷循环，如制冷剂周期地从被冷却物体中取得一定数量的热量，并将此热量传递给周围环境介质——水或空气，实现制冷循环。根据上面的结论，实现这个循环必须消耗能量。

在一定的热源温度下，需要怎样来组织制冷机的工作循环，使获得单位冷量所消耗的能量为最小，这是制冷技术中一个很重要的问题。为此，首先研究逆向卡诺循环，研究逆向可逆循环的目的是寻找热力学上最完善的制冷循环，作为评价实际循环效率高低的标准。

设被冷却物体的温度为 T'_0，周围介质的温度为 T'，在这个温度范围内，制冷机从被冷却物体中取出热量 q_0，并将它传递给周围介质，为了完成这一循环所消耗的机械功为 w，这部分功转变成热量后和取出的热量 q_0 一起传递给周围介质。因此，根据力学第一

定律，可写出制冷机的热平衡式：

$$q=q_0+w \tag{1-1}$$

式中　q、q_0、w——传递、取出的单位热量和消耗的单位机械功（kJ/kg）。

逆向卡诺循环是理想的制冷循环，现将逆向卡诺循环表示在 T—S 图上，如图 1-1 所示。它由两个等温过程和两个绝热过程所组成。

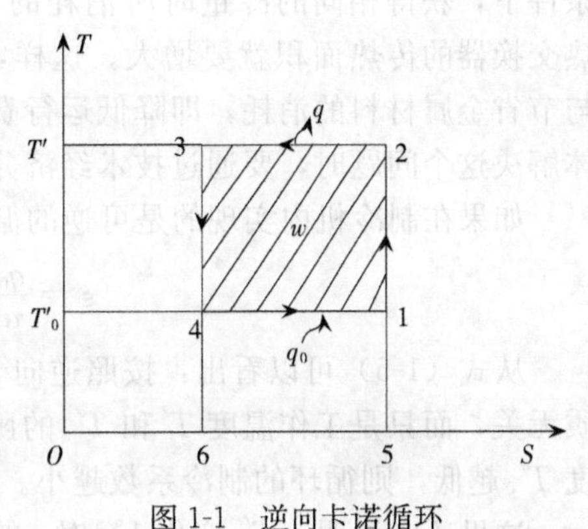

图 1-1　逆向卡诺循环

在图 1-1 中：1—2 过程，是制冷剂在压缩机内等熵压缩过程，在压缩过程中消耗了功 w_k，而制冷剂的温度从 T'_0 升高到 T'；2—3 过程，是制冷剂向周围介质等温放热，放出的热量为 q；3—4 过程，是制冷剂由状态 3 等熵膨胀到状态 4，产生膨胀功 w_p，这时制冷剂的温度从 T' 降低到 T'_0（膨胀终了状态点 4）；4—1 过程，是制冷剂从温度为 T'_0 的被冷却物体中等温吸热，制取冷量为 q_0，制冷剂又回复到开始状态，而循环就如此重复进行。

根据热力系统，可逆变化过程中熵的变量等于零这一热力学原理，可以写出逆向卡诺循环的熵变公式：

$$\Delta S_{系统}=\frac{q}{T'}-\frac{q_0}{T'_0}=\frac{w+q_0}{T'}-\frac{q_0}{T'_0}=\frac{w}{T'}+q_0\left(\frac{1}{T'}-\frac{1}{T'_0}\right)=0 \tag{1-2}$$

式中　w——逆向卡诺循环所消耗的机械功，它等于压缩时所消耗的功减去膨胀时所做的功，即 $w=w_k-w_p$。

因为按逆向卡诺循环工作的制冷机，它所消耗的功为最小功，由式（1-2）可得

$$w_{min}=q_0\left(\frac{T'}{T'_0}-1\right) \tag{1-3}$$

从式（1-3）可以看出：按逆向卡诺循环工作的制冷机，在制取一定的冷量 q_0 时，所消耗的机械功只与工作温度范围有关，与制冷剂的性质无关；且周围介质温度 T' 愈高或被冷却物体的温度 T'_0 愈低，则制冷循环所消耗的功愈多。这一结论，在制冷技术中有着重要的意义。

二、制冷系数

在制冷循环中，制冷剂从被冷却物体中所制取的冷量 q_0 与所消耗的机械功 w 之比值称为制冷系数，用代号 ε 表示：

$$\varepsilon=\frac{q_0}{w} \tag{1-4}$$

制冷系数是衡量制冷循环经济性的一个重要技术指标。国外习惯上将制冷系数称为制冷机的性能系数 COP（coefficient of performance）。在给定的温度条件下，制冷系数越大，则循环的经济性越高。

可逆循环在能量上比不可逆循环更经济，或在获得相同的冷量时，可逆循环所消耗的功比不可逆循环所消耗的功要小。在制冷机工作过程中，减少机械过程的不可逆损失，也起着同样的作用。

为了获得必需的冷量，而使消耗的功为最少，那么就需使制冷剂与热源之间的温差为最小，在极限情况下，当 $\Delta T_0 \to 0$ 和 $\Delta T \to 0$ 时，则 $\Delta w \to 0$，即在给定的温度 T' 和 T'_0 的条件下，获得相同的冷量时所消耗的功为最少。但从另一方面来看，随着温差的减小，热交换器的传热面积就要增大。这样，热交换器的造价也就高了。因此，减少能量损耗与节省金属材料的消耗，即降低运行费用与减少初投资是制冷技术中的一对矛盾。在具体解决这个问题时，要通过技术经济分析比较后才能确定。

如果在制冷机内实现的是可逆的循环，则制冷系数又可写成

$$\varepsilon = \frac{q_0}{w} = \frac{T_0}{T' - T'_0} = \varepsilon'_c \tag{1-5}$$

从式（1-5）可以看出：按照逆向卡诺循环工作的制冷机，其制冷系数与制冷剂的性质无关，而只是工作温度 T' 和 T'_0 的函数，即周围介质的温度 T' 越高，被冷却物体的温度 T'_0 越低，则循环的制冷系数越小。

这里还应说明，T'_0 变化 1℃对 ε 的影响比 T' 变化 1℃的影响要大。

$$\left(\frac{\partial \varepsilon}{\partial T'}\right)_{T'_0} = \frac{-T'_0}{(T' - T'_0)^2}$$

$$\left(\frac{\partial \varepsilon}{\partial T'_0}\right)_{T'} = \frac{T'}{(T' - T'_0)^2}$$

因为

$$T' > T'_0$$

所以

$$\left|\left(\frac{\partial \varepsilon}{\partial T'}\right)_{T'_0}\right| < \left(\frac{\partial \varepsilon}{\partial T'_0}\right)_{T'}$$

在实际制冷过程中，不应使制冷剂的温度降得太低，以减少能量损失。

上面分析的无温差逆向卡诺循环是一个完全可逆的制冷循环，它没有任何不可逆损失，因此在一定的热源温度下，它的制冷系数具有最大的数值。但是这样的循环在实际制冷机中是无法实现的（因为制冷剂在吸热和放热时存在着温差，以及机械摩擦等内部不可逆损失），所以在理论上分析比较制冷循环经济性好坏时，仅将逆向卡诺循环作为比较的最高标准。通常是将工作于相同温度范围的制冷循环的制冷系数 ε 与逆向卡诺循环的制冷系数 ε'_c 之比，称为这个制冷循环的热力完善度，亦称制冷效率，用 η 表示：

$$\eta = \frac{\varepsilon}{\varepsilon'_c} \tag{1-6}$$

式中 ε'_c——相同热源温度范围内的逆向卡诺循环的制冷系数。

热力完善度是用来表示制冷循环接近逆向卡诺循环的程度（在相同的温度范围内），它的数值愈大，说明制冷循环的不可逆损失愈小。所以，热力完善度也是制冷技术中的一个技术经济指标，但热力完善度与制冷系数的意义不同，制冷系数是与循环的工作温度、制冷剂的性质等因素有关，对于工作温度不同的制冷循环，就无法按照制冷系数的大小来判断循环经济性的好坏，在这种情况下，只能根据热力完善度的大小来判断。

［**例 1-1**］ 已知周围介质（冷却水）的温度 $t=25$℃，制冷剂从室温为－20℃的冷藏室内吸取 11.63kJ 的热量，计算在这一温度范围内工作的逆向卡诺循环的制冷系数及消耗的理论功。

解：

（1）根据式（1-5）可求得逆向卡诺循环的制冷系数：

$$\varepsilon = \frac{T_0}{T' - T'_0} = \frac{273-20}{(273+25)-(273-20)} = 5.62$$

（2）根据式（1-3）可求得循环所消耗的理论功：

$$w = q_0[\frac{T'}{T'_0} - 1] = 11.630 \times \left(\frac{273+25}{273-20} - 1\right) = 2.07\ (\text{kJ})$$

［例 1-2］　在例 1-1 中，若传热温差 ΔT 与 ΔT_0 各为 10℃时，计算循环多消耗的附加功 Δw 与制冷系数。

解：

（1）在 $T=273+35=308$（K），$T_0=273-30=243$（K）时，

$$w' = 11.630 \times \left(\frac{308}{243} - 1\right) = 3.11\ (\text{kJ})$$

故

$$\Delta w = w' - w = 3.11 - 2.07 = 1.04\ (\text{kJ})$$

（2）ΔT 与 ΔT_0 各为 10℃时，循环的制冷系数为

$$\varepsilon = \frac{q_0}{w + \Delta w} = \frac{11.630}{2.07 + 1.04} = 3.74$$

三、变温热源时的逆向可逆循环——劳伦兹循环

热源的热容量是有限的。制冷机在实际工作中，被冷却对象的温度和环境介质的温度往往是随着热交换过程的进行而变化的，即被冷却对象的温度将逐渐下降，环境介质的温度将逐渐上升。在这种热源温度变化的情况下，逆向可逆循环又是怎样进行的？

图 1-2 表示了高温热源和低温热源温度变化的情况。在这种情况下如果要采用一个由两个等熵和两个等温过程组成的制冷循环，则制冷剂向高温热源的放热过程应是 b—g，它的温度等于热源温度 T_b 和 T_c 之间的最高温度 T_b；制冷剂在蒸发过程中向被冷却物体吸热时的温度应该是 T_d，它等于被冷却物体温度由 T_d 和 T_a 之间的最低温度 T_d。点 e 的位置根据表示制冷量的面积 e—d—d'—e'—e 等于 a—d—d'—a'—a 而定。这个循环为了获得面积为 e—d—d'—e'—e 的制冷量，需要消耗面积为 f—g—d—e—f 的功。

为了达到在变温调节下耗功最小的目的，应使制冷剂在吸、排热过程中的温度也发生变化，而且变化趋势与冷、热源的变化趋势完全一致，使制冷剂与冷、热源之间进行热交换过程中的传热温差始终为无限小，无不可逆损失。即设法使制冷机按可逆循环 b—c—d—a—b 工作，则它在制取面积为 a—d—d'—a'—a 的冷量时，只需要消耗面积为 b—c—d—a—b 的功。显然，可逆的逆向循环 b—c—d—a—b 是消耗功最小的循环，称为劳伦兹循环，它在制取相同的冷量时，比由两个等熵和两个等温过程组成的制冷循环 f—g—d—e—f 消耗的功少，为图 1-2 中的阴影面积。

由此，可以得出这样的结论：在热源温度变化的条件下，由两个和热源之间无温差的热交换过程及两个等熵过程所组成的逆向可逆循环，是消耗功最小的循环，即制冷系数最大的循环。

在热源温度变化时，制冷循环的热力完善度可以表示成

$$\eta = \frac{\varepsilon}{\varepsilon_L} \tag{1-7}$$

式中　ε——实际循环的制冷系数；

ε_L——制冷剂与热源之间不存在温差的并有两个等熵过程所组成的逆向可逆循环，即劳伦兹循环的制冷系数。

劳伦兹循环可以被分解成许多个微元循环来计算其制冷系数。如图 1-3 所示，每个微元循环可以看作逆向卡诺循环，其制冷系数为

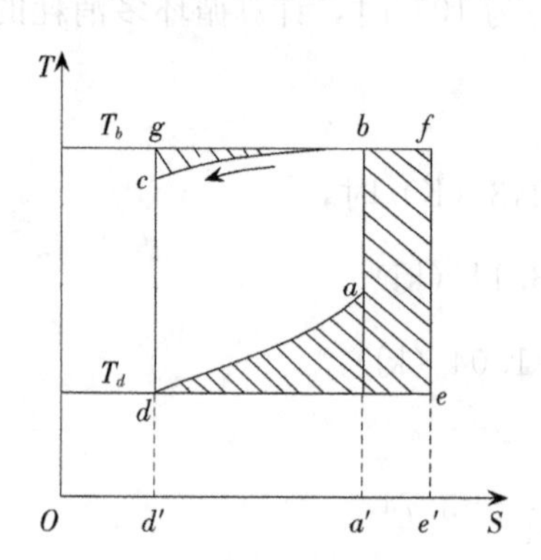

图 1-2　变温热源时逆向可逆循环

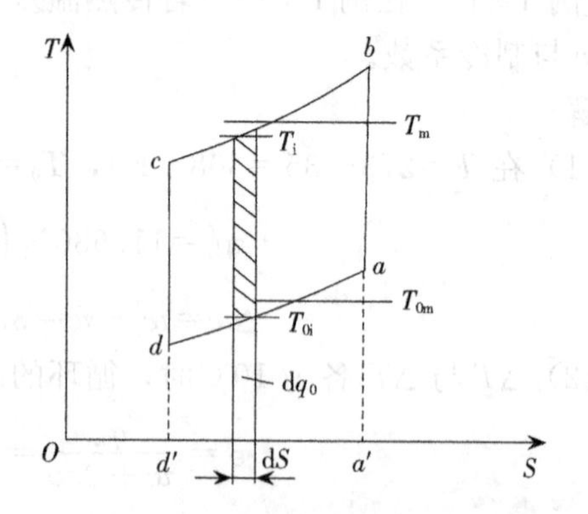

图 1-3　用微元循环分析劳伦兹循环

$$\varepsilon_i=\frac{dq_0}{dq_k-dq_0}=\frac{T_{0i}dS}{T_i dS-T_{0i}dS}=\frac{T_{0i}}{T_i-T_{0i}} \tag{1-8}$$

而整个制冷循环 $a—b—c—d—e$ 的制冷系数可表示为

$$\varepsilon_i=\frac{q_0}{q_k-q_0}=\frac{\int_d^a T_{0i}dS}{\int_c^b T_i dS-\int_d^a T_{0i}dS}=\frac{T_{0m}}{T_m-T_{0m}} \tag{1-9}$$

式中　T_{0m}、T_m——制冷剂吸热时低温热源的平均温度和放热时高温热源的平均温度，它们是热力学意义上的平均温度，不是算术平均温度。

由此可见，劳伦兹循环的制冷系数等于一个以放热平均温度 T_m 和吸热平均温度 T_{0m} 为高、低温热源温度的等效逆卡诺循环的制冷系数。

四、热能驱动的制冷循环

以热能直接驱动的制冷循环，例如吸收制冷循环，实际上为三热源循环，如图 1-4 所示。

热量 q_0 取自低温的温度为 T_0 的被冷却物体，q_H 来自高温蒸气、燃烧气体或其他热源，q_k 是系统在 T_a 温度下（通常是环境温度）放出的热量。

按热力学第一定律：

$$q_k=q_H+q_0 \tag{1-10}$$

对于可逆制冷机，按热力学第二定律，在一个循环中熵增为零，即

$$\frac{q_k}{T_a}=\frac{q_H}{T_H}+\frac{q_0}{T_0} \tag{1-11}$$

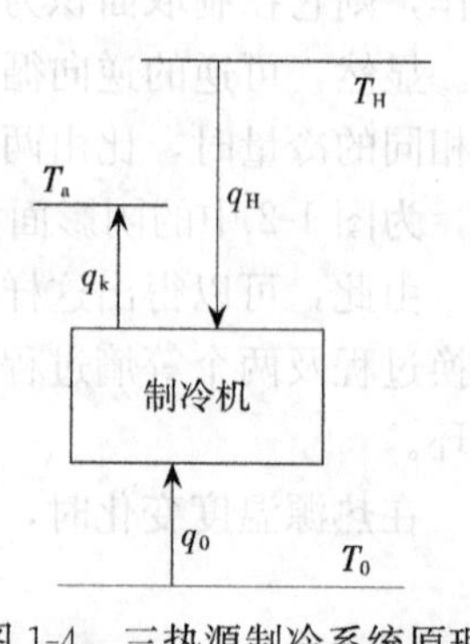

图 1-4　三热源制冷系统原理

由上述两个公式可以得到

$$\frac{q_0}{q_H} = \left(\frac{T_0}{T_a - T_0}\right)\left(\frac{T_H - T_a}{T_H}\right) \tag{1-12}$$

通过输入热量制冷的制冷机，其经济性是以热力系数作为评价指标的。热力系数是指获得的制冷量与消耗的热量之比，用ζ表示。

对于可逆制冷机，热力系数用ζ_0表示：

$$\zeta_0 = \frac{q_0}{q_H} \tag{1-13}$$

根据式（1-12），得

$$\zeta_0 = \left(\frac{T_0}{T_a - T_0}\right)\left(\frac{T_H - T_a}{T_H}\right) \tag{1-14}$$

式（1-14）表明，通过输入热量制冷的可逆制冷机，其热力系数等于工作在T_a、T_0之间的逆向卡诺循环制冷机的制冷系数ε_0与工作在T_H、T_a之间的正向卡诺循环的热效率（$T_H - T_a$）/T_H的乘积，由于后者小于1，因此，ζ_0总是小于ε_0。由此可见，直接将输入功制冷机的制冷系数与输入热量制冷机的制冷系数进行比较是不合理的。从式（1-14）还可以看出，依靠输入热量制冷的制冷机，其热力系数随加热热源温度T_H和被冷却物体的温度T_0的升高而增加。

五、压缩蒸气制冷循环

图1-5为一台单级压缩蒸气制冷机的流程图。它由下列四个基本设备组成：

（1）压缩机　它的作用是将蒸发器中的制冷剂蒸气吸入，并将其压缩到冷凝压力，然后排至冷凝器。常用的压缩机有活塞式、螺杆式、涡旋式、滚动转子式、滑片式和离心式等数种。

（2）冷凝器　冷凝器是一个换热器，它的作用是将来自压缩机的高压制冷剂蒸气冷却并冷凝成液体。在这一过程中，制冷剂蒸气放出热量，故需用其他物体或介质（例如水、空气）来冷却。常用的冷凝器有壳管式、套片式、套管式、蒸发式等。

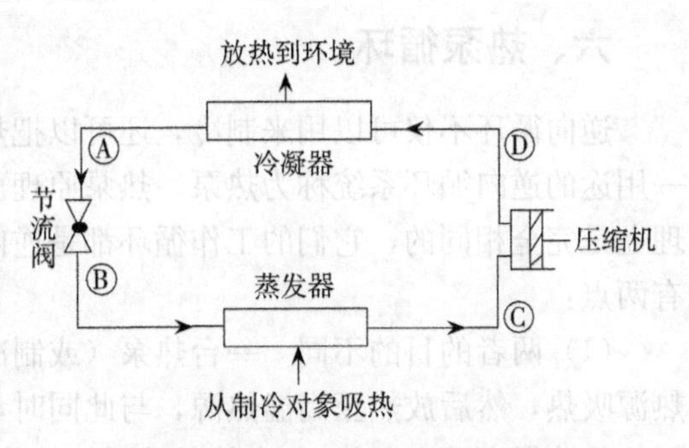

图1-5　单级压缩蒸气制冷机的流程

（3）节流机构　制冷剂液体流过节流机构时，压力由冷凝压力降低到蒸发压力，一部分液体转化为蒸气。常用的节流机构有膨胀阀、毛细管等。

（4）蒸发器　也是一个换热器，它的作用是使经节流阀流入的制冷剂液体蒸发成蒸气，以吸收被冷却物体的热量。蒸发器是一个对外输出冷量的设备，输出的冷量可以冷却液体载冷剂，也可直接冷却空气或其他物体。常用的蒸发器有满液式、干式、套片式等。

在图1-5中，从压缩机出来的高压高温制冷剂气体Ⓓ进入冷凝器被冷却去过热，并进一步冷凝成液体Ⓐ后，进入节流装置如膨胀阀减压，部分液体闪发成蒸气，这些气液两相的混合物Ⓑ进入蒸发器，在里面吸热蒸发成蒸气Ⓒ后回到压缩机重新被压缩，从而完成一个循环。

在这个循环中，压缩机消耗功率 W（kW），蒸发器吸热 Q_0（kW），Q_0称为制冷量。根据前面制冷系数的定义，压缩蒸气制冷循环的制冷系数为

$$\varepsilon = \frac{Q_0}{W} \tag{1-15}$$

单位质量制冷剂在一次循环中所制取的冷量，称为单位质量制冷量（简称单位制冷量），用 q_0 表示。压缩机压缩单位质量的制冷剂所消耗的功，称为比功，用 w（kJ/kg）表示。因此，制冷系数也可以由下式计算：

$$\varepsilon = \frac{q_0}{w} \tag{1-16}$$

制冷量 Q_0 也可以通过下式计算：

$$Q_0 = Gq_0 = q_v V \tag{1-17}$$

式中 G——流经压缩机的制冷剂质量流量（kg/s）；

V——压缩机吸入口处的制冷剂体积流量（m^3/s）。

$$q_v = \frac{q_0}{v_1} \tag{1-18}$$

式中 q_v——单位容积制冷量（kJ/m^3），压缩机每吸入单位体积制冷剂蒸气所制取的冷量，它仅与制冷剂及吸气状态有关；

v_1——制冷剂按吸气状态计的比体积（m^3/kg）。

六、热泵循环

逆向循环不仅可以用来制冷，还可以把热能释放给某物体或空间，使其温度升高。作这一用途的逆向循环系统称为热泵。热泵原理可以用于食品的烘干。热泵与制冷机在热力学原理上是完全相同的，它们的工作循环都是逆向循环，如果要说这两者有什么区别的话，主要有两点：

（1）两者的目的不同　一台热泵（或制冷机）与周围环境在能量上的相互作用是从低温热源吸热，然后放热至高温热源，与此同时，按照热力学第二定律，必须消耗机械功。如果目的是获得高温（制热），也就是着眼于放热至高温热源，那就是热泵；如果目的是获得低温（制冷），也就是着眼于从低温热源吸热，那就是制冷机。

（2）两者的工作温区往往有所不同　上述所谓的高温热源和低温热源，只是它们彼此相对而言的。由于两者目的不同，通常，热泵是将环境作为低温热源，而制冷机则是将环境作为高温热源。那么，对同一环境温度来说，热泵的工作温区就明显高于制冷机。

对于同时制热和制冷的联合机，既可以称为热泵，也可以称为制冷机。

原则上，凡是能用来作制冷机的循环都可以用作热泵循环，凡是用于制冷机的分析方法都可以用于分析热泵。但是，由于目的不同，热泵的经济性指标与制冷机有所不同。用于表示热泵效率的指标称为热泵系数或供热系数，用 φ 表示，其定义为

$$\varphi = \frac{Q_H}{W} \tag{1-19}$$

式中 Q_H——热泵向高温热源的输送热量（kW）；

W——热泵机组消耗的外功（kW）。

由式（1-16）可得

$$\varphi=\frac{Q_H}{W}=1+\varepsilon \tag{1-20}$$

式（1-20）给出了同一台机器，在相同工况下作热泵使用时的热泵系数与作制冷机使用时的制冷系数之间的关系。此外，式（1-20）还表明，热泵系数永远大于1，所以，热泵从能量利用角度比直接消耗电能或燃料直接供暖的系统要节能。

第二节　单级蒸气压缩式制冷机的理论循环

一、干压缩行程代替湿压缩行程，节流阀代替膨胀机

上一节已分析过，由两个绝热过程和两个等温过程所组成的蒸气制冷机理想循环，其热力完善度最大，但是循环要在饱和区域进行，此时压缩机吸入的是湿蒸气，即压缩机处于"湿压行程"下运转。实践证明，"湿压行程"在生产中是不受欢迎的，这是因为：

（1）采用湿压缩行程时，湿蒸气进入气缸，热的气缸壁与冷的湿蒸气进行强烈的热交换。使压缩机的工作效率大大降低。

（2）采用湿压行程时，大量液态制冷剂进入压缩机气缸，可能引起"液击"现象，而使压缩机发生事故。

故实际蒸气制冷机都要求压缩机在干压缩行程下运转（压缩机吸入干饱和蒸气或过热蒸气叫干压缩行程）。

为了保证干蒸气进入压缩机，一般在节流阀与蒸发器之间加装一个液体分离器（图1-6），使制冷剂在蒸发器中吸热汽化后，在进入压缩机之前，先经过液体分离器，由于在分离器中气体的流速降低（一般流速为0.5m/s），运动方向改变，蒸气中夹带的液滴因本身所受重力而被分离出，这样可以保证压缩机吸入的是干蒸气。

由于液体膨胀机制造比较复杂，且液体的膨胀功又很小，因此可以采用结构简单的节流阀代替结构复杂的膨胀机。

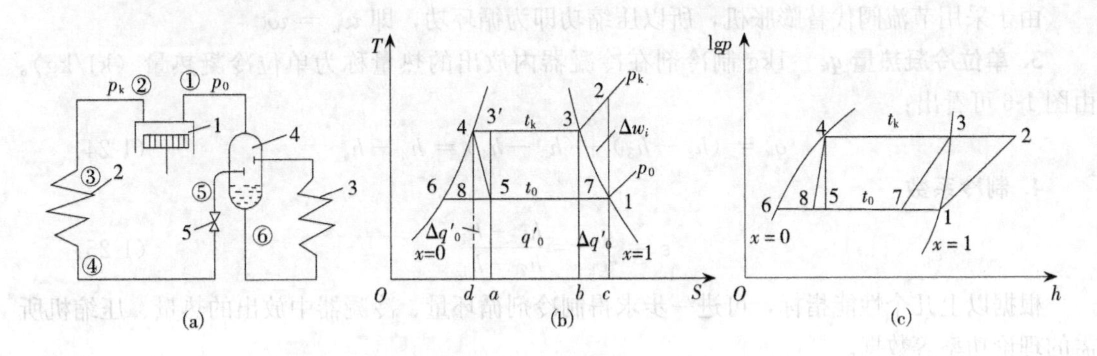

图1-6　具有液体分离器的单级蒸气压缩式制冷循环

（a）原理图　（b）$T—S$图　（c）$\lg p—h$图（压—焓图）

1. 压缩机　2. 冷凝器　3. 蒸发器　4. 液体分离器　5. 节流阀

二、蒸气制冷机理论循环的热力计算步骤

蒸气制冷机的理论循环是按下列简化条件进行的：

在图 1-6 中，压缩机吸入的是干饱和蒸气（或为过热蒸气），在节流阀前是饱和液体（或有液体过冷现象）。

图 1-6（b）、（c）中，1—2 表示制冷剂在压缩机中的等熵压缩过程。2—3—4 表示制冷剂在冷凝器中的冷却与冷凝过程，在这一过程中，制冷剂的压力保持不变，且等于与冷凝温度 t_k 相对应的饱和蒸气压力 p_k，在冷却阶段（2—3）制冷剂由过热蒸气（温度为 t_2）冷却到干饱和蒸气（温度为 t_3 即冷凝温度 t_k）。在冷凝阶段（3—4）制冷剂的冷凝温度 t_k 保持恒定。4—5 表示节流过程。在理论循环中，以节流阀代替理想循环中的膨胀机，制冷剂经节流后焓值保持不变，即 $h_4=h_5$，但压力和温度都降低，而且进入两相区（湿蒸气区）。5—1 表示在蒸发器内的汽化过程，在汽化过程中制冷剂的蒸发压力 p_0 与蒸发温度 t_0 保持不变。

以上是单级蒸气制冷机的理论循环的过程分析。

由图 1-6，可计算单级蒸气压缩制冷机理论循环的几个性能指标。

1. 单位质量制冷量 q_0 与单位容积制冷量 q_v 1kg 制冷剂在制冷循环中所制取的冷量称为单位质量制冷量（或单位制冷量，kJ/kg）。

单位制冷量可用 lg*p*—*h* 图［图 1-6（c）］中点 1 和点 5 的焓差来表示：

$$q_v = h_1 - h_5 = h_1 - h_4 \tag{1-21}$$

在制冷循环中，每产生 1m³ 制冷剂蒸气所制取的冷量称为单位容积制冷量（kJ/m³），它可以很方便地从 q_0 换算出来：

$$q_v = \frac{q_0}{v_1} = \frac{h_1 - h_4}{v_1} \tag{1-22}$$

式中 v_1——制冷剂按吸气状态计的比体积（m³/kg）。

2. 单位压缩功 w_k 压缩机每压缩 1kg 制冷剂所消耗的功称为单位压缩功（kJ/kg）。等熵压缩时，单位压缩功可用初、终态的焓差表示，即

$$w_k = h_2 - h_1 \tag{1-23}$$

由于采用节流阀代替膨胀机，所以压缩功即为循环功，即 $w_k = w$。

3. 单位冷凝热量 q_k 1kg 制冷剂在冷凝器内放出的热量称为单位冷凝热量（kJ/kg）。由图 1-6 可看出：

$$q_k = (h_2 - h_3) + (h_3 - h_4) = h_2 - h_4 \tag{1-24}$$

4. 制冷系数

$$\varepsilon = \frac{q_0}{w_k} = \frac{h_1 - h_4}{h_2 - h_1} \tag{1-25}$$

根据以上几个性能指标，可进一步求得制冷剂循环量、冷凝器中放出的热量、压缩机所需的理论功率等数据。

5. 压缩机单位时间内吸入制冷剂质量（制冷剂质量流量，kg/s）

$$G = \frac{Q_0}{q_0} \tag{1-26}$$

式中　Q_0——压缩机的制冷量（kW）。

$$Q_0 = q_v V_s \tag{1-27}$$

6. 压缩机单位时间内吸入制冷剂蒸气容积（m^3/s）

$$V_s = G v_1 \tag{1-28}$$

7. 冷凝器的热负荷（kW）

$$Q_k = G q_k \tag{1-29}$$

8. 压缩机所需理论功率（绝热功率，kW）

$$P_a = G w_k \tag{1-30}$$

［例 1-3］　已知 $t_k = 30℃$，$t_0 = -15℃$，计算制冷剂为 NH_3 和 R22 时，理论循环的制冷系数与热力完善度。假设压缩机吸入蒸气为干饱和状态。

解： 理论循环的压焓图如图 1-7 所示，各有关点的参数及数值列于表 1-1 中。

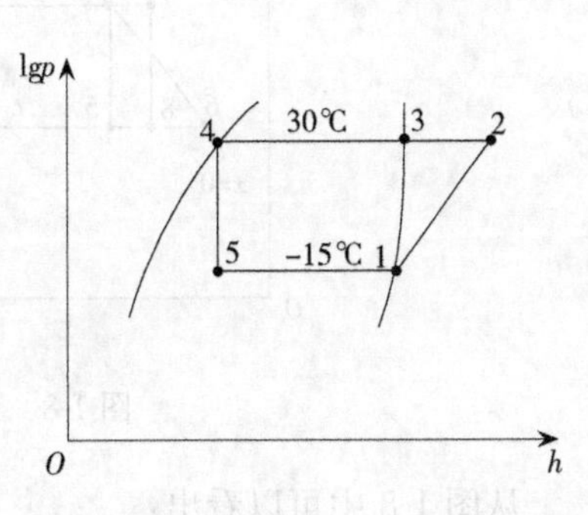

图 1-7　例 1-3 用图

（1）逆向卡诺循环制冷系数：

$$\varepsilon_c = \frac{T_0}{T_k - T_0} = \frac{258}{303 - 258} = 5.73$$

表 1-1　例 1-3 各有关点参数汇总

制冷剂＼参数	$t_1 = t_0$ /℃	$t_4 = t_k$ /℃	P_0 /kPa	P_k /kPa	h_1 /(kJ/kg)	h_2 /(kJ/kg)	$h_4 = h_5$ /(kJ/kg)	$q_0 = h_4 - h_5$ /(kJ/kg)	$w_k = h_2 - h_1$ /(kJ/kg)	$\varepsilon = \frac{q_0}{w_k}$
NH_3	−15	30	236.2	1166.9	1743.5	1980	639	1104.5	236.5	4.67
R22	−15	30	296.4	1188	399.2	436	236.7	162.5	36.8	4.42

（2）循环的热力完善度：

$$\eta_{NH_3} = \frac{4.67}{5.37} = 0.82$$

$$\eta_{R22} = \frac{4.42}{5.73} = 0.77$$

［例 1-4］　例 1-3 中若两种制冷剂的制冷量均为 11.63kW，则所需的理论功率各为多少？

解：

（1）制冷剂循环量各为

$$G_{NH_3} = \frac{Q_0}{q_0} = \frac{11.63}{1104.5} = 0.0105\ (kg/s)$$

$$G_{R22} = \frac{Q_0}{q_0} = \frac{11.63}{162.5} = 0.0715\ (kg/s)$$

（2）所需理论功率各为

$$P_{NH_3} = G w_k = 0.0105 \times 236.5 = 2.48\ (kW)$$

$$P_{R22} = G w_k = 0.0715 \times 36.8 = 2.63\ (kW)$$

三、节流阀前液态制冷剂的再冷却

液态制冷剂经节流阀后进入二相区域，这时压力和温度都降低。节流过程中产生的蒸气又称闪发气体，在制冷循环中闪发气体不产生制冷效应，因此为了减少节流过程中产生的闪发气体，提高单位制冷量 q_0，可采取将节流阀前的液体制冷剂进行再冷却，例如用温度较低的深井水使冷凝器出来的饱和液体得到再冷却，在再冷却过程中饱和液体的温度从 $t_4=t_k$ 再冷却到 t_7（图 1-8）。$\Delta t_g=t_4-t_7$，称为过冷度。

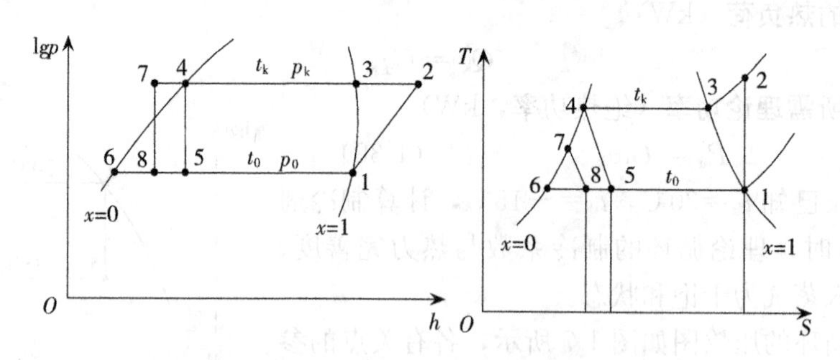

图 1-8　节流阀前的液体制冷剂再冷却的循环

从图 1-8 中可以看出：

没有再冷却的循环：

单位制冷量（kJ/kg）　　$q_0=h_1-h_4$

单位压缩功（kJ/kg）　　$w_k=h_2-h_1$

经再冷却后的循环：

单位制冷量（kJ/kg）　　$q_0=h_1-h_7$

单位压缩功（kJ/kg）　　$w_k=h_2-h_1$

很明显，经再冷却后，循环的单位制冷量增加了 Δq_0（kJ/kg）：

$$\Delta q_0=h_4-h_7=c'(t_4-t_7) \tag{1-31}$$

式中　c'——液体制冷剂的比热容［kJ/（kg·℃）］。

t_7——称为再冷却温度或过冷温度（℃）。

而单位压缩功没有变化，故循环的制冷系数提高了，制冷系数为

$$\varepsilon_g=\frac{h_1-h_7}{h_2-h_1}=\frac{(h_1-h_4)+(h_4-h_7)}{h_2-h_1}=\varepsilon+\frac{c'\Delta t_g}{w_k} \tag{1-32}$$

由式（1-32）可以看出，再冷却后制冷系数提高的数值与比值 $\frac{c'}{w_k}$ 有关，制冷剂若在 $T-S$ 图上的饱和液体线越平坦，比值 $\frac{c'}{w_k}$ 越大，故对这种制冷剂应用再冷却器的优越性越大。此外，一定的过冷度还可以防止进入节流装置前制冷剂处于两相状态，使节流机构工作稳定。

根据计算，在通常的工作强度范围内，每再冷却 1℃各种制冷剂的制冷系数增加的百分数如下，氨约为 0.45%，R22 约为 0.85%，丙烷约为 0.9%。

从以上分析可知，当制冷量 Q_0 给定时，应用液体再冷却器可使 q_0 及 ε 增大，故可使制冷剂的流量 G、压缩机的理论功率 P 减少，使设备紧凑，经济性提高。

但是，应用液态制冷剂再冷却需要增加一个再冷却器及相应的冷却水设备，这就使设备的初投资增大，同时也增加了设备折旧费，所以实际应用时是否需要设置液体再冷却器，需通过技术经济分析来确定。如果冷凝器是采用温度较低的深井水，那么设计时采用液体再冷

却器是比较合适的，而我国南方地区，冷却水温度较高时，采用再冷却器的效果则不太显著。

四、吸入蒸气的过热及蒸气制冷机的回热循环

从蒸发器出来的低温低压蒸气，在流经吸气管道时要吸收周围空气中的热量使制冷剂蒸气的温度升高，这一现象称为管路过热。由于制冷剂在吸气管道上过热时消耗的冷量是损失掉的，对制冷循环是不利的，故称为有害过热。

为了使压缩机在干蒸气区域工作，并且要使节流阀前液态制冷剂的温度进一步再冷却，一般可采用蒸气回热循环来实现，即在压缩机的吸入管道侧安装一个回热器（图 1-9）。

从蒸发器出来的蒸气（状态 1）在回热器中等压吸热到状态 1，然后被压缩机吸入，液态制冷剂经再冷却器后进入回热器，进一步被再冷却，从状态 7 等压冷却到状态 9，最后经节流阀送入蒸发器去制冷。

从图 1-9 中可明显地看出：单位时间内经回热器的液态制冷剂与蒸气制冷剂的质量 G（kg/s）都是相等的。因此，在没有冷量损失的情况下，液态制冷剂放出的热量应等于蒸气制冷剂吸收的热量，即回热器的热平衡式是

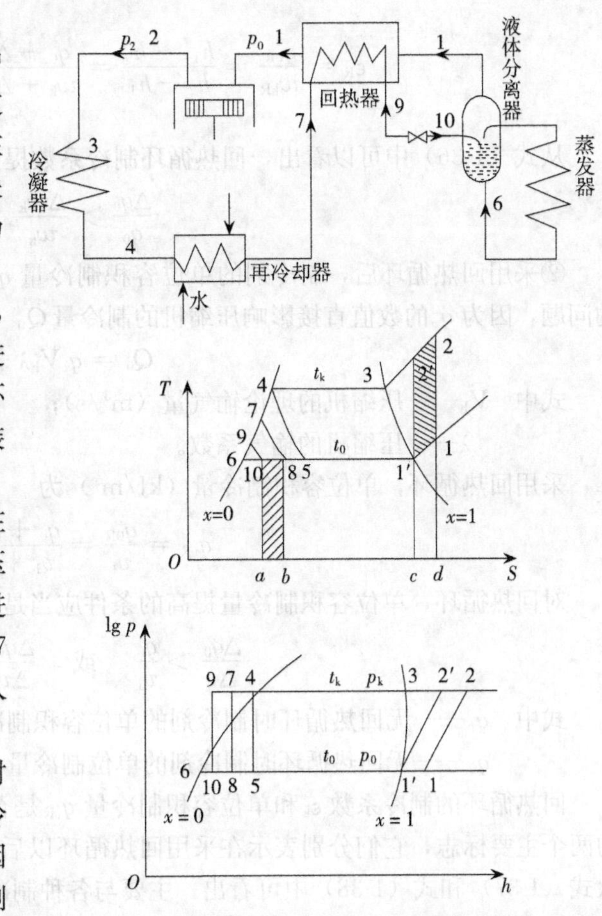

图 1-9　蒸气压缩式制冷的回热循环

$$Q_R = G(h_7 - h_9) = G(h_1 - h_{1'}) \tag{1-33}$$

或

$$Q_R = Gc'(t_7 - t_9) = Gc_p(t_1 - t'_1) \tag{1-34}$$

因为制冷剂蒸气的比热容 c_p 小于液态制冷剂的比热容 c'，故液态制冷剂不可能被冷却到 $t_1{}'$（即蒸发温度 t_0）。

采用回热循环，在设备方面需增加一个回热器（但它的尺寸并不大）和相应的管道设备，可带来以下好处：①循环的单位制冷量 q_0 增大了，当制冷量 Q_0 给定时，制冷剂的循环量 G 可以减少；②吸入蒸气的温度提高了，可减少蒸气在吸气管中的有害过热；③减少了吸入蒸气与气缸壁之间热交换的温差，使压缩机的输气系数得到提高。同时还改善了在低温下工作的压缩机的润滑条件。

采用回热循环后，对制冷循环性能指标的影响还有下列两点：

①由于压缩机吸气过热，使循环的单位压缩功增加了，因此回热循环制冷系数是否提

高，必须对于具体情况进行具体分析。

采用回热循环后，单位制冷量及压缩功（kJ/kg）分别为

$$q_{0R}=h_1'-h_9=(h_1'-h_7)+(h_7-h_9)=q_0+\Delta q_0 \tag{1-35}$$

式中 q_0 与 w_k 是没有回热循环时的单位制冷量和压缩功。故回热循环的制冷系数 ε_R 为

$$\varepsilon_R=\frac{q_{0R}}{w_{kR}}=\frac{h_1'-h_9}{h_2-h_1}=\frac{q_0+\Delta q_0}{w_k+\Delta w_k}=\varepsilon\frac{1+\dfrac{\Delta q_0}{q_0}}{1+\dfrac{\Delta w_k}{w_k}} \tag{1-36}$$

从式（1-36）中可以看出，回热循环制冷系数提高的条件是

$$\frac{\Delta q_0}{q_0}>\frac{\Delta w_k}{w_k} \tag{1-37}$$

②采用回热循环后，制冷剂的单位容积制冷量 q_0 是增加还是减少，这也是一个很重要的问题，因为 q_v 的数值直接影响压缩机的制冷量 Q_0（kW）。

$$Q_0=q_vV_h\lambda \tag{1-38}$$

式中　V_h——压缩机的理论输气量（m^3/s）；

λ——压缩机的输气系数。

采用回热循环，单位容积制冷量（kJ/m^3）为

$$q_{vR}=\frac{q_{0R}}{v_1}=\frac{q_0+\Delta q_0}{v_1+\Delta v}$$

对回热循环，单位容积制冷量提高的条件应当是

$$\frac{\Delta q_0}{\Delta v}>\frac{q_0}{v_1}\quad \text{或}\quad \frac{\Delta q_0}{\Delta v}>q_v \tag{1-39}$$

式中　q_v——无回热循环时制冷剂的单位容积制冷量（kJ/m^3）；

q_0——无回热循环时制冷剂的单位制冷量（kJ/kg）。

回热循环的制冷系数 ε_k 和单位容积制冷量 q_{vR} 是否增加，是回热循环的经济性是否提高的两个主要标志，它们分别表示在采用回热循环以后，压缩机的能量消耗及容量是否减少。从式（1-37）和式（1-38）中可看出，主要与各种制冷剂的性质有关。

为了便于进一步分析，可近似地将来自蒸发器的低压蒸气当作理想气体来进行分析：

$$\Delta q_0=h_1-h_{1'}=c_p(t_1-t_0)$$

$$\Delta v=v'_1\frac{T_1}{T_0}-v'_1=\frac{v'_1}{T_0}(T_1-T_0)$$

$$\begin{aligned}\Delta w_k&=c_p[(T_2-T_1)-(T'_2-T_0)]\\&=c_p\left[(\frac{T_2}{T_1}-1)T_1-(\frac{T'_2}{T_0}-1)T_0\right]\\&=c_p(\frac{T'_2}{T_0}-1)(T_1-T_0)=\frac{w_k}{T_0}(T_1-T_0)\end{aligned}$$

将以上三式代入式（1-37）和式（1-39）可得

$$\frac{c'_pT_0}{q_0}>1 \tag{1-40}$$

理论分析的结果表明，只有满足这一条件，回热循环的制冷系数及单位容积制冷量才能提高。即从单位容积制冷量和制冷系数角度看，R502、R290、R600a、R134a 等制冷剂采用

回热循环有利，而 R717 采用回热循环不利。此外，回热循环还具有由于制冷剂液体过冷所带来的优点。

因此，在实用上是否采用回热循环，除了考虑制冷系数及单位容积制冷量是否提高以外，还应考虑下列一些因素：①采用回热后，使节流前制冷剂成为过冷状态，可以在节流过程中减少汽化，使节流机构工作稳定；②采用回热后，自蒸发器出来的气体流过回热器时压力有所降低。因而增大了压缩机的压比，引起压缩功的增大。因此，究竟在什么情况下采用回热循环，要综合上述因素，具体分析后做出选择。

还应指出，对于像 R113、R114 和 RC318 等制冷剂，在 T—S 图上的饱和蒸气曲线向左下方倾斜，当压缩机吸入的是饱和蒸气时，其等熵压缩过程线将进入两相区，而压缩机在湿压缩区通常是不能正常工作的，因此，应该提高压缩机吸气温度或采用回热循环。

表 1-2　氨压缩机允许吸入温度

单位：℃

蒸发温度 t_0	±0	−5	−10	−15	−20	−25	−28	−30	−33	−40
吸入温度 $t_{吸}$	+1	−4	−7	−10	−13	−16	−18	−19	−21	−25
吸入蒸气过热度	1	1	3	5	7	9	10	11	12	15

［**例 1-5**］有氨制冷机在 $t_k=35℃$、$t_0=-15℃$ 时工作，若节流阀前液体再冷却至 25℃，试比较循环的制冷系数。

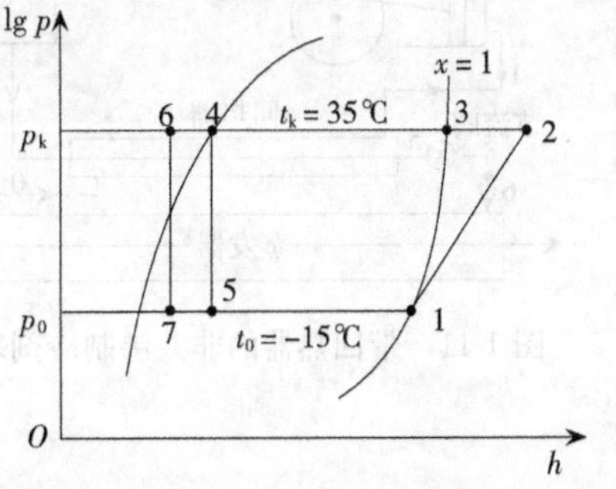

解： 循环的压焓图如图 1-10 所示，各有关点的焓值如 $h_1=1743.5\text{kJ/kg}$，$h_2=2020\text{kJ/kg}$，$h_4=h_5=662.7\text{kJ/kg}$，$h_6=h_7=615.5\text{kJ/kg}$。

图 1-10　例 1-5 用图

（1）无再冷却时循环的制冷系数为

$$\varepsilon=\frac{q_0}{w_k}=\frac{h_1-h_4}{h_2-h_1}=\frac{1743.5-662.7}{2020-1743.5}=3.91$$

（2）再冷却至 25℃时循环的制冷系数为

$$\varepsilon'=\frac{q_0}{w_k}=\frac{h_1-h_6}{h_2-h_1}=\frac{1743.5-615.5}{2020-1743.5}=4.08$$

（3）再冷却至 25℃，循环制冷系数提高的百分数为

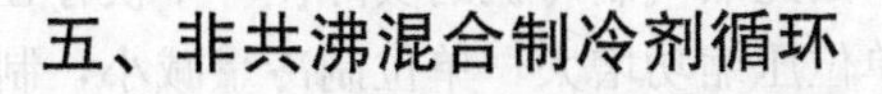

$$\frac{\varepsilon'-\varepsilon}{\varepsilon}\times100\%=\frac{4.08-3.91}{3.91}\times100\%=4.3\%$$

五、非共沸混合制冷剂循环

在第二节中已经指出，对于变温热源，劳伦兹循环具有最高的效率。在工程应用中，大部分载冷剂（如空气、水、乙二醇等）都是利用显热携带热量。这种载冷剂的特点是，随着携带热量的变化，它们的温度要发生变化。这就是说，制冷系统的高低温热源大部分为变温热源。因此，如何在工程实际中实现劳伦兹循环，对于节约能源具有非常重要的意义。

当然，可以利用制冷剂的显热来吸收或释放热量，例如空气制冷机。但是，一般说来，显热比潜热要小得多，即用显热制冷的制冷机其容积制冷量都很小，难以满足实际应用的要

求。要实现相变制冷，同时又要实现定压吸热或放热时制冷剂温度要发生变化，来满足劳伦兹循环的要求，纯质制冷剂和共沸制冷剂都不行，这样大家自然想到了非共沸混合制冷剂（见第二章）。用非共沸混合制冷剂来近似实现劳伦兹循环是非共沸混合制冷剂的一大优点。很多研究表明，利用非共沸混合制冷剂的特点，采用逆流式热交换器，可以在制冷或热泵装置中取得显著的节能效果。

此外，用非共沸混合制冷剂还可以实现用单级压缩获得较低的蒸发温度。下面讨论由非共沸混合制冷剂实现的劳伦兹循环。除非特别指明，有关理论循环的假设同样适用于如下的分析。

图 1-11 和图 1-12 分别为非共沸混合制冷剂基本循环的系统原理图和 $T-S$ 图。它与纯制冷剂循环基本一样，只是由于非共沸混合制冷剂在定压相变时温度会发生变化，为了充分利用这一优势，将蒸发器和冷凝器做成逆流，其工作原理由图 1-11 可清楚看出，这里不再展开。

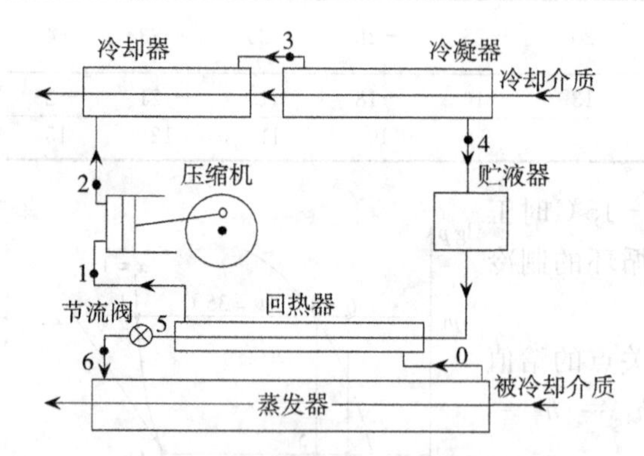

图 1-11 带回热器的非共沸制冷剂基本循环

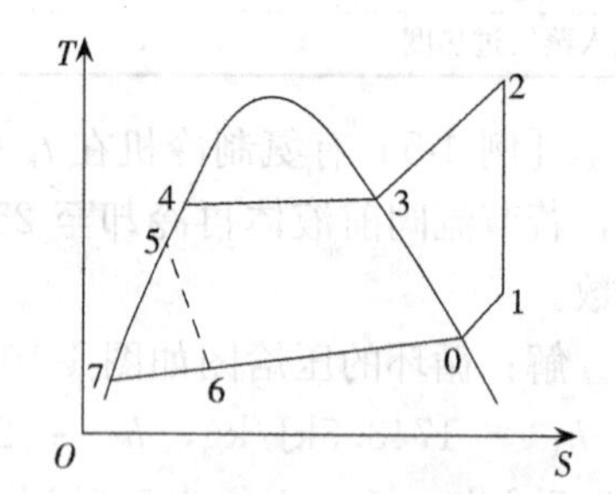

图 1-12 非共沸制冷剂循环在 $T-S$ 图上的表示

第三节 蒸气压缩式制冷机的实际循环

蒸气制冷机的实际循环与理论循环之间有着很多差别，这些差别主要是：压缩过程是不可逆的，即不是等熵过程；节流过程不是绝热节流，故节流后焓值增大；制冷剂在蒸发器与冷凝器内的传热过程存在温差；制冷剂在流经管道和设备时因有阻力存在，故使压缩机的排气压力增高而吸气压力降低。由于这些差别的存在，因此蒸气制冷机的实际循环不仅存在外部不可逆，同时也存在内部不可逆，使实际循环的单位压缩功增大，单位制冷量减小，制冷系数与热力完善度都降低。图 1-13 所示是近似的实际循环的压焓图。

图 1-13 中 $1—a—b—c—2—d—e—f—g—1$ 为蒸气制冷机的近似的实际循环。

点 1 是制冷剂蒸气在压缩机吸气阀前的状态。$1—a$ 是蒸气流过吸气阀时的节流过程，a 点是吸气开始时气缸内的压力，因为吸气阀上弹簧有阻力，故 a 点的压力低于吸气阀前点 1 处的压力，这一压力差较小，故吸气时的节流过程近似地看作焓值不变，即 $h_1=h_a$。

$a—b$ 是吸气过程中低温蒸气与热的气缸壁之间的热交换使吸入蒸气温度升高，吸气开始与吸气终了时气缸内的压力近似相等，即 $p_a=p_b$。

b—c 是制冷剂在气缸内的实际压缩过程，这一过程不是等熵过程，压缩终了的压力比冷凝器内的压力要高，因为要克服排气阀弹簧等的阻力。

c—2 是压缩终了后气缸内的蒸气通过排气阀时的节流过程，由于压力差不大，同样可近似看作焓值不变，即 $h_c=h_2$。

2—d—e 表示排出管道中的蒸气流入冷凝器并冷凝成液体（e 点表示有再冷却）的过程，由于排气管道和冷凝器内有阻力，故点 2 处的压力要比点 e 处的压力高。

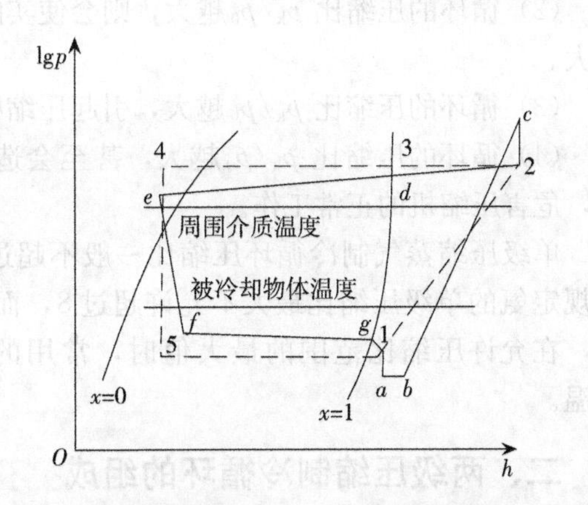

图 1-13　单级蒸气制冷机的近似实际循环的 $\lg p$—h 图

e—f 表示冷凝后的液体经过贮液器和液体管道最后经过节流阀节流后进入蒸发器的过程。图 1-13 中点 e 处的液态制冷剂处于过冷却状态。如果点 e 处的液体没有经过再冷却，这时由于流经液体管道时压力降的影响会产生闪发气体，使进入节流阀前的制冷剂处于二相区域，即点 e 处于二相区域。

f—g 表示制冷剂经节流后在蒸发器内蒸发过程，即制冷过程，由于蒸发器中有阻力，故进入蒸发器时的压力 p_f 大于离开蒸发器时的压力 p_g（这里假设离开蒸发器时的蒸气为干饱和状态）。

g—1 表示制冷剂蒸气在蒸发器出口至压缩机吸气阀这一段管道中的加热过程，由于流经这一段管道时阻力的影响，故 p_1 低于 p_g。

以上是对近似的实际循环的分析：由于实际循环是很复杂的，各点的有关参数实际也很难测定。图 1-13 中 1—a—b—c—2—d—e—f—g—1 所示的循环，仍是一个理论循环，只是与实际循环更接近一些。在工程计算中通常采用简化的理论循环，如简化成图 1-13 中 1—2—3—4　5—1 那样的循环，把排出管道处的压力作为冷凝压力，即 $p_2=p_k$；吸入管道处的压力作为蒸发压力，即 $p_1=p_0$，在冷凝和蒸发过程中压力当作不变，1—2 的压缩过程是绝热压缩过程，4—5 是绝热节流过程。

这样通过对 1—2—3—4—5—1 理论循环的分析和研究，借助于一些系数，就可以对实际循环进行分析和计算。由此可见研究理论循环是十分重要的。

第四节　两级压缩制冷循环

一、采用两级压缩制冷循环的原因

由于生产的发展，对制冷的温度要求越来越低，而单级压缩制冷循环，一般只能满足空调和食品冷却、果蔬冷藏的要求。对于更低温度的要求，如用于食品的冻结、冻藏，如果仍用单级压缩将会遇到很大困难，主要原因为：在冷凝温度 t_k 一定的条件下（四季的影响不是很大），蒸发温度 t_0 越低，其循环的压缩比 p_k/p_0 越大，压缩比的增大会给制冷循环的运行带来一系列的问题。具体如下：

（1）循环的压缩比 p_k/p_0 越大，压缩机输气系数越小，压缩机的制冷量也越小。

（2）循环的压缩比 p_k/p_0 越大，则会使实际压缩过程更偏离等熵压缩过程，不可逆损失增大。

（3）循环的压缩比 p_k/p_0 越大，引起压缩机排温升高，效率降低，功耗增大。

（4）循环的压缩比 p_k/p_0 越大，甚至会造成系统内制冷剂和润滑油分解，运转条件恶化，危害压缩机的正常工作。

单级压缩蒸气制冷循环压缩比一般不超过8～10。氨因为绝热指数比氟利昂要大，我国规定氨的单级压缩比最大不允许超过8，而氟利昂不允许超过10。因此，不同冷凝温度下，在允许压缩比范围的最大值时，常用的中温制冷剂一般只能获得－20～－40℃的低温。

二、两级压缩制冷循环的组成

适用于两级压缩或复叠制冷循环的制冷剂很多，常用于两级压缩循环的中温制冷剂有R717、R22、R134a等。

两级压缩制冷循环的形式多样。按其节流级数分一次节流和两次节流两种形式。一次节流循环是将冷凝压力 p_k 下的制冷剂液体，直接节流到蒸发压力 p_0，由于压差较大，易实现远距离和向高处供液，而且调节也很方便，故应用较广，两次节流循环则是先将 p_k 下的制冷剂液体节流到中间压力 p_m，然后再次节流到 p_0，实际工程应用并不多。在此仅着重讨论两级压缩一次节流循环的有关问题。

1. 两级压缩一次节流中间不完全冷却循环 两级压缩一次节流中间不完全冷却循环由低压级压缩机、高压级压缩机、冷凝器、中间冷却器、节流阀、蒸发器和回热器组成。图1-14示出了两级压缩一次节流中间不完全冷却循环的系统图、$\lg p$—h 图和 T—S 图。如图1-14所示，从冷凝器出来的高压液体被分成两部分：一部分经中间冷却器节流阀节流到中间压力，在中间冷却器中蒸发；另一部分在盘管内流经中间冷却器，通过盘管与管外中间压力下蒸发的制冷剂蒸气进行热交换，达到过冷的目的。然后再进入回热器进一步过冷，并由节流阀节流，使其从冷凝压力降到蒸发压力后在蒸发器内蒸发制冷。由蒸发器出来的制冷剂饱和蒸气经回热器复热后，被低压级压缩机吸入，并被压缩到中间压力，排送到高压级压缩机的吸气管内，与中间冷却器出来的饱和蒸气混合后进入高压级压缩机压缩到冷凝压力，在冷凝器中冷凝成为高压液体，然后再次进行循环。

在图1-14（b）、（c）中，1—2和3—4过程分别表示低压级和高压级压缩机的压缩过程。2—3表示低压级排气在管道内的冷却过程。点3为低压级排气与中间冷却器出来的蒸气混合的状态，即高压级压缩机的吸气状态。4—5为冷凝器的冷凝过程。5—7为出冷凝器的部分高压液体在中间冷却器的过冷过程。5—6为出冷凝器的另一部分高压液体进中间冷却器前的节流过程。6—3′为中间冷却器内制冷剂的汽化过程。7—8为出中间冷却器的高压液体在回热器的过冷过程。8—9表示由回热器出来的有一定过冷度的制冷剂液体进入蒸发器前的节流过程。9—10表示制冷剂在蒸发器内的汽化制冷过程。10—1表示从蒸发器出来的制冷剂蒸气在回热器中的复热过程。点1为低压级压缩机的吸气状态。对于等熵指数 κ 较小的氟利昂来说，采用这种不完全冷却循环方式，虽然高压级压缩机吸入的是过热蒸气，其高压级压缩机的排气温度也不会很高，整个循环的各项性能指标可以达到较好水平。因此，绝大多数氟利昂中温制冷剂选用此循环。

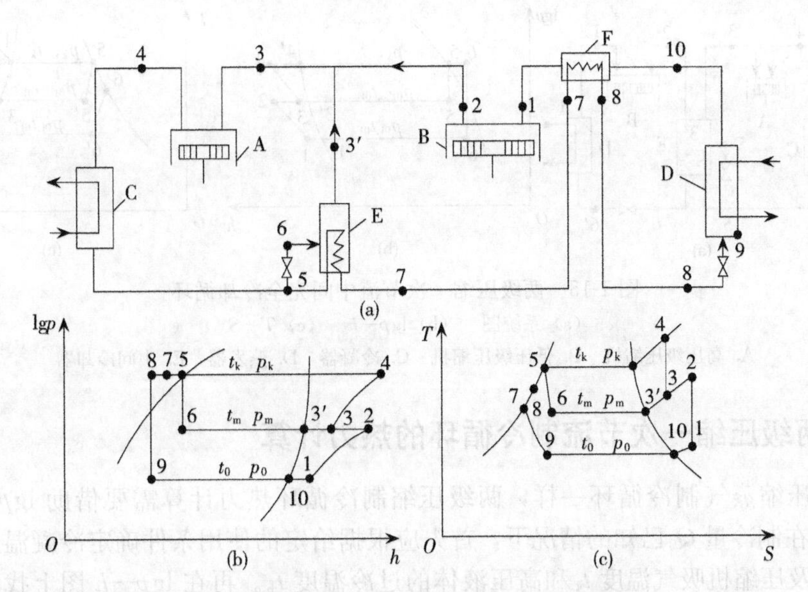

图 1-14 两级压缩一次节流中间不完全冷却循环

(a) 系统图 (b) lg$p$—h 图 (c) T—S 图

A. 高压级压缩机 B. 低压级压缩机 C. 冷凝器 D. 蒸发器 E. 中间冷却器 F. 回热器

2. 两级压缩一次节流中间完全冷却循环 两级压缩一次节流中间完全冷却循环与不完全冷却循环的区别在于高压级压缩机吸入的制冷剂蒸气为饱和状态而非过热状态。它是将低压级压缩机的排气引入中间冷却器，引起中间冷却器中中压液体制冷剂蒸发而放出其过热量，变成饱和蒸气。这样，既可增加高压级压缩机制冷剂流量，又不致造成排气温度过高。这种循环对于绝热压缩指数较大的制冷剂（如 R717）是有利的。

图 1-15 示出了两级压缩一次节流中间完全冷却循环的系统图、lg$p$—h 图和 T—S 图。由蒸发器出来的低压蒸气被低压级压缩机吸入，压缩至中间压力后送入中间冷却器，与其中的中压液体制冷剂进行热交换，温度降低到中间压力对应的饱和温度。然后由高压级压缩机压缩到冷凝压力，并在冷凝器中冷凝成为液体。从冷凝器出来的液体分成两路：一路进入中间冷却器的盘管中降低温度，变成过冷液体，经节流阀降压后到蒸发器蒸发制冷；另一路经节流阀降压后进入中间冷却器蒸发，为冷却低压级压缩机排送到中间冷却器的过热蒸气和盘管内的制冷剂提供冷量。所产生的制冷剂饱和蒸气随即被高压级压缩机吸入。

在图 1-15（b）、（c）中，1—2 和 3—4 为低压级和高压级的压缩机压缩过程。2—3 为低压级压缩机排气在中间冷却器内的冷却过程。4—5 为高压级压缩机排气在冷凝器内的冷却和冷凝过程。5—5′为中间冷却器节流阀的节流过程。5′—3′为部分制冷剂液体在中间冷却器内的蒸发过程。点 3 为中间冷却器内的蒸气与低压级压缩机排出的过热蒸气进行热交换后的混合状态。5—6 为另一部分制冷剂液体在中间冷却盘管内过冷的过程。6—6′为过冷液体的节流过程。6′—1′为制冷剂液体在蒸发器内的蒸发过程。1′—1 为制冷剂蒸气在低压级压缩机吸气管中的过热过程。中间冷却器盘管中高压液体过冷后的温度 t_q 一般应较中间冷却器温度 t_m 高 3～5℃。

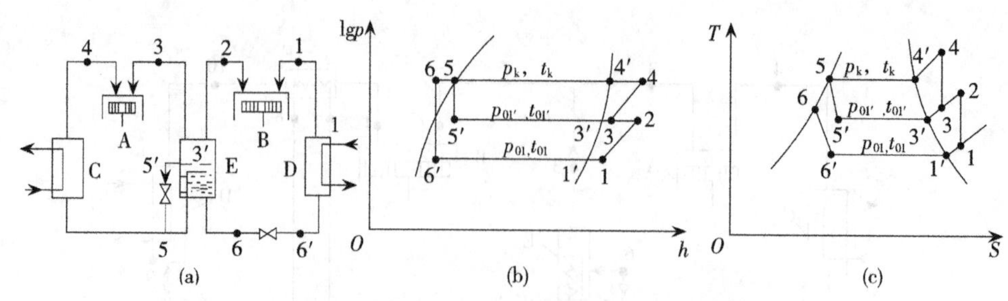

图 1-15　两级压缩一次节流中间完全冷却循环

（a）系统图　（b）lg$p$—h　（c）T—S

A. 高压级压缩机　B. 低压级压缩机　C. 冷凝器　D. 蒸发器　E. 中间冷却器

三、两级压缩一次节流制冷循环的热力计算

与单级压缩蒸气制冷循环一样，两级压缩制冷循环热力计算需要借助 lg$p$—h 图（或 T—S 图）。在制冷量 Q_0 已知的情况下，首先应根据给定的使用条件确定冷凝温度 t_k 和蒸发温度 t_0，以及压缩机吸气温度 t_1 和高压液体的过冷温度 t_b。再在 lg$p$—h 图上找出相应的冷凝压力 p_k 和蒸发压力 p_0，并按上述温度参数找到各相应的状态点。同时选择并确定中间压力 p_m 和中间温度 t_m。最后按这些反映在 lg$p$—h 图（或 T—S 图）上的状态点，查出其状态参数——焓 h 及比体积 v_1 等就可以进行循环性能指标计算。计算按先低压级后高压级的顺序进行，直到求得整个循环的冷凝热负荷、理论和实际的制冷系数。

（一）一次节流中间不完全冷却循环性能指标计算

1. 蒸发器中的单位制冷量 q_0（kJ/kg）

$$q_0 = h_{10} - h_8 \tag{1-41}$$

2. 低压级压缩机单位理论功 w_d（kW）

$$w_d = h_2 - h_1 \tag{1-42}$$

3. 低压级压缩机质量流量 G_d（kg/s）

$$G_d = \frac{Q_0}{q_0} = \frac{Q_0}{h_{10} - h_8} \tag{1-43}$$

式中　Q_0——压缩机制冷量（kW 或 kJ/s）。

4. 低压级压缩机容积流量 V_{vd}（m^3/s）

$$V_{vd} = G_d v_1 \tag{1-44}$$

式中　v_1——压缩机吸气状态比体积（m^3/kg）。

5. 低压级压缩机所需的实际功率 P_{ed}（kW）

$$P_{ed} = \frac{G_d w_d}{\eta_d} = \frac{Q_0}{h_{10} - h_8} \frac{h_2 - h_1}{\eta_d} \tag{1-45}$$

式中　η_d——低压级压缩机绝热效率，$\eta_d = \eta_{id}\eta_{md}$，其中 η_{id} 为低压级压缩机指示效率，η_{md} 为低压级压缩机机械效率（详见第三章第二节）。

6. 低压级压缩机理论排气量 V_{hd}（m^3/h）

$$V_{hd} = 3600\frac{V_d}{\lambda_d} = 3600\frac{Q_0}{h_{10} - h_8}\frac{v_1}{\lambda_d} \tag{1-46}$$

式中　λ_d——低压级压缩机输气系数。在数值上可近似地按相同压比时的单级压缩制冷循环的压缩机输气系数的90%计算。

为了得到高压级压缩机的流量，可利用中间冷却器的热平衡关系求出。由图1-15（a）可知，一次节流中间不完全冷却循环的中间冷却器热平衡关系为

$$(G_g - G_d)h_5 + G_d(h_5 - h_7) = (G_g - G_d)h_{3'}$$

7. 由热平衡关系式得高压级压缩机质量流量 G_g（kg/s）

$$G_g = G_d \frac{h_{3'} - h_7}{h_{3'} - h_5} = \frac{Q_0}{h_{10} - h_8} \frac{h_{3'} - h_7}{h_{3'} - h_5} \quad (1\text{-}47)$$

确定 h_7 时，可取 t_7 比中间压力下的饱和温度高3～5℃。

高温级压缩机的吸气状态与中间冷却器出来的制冷剂蒸气状态以及低压级压缩机排气状态有关，这两部分蒸气混合过程的热平衡关系为

$$(G_g - G_d)h_{3'} + G_d h_2 = G_g h_3$$

则得混合点3的比焓 h_3（kJ/kg）：

$$h_3 = \frac{G_g h_{3'} + G_g(h_2 - h_{3'})}{G_g} = h_{3'} + \frac{h_{3'} - h_5}{h_{3'} h_7}(h_2 - h_{3'}) \quad (1\text{-}48)$$

8. 高压级压缩机单位理论功 w_g（kJ/kg）

$$w_g = h_4 - h_3 \quad (1\text{-}49)$$

9. 高压级压缩机所需的实际功率 P_{eg}（kW）

$$P_{eg} = \frac{G_g w_g}{\eta_g} = \frac{Q_0}{h_{10} - h_8} \frac{h_{3'} - h_6}{h_{3'} - h_5} \frac{h_4 - h_3}{\eta_g} \quad (1\text{-}50)$$

式中 η_g——高压级压缩机绝热效率，$\eta_g = \eta_{ig}\eta_{mg}$。

10. 高压级压缩机理论排气量 V_{hg}（m^3/h）

$$V_{hg} = 3600 \frac{V_g}{\lambda_g} = 3600 \frac{G_g v_3}{\lambda_g} = 3600 \frac{Q_0}{h_{10} - h_8} \frac{h_{3'} - h_7}{h_{3'} - h_5} \frac{v_3}{\lambda_g} \quad (1\text{-}51)$$

式中 λ_g——高压级压缩机输气系数；

v_3——高压级压缩机吸气状态的制冷剂蒸气比体积（m^3/kg）。

11. 循环的冷凝热负荷 Q_k（kW）

$$Q_k = G_g(h_4 - h_5) \quad (1\text{-}52)$$

12. 循环的理论制冷系数 ε_a

$$\varepsilon_a = \frac{Q_0}{G_d w_d + G_g w_g} = \frac{h_{10} - h_8}{(h_2 - h_1) + \frac{h_{3'} - h_7}{h_{3'} - h_5}(h_4 - h_3)} \quad (1\text{-}53)$$

13. 循环的实际制冷系数 ε_{pr}

$$\varepsilon_{pr} = \frac{Q_0}{G_d \frac{w_d}{\eta_d} + G_g \frac{w_g}{\eta_g}} \quad (1\text{-}54)$$

（二）一次节流中间完全冷却循环的性能指标计算

中间完全冷却循环性能指标的计算方法，与中间不完全冷却循环基本相同。但由于中间冷却器结构有所不同，引起高压级流量及其吸气状态的计算方法存在一定差异。

高压级流量由完全冷却中间冷却器的热平衡关系确定，根据图1-15可得

$$G_d h_{2pr} + G_d(h_5 - h_6) + (G_g - G_d)h_5 = G_g h_3$$

$$G_g = G_d \frac{h_{2pr} - h_6}{h_3 - h_5} = \frac{Q_0}{h_{1'} - h_6} \frac{h_2 - h_6}{h_3 - h_5} \tag{1-55}$$

式中　h_{2pr}——低压级压缩机实际排气比焓值（kJ/kg）。

因此，高压级压缩机所需的实际功率 P_{eg}（kW）为

$$P_{eg} = \frac{G_g w_g}{\eta_g} = \frac{Q_0}{h_{1'} - h_6} \frac{h_{2pr} - h_6}{h_3 - h_5} \frac{h_4 - h_3}{\eta_g} \tag{1-56}$$

高压级压缩机理论排气量 V_{hg}（m^3/h）为

$$V_{hg} = 3600 \frac{V_g}{\lambda_g} = 3600 \frac{G_g v_3}{\lambda_g} = 3600 \frac{Q_0}{h_{1'} - h_6} \frac{h_{2pr} - h_6}{h_3 - h_5} \frac{v_3}{\lambda_g} \tag{1-57}$$

式中　λ_g——高压级压缩机输气系数；

v_3——高压级压缩机吸气状态的制冷剂蒸气比体积（m^3/kg）。

循环的冷凝热负荷 Q_k（kW）：

$$Q_k = G_g (h_4 - h_5) \tag{1-58}$$

四、两级压缩制冷循环运行特性分析

两级压缩制冷循环的中间压力，是两级压缩制冷系统优化设计的重要参数。一般情况下，将制冷系数最大的两级压缩制冷循环所具有的中间压力，称为最佳中间压力。它可由以下方法确定。

1. 利用热力图表取数法　利用热力图表取数确定中间压力的步骤：

（1）根据已知制冷剂的 p_k、p_0，按 $p_m = \sqrt{p_k p_0}$ 求得一个中间压力近似值，并在饱和蒸气表中查出对应的中间温度 t_m。

（2）在 t_m 值的上方和下方，按 1～2℃的间隔取若干（一般取 5～6 个）中间温度值，并根据各温度值在 $\lg p-h$ 图（或 $T-S$ 图）上查出其对应的两级压缩循环各主要状态点物性参数。

（3）按热力计算中计算制冷系数的公式，代入所需要的各参数进行制冷系数的计算。

（4）将制冷系数的计算结果绘制成 $\varepsilon - t_m$ 曲线，其曲线的顶点所对应的中间温度即为最佳中间温度 t_{mopt}，与它对应的中间压力称为最佳中间压力 p_{mopt}。

2. 计算法　要得到精确的最佳中间压力 p_{mopt}，可由计算机计算不同中间温度设定值时的制冷系数。经过比较自动取最大制冷系数时所对应的循环的中间压力为设计所需要的最佳中间压力 p_{mopt}。一级节流中间不完全冷却的两级压缩循环的最佳中间压力确定，可由式（1-59）计算其实际制冷系数的最大值，最大实际制冷系数所对应的即为最佳中间压力 p_{mopt}：

$$\varepsilon = \frac{h_0 - h_8}{h'_2 - h_1 + \frac{h_{10} - h_6}{h_{10} - h_5}(h'_4 - h_3)} \tag{1-59}$$

3. 经验公式法　有的学者在对两级压缩制冷循环的研究中，总结出了在一定范围内具有足够精确性的经验公式，来进行最佳中间温度计算，大大简化了热力计算过程。拉塞提出的 R717 两级压缩制冷循环的最佳中间温度 t_m（℃）的经验公式是

$$t_m = 0.4 t_k + 0.6 t_0 + 3 \tag{1-60}$$

其所对应的 p_m，即为所要求的 p_{mopt}。在 $-40 \sim +40$℃范围内，不仅对 R717，而且对 R22、R40（CH_3Cl）等制冷剂均能得到满意的结果。

以上各种确定最佳中间压力的方法，适用于对两级压缩制冷循环系统及其机器设备进行

全新设计的情况。特别是系统中的制冷压缩机设计，要遵照循环热力计算的要求进行。然而，实际工程建设中，由于制冷压缩机生产的系列化，往往是通过在已有的系列压缩机产品中进行选配来组成两级压缩制冷循环。一般有以下两种情况：从现有系列产品中选配合适的高压级和低压级制冷压缩机，这种称为多台压缩机配打双级；用一台多缸制冷压缩机配成两级压缩制冷循环，确定高压级和低压级应有的气缸数目，这种压缩机通常称作单机双级制冷压缩机。

对于选型计算情况，采用制冷系数最大的原则，求取最佳中间压力。然后按所求得的循环热力计算结果，在已有的产品系列中，选择合适的压缩机。这样只能选到一些容量与计算结果相近的产品。因而实际的循环参数将会因此而发生变化，使选配得到的中间压力偏离最佳中间压力，造成制冷系数降低。不过由于制冷系数变化不大，其选配对循环性能带来的影响不会很大。

对于校核计算情况，已确定了两级压缩的机器配组方案（单机双级或多台单级机配打双级），其高、低压级排气容积比ξ值已知，关键是要确定一个满足该ξ值的中间压力。方法是根据在t_k、t_0一定时，ξ值越大，实际中间温度越低的规律，结合实际设计经验，确定几个（一般为2个）初选中间温度（t_m），并用各初选中间温度，以低压级的理论容积为基准进行循环的热力计算，即先求出低压级质量流量G_d，然后根据高低压级质量流量之间的关系求出高压级质量流量G_g，接着求出高压级理论输气量V_{hg}，最后求出不同初选中间温度下的高、低压级理论输气量容积比ξ，然后按照这些结果绘制出ξ—t_m曲线，同时在该曲线上找出满足已知的高、低压级排气容积比ξ值所对应的点，该点所对应的中间温度（t_m轴）读数，即为所要求的实际中间温度。最后按此中间温度进行循环的热力计算，得出要求的各项数据。

第五节 复叠式制冷循环

一、采用复叠式制冷循环的原因

当需要获取－60℃以下的低温时，由于制冷剂热物理特性的限制，对于前面一直在用的中温制冷剂就会遇到凝固温度过低、吸气压力过低、吸气比体积过大等的限制。例如中温制冷剂R717，其标准蒸发温度t_s＝－33.4℃、凝固温度t_f＝－77.7℃、临界温度t_c＝132.4℃、临界压力p_c＝11.52MPa，很明显，它不适于t_0＝－77.7℃以下的制冷循环；即使用于t_0＝－33.35～－77.7℃范围，也会因蒸发压力低于大气压力而使空气漏入系统的机会增加，同时过低的t_0会影响到往复活塞式压缩机气阀的自动开闭特性偏离设计范围；当吸气压力在10～16kPa时，吸气时难以克服吸气阀弹簧力，以致压缩机不能吸气；而且氨在－70℃时，饱和蒸气的比体积为9m^3/kg，比其在蒸发温度－15℃时的饱和蒸气比体积大18倍。R22、R134a等其他中温制冷剂在制取－60℃以下的低温时都存在类似的问题，因而在这些场合再使用中温制冷剂是不经济甚至是不可能的。

若采用低温制冷剂，如t_s＝－82.1℃、t_f＝－155℃、t_c＝25.6℃、p_c＝4.833MPa的低温制冷剂R23，在相同的温度t_0下，其蒸发压力p_0可得到较大的提高，制冷剂也没有凝固的可能。但是，通常以水和空气为冷却介质的单级压缩蒸气制冷循环，t_k一般为30～60℃，在这种情况下势必会造成R23超临界循环，其制冷系统内压力将远远超过允许的1.6MPa安全压力。这种采用低温制冷剂的单级压缩蒸气制冷循环根本无法运行。

因此，当需要获取−60℃以下的低温时，应采用中温制冷剂与低温制冷剂复叠的制冷循环。

二、低温箱复叠压缩式制冷系统的组成与类型

1. 复叠式压缩制冷循环的组成 复叠式制冷循环通常由两个（或多个）采用不同制冷剂的单级（也可以是多级）制冷系统组成，分为高温系统和低温系统。通常在高温系统里使用沸点较高的制冷剂（中温中压制冷剂），在低温系统里使用沸点较低的制冷剂（低温高压制冷剂），各自成为一个独立的制冷系统。高温系统中制冷剂的蒸发，用来使低温系统中的制冷剂冷凝；而低温系统中的制冷剂在汽化时从被冷却对象吸热（制取冷量），因而整个系统既能满足在较低蒸发温度下具有合适的蒸发压力，又能满足在环境温度下适中的冷凝压力。高温系统的蒸发器和低温系统的冷凝器合成一个设备，称为冷凝蒸发器或蒸发冷凝器。在冷凝蒸发器里，依靠高温系统制冷剂的汽化，将低温系统的制冷剂冷凝成液体，高温系统中制冷剂再将热量传给环境介质（空气或水）。

2. 复叠式压缩制冷循环的类型 复叠式循环也有多种形式，如两个单级压缩循环复叠、两级压缩循环的复叠、三个单级压缩循环的复叠等。掌握复叠式制冷循环的特点及变工况特性和相关的技术问题，是设计和应用复叠式制冷循环的关键。

复叠式制冷机可制取的低温范围是相当广泛的，一般用于获得−60～−120℃。因需要获得的低温的不同，可以选择由两个单级压缩循环的组合，或由一个单级压缩循环和一个两级压缩循环的组合，或由三个单级压缩循环的组合等。制冷循环的形式可以是压缩式也可以是吸收式，甚至是半导体制冷等其他制冷方式。表1-3列出的是不同组合的复叠式制冷循环所能制取的低温。

表1-3 复叠式制冷循环的组合形式与制冷温度和制冷剂的关系

最低蒸发温度/℃	制冷剂	制冷循环的形式
−60	R22-R23	R22单级压缩—R23单级压缩复叠
−80	R22-R23 R507-R23 R290-R23	R22单级或两级压缩—R23单级压缩复叠 R507单级或两级压缩—R23单级压缩复叠 R290两级压缩—R23单级压缩复叠
−100	R22-R23 R507-R23 R22-R1150 R507-R1150	R22两级压缩—R23单级或两级压缩复叠 R507两级压缩—R23单级或两级压缩复叠 R22两级压缩—R1150单级压缩复叠 R507两级压缩—R1150单级压缩复叠
−120	R22-R1150 R507-R1150 R22-R23-R50 R507-R23-R50	R22两级压缩—R1150两级压缩复叠 R507两级压缩—R1150两级压缩复叠 R22单级压缩—R23单级压缩—R50单级压缩复叠 R507单级压缩—R23单级压缩—R50单级压缩复叠

3. 复叠压缩式制冷循环的组成形式举例

（1）两个单级压缩循环组成的复叠式制冷机　图1-16所示为两个单级系统组成的复叠式制冷循环系统及$T—S$图。低温系统中工作的制冷剂是R23，高温系统中工作的制冷剂是R22。高温系统由高温压缩机、冷凝器、节流阀和冷凝蒸发器组成，低温系统由低温压缩机、冷凝蒸发器、回热器、节流阀、蒸发器和膨胀容器组成。该复叠式系统的最低蒸发温度

可达到−90℃。

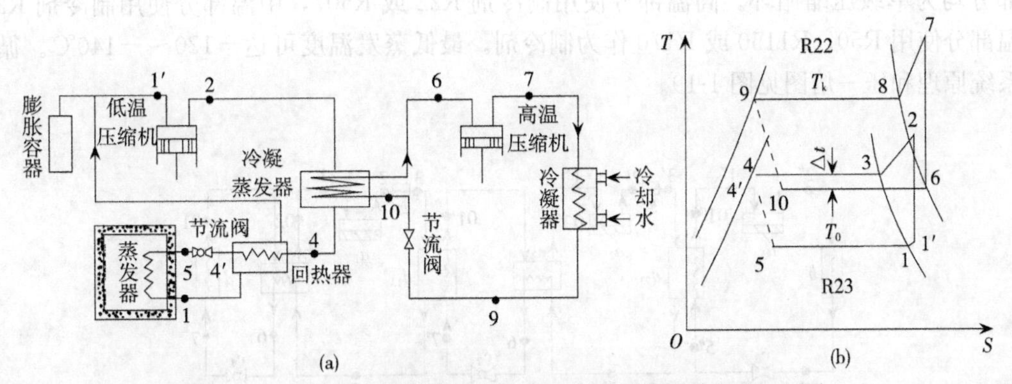

图 1-16 两个单级系统组成的复叠式制冷循环系统及 T—S 图

（a）制冷系统原理 （b）T—S 图

（2）一个两级压缩循环和一个单级压缩循环组成的复叠式制冷机 这一循环的高温部分为一次节流、中间不完全冷却、节流前液体过冷、带回热的两级压缩循环，采用制冷剂 R22 或 R507；低温部分为带回热的单级压缩循环，采用制冷剂 R23 或 R1150。最低蒸发温度可达−110℃。循环的系统原理见图 1-17，压—焓图见图 1-18。

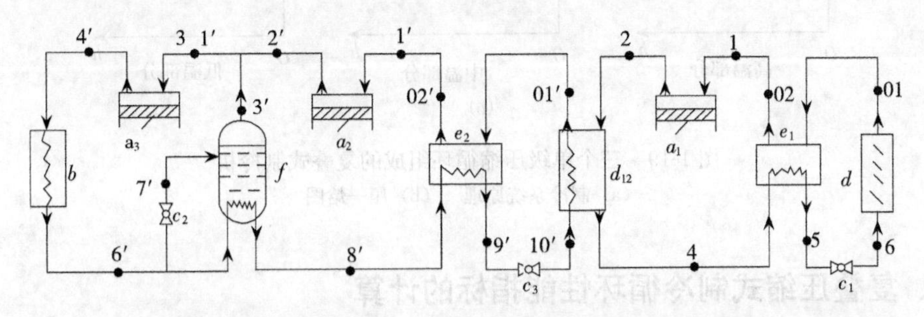

图 1-17 高温部分为两级压缩循环、低温部分为单级压缩循环组成的复叠式制冷机

a_1. 低温部分压缩机 a_2. 高温部分低压级压缩机 a_3. 高温部分高压级压缩机

b. 冷凝器 c_1、c_2、c_3. 节流阀 d. 蒸发器 d_{12}. 冷凝蒸发器

e_1. 低温部分气—液热交换器 e_2. 低温部分气—液热交换器 f. 高温部分中间冷却器

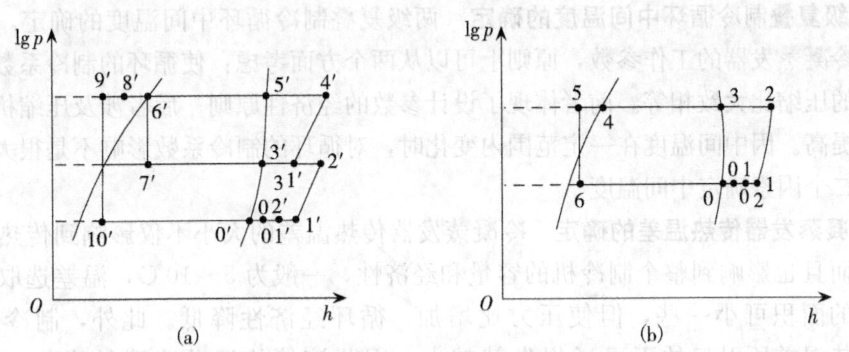

图 1-18 高温部分为两级压缩循环、低温部分为单级压缩循环组成的复叠式制冷循环压—焓图

（a）高温部分 （b）低温部分

（3）三个单级压缩循环组成的复叠式制冷机　这一循环由高、中、低温三部分组成，每个部分均为单级压缩循环。高温部分使用制冷剂 R22 或 R507，中温部分使用制冷剂 R23，低温部分使用 R50、R1150 或 R170 作为制冷剂。最低蒸发温度可达－120～－140℃。循环的系统原理和压—焓图见图 1-19。

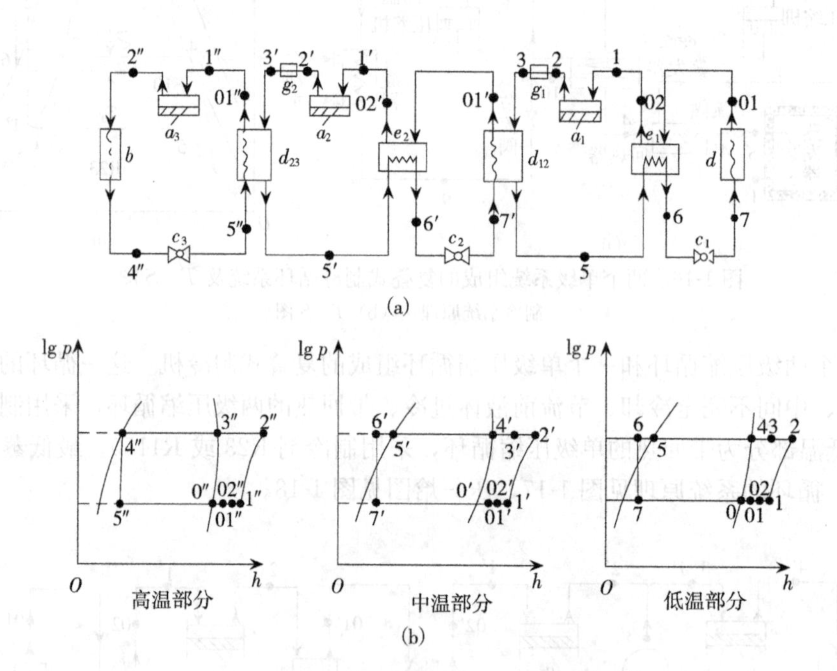

图 1-19　三个单级压缩循环组成的复叠式制冷机
（a）制冷系统原理　（b）压—焓图

三、复叠压缩式制冷循环性能指标的计算

由于复叠式制冷循环由不同制冷剂的单级或双级压缩式制冷循环组成，其循环性能指标的计算与单级或双级压缩式制冷循环计算方法基本相同，可以分别对高温部分和低温部分单独进行计算。计算中令高温部分的制冷量等于低温部分的冷凝负荷加上换热器及其连接管道的冷损失。

1. 两级复叠制冷循环中间温度的确定　两级复叠制冷循环中间温度的确定，实际意义在于选定冷凝蒸发器的工作参数，原则上可以从两个方面考虑：使循环的制冷系数最大；各级压缩机的压缩比大致相等。前者体现了设计参数的经济性原则；后者涉及压缩机气缸容积利用率的提高。因中间温度在一定范围内变化时，对循环的制冷系数影响不是很大，所以一般按照第二个因素确定中间温度。

2. 冷凝蒸发器传热温差的确定　冷凝蒸发器传热温差的大小不仅影响到传热面积和冷量损耗，而且也影响到整个制冷机的容量和经济性，一般为 5～10℃，温差选取得大，冷凝蒸发器的面积可小一些，但使压力比增加，循环经济性降低。此外，制冷剂的温度越低，传热温差所引起的不可逆损失就越大，因此该传热温差应取较小值，最好不大于 5℃。

四、低温箱复叠压缩式制冷系统的运行

1. 复叠式制冷循环的应用温度范围 确定某种形式的循环系统的使用温度范围，通常有两条原则：它所能达到的最低温度；循环的经济性如何。例如，要想得到－80℃以下的低温，仅使用单一制冷剂的循环显然难以实现。必须采用复叠式循环系统。然而在－60～－80℃范围，两级压缩和复叠循环，到底采用哪种方案合适？从理论循环分析，复叠式制冷装置的冷凝蒸发器存在着由传热温差引起的不可逆损失，使循环的经济性有所降低。其次温度调节范围小，系统也比较复杂。但是，系统中各压缩机工作压力范围比较适中，压缩比相近，使低温级压缩机输气量减少，输气系数及指示效率均得以提高，尤其摩擦功率大为减小，实际制冷系数比相同工况下两级压缩循环要高。系统内也能保持正压运行，利于防止空气渗入系统，保证装置能稳定运行。因此，对于大型的低温环境试验装置和工业用低温装置，从经济性和工作可靠性考虑，采用复叠式制冷循环较好。而对于要求温度调节范围较宽的小型低温装置，采用两级压缩制冷循环为好。

2. 制冷剂的选择与使用 复叠式制冷循环需要中温和低温制冷剂配合使用。高温部分使用的是中温制冷剂，除已规定禁用的外，现阶段可使用的有 R22、R290、R1270 和 R134a 等。低温级使用的低温制冷剂有 R23、R14 及 R1150、R170 等。它们在装置中具体的配组方式，取决于制冷装置的用途。例如，R23 适用于蒸发温度－70～－110℃；R14 的适用范围是－110～－140℃。R170 的应用范围与 R23 相似，但它具有可燃性和爆炸性。R1150 的应用范围介于 R23 和 R14 之间。因此，一般情况下，R22 用于高温级，R23 用于低温级。三级复叠的低温装置则采用 R22、R23、R14 的配组方式。在采取严格的安全防护措施的情况下，可用 R290 或 R1270 作高温部分制冷剂，与 R1150 或 R170 等低温制冷剂配组，在石油化工等工业低温装置中使用，其他例子可见表 1-3。

3. 循环形式、工作参数与变工况特性 循环形式是指复叠式制冷循环的组成方式。在两级或三级复叠循环中，有两个单级压缩或三个单级压缩复叠组成的循环，高温部分为两级压缩、低温部分为单级压缩组成的循环，以及高温部分为单级压缩、低温部分为两级压缩组成的循环等。在确定具体使用何种循环形式时，主要考虑所要达到的温度、使用场所及制冷剂种类、特性及效率等因素。

蒸发温度在－60～－80℃时，一般采用两个单级压缩组成的－80℃复叠制冷循环，其蒸发温度上限可以调节到－60℃。若需要－80～－110℃的蒸发温度，以氟利昂作为制冷剂时，可以两级压缩作为高温部分，以便使高压部分、低压部分的压缩比与低温部分压缩比相近，压缩机的效率较高，循环的制冷系数达到最大。而且在变工况条件下，蒸发温度上限可达到－60℃。与两个单级压缩组成的复叠循环系统相比较，因其蒸发温度低达－110℃，使蒸发温度的调节范围增加一倍。若采用低温部分为两级压缩的复叠式循环，虽然蒸发温度也可以低达－110℃，但其蒸发温度上限只能达到－90℃，相比之下的变工况特性不及前者。只有在压缩机具有输气量调节机构的情况下，蒸发温度的可调范围才会有所增大。

4. 提高低温箱复叠压缩式制冷系统运行经济性的措施

（1）合理的温差 复叠制冷循环由于需要获取低温，其不可逆损失必然会随着蒸发温度的降低而增大。所以低温下传热温差对循环性能的影响尤其重要。因此，蒸发器的传热温差

一般不大于5℃。冷凝蒸发器传热温差一般为5～10℃，通常取$\Delta t=5$℃。

(2) 设置低温级排气冷却器　低温级排气冷却器是为了减少冷凝蒸发器热负荷，提高循环效率。按其蒸发温度和制冷剂不同，循环的制冷系数可提高7%～18%。压缩机总容量可减少6%～12%。

(3) 采用气—气热交换器　气—气热交换器通过低温级压缩机排出的过热蒸气加热从蒸发器出来的低温饱和蒸气，提高低温级压缩机的吸气温度，改善压缩机工作条件，降低压缩机排气温度，减小冷凝蒸发器热负荷。

(4) 设置气—液热交换器（回热器）　它是用从蒸发器出来的低温蒸气过冷节流阀前的制冷剂液体，使循环的单位制冷量增加，同时增加压缩机的吸气过热，改善了压缩机工作条件。一般在循环系统的高温部分和低温部分都需要设置回热器。压缩机吸入蒸气的过热度应控制在12～63℃。蒸发温度高时取小值，低时取大值。在使用气—液热交换器尚不能达到上述过热度要求时，可加一个气—气热交换器配合使用。

(5) 低温部分设置膨胀容器　低温级由于低温制冷剂临界温度低，常温下饱和压力较高。停机时系统内温度逐渐回升到环境温度，低温制冷剂全部汽化成为过热蒸气，往往使系统内压力超过最大工作压力。因此，常在低温系统中设置膨胀容器，以便于系统停机后大部分低温制冷剂进入膨胀容器，避免系统内压力过度升高。膨胀容器的容积V_p（m^3）可由式(1-61)求得：

$$V_p=(G_x v_p-V_{xt})\frac{v_x}{v_x-v_p} \tag{1-61}$$

式中　G_x——低温系统中（不包括膨胀容器的）制冷剂总充注量（kg）；

V_{xt}——低温系统（不包括膨胀容器）总容积（m^3）；

v_p——环境温度下，平衡压力时的制冷剂气体比体积（m^3/kg）；

v_x——环境温度下，运行时吸气状态的制冷剂气体比体积（m^3/kg）。

系统停机后，系统内的平衡压力应不大于系统的气压试验压力，一般取1.0～1.5MPa。

(6) 复叠式制冷系统的启动特性　鉴于低温级系统停机时，制冷剂处于超临界状态的特点，装置启动时，应先启动高温部分，使低温部分的制冷剂在冷凝蒸发器内得以冷凝，促使低温级系统内平衡压力逐渐降低。当其冷凝压力低于16×10^2kPa时，可启动低温部分，保证系统安全投入运行。在低温级系统设置膨胀容器的情况下，高温级和低温级可以同时启动。因膨胀容器具有防止启动时低温系统超压的功能，当启动时低温系统的压缩机排气压力一旦超过安全限定值，接在膨胀容器上的减压阀立即自动开启，使排气一部分流到膨胀容器中去，消除系统的超压现象。在完成低温级启动过程投入正常运行后，膨胀容器内的低温制冷剂又将通过接在压缩机吸气管上的毛细管，利用压差的作用回到系统循环。小型复叠式制冷装置通常采用同时启动的方式。

五、自行复叠式制冷循环

自行复叠式制冷循环又可称为单级压缩分凝循环。这种系统充注了混合制冷剂，如R22和R23。它们在相同的冷凝压力下工作，因而系统只需一台压缩机。自行复叠式制冷系统利用中温制冷剂的冷凝温度远低于低温制冷剂这一特性。由此可见，混合制冷剂的单级压缩不仅可用于常规制冷，还可用于获取制冷温度较低的场合，这要求混合制冷剂中高沸点组分（中温制冷剂）和低沸点组分（低温制冷剂）的沸点差要足够大；图1-20是这种循环的流程示意图。

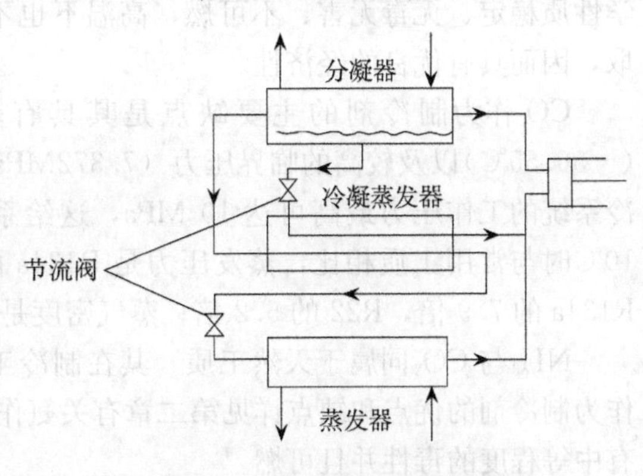

图1-20　自行复叠式制冷循环

自行复叠式制冷循环的工作原理：当混合制冷剂（R22和R23）进入分凝器时，通常的冷却介质（水或空气）使R22冷凝成液体，冷凝液体经节流后进入冷凝蒸发器，产生较低的温度；而R23，常规的冷却介质（水或空气）不足以使R23冷凝，R23仍保持气态，气态的R23进入冷凝蒸发器，该处的温度相当低，使R23冷凝成液体，再经过节流阀进入蒸发器汽化，实现制冷。R22吸收了R23冷凝时放出的热量变成气体，与来自蒸发器的R23气体相汇合后进入压缩机中压缩，从而完成一个制冷循环。

从上述工作原理可以看出，在蒸发器里汽化的是低沸点制冷剂液体，在相同的蒸发压力下，低沸点制冷剂将具有更低的蒸发温度，从而实现较低的制冷温度。如果采用单一低沸点制冷剂单级压缩循环，则所需的冷凝压力将非常高，通常难以实现，在自行复叠式制冷循环中，低沸点制冷剂的冷凝是由高沸点制冷剂的汽化来实现的，因而无需很高的压力。自行复叠式制冷循环的这一优点为单级压缩实现较低的制冷温度提供了一条有效的途径。

第六节　氨-二氧化碳复叠式制冷循环

近年来，包括CO_2在内的天然工质由于其独特的环保优势以及优良的热力学性质，愈发受到重视。其中以NH_3为高温级制冷剂和CO_2为低温级制冷剂的复叠式两级制冷系统得到了很大发展。

目前，在国际上，NH_3/CO_2复叠式制冷系统已经被广泛应用于食品冷库以及超市制冷系统等。

一、二氧化碳制冷剂的优缺点和氨的缺点

CO_2是天然制冷剂天然工质，常温下是一种无色、无味的气体。作为制冷剂，CO_2具有许多优点。首先，从环境保护的角度看，CO_2的ODP为0，GWP为1，远远小于CFCs和HFCs的，并且在实际中所用的CO_2大多为化工副产品，用其作制冷剂等于延迟了这些废气的排放，可以降低碳排放，故CO_2是一种环境友好型工质。

其次，从CO_2的热物理性质看，其优点也是明显的，具体表现为以下几点：CO_2的蒸发潜热大，单位容积制冷量高；导热系数高，液体密度和蒸气密度的比值小，节流后各回路间制冷剂能分配均匀；CO_2的运动黏度小，在低温时也非常小。CO_2这些优良的传热和流动性能，可显著缩小CO_2压缩机和制冷系统的尺寸，使整个系统非常紧凑。此外，CO_2还具有化

学性质稳定、无毒无害、不可燃，高温下也不会分解出有毒气体，并且CO_2便宜，容易获取，因而具有优良的经济性。

CO_2作为制冷剂的主要缺点是其具有较低的临界温度（31.1℃）、较高的凝固点（−56.55℃）以及较高的临界压力（7.372MPa）。特别是后者，若采用跨临界循环，CO_2制冷系统的工作压力最高可达10 MPa，这给系统及部件的设计带来许多新的要求。在0～10℃时与常用工质相比，蒸发压力是R134a的11倍，是R22的7倍；单位容积制冷量是R134a的7.9倍，R22的5.2倍；蒸气密度是R134a的6.7倍，R22的4.7倍。

NH_3与CO_2同属于天然工质，其在制冷工业中的使用直至今日已达120年之久。NH_3作为制冷剂的优点和缺点详见第二章有关氨作为制冷剂的论述，总之，氨最大的不足是它具有中等程度的毒性并且可燃。

二、NH_3/CO_2复叠式制冷系统的基本原理

NH_3/CO_2复叠式制冷系统的组成原理见图1-21，该循环在*T*—*S*图上的表示见图1-22。在此系统中，利用CO_2作为低温部分循环的制冷剂，运行于亚临界范围内，实现相变制冷。压缩后的CO_2气体在蒸发冷凝器被高温部分循环的NH_3制冷系统冷却及冷凝。两级制冷系统由蒸发冷凝器连接，蒸发冷凝器既是NH_3制冷系统的蒸发器同时也是CO_2制冷系统的冷凝器。CO_2制冷系统中设置了回热器，用CO_2压缩机回气管前的低温低压蒸气冷却流出蒸发冷凝器的CO_2高压气体。采用回热循环的目的：使节流前的CO_2产生一定的过冷度，这有利于降低节流损失，增加制冷量，提高系统的COP值；提高CO_2制冷剂进入压缩机的入口温度，避免液击；使制冷剂更好地将润滑油带入压缩机。

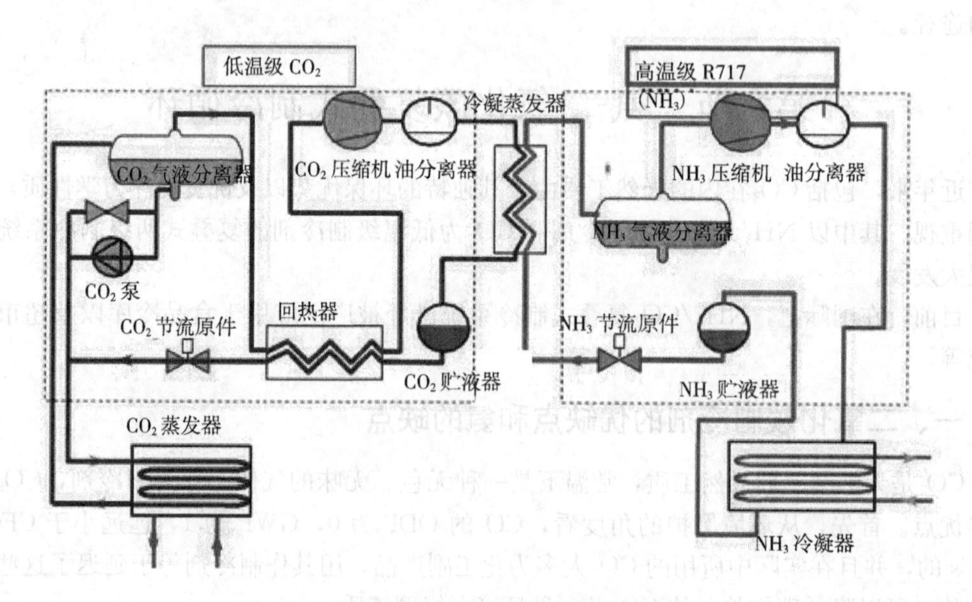

图1-21 NH_3/CO_2复叠式制冷系统的组成原理

NH_3/CO_2复叠式制冷系统具有许多优点：

（1）CO_2在蒸发温度为−50℃以下时仍有足够的蒸发压力，可以满足目前食品保存的要求，而且蒸发器内不会产生负压，降低了空气漏入系统的可能性。

（2）CO_2 制冷剂的容积制冷量大约是 NH_3 制冷剂的 8 倍，低温级制冷剂的容积流量大大降低，而且由于是利用 CO_2 相变来制冷，因此换热性能改善，大大减小了所需换热器的面积。

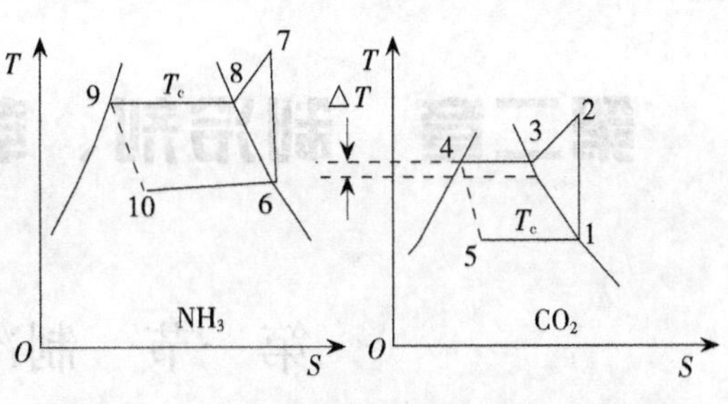

图 1-22　NH_3/CO_2 复叠式制冷循环 T—S 图

（3）CO_2 制冷循环的压缩比要比常规工质制冷循环的低，压缩机的容积效率可维持在较高的水平。

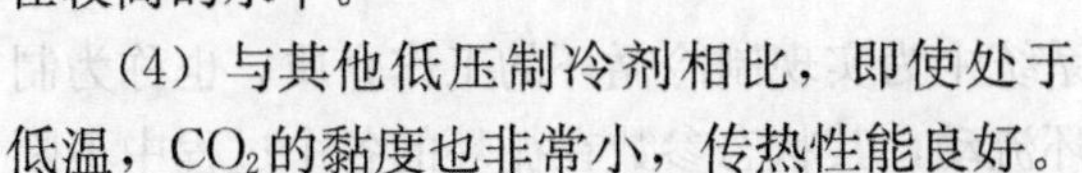

（4）与其他低压制冷剂相比，即使处于低温，CO_2 的黏度也非常小，传热性能良好。

（5）由于 CO_2 无毒、不可燃、无气味，且相对分子质量比空气大，可以按照氢氟烃制冷剂的操作规程执行，因而 CO_2 可以直接送入冷库、超市制冷设备，无污染食品的危险。

（6）NH_3 制冷系统是该制冷系统的高温级，可以设置在远离公众的场所，从而解决安全问题。

这些优势使得 NH_3/CO_2 复叠式制冷系统具有很强的竞争力，可以降低系统的安装、操作和维护成本。有研究表明，与 NH_3 两级压缩式制冷系统相比，低温级采用 CO_2，压缩机的体积可以减小 1/10，CO_2 循环可达到－45～－50℃的低温，而且通过干冰起粉末作用可降低到－80℃。

由于 CO_2 的优良特性，用 NH_3/CO_2 复叠式制冷系统作为低温制冷循环工质替代的一种解决方案具有独特的优势。实验研究表明，采用 NH_3/CO_2 作为工质对的复叠式制冷系统，其性能系数 COP 与传统的 R22/R12 复叠式制冷系统的接近。若再考虑环境效益，则这种制冷系统具有很强的竞争力和发展潜力。

第二章　制冷剂、载冷剂和制冷润滑油

第一节　制冷剂发展概述

制冷剂是制冷机中的工作流体，它是制冷系统中为实现制冷循环的工作介质，也称为制冷工质，或简称工质。制冷剂在制冷系统中循环流动，其状态参数在循环的各个过程中不断发生变化，与外界进行能量交换，从而达到制冷的目的。

一、制冷剂的发展史

蒸气制冷机中的制冷剂从低温热源中吸取热量，在低温下汽化，再在高温下凝结，向高温热源排放热量。因此，只有在工作温度范围内能够汽化和凝结的物质才有可能作为制冷剂。

目前使用的制冷剂已达 80 多种，最早用作制冷剂的是乙醚（1834 年）。它易燃、易爆，标准蒸发温度（沸点）为 34.5℃。用乙醚制取低温时，蒸发压力低于大气压，因此，一旦空气渗入系统，就有引起爆炸的危险。后来，查尔斯・泰勒（Charles Tellier）采用二甲基乙醚作制冷剂，其沸点为－23.6℃，蒸发压力也比乙醚高得多。1866 年，威德豪森（Windhausen）提出使用 CO_2 作制冷剂。1870 年，卡特・林德（Carl Linde）选择 NH_3 作为制冷剂，从此在大型制冷机中 NH_3 被广泛应用。1874 年，拉乌尔・皮克特（Raul Pictel）采用 SO_2 作为制冷剂。CO_2 和 SO_2 在历史上曾经是比较重要的制冷剂。CO_2 的特点是在使用温度范围内压力特别高。例如，常温下的冷凝压力高达 8MPa，导致机器极为笨重，但因 CO_2 无毒、使用安全，所以曾在船用冷藏装置中作为制冷剂使用，长达 50 年之久，直到 1955 年才被卤代烃制冷剂所取代，但近年来，由于它对大气臭氧层无破坏作用，同时又具有良好的传热性能，开始重新引起人们的广泛研究和重视；SO_2 作为重要的制冷剂曾有 60 年之久，其沸点为－10℃，缺点是毒性大，因而逐渐被淘汰。

卤代烃是饱和碳氢化合物的卤族（主要是氟、氯、溴）衍生物的总称，而氟利昂（Freon）是美国杜邦公司过去曾长期使用的商标名称。在 18 世纪后期，人们就已经知道了这类化合物的化学组成，但当作制冷剂使用是美国通用电气公司的汤姆斯・米杰里（Thomas Midgley）于 1929—1930 年首先提出来的，他将 CF_2Cl_2 作为制冷工质，取得良好的效果，而生产此物质的杜邦公司（Du Pont Co.），将其标名为氟利昂 12，R12 正式的商业应用始于 1931 年初，到了 1963 年，制冷剂生产已占有机氟工业总产量的 98%。随后，于 20 世纪 50 年代开始使用了共沸混合制冷剂，20 世纪 60 年代又开始应用非共沸混合制冷剂。卤代烃制冷剂的种类很多，它们之间的热力性质有很大区别，但在物理、化学性质上又有许多共同的优点，所以，卤代烃得到迅速推广，成为制冷业发展的重要里程碑之一。直至 20 世纪 80 年代关于 CFCs（氯氟烃）具有消耗臭氧层的问题正式被公认以前，以各种卤代烃为主的制冷剂的发展已达到相当完善的程度。因而，有人将自 1930 年开始的制冷 50 年称为氟利昂的时代。

二、臭氧层破坏问题

臭氧层是大气中臭氧相对集中的层面，一般是指 10～50km 高度之间的大气层，因受太阳紫外线的光化作用，其臭氧含量的百分率比较高，尤其是在 20～25km 的高度处集中了大气中约 90%的臭氧分子，因而称为臭氧层。臭氧在地球环境中所起的作用非常重要，第一，它是地球生物的保护伞，第二，它是引起气候变化的重要因素。在自然状态下，大气层中的臭氧是处于动态平衡状态的，当大气层中没有其他化学物质存在时，臭氧的形成和破坏速度几乎是相同的。

1974 年美国加利福尼亚大学的罗兰（Sherwood Rowland）教授和他的博士后莫利纳（Mario Molina）在《自然》杂志上发表文章，指出卤代烃在紫外线作用下会释放出氯离子，而氯离子会消耗地球周围热成层（Stratosphere，原名平流层）中的臭氧（Ozone，O_3），而使过量的太阳紫外线照射到地面，给地球上的生物和人类带来一系列的危害。为此，瑞典皇家科学院将 1995 年的诺贝尔化学奖授予这两位和一名德国的化学家，以表彰他们在大气化学特别是臭氧的形成和分解研究方面作出的杰出贡献。

以前，制冷剂都是按 ASHRAE（American Society of Heating，Refrigerating&Air-Conditioning Engineers，美国采暖、制冷和空调工程师协会）规定的统一编号书写为 R22、R23 等，为了区别各类卤代烃对臭氧的不同作用，1988 年美国杜邦公司首先提出用 CFCs 表示氯的氟化碳，CFCs 对大气臭氧层的破坏性最大。目前，这种表示方法已被人们所接受，其他代号见表 2-1。

表 2-1　区别制冷剂对消耗臭氧的作用不同的代号表示法

代号	英文名称	含义	举例
CFCs	Chlorofluorocarbons	氯氟烃	CFC11、CFC12、CFC114
HCFCs	Hydrochlorofluorocarbons	氢氯氟烃	HCFC22、HCFC123
HFCs	Hydrofluorocarbons	氢氟烃	HFC134a、HFC23

大气热成层中的臭氧层是人类及生物免遭短波紫外线伤害的天然保护伞。现已证实，大气臭氧层的消耗甚至出现空洞将会使人们的皮肤癌、白内障等疾病的发病率上升；减退人类的免疫功能；引起农作物如大豆、棉花、玉米、甜菜等减产；会杀死水中微生物而破坏水生物食物链，使渔业减产；腐蚀聚合物。此外，CFCs 还是一种温室气体，它的大量排放，会助长温室效应，加速全球气候变暖，这是地球面临的最严重的问题之一。

为此，联合国环保组织于 1987 年 9 月 16 日在加拿大的蒙特利尔市召开会议，36 个国家和 10 个国际组织共同签署了《关于消耗大气臭氧层物质的蒙特利尔议定书》，国际上正式规定了逐步削减 CFCs 生产与消费的日程表。我国政府已于 1992 年正式宣布加入修订后的《蒙特利尔议定书》，并于 1993 年批准了《中国消耗大气臭氧层物质逐步淘汰国家方案》。为了加快淘汰步伐，逐步限制使用的时间表在不断地提前。到 1995 年 12 月在维也纳召开的《蒙特利尔议定书》缔约国第七次会议为止，国际上对 CFCs 和 HCFCs 物质限制日程表如下：

(1) 对 CFCs，包括 CFC11、CFC12、CFC113、CFC114、CFC115 等氯氟烃物质：

①对发达国家，规定从 1996 年 1 月 1 日起完全停止生产与消费。

②对发展中国家（CFCs 人均消耗量小于 0.3kg/年），最后停用的日期是 2010 年。

(2) 对 HCFCs，包括 HCFC22、HCFC142b、HCFC123 等：

①对发达国家，从 1996 年起冻结生产量，2004 年开始削减，至 2020 年完全停用。

②对发展中国家，从 2016 年开始冻结生产量，2030 年完全停用。

以上时间表还可能再提前。从 20 世纪 80 年代后期开始，世界各国的科学家和技术专家就一直在寻找新的制冷剂。CFCs 问题的出现及其替代技术的发展，对制冷工业来说，这是一次历史性的冲击，它打乱了制冷工业已有的发展现状，但又提供了新的发展机遇，使制冷剂又进入一个以 HFC 为主体和向天然制冷剂发展的新的历史阶段。

第二节　制冷剂的要求和分类

一、制冷剂热力学和物理化学的要求

作为制冷剂应该符合如下要求：

1. 热力学性质方面

(1) 在工作温度范围内有合适的压力和压力比，即要求在一定的蒸发温度下其蒸发压力不低于大气压力，避免制冷系统的低压部分出现负压，使外界空气渗入系统，影响制冷剂的性质，加剧对设备材料的腐蚀或引起其他一些不良后果（如燃烧、爆炸等）；冷凝压力不要过高，以免设备过分笨重；冷凝压力与蒸发压力之比也不宜过大，以免压缩终了的温度过高或使往复活塞式压缩机的输气系数过低。

(2) 通常要求单位制冷量 q_0 和单位容积制冷量 q_v 较大。因为对于总制冷量一定的装置，q_0 越大，要求的制冷剂的循环量越小；大的 q_v，可减少压缩机的输气量，故可缩小压缩机的尺寸。这对大型制冷装置尤为重要。

(3) 单位质量所消耗的功 w 和单位容积压缩功 w_v 要小，循环效率高，经济性好。

(4) 等熵压缩的终了温度不要太高，以免润滑油黏性下降，造成润滑条件恶化，甚至润滑油结焦、炭化或制冷剂自身在高温下分解。

(5) 绝热压缩指数要小。

(6) 汽化潜热要大。

2. 传输性质方面

(1) 黏度、密度尽量小，这样可减少制冷剂在系统中的流动阻力。

(2) 热导率大，这样可以提高热交换设备，如蒸发器、冷凝器、回热器等的传热系数，减少传热面积，使系统结构紧凑。

3. 物理化学性质方面

(1) 无毒，不燃烧，不爆炸，使用安全　毒性通常是根据对动物的试验和对人的影响的资料来确定的。虽然一些卤代烃制冷剂其毒性都较低，但它们在高温或火焰作用下会分解出极毒的光气，这一点在使用时要特别注意。各种制冷剂的燃烧性和爆炸性差别很大。易燃的制冷剂在空气中的含量达到一定范围时，遇明火就会产生爆炸。因此，应尽量避免使用易燃和易爆炸的制冷剂。在使用时，必须要有防火防爆安全措施。在空气中发生燃烧或爆炸的体积百分比的范围称为爆炸极限。这一范围的下限值越小，表示越易燃；下限值相同，而范围越宽则越易燃。

（2）化学稳定性和热稳定性好　制冷剂要经得起汽化和冷凝的循环变化，使用中不变质，不与润滑油反应，不腐蚀制冷机部件，不分解。通常，制冷剂因受热而发生化学分解的温度大大高于其工作温度，因此在正常运转条件下制冷剂是不会发生裂解的，但在温度较高又有油、钢铁、铜存在时，长时间使用会发生变质甚至热解。例如，氨当温度超过 250℃时分解成氮和氢；丙烷当含有氧气时，在 460℃时开始分解，660℃时分解 43%，830℃时完全分解；R22 在与铁相接触时 550℃开始分解。

（3）对大气环境无破坏作用　即不破坏大气臭氧层，无温室效应。要求制冷剂的 ODP 值和 GWP 值（见后面章节）为零或尽可能地小。

（4）对材料的作用　碳氢化合物制冷剂对金属无腐蚀作用。在正常情况下，卤素化合物制冷剂与大多数常用金属材料不起作用。但在某种情况下，一些材料将会与制冷剂发生作用，例如水解作用、分解作用等。如含镁量超过约 2%的镁锌铝合金不能用在卤素化合物制冷剂的制冷机中，因为若有微量水分存在就会引起腐蚀。有水分存在时，卤代烃水解成酸性物质，对金属有腐蚀作用。卤代烃与润滑油的混合物在有水情况下能水解铜，所以当卤代烃在系统中与铜或铜合金部件接触时，铜便溶解到混合物中，当混合物和钢或铸铁部件接触时，被溶解的铜离子又会析出，并沉积在钢铁部件表面上，形成一层铜膜，这就是所谓的“镀铜”现象。这种现象对制冷机的运行极为不利，因此，制冷系统中应尽量避免有水分存在。

纯氨对钢铁无腐蚀作用；对铝、铜和铜合金有轻微的腐蚀作用，但若氨中含有水，则对铜和几乎所有的铜合金（磷青铜除外）产生强烈的腐蚀作用。因而，氨制冷机中不适合用黄铜、紫铜和其他铜合金，若考虑到耐磨性而一定要用铜合金，就得用磷青铜。

卤代烃是一种良好的有机溶剂。某些非金属材料，如一般的橡胶、塑料等，与卤代烃制冷剂会起作用。橡胶与卤代烃相接触时，会发生溶解；而对塑料等高分子化合物虽不溶解，却能使之变软、膨胀和起泡，即“膨润”作用。所以，在选择制冷系统的密封材料和封闭式压缩机的电器绝缘材料时，必须注意不可使用天然橡胶和树脂化合物，而应该选用耐氟材料，如氯丁乙烯、氯丁橡胶、尼龙或其他耐氟的塑料制品。

（5）与润滑油的关系　在大多数制冷机里，工质与润滑油相互接触是不可避免的。各种工质与润滑油之间的溶解程度不同，分为完全互溶、不溶解和部分溶解三种。若制冷工质与油不相溶解，可以从冷凝器或贮液器将油分离出来，避免将油带入蒸发器，降低传热效果；制冷工质与油溶解会使润滑油变稀，影响润滑作用，且油会被带入蒸发器，应该说工质与润滑油溶解与否各有利弊。

（6）对水的溶解性　不同制冷剂溶解水的能力不同。氨可以溶解比它本身大许多倍的水，生成的溶液冰点比水的冰点低。因此在运转的制冷系统中不会引起结冰而堵塞管道通路，但会对金属材料引起腐蚀。卤代烃很难与水溶解，烃类制冷剂也难溶解于水。例如，在 25℃时，水在 R134a 液体中只能溶解 0.11%（质量分数）。当制冷剂中水的含量超过上述百分数时就会有纯水存在。当温度降到 0℃以下时，水就会结成冰，堵塞节流阀或毛细管的通道，形成“冰堵”，致使制冷机不能正常工作，表 2-2 给出水分在一些制冷剂中的溶解度。

表 2-2 水分在一些制冷剂中的溶解度（质量分数，%）（25℃）

制冷剂代号	溶解度	制冷剂代号	溶解度	制冷剂代号	溶解度	制冷剂代号	溶解度
R22	0.13	R124	0.07	R134a	0.11	R500	0.05
R23	0.15	R125	0.07	R142b	0.05	R502	0.06
R152a	0.17			R143a	0.08	R718	100

前面已经提到，水与卤代烃制冷剂相遇后会发生水解作用，生成酸性产物，腐蚀金属材料。含有氯原子的制冷剂会水解并生成盐酸，不但会腐蚀金属材料，而且还会降低电绝缘性能。因此，制冷系统中不允许有游离的水存在。希望制冷剂有一定的吸水性，这样在系统中不易发生冰堵。

（7）泄漏性　制冷机工作时不允许制冷剂向系统外泄漏，因此需要经常在设备、管道的接合面处检查有无制冷剂漏出。氨因有强烈的臭气，人们依靠嗅觉就容易判别是否有泄漏。而且由于氨极易溶于水，因此不能用肥皂水检漏。通常用酚酞试剂和试纸验漏，如有泄漏，试剂或试纸会变成红色。

卤代烃是无色无臭的物质，泄漏时不易发觉，检漏的方法有卤素喷灯和电子检漏仪两种。卤素喷灯是通过燃烧酒精去加热一块紫铜，空气被吸入喷灯，当空气内含有卤代烃时气流与紫铜接触就会发生分解，并使燃烧的火焰变成黄绿色（泄漏量小时）或紫色（泄漏量大时）。用电子检漏仪检漏是一种较精密的方法。仪器中有一对铂电极，空气由风机吸入并流过电极，当含有卤代烃时电极之间的导电率会发生变化，通过电流计可以反映出来。

（8）抗电性　制冷剂的抗电性是全封闭或半封闭压缩机的一个重要性能。在这些压缩机中，制冷剂与电机线圈直接接触，要求有良好的电绝缘性能。通常制冷剂和润滑油的电绝缘性都能满足要求，但要注意，微量杂质和水分的存在均会造成制冷剂的电绝缘性降低。

（9）安全性　安全性对操作人员是非常重要的，因为制冷剂在制冷系统中可能泄漏，尤其是在制冷机长期连续运转的情况下，制冷剂的毒性、燃烧性和爆炸性都是评价制冷剂安全程度的指标，各国都规定了最低安全程度的标准，要求它对人体健康、食品等无损害。过去对制冷剂的安全性分别以毒性和可燃性做出规定，国际标准 ISO 5149 和美国标准 ANSI/ASHBAE34—92 对制冷剂的安全分类是将毒性与可燃性合在一起，规定了 6 个安全等级（图 2-1），表 2-3 给出了这 6 个等级的划分定义。表 2-4 给出了一些制冷剂的安全分类。

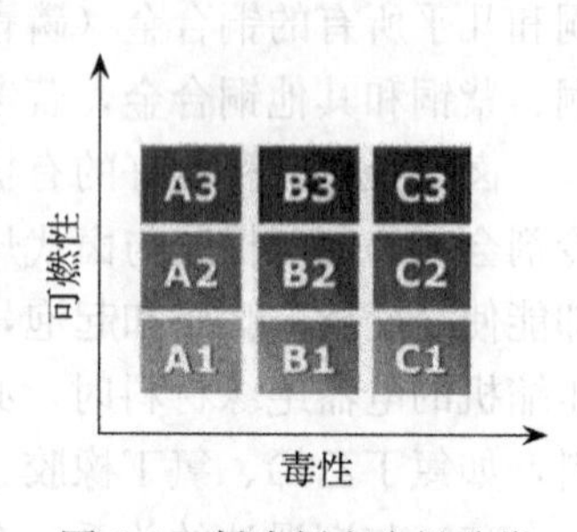

图 2-1 制冷剂安全性分类

表 2-3 ASHBAE34—92 以毒性和可燃性为依据的安全分类

可燃性 \ 毒性	TLVs①值确定或一定的系数，制冷剂体积分数≥4×10⁻⁴	TLVs①值确定或一定的系数，制冷剂体积分数<4×10⁻⁴
无火焰传播；不燃	A1③	B1
制冷剂 LFL②>0.1kg/m³，燃烧<19 000kJ/kg；低度可燃性	A2	B2
制冷剂 LFL②≤0.1kg/m³，燃烧≥19 000kJ/kg；低度可燃性	A3	B3

① TLVs，Threshold Limit Values，表示在此指标下可以在较长时间内接触制冷剂而不至于产生不良反应。

② LFL 为燃烧下限，即在指定的实验条件下，能够在制冷剂和空气组成的均匀混合物中传播火焰的制冷剂最小浓度，单位为 kg/m^3。

③ A1、A2、A3 为低毒性；B1、B2、B3 为高毒性。

表 2-4　一些制冷剂的安全分类

制冷剂代号	安全分类	制冷剂代号	安全分类	制冷剂代号	安全分类	制冷剂代号	安全分类
R22	A1	R124	A1	R134a	A1	R290	A3
R23	A1	R125	A1	R142b	A2	R500	A1
R717	B2	R744	A1	R143a	A2	R502	A1
R718	A1			R152a	A2	R600a	A3

当然，完全满足上述要求的制冷剂是不存在的。各种制冷剂总是在某些方面有长处，另一些方面又有不足。使用要求、机器容量和使用条件不同，对制冷剂性质要求的侧重点就会不同，应按主要要求选择相应的制冷剂。一旦选定制冷剂，由于它本身性质上的特点，反过来又要求制冷系统在管路设计、机器结构、材料选择及运行操作等方面与之相适应。这些都必须在充分掌握制冷剂性质的基础上恰当地加以处理。

（10）来源　来源充足，制造工艺简单，便宜。

二、制冷剂的分类和命名

1. 制冷剂的分类　目前用得较多的制冷剂，按其化学组成主要有六类：

（1）无机物制冷剂，如 NH_3、CO_2 和 H_2O 等。

（2）卤代烃制冷剂（氟利昂），如二氟二氯甲烷（R12）、四氟乙烷（R134a）、二氟一氯甲烷（R22）、一氟三氯甲烷（R11）、三氟二氯乙烷（R123）等。

（3）碳氢化合物制冷剂，如甲烷、乙烷、丙烷、异丁烷、乙烯、丙烯等。

（4）环烷烃的卤代物、链烯烃的卤代物也可作制冷剂使用，如八氟环丁烷、二氟二氯乙烯等，但使用范围较上述要小得多。

（5）共沸制冷剂，如 R500、R502、R507 等。

（6）非共沸制冷剂，如 R400、R402、R407 等。

上述六类制冷剂中，卤代烃及其共沸、非共沸制冷剂属于人工合成制冷剂，其余为自然制冷剂。

2. 制冷剂的命名　为了书写方便，国际上统一规定用字母“R”和它后面的一组数字或字母作为制冷剂的简写符号。字母“R”表示制冷剂（refrigerant），后面的数字或字母则根据制冷剂的分子组成按一定的规则编写。编写规则如下：

（1）无机化合物　无机化合物的简写符号规定为 R7（　）。括号代表一组数字，这组数字是该无机物相对分子质量的整数部分。例如，NH_3、CO_2 和 H_2O 的相对分子质量的整数部分分别为 17、44、18。符号依此表示 R717、R744、R718。

（2）卤代烃和烷烃类　烷烃类化合物的分子通式为 C_mH_{2m+2}；卤代烃的分子通式为 $C_mH_nF_xCl_yBr_z$（$2m+2=n+x+y+z$），它们的简写符号规定为 R（$m-1$）（$n+1$）（x）B（z），每个括号是一个数字，若该数字值为零时省去不写，同分异构体则在其最后加小写英文字母以示区别。表 2-5 列出的是一些制冷剂的符号。需要指出的是，正丁烷和异丁烷的代号编写方式例外，分别用 R600 和 R600a 表示。

表 2-5 卤代烃和烷烃类制冷剂的符号举例

化合物名称	分子式	m、n、x、z 的值	简写符号
一氟三氯甲烷	$CFCl_3$	$m=1, n=0, x=1$	R11
二氟二氯甲烷	CF_2Cl_2	$m=1, n=0, x=2$	R12
三氟一溴甲烷	CF_3Br	$m=1, n=0, x=3, z=1$	R13B1
二氟一氯甲烷	CHF_2Cl	$m=1, n=1, x=2$	R22
二氟甲烷	CH_2F_2	$m=1, n=2, x=2$	R32
甲烷	CH_4	$m=1, n=4, x=0$	R50
三氟二氯乙烷	$C_2HF_3Cl_2$	$m=2, n=1, x=3$	R123
五氟乙烷	C_2HF_5	$m=2, n=1, x=5$	R125
四氟乙烷	$C_2H_2F_4$	$m=2, n=2, x=4$	R134a
乙烷	C_2H_6	$m=2, n=6, x=0$	R170
五氟丙烷	$C_3H_3F_5$	$m=3, n=3, x=5$	R245ca
丙烷	C_3H_8	$m=3, n=8, x=0$	R290

（3）非共沸混合制冷剂　非共沸混合制冷剂的简写符号为 R4（　）。括号代表一组数字，这组数字为该制冷剂命名的先后顺序号，从 00 开始。构成非共沸混合制冷剂的纯物质种类相同，但成分不同，则分别在最后加上大写英文字母以示区别。例如，最早命名的非共沸混合制冷剂写作 R400，以后命名的按先后次序分别用 R401、R402、…、R407A、R407B、R407C 等表示。

（4）共沸混合制冷剂　共沸混合制冷剂的简写符号为 R5（　）。括号代表一组数字，这组数字为该制冷剂命名的先后顺序号，从 00 开始。例如，最早命名的共沸制冷剂写作 R500，以后命名的按先后次序分别用 R501、R502、…、R507 表示。

（5）环烷烃、链烯烃以及它们的卤代物　其简写符号规定：环烷烃及环烷烃的卤代物用字母“RC”开头，链烯烃及链烯烃的卤代物用“R1”开头，其后的数字排写规则与卤代烃及烷烃类符号表示中的数字编写规则相同。

此外，有机制冷剂则在 600 序列任意编号。这包括碳氢化合物制冷剂、有机氧化物、脂肪族胺，因当碳氢化合物包含 9 个或更多个氢原子（即 9+1 不能被单一的数字所表示）时，不能被一般的编号体系所识别，所以它们用 R6 开头，其后的数字是任选的。例如，乙醚为 R610，甲酸甲酯为 R611，甲胺为 R630，乙胺为 R631。详细的制冷剂标准符号可从表 2-6 中查出。

表 2-6 制冷剂的标准符号表示

代号	化学名称	分子式	代号	化学名称	分子式
卤代烃			卤代烃		
R10	四氯化碳	CCl_4	R22	二氟一氯甲烷	CHF_2Cl
R11	一氟三氯甲烷	$CFCl_3$	R23	三氟甲烷	CHF_3
R12	二氟二氯甲烷	CF_2Cl_2	R30	二氯甲烷	CH_2Cl_2
R13	三氟一氯甲烷	CF_3Cl	R31	一氟一氯甲烷	CH_2FCl
R13B1	三氟一溴甲烷	CF_3Br	R32	二氟甲烷	CH_2F_2
R14	四氟化碳	CF_4	R40	氯甲烷	$CHCl_3$
R20	氯仿	$CHCl_3$	R41	氟甲烷	CHF_3
R21	一氟二氯甲烷	$CHFCl_2$	R50①	甲烷	CH_4

（续）

代号	化学名称	分子式
卤代烃		
R110	六氯乙烷	CCl_3CCl_3
R111	一氟五氯乙烷	CCl_3CFCl_2
R112	二氟四氯乙烷	$CFCl_2CFCl_2$
R112a	二氟四氯乙烷	CF_2ClCCl_3
R113	三氟三氯乙烷	$CF_2ClCFCl_2$
R113a	三氟三氯乙烷	CCl_3CF_3
R114	四氟二氯乙烷	$CFCl_2CF_3$
R114a	四氟二氯乙烷	$CF_2Cl_2CF_2$
R114B2	四氟二溴乙烷	CF_2BrCF_2Br
R115	五氟一氯乙烷	CF_2ClCF_3
R116	六氟乙烷	CF_3CF_3
R120	五氯乙烷	$CHCl_2CCl_3$
R123	三氟二氯乙烷	$CHCl_2CF_3$
R124	三氟一氯乙烷	$CHFClCF_3$
R124a	四氟一氯乙烷	CHF_2CF_2Cl
R125	五氟乙烷	CHF_2CF_3
R133a	三氟一氯乙烷	CH_2ClCF_3
R134a	四氟乙烷	CH_2FCF_3
R140a	三氯乙烷	CH_3CCl_3
R142b	二氟一氯乙烷	CH_3CF_2Cl
R143a	三氟乙烷	CH_3CF_3
R150a	二氯乙烷	CH_3CHCl_2
R152a	二氟乙烷	CH_3CHF_2
R160	氯乙烷	CH_3CH_2Cl
R170①	乙烷	CH_3CH_3
R218	八氟丙烷	$CF_3CF_2CF_3$
R290①	丙烷	$CH_3CH_2CH_3$
碳氢化合物制冷剂		
R50	甲烷	CH_4
R170	乙烷	CH_3CH_3
R290①	丙烷	$CH_3CH_2CH_3$
R600	丁烷	$CH_3CH_2CH_2CH_3$
R600a	异丁烷	$CH(CH_3)_3$
	乙烯	$CH_2=CH_2$
R1270②	丙烯	$CH_3CH=CH_2$
有机氧化物制冷剂		
R610	乙醚	$C_2H_5OC_2H_5$
R611	甲酸甲酯	$HCOCCH_3$
脂肪族胺制冷剂		
R630	甲胺	CH_3NH_2
R631	乙胺	$C_2H_5NH_3$
非共沸混合制冷剂		
R400	R22/114	(80/20)
R401A	R22/152a/124	(53/13/34)
R401B	R22/152a/124	(61/11/28)
R401C	R22/152a/124	(33/15/52)
R402A	R125/290/22	(60/2/38)
R402B	R125/290/22	(38/2/60)
R403A	R290/22/218	(5/75/20)
R403B	R290/22/218	(5/56/39)
R404A	R125/143a/134a	(44/52/4)
R405A	R22/152a/142b/C318	(45/7/5.5/42.5)
R406A	R22/600a/142b	(55/4/41)
R407A	R32/125/134a	(20/40/40)
R407B	R32/125/134a	(10/70/20)
R407C	R32/125/134a	(23/25/52)
R408A	R125/143a/22	(7/46/47)
R409A	R22/124/142b	(60/25/15)
R410A	R32/125a	(50/50)
R411A	R1270/22/152a	(1.5/87.5/11)
R411B	R1270/22/152a	(3/94/3)
共沸混合制冷剂		
R500	R12/152a	(73.8/26.2)
R501	R22/12	(75/25)
R502	R22/115	(48.8/51.2)
R503	R23/13	(48.2/51.8)
R504	R32/115	(48.2/51.8)
R505	R12/31	(78.0/22.0)
R506	R31/114	(55.1/44.9)
R507	R125/143a	(50.0/50.0)
无机物制冷剂		
R702	氢（正氢和仲氢）	H_2
R704	氦	He
R717	氨	NH_3
R718	水	H_2O
R720	氖	Ne
R728	氮	N_2
R729	空气	$0.21O_2$，$0.78N_2$，$0.01Ar$
R732	氧	O_2
R740	氩	Ar
R744	二氧化碳	CO_2
R744	一氧化二氮	N_2O
R764	二氧化硫	SO_2
环状有机物制冷剂		
RC316	六氟二氯环丁烷	$C_4F_6Cl_2$
RC317	七氟一氯环丁烷	C_4F_7Cl

（续）

代号	化学名称	分子式	代号	化学名称	分子式
环状有机物制冷剂			**不饱和烃制冷剂**		
RC318	八氟环丁烷	C_4F_8	R1130	二氯乙烯	$CHCl=CHCl$
不饱和烃制冷剂			R1132a	二氟乙烯	$CH_2=CF_2$
R1112a	二氟二氯乙烯	$CF_2=CCl_2$	R1140	氯乙烯	$CH_2=CHCl$
R1113	三氟一氯乙烯	$CFCl=CF_2$	R1141	氟乙烯	$CH_2=CHF$
R1114	四氟乙烯	$CF_2=CFl_2$	R1150	乙烯	$CH_2=CH_2$
R1120	三氯乙烯	$CHCl=CCl_2$	R1270	丙烯	$CH_2CH=CH_2$

① 甲烷、乙烷和丙烷按序号放在卤代烃类，但它们实际是碳氢化合物。

② 乙烯、丙烯放在碳氢化合物类，但它们实际是不饱和有机物。

三、制冷剂的环保要求

在前面已经指出，卤代烃类制冷剂中，凡分子内含有氯或溴原子的制冷剂对大气臭氧层有潜在的消耗能力。为描述对臭氧的消耗特征及其强度分布，通常使用ODP值。ODP值表示对大气臭氧层消耗的潜能值，以R11（CFC11）作为基准值，其值规定为1.0。图2-2和表2-7列出了一些制冷剂的ODP值。

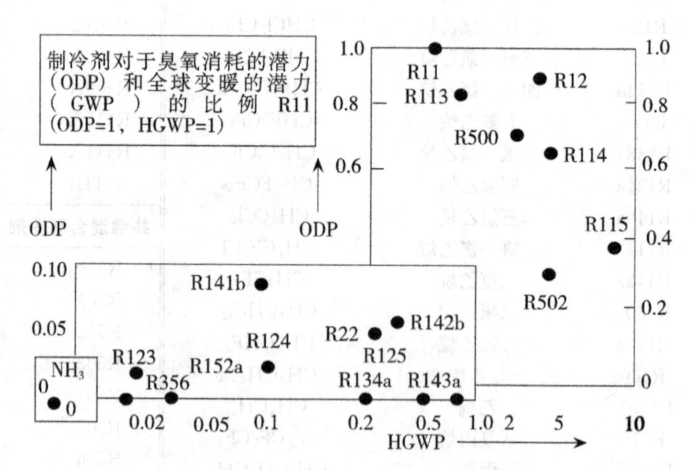

图2-2 一些制冷剂的ODP值和HGWP值

这类制冷剂不仅要破坏大气臭氧层，还具有全球变暖潜能值（global warming potential，GWP）。具有全球变暖效应的气体称为温室气体。也选用R11（CFC11）作为基准，其值规定为1.0，符号为HGWP。以前，也曾经用二氧化碳作为基准，规定二氧化碳的值为1.0，符号为GWP。两者的换算关系为前者是后者的3500倍。图2-2和表2-7也给出了一些制冷剂的GWP值。

表2-7 一些制冷剂的GWP值和ODP值

制冷剂代号	ODP	GWP	制冷剂代号	ODP	GWP	制冷剂代号	ODP	GWP
R11	1.0	3500	R124	0.022	350	R290	0	0
R12	1.0	7100	R125	0	2940	R500	0.75	6300
R22	0.055	1600	R134a	0	875	R502	0.23	9300
R23	0	—	R142b	0.065	1470	R600a	0	0
R32	0	650	R143a	0	2660	R717	0	0
R123	0.02	70	R152a	0	105	R718	0	0
R50	0	—	R702	0	0	R704	0	0

GWP值虽然反映了温室气体进入大气以后所直接造成的全球变暖效应，但它不能反映

由于这些气体而导致化石燃料能源消耗而引起的二氧化碳排放量增加所导致的间接全球变暖效应。即制冷工业引起全球升温主要有两个来源：直接的制冷剂泄漏和来自发电厂的间接的二氧化碳泄漏（由于制冷机器或设备用电的需求造成的）。考虑到这一因素，人们提出用"总等效温室效应"（total equivalent warming impact，缩写 TEWI）来描述温室气体的全球变暖效应。TEWI包括两部分：第一部分是直接温室效应（direct warming impact），它是指温室气体的排放、泄漏以及系统维修或报废时进入大气后对温室效应的影响，可以表示为温室气体的GWP值与排放总和的乘积；第二部分是间接温室效应（indirect warning impact），它是指使用这些温室气体（主要是制冷剂）的装置因耗能，主要指电能和燃烧化石燃料引起的二氧化碳排放所带来的温室效应。由此看出，TEWI是一个评价温室效应的综合指标，它不仅包括排放总量的影响，而且包括装置用能效率、化石燃料转化为电能或机械能的效率对温室效应的间接影响。影响TEWI的有4个主要因素：①能源需要。②工厂中制冷剂的充注量。③制冷剂泄漏率，制冷剂泄漏损失可根据制冷系统的制冷剂补充量乘以用百分数表示的泄漏速度来计算。整体上说，对于制冷工业而言，每年20%的泄漏速度是一个通用的平均值。降低泄漏速度的措施包括使用焊接接头代替螺纹连接，提高设备的铸造工艺，采用全封闭或半封闭的压缩机，以及为使制冷剂的泄漏在短期内被察觉并消除，在其中引入刺激性的气味。④制冷剂引起全球升温的潜力。总等效温室效应忽略了制冷剂制造时对能量的需求。TEWI不单是温室气体物性的函数，因此，无法给出某一温室气体的TEWI值。

从上述讨论可以看出，传统制冷剂R11、R12不仅ODP值很高，而且GWP值也很高，是对大气环境极不友好的制冷剂，因此要被禁止使用。

最早较全面地进行CFCs替代物研究的是美国国家标准与技术研究院(NIST)的麦克林顿(Melfinden)等人。他们从制冷剂的基本要求出发，对860种纯物质用计算机进行全面的筛选，结果发现较有前途的替代物仍然是卤代烃家族中的HFCs，从而提出用HFC134a（即R134a）替代R12，用HCFC123替代R11。由于HCFCs最终也要被禁止使用，因此，HCFC123只能作为过渡性的替代物。作为替代R12的新制冷剂R134a，虽然其ODP值已经是0，但仍有较高的GWP（GWP=875）值，有全球变暖效应。欧洲特别是德国、丹麦等的一些科学家提出用自然物质作为替代物，而一些自然制冷剂，如R717、R600a、R290、CO_2等，它们既不破坏大气臭氧层，又不导致全球变暖，是环境"友好"制冷剂。

随着HCFCs禁止使用日期的临近，对R22替代物的研究正方兴未艾。到1998年为止，R22替代物的研究主要集中在以HFC32为基础的HFCs混合物中，例如，R407C（HFC32/HFC125/HFC134a）、R410A（HFC32/HFC125）等。

总而言之，到目前为止还没有找到一种可用于替代的理想制冷剂，各种研究仍然在努力地进行中。在选用制冷剂时，除了要考虑其热力学性质外，还需要考虑制冷剂的物理化学性质，如毒性、燃烧性、爆炸性、与金属材料的作用、与润滑油的作用、与大气环境的"友好性"等。

第三节　常用和新型制冷剂

一、常用制冷剂的物性

1. 无机物

（1）水　水的标准沸点为100℃，冰点为0℃，水适用于0℃以上的制冷温度。水无毒、无味、不燃、不爆、来源广，是安全而便宜的制冷剂。但水蒸气的比体积大，水的蒸发压力低，使系统处于高真空状态，例如，35℃时，饱和水蒸气的比体积为 25m³/kg，压力为 5.63kPa；5℃时，饱和水蒸气的比体积大到 147m³/kg，压力仅为 0.87kPa。由于这两个特点，水不宜在压缩式制冷机中使用，只适合在吸收式和蒸气喷射式冷水机组中作制冷剂。

（2）氨　氨是1874年被用于制冷，目前是应用较广的中温、中压的制冷剂，在常温和普通低温范围内压力比较适中。它在蒸发器中的蒸发压力一般为 0.098～0.491MPa，在冷凝器内的冷凝压力一般为 0.981～1.570MPa，标准蒸发温度为－33.4℃，凝固温度为－77.9℃。氨具有较好的热力学性质和热物理性质，单位容积制冷量大，黏性小，流动阻力小，传热性能好。此外，氨的价格低，又易于获得。

氨的主要缺点是对人体有较大的毒性，也有一定的可燃性，安全分类为 B2。氨液飞溅到皮肤上时会引起肿胀甚至冻伤。氨蒸气无色，具有强烈的刺激性臭味。它可以刺激人的眼睛及呼吸器官。当氨蒸气在空气中容积浓度达到 0.5%～0.6%时，人在其中停留半小时即可中毒。氨可以引起燃烧和爆炸，当空气中氨的容积浓度达到 11%～14%时即可点燃（燃烧时呈黄色火焰）；空气中氨的容积浓度达到 16%～25%时会引起爆炸。安全规定：车间内工作区的氨蒸气浓度不得超过 0.02mg/L。若制冷系统内部含有空气，高温下氨会分解出游离态的氢，并逐渐在系统中积累到一定浓度，遇空气具有很强的爆炸性，所以氨系统中必须设置空气分离器，及时排除系统内的空气或其他不凝性气体。氨蒸气对食品有污染和使之变味的不良作用，因此在氨冷库中，库房与机房应隔开一定距离。

氨的压缩终温较高，故压缩机气缸要采取冷却措施。

氨在矿物油中的溶解度很小，溶解度低于 1%。因此氨制冷剂管道及换热器的传热表面上会积有油膜，影响传热效果。氨液的密度比矿物油小，在冷凝器、贮液器和蒸发器中，油会沉积在下部，需要定期放出。

纯氨不腐蚀钢铁，但当含有水分时要腐蚀锌、铜、青铜及其他铜合金。只有磷青铜例外。因此在氨制冷机中不用铜和一般的铜合金构件，耐磨件和密封件，如活塞销、轴瓦、连杆衬套、密封环等不得不用铜材料时限定使用高锡磷青铜材料。

氨能以任意比例与水相互溶解，组成氨水溶液，在低温时水也不会从溶液中析出而冻结成冰。所以氨系统里不必设置干燥器。但氨系统中有水分时不但会加剧对金属的腐蚀，而且会使制冷量减小，因为水分的存在会使氨制冷剂变得不纯，在形成氨水溶液的过程中要放出大量的热量，氨水溶液比纯氨的蒸发温度高。所以一般限制氨中的含水量不得超过 0.1%。

氨的检漏方法：从刺激性气味很容易发现系统漏氨。可以用石蕊试纸或酚酞试纸化学检漏，若有漏氨，石蕊试纸由红变蓝，酚酞试纸变成玫瑰红色。

目前氨用于蒸发温度在－65℃以上的大型或中型单级、双级往复活塞式及螺杆式制冷机中，也有应用于大容量离心式制冷机中。

2. 卤代烃　卤代烃制冷剂在以下几方面具有共性：

（1）分子质量较大、密度高、流动性差，在制冷系统中循环时流动阻力大。

（2）绝热指数小，压缩终了温度低。

（3）传热性能较差。

（4）溶水性极差，系统中应严格控制水的含量。

（5）对金属的腐蚀性很小，但当有水分存在时，会水解成酸性物质，对金属有腐蚀作用。卤代烃与润滑油的混合物能够水解铜，当制冷剂在系统中与铜或铜合金部件接触时，铜便溶解到混合物中，当和钢或铸铁部件接触时，被溶解的铜离子又会析出，并沉积在钢铁部件的表面，形成一层铜膜，这就是所谓的“镀铜”现象，这种现象对制冷机的运行极为不利；但对天然橡胶、树脂、塑料等非金属材料有膨润作用，所以制冷系统的密封件以及封闭式压缩机电机的绕组线的表面涂层必须用耐氟材料。

(6) 遇明火时，卤代烃中会分解出对人体有害的氟化氢、氯化氢或光气等，故其生产和使用场所严禁明火。

(7) 无味、渗透性强，在系统中极易渗透。

(8) 价格高，已商品化生产的卤代烃的价格远远高于其他无机物或碳氢化合物制冷剂，新的替代工质价格就更高了。

(9) 检漏一般采用肥皂水、卤素喷灯或者电子卤素检漏仪进行系统检漏。

R22（二氟一氯甲烷、CHF_2Cl）是目前较常用的中温制冷剂，属 HCFC 类物质。环境指标 ODP 为 0.05 左右，GWP 为 1600 左右。在相同的蒸发温度和冷凝温度下，R22 比 R12 的压力要高 65%左右。R22 的沸点为−40.8℃，凝固点为−160℃。它在常温下的冷凝压力和单位容积制冷量与氨差不多，比 R12 要大，压缩终温虽不如氨高，介于氨和 R12 之间，但在氟利昂类中属高的，若在高压比下工作，压缩机要采取冷却措施。能制取的最低蒸发温度为−80℃。

R22 无色，无味，不燃烧，不爆炸，毒性比 R12 略大，但仍然是安全的制冷剂，安全分类为 A1。它的传热性能与 R12 相差不多，但不如氨，流动性比 R12 好，但逊于氨；它与水的互溶性很差，0℃时，水在 R22 中的溶解度仅为 0.06%（质量分数），但比 R12 稍大，仍然属于不溶于水的物质。对 R22，含水量也要求限制在 0.01%以内。使用时，制冷系统中的各机器、设备、管道、管件等在充注制冷剂前必须经严格干燥处理（必要时烘干）；系统中必须设干燥器，以随时吸收运行过程中由于微量泄漏而渗入系统内部的水分。还应根据水分观察镜所指示的含水量及时更换干燥器，或再生处理干燥剂。

R22 是极性分子，化学性质不如 R12 稳定，对有机物的膨润作用更强。系统的密封件应采用耐氟材料如氯乙醇橡胶或聚四氟乙烯；封闭式压缩机的电机绕组采用 QF 改性缩醛漆包线（E 级绝缘）、QZY 聚酯亚胺漆包线等。

R22 能够部分地与矿物油相互溶解，而且其溶解度随着矿物油的种类及温度而变。在系统高温侧部分（冷凝器、贮液器中）R22 与油完全溶解，不易在传热表面形成油膜而影响传热，即使在贮液器中，R22 液体与油形成基本上是均匀的溶液而不会出现分层现象。因而不可能从贮液器中将油分离出来；在低温侧，R22 与油的混合物处于溶解临界温度以下时，蒸发器或低压贮液器中液体将出现分层。上层主要是油，下层主要是 R22，所以要有专门的回油措施。干式蒸发器中随着 R22 的不断蒸发，矿物油在其中越积越多，使蒸发温度提高，传热系数降低。为了保证顺利回油，供液一般采用上进下出（蒸气），管内制冷剂要有足够的流速，使矿物油与 R22 蒸气一同返回压缩机中。特别是上升回气立管，在管径设计时，必须考虑满足最小带油速度。在压缩机的曲轴箱里，油中会溶解 R22。机器停用时，曲轴箱内压力升高，油中的 R22 溶解量增多。当压缩机启动时，曲轴箱内的压力降低到蒸发压力，油中的 R22 会大量蒸发出来，使油起泡，这将影响油泵的工作。所以较大容量的 R22 制冷机在启动前需先对曲轴箱内的油加热，让 R22 先蒸发掉。另外，压缩机排气管上应设油分离器，以便将运行中有可能从压缩机带入系统的油减到最少。

R22 对金属与非金属的作用与 R12 相似，其泄漏特性也与 R12 相似。R22 属于 HCFC 类制冷剂，将要被限制和禁止使用。

R22 广泛用在家用空调器（配备全封闭容积式压缩机）以及中型冷水机组中（半封闭容积式压缩机），还在工业制冷中使用（开启式压缩机）。

3. 混合制冷剂 混合制冷剂是由两种或两种以上的纯制冷剂以一定的比例混合而成的。按照混合后的溶液是否具有共沸的性质，分为共沸混合制冷剂和非共沸混合制冷剂两类。

（1）共沸混合制冷剂 共沸混合制冷剂是由两种或两种以上不同的制冷剂按一定比例相互溶解而成的制冷剂。它与单组分的制冷剂一样，在一定的压力下蒸发时能保持恒定的蒸发温度，且液相与气相始终具有相同的组分。表 2-8 列出了目前使用的几种共沸制冷剂（即将禁用）的组成和它们的沸点。

表 2-8 几种共沸制冷剂

代号	组分	质量分数/%	相对分子质量	标准沸点/℃	共沸点/℃	各组分的标准沸点/℃
R500	R12/152a	73.8/26.2	99.3	−33.5	0	−29.8/−25.0
R501	R22/12	84.5/15.5	93.1	−41.5	−41	−40.8/−29.8
R502	R22/115	48.8/51.2	111.6	−45.4	19	−40.8/−38.0
R503	R23/13	40.1/59.9	87.6	−88.0	88	−82.2/−81.5
R504	R32/115	48.2/51.8	79.2	−59.2	17	−51.2/−38.0
R505	R12/31	78.0/22.0	103.5	−30.0	115	−29.8/−9.8
R506	R31/114	55.1/44.9	93.7	−12.5	18	−9.8/3.5
R507	R125/143a	50.0/50.0	98.9	−46.7	—	−48.8/−47.7

共沸制冷剂有下列特点：

①在一定的饱和压力下沸腾时，具有几乎不变的沸腾温度，而且沸腾温度一般比组成它的单组分的蒸发温度低。这里所指的几乎不变是指在偏离共沸点时，泡点温度和露点温度（泡点和露点的概念见下面“非共沸制冷剂”部分）虽有差别，但非常接近，而在共沸温度时则泡点温度和露点温度完全相等，表现出与纯制冷剂相同的恒沸性质，即在沸腾过程中饱和压力不变，沸腾温度也不变。

②在一定的蒸发温度下，共沸制冷剂的单位容积制冷量比组成它的单一制冷剂的容积制冷量要大。这是因为在相同的蒸发温度和吸气温度下，共沸制冷剂比组成它的单一制冷剂的压力高、比体积小。

③共沸制冷剂的化学稳定性较组成它的单一制冷剂好。

④在全封闭和半封闭压缩机中，采用共沸制冷剂可使电动机得到更好的冷却，电动机绕组温升减小。试验表明，在由制冷剂吸气冷却电动机的半封闭式压缩机中，采用 R502 后电动机的温升比 R22 降低 10～20℃，这是 R502 的质量流量和热容量较 R22 大的缘故。

由于上述特点，在一定的情况下，采用共沸制冷剂可使能耗减少。例如，R502 在低温范围内，即蒸发温度为−60～−30℃，能耗较 R22 低，而在高温范围内，蒸发温度在−10～+10℃之内时，能耗较 R22 高。因此，通常 R502 用在低温冷藏冷冻中，而 R22 用在空调系统中。

（2）非共沸混合制冷剂 非共沸混合制冷剂是由两种或两种以上不同的制冷剂、按一定比例相互溶解而成的制冷剂。在饱和状态下，气液两相的组成组分不同，低沸点组分在气相中的成分总是高于液相中的成分。非共沸混合制冷剂没有共沸点。在定压下蒸发或凝结时，气相和液相的成分不同，温度也在不断变化。图 2-3 为非共沸制冷剂的温度—浓度（$T-\xi$）图。可见，在一定的压力下，当溶液加热时，首先到达饱和液体点 A，此时所对应的状态称为泡点，其温度称为泡点温度。若再加热到达点 B，即进入两相区，并分为饱和液体（点 B_1）和饱和蒸气（点 B_g）两部分，其浓度分别为 ξB_1 和 ξB_g。继续加热到点 C 时，全部蒸发完，成为饱和蒸气，此时所对应的状态称为露点，其温度称为露点温度。泡点温度和露点温度的温差称为温度滑移（cemperature glide）。在露点时，若再加热就成为过热蒸气。

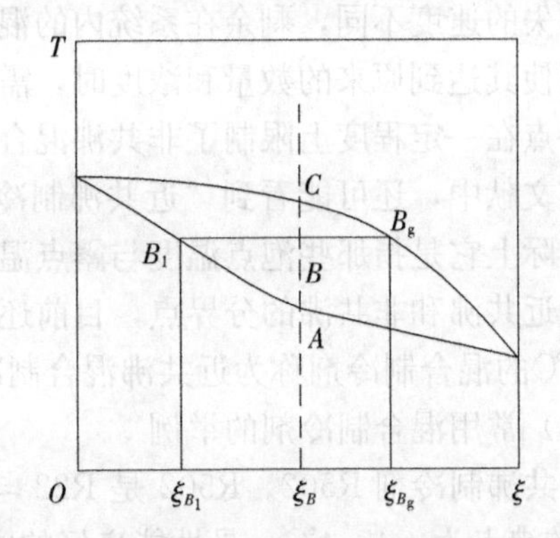

图 2-3 非共沸制冷剂的温度—浓度（$T-\xi$）图

非共沸混合制冷剂在定压相变时温度要发生变化，定压蒸发时温度从泡点温度变化到露点温度，定压凝结则反之。非共沸混合制冷剂的这一特性被广泛用在变温热源的温差匹配场合，实现近似的劳伦兹循环，以达到节能的目的。

与其他混合物一样，混合制冷剂具有各纯质制冷剂性质近似和平均的性质。可以利用混合制冷剂的这一特性，实现各纯质制冷剂的优势互补。例如，有些纯质制冷剂制冷系数大，但容积制冷量太小，为了提高容积制冷量，可以在这一纯质制冷剂中加入一定量的容积制冷量大的制冷剂，构成混合制冷剂，使容积制冷量增大；又如，有些纯质制冷剂，它们除了可燃性以外，其他性质都较好，就可以在这一纯质制冷剂中加入一定量的不可燃制冷剂，构成混合制冷剂，使可燃性降低；此外，还可以利用混合制冷剂的特性，找到在一定的压力下具有所需要相变温度的混合制冷剂。混合制冷剂所有这些特性，使得它们在传统制冷剂替代物的研究中得到了广泛的应用。目前应用较多的非共沸制冷剂的种类及组成列于表 2-9 中。

表 2-9 一些非共沸混合制冷剂

代号	组分	质量分数/%	泡点温度/℃	露点温度/℃	ODP	GWP	主要应用
R401A	R22/152a/124	53/13/24	−33.8	−28.9	0.03	1025	替代 R12
R401B	R22/152a/124	61/11/28	−35.5	−30.7	0.04	1120	替代 R12
R402A	R22/290/125	38/2/60	−49.2	−47.6	0.02	2650	替代 R502
R402B	R22/290/125	60/2/38	−47.4	−46.1	0.03	2250	替代 R502
R403A	R22/218/290	74/20/6	−48.0	—	0.037	2170	替代 R502
R403B	R22/218/290	55/39/6	−50.2	−49.0	0.028	2790	替代 R502
R404A	R125/143a/134a	44/4/52	−46.5	−46.0	0	3520	替代 R502
R407A	R32/125/134a	20/40/40	−45.8	−39.2	0	1960	替代 R502
R407B	R32/125/134a	10/70/20	−47.4	−43.0	0	2680	替代 R502
R407C	R32/125/134a	30/10/60	−43.4	−36.1	0	1600	替代 R22
R408A	R22/143a	45/55	−44.5	−44.0	0.03	2740	替代 R502
R410A	R32/125	50/50	−52.5	−52.3	0	2020	替代 R22

在实际应用中，非共沸制冷剂最大的问题是当制冷装置中发生制冷剂泄漏时，各组分制

冷剂散失的速度不同，剩余在系统内的混合物的浓度就会改变。因此，当需要向系统中补充制冷剂使其达到原来的数量和浓度时，需通过计算来确定两种制冷剂成分的不同的充灌量。这一特点在一定程度上限制了非共沸混合制冷剂的应用。

在文献中，还可能看到"近共沸制冷剂"（near azeotropic mixture refrigerant）这一术语，实际上它是指那些泡点温度与露点温度很接近的非共沸混合制冷剂，但到底接近到什么程度为近共沸和非共沸的分界点，目前还没有一个明确的规定，通常认为泡、露点的温度差小于 3℃的混合制冷剂称为近共沸混合制冷剂。

（3）常用混合制冷剂的举例

①共沸制冷剂 R502。R502 是 R22 与 R115 以质量比 48.8：51.2 组成的共沸混合物。R502 的沸点为－45.4℃，是性能良好的中温制冷剂，可代替 R22，用于获得低温。

R502 用于超市冷冻食品陈列柜的制冷系统中。原先选用的是 R22。由于单级压缩比大，R22 排气温度太高，有时高达 150℃左右，使压缩机故障频繁。采用 R502 取代后，由于在 R22 中增加了组分 R115，当在相同的吸气温度和压比下，使用 R502 时压缩机的排气温度比使用 R22 时低 10～25℃，同时低蒸发温度时的压力提高了，回热特性较好；因此制冷量和能效都改善了，并对橡胶和塑料的腐蚀性也小了。因此提高了制冷性能和机器的可靠性。采用 R502 单级制冷，可实现－50℃左右的蒸发温度，扩大了使用温度范围。

R502 不溶于水。它与石蜡族和环烷族润滑油的互溶性较差。现在采用烷基苯润滑油，有很好的溶解性。低温下（直到－40℃）回油不成问题。

R502 的溶水性比 R12 大 1.5 倍，在 82℃以上与矿物油有较好的溶解性，低于 82℃时，对矿物油的溶油性差。油将与 R502 分层。

由于 R502 构成组分中含有大量的 R115，因此，它的 ODP 值较高，在发达国家也已经禁止使用。

②共沸制冷剂 R500。R500 是在 R12 中加入组分 R152a 所得到的性能改进产物。R500 共沸混合物中，R12 与 R152a 的质量比为 73.8：26.2。当初开发 R500 是为了填补 R12 与 R22 之间的一个容量档次的空缺。R500 的压力比 R12 高，采用同一台压缩机时，制冷能力提高 20%左右。

③R503 是 R13 与 R23 组成的共沸混合物，二者的质量比为 59.9：40.1。R503 的标准蒸发温度为－88℃，比构成它的两个组分的标准蒸发温度低 6℃，与乙烷的标准蒸发温度相同，但无燃烧性。用于复叠式制冷系统的低温部分。

以上三种混合物的臭氧破坏指数和温室效应指数都比较高，故共属于受禁使用的物质。

二、新型制冷剂的物性

1. R134a R134a（HFC134a、$C_2H_2F_4$、四氟乙烷）作为 R12 的替代制冷剂而提出，它的许多特性与 R12 很接近。它的 ODP 值为 0，GWP 值为 875。标准蒸发温度为－26.2℃，凝固点为－101.0℃。它的制冷循环特性与 R12 接近，但不如 R12（容积制冷量和 COP 都小于 R12）。R134a 分子质量大，流动阻力损失比 R12 大。传热性能比 R12 好。R134a 的临界压力比 R12 略低，温度及液体密度均比 R12 略小，标准沸点略高于 R12，液体、气体的比热容均比 R12 大，两者的饱和蒸气相比，在低温时 R134a 略低，大约在 17℃时相等，高温时 R134a 略高。因此，一般情况下，R134a 的压缩比要略高于 R12，但它的排气温度比 R12

低，后者对压缩机工作更有利。两者的黏性相差不大。

R134a的毒性非常低，在空气中不可燃，安全类别与R12一样为A1，是很安全的制冷剂。

与R12相比，R134a具有优良的迁移性质，其液体及气体的热导率显著高于R12。研究表明，在蒸发器和冷凝器中，R134a的传热系数比R12分别要高35%～40%和25%～35%。

溶油性方面，R134a与R12在溶油种类和溶油特性上都有很大差异。R134a的分子极性大，在非极性油中的溶解度很小。例如，R12、R22系统中最常用的润滑油是矿物油和烷基苯油，而即使温度高达65℃，R134a都不与它们溶解。在为R134a专门开发的诸多合成油中，主要是聚烯醇类油PAGs、酯基油和氨基油（Amides）。R134a在温度较高时能完全溶解于多元烷基醇类和多元醇酯类合成润滑油；在温度较低时，只能溶解于POE合成润滑油。

R134a分子中不含Cl，自身不具备润滑性。机器中的运动件供油不足时，会加剧磨损甚至产生烧结。为此，在合成油中需要增加添加剂以提高润滑性。此外，必须改善运动件材料和表面特性，以及改善供油机构。

R134a的化学稳定性很好，然而由于它的溶水性比R12要差得多，这对制冷系统很不利。即使少量水分存在，在润滑油等的一起作用下，将会产生酸、CO或CO_2，会对金属产生腐蚀作用，或发生"镀铜"现象。因此，R134a对系统的干燥和清洁性要求更高。而且，不能用与R12相同的干燥剂，必须用与R134a相容的干燥剂，如XH-7或XH-9型分子筛。

R134a对钢、铁、铜、铝等金属均没有发现有相互化学反应的现象，仅对锌有轻微的作用。

R134a对塑料无显著影响，除了对聚苯乙烯稍有影响外，其他塑料的大多可用，与塑料相比，合成橡胶受R134a的影响略大，特别是氟橡胶。能够通用的橡胶材料是氢化丁腈橡胶和氯化橡胶。

检漏问题，R134a的分子直径比R12小，更容易泄漏，而稳定性高又使它对电子卤素检漏仪的作用不够强。与其他HFC类制冷剂一样，R134a分子中不存在氯原子，不能用传统电子检漏仪检漏，而应该用专门适合于R134a的检漏仪检漏。这是个需要解决的问题，否则会给制造和维修人员带来很大麻烦。

现在必须用二级合成和完全分离的方法才能满足所要求的制冷剂纯度指标。生产R134a的原料贵，产量小，还要消耗较多的催化剂，因此R134a价格高。同时，R134a的高温室效应指标也是个令人担心的问题。

2. R152a（HFC152a、$C_2H_4F_2$） R152a的ODP值为0，GWP值为105。在环境可接受性上，它比R134a更好。R152a是极性化合物，在与润滑油相溶性方面的情况与R134a类似。它的缺点是燃烧性强。R152a在空气中体积浓度达4.5%～21.8%时，就会着火，体积浓度提高到10.5%时，R152a的最小燃烧值为0.6mJ，是氨燃烧值的10倍左右。过去R152a作为共沸混合制冷剂R500（R12/R152a）的一个组分，已有较广泛应用。现在认为它同时是R12的较好替代物。R152a标准蒸发温度为－25℃。制冷循环特性上优于R12。但由于有可燃性，在R152a的使用中应有很好的安全措施。一般认为，在家用冰箱中使用，由于充注量少，制冷剂的可燃性不会导致安全方面的问题。

3. R23（HFC23、CHF_3） R23的标准蒸发温度为－92.1℃，临界温度为25.9℃。它的制冷温度与R13很接近，但比R13对臭氧的危害小。R23与R13组成共沸混合制冷剂R503已有很好的应用（如前所述）。考虑到R13的环境危害性，R23可以作为R13的替代物使用。

4. 共沸制冷剂 R507（HFC125、HFC143a） R507 是一种新的制冷剂，是作为 R502 的替代物提出来的，其 ODP 值为零。它的沸点为－46.7℃，与 R502 的沸点非常接近。相同工况下，制冷系数比 R502 略低，容积制冷量比 R502 略高，压缩机排气温度比 R502 略低，冷凝压力比 R502 略高，压比略高于 R502。它不溶于矿物油，但能溶于聚酯类润滑油。凡是用 R502 的场合，都可以用 R507 来替代。

5. 非共沸混合制冷剂 R407C R407C 是一种三元非共沸混合制冷剂，它是作为 R22 的替代物而提出的。在压力为标准大气压时，其泡点温度为－43.4℃，露点温度为－36.1℃，与 R22 的沸点较接近。与其他 HFC 制冷剂一样，R407C 也不能与矿物油互溶，但能溶解于聚酯类合成润滑油。研究表明，在空调工况（蒸发温度约为 7℃）下，R407C 容积制冷量以及制冷系数比 R22 大约低 5%。因此，将 R22 的空调系统换成 R407C，只要将润滑油和制冷剂改换就可以了，而不需要更换制冷压缩机，这是 R407C 作为 R22 替代物的最大优点。但在低温工况（蒸发温度小于－30℃）下，虽然其制冷系数比 R22 低不多，但它的容积制冷量比 R22 要低约 20%。这一点在使用时要特别注意。此外，由于 R407C 的泡、露点温差较大，在使用时最好将热交换器做成逆流形式，以充分发挥非共沸混合制冷剂的优势。

6. 非共沸混合制冷剂 R410A R410A 是一种两元混合制冷剂。它的泡、露点温差仅 0.2℃，可称为近共沸混合制冷剂，与其他 HFC 制冷剂一样，R410A 也不能与矿物油互溶，但能溶解于聚酯类合成润滑油。它也是作为 R22 的替代物提出来的。虽然在一定的温度下它的饱和蒸气压比 R22 和 R407C 均要高一些，但它的其他性能比 R407C 要优越。它具有与共沸混合制冷剂类似的优点，它的单位容积制冷量在低温工况时比 R22 还要高约 60%，制冷系数也比 R22 高约 5%；在空调工况时，单位容积制冷量和制冷系数均与 R22 差不多。与 R407C 相比较，尤其是在低温工况，使用 R410A 的制冷系统具有更小的体积（容积制冷量大）、更高的能量利用率，但 R410A 不能直接用来替换 R22 的制冷系统，在使用 R410A 时要用专门的制冷压缩机，而不能直接用 R22 的制冷压缩机。

表 2-10 列出了 R22、R407C 和 R410A 三种常用制冷剂热力学性质。

表 2-10 R22、R407C 和 R410A 三种常用制冷剂性质对照

	对比内容	R22	R407C	R410A
	成分	HCFC22（100%）	HFC32/125/134a （23%/25%/52%）	HFC32/125 （50%/50%）
	温度滑移	单一冷媒（0℃）	非共沸混合 冷媒（约 6.3℃）	类共沸混合 冷媒（0.1℃）
	沸点/℃	－40.8	－43.8 （－51.6/－48.1/－26.1）	－51.5
	工作压力	100%	约 108%	约 160%
理论循环	冷凝压力/MPa	2.15	2.32	3.38
	蒸发压力/MPa	0.625	0.636	0.997
	排气温度（℃）	101.9	94.1	99.7
	压缩比（p_d/p_s）	3.43	3.64	3.39
	单位能力容积	100%	约 100%	68.5%
	功率	100%	约 103%	107.7%
	COP/%	4.80 （100%）	4.59 （95.6%）	4.46（92.9%）

7. 碳氢化合物 碳氢化合物制冷剂的共同特点是凝固点低，与水不起化学反应，不腐蚀金属，与油的溶解性好。而且因它们是石油化工流程中的产物，易于获得、便宜。共同的缺点是燃烧性、爆炸性很强。因此，它们主要用作石油化工制冷装置中的制冷剂。石油化工生产中具有严格的防火防爆安全设施，制冷剂又是取自流程本身的产物，其相宜性是显见的。用碳氢化合物作制冷剂的制冷系统，低压侧必须保持正压，否则一旦有空气渗入，便有爆炸的危险。

目前常用的有烷烃类和烯烃类制冷剂。前者的化学性质不很活泼，后者的化学性质活泼。它们都不溶于水，但易溶于有机溶剂中。如乙烷易溶于醚、醇类有机物，乙烯、丙烯易溶于酒精和其他有机溶剂中。丙烯的制冷温度范围与 R22 相当。它可以用于两级压缩制冷装置，也可以在复叠式制冷装置中作高温部分的制冷剂。乙烷、乙烯的制冷温度范围与 R13 相当，只在复叠式制冷系统的低温部分使用。甲烷可以与乙烯、氨（或丙烷）组成三元复叠制冷系统，获得－150℃左右的低温，用于天然气液化装置。正丁烷、异丁烷或正丁烷与异丁烷的混合物可以用在家用冰箱中。早在 1940—1950 年间，就有过这样的应用，现在由于家用冰箱中的制冷剂 R12 被禁用，又被重新提出。

常用的碳氢化合物制冷剂主要为异丁烷 R600a（$i\text{-}C_4H_{10}$），这是一种纯天然的制冷剂。R600a 的沸点为－11.73℃，凝固点为－160℃，曾在 1920—1930 年作为小型制冷装置的制冷剂，后由于可燃性等，被卤代烃制冷剂取代了。在 CFCs 制冷剂会破坏大气臭氧层的问题出来后，作为自然制冷剂的 R600a 又重新得到重视。尽管 R134a 在许多方面表现出作为 R12 替代制冷剂的优越性，因它有较高的 GWP 值，因此，许多人提倡在制冷温度较低场合（如电冰箱）用 R600a 作为 R12 的永久替代物。

R600a 的临界压力比 R12 低、临界温度及临界比体积均比 R12 高，标准沸点高于 R12 约 18℃，饱和蒸气压比 R12 低。在一般情况下，R600a 的压比要高于 R12，而容积制冷量要小于 R12。为了使制冷系统能达到与 R12 相近的制冷能力，应选用排气量较大的制冷压缩机。但它的排气温度比 R12 低，这对压缩机工作更有利。两者的黏性相差不大。R600a 的毒性非常低，但在空气中可燃，因此安全类别为 A3，在使用 R600a 的场合要注意防火防爆。当制冷温度较低（低于－11.7℃）时，制冷系统的低压侧处于负压状态，外界空气就有可能渗透进去。因此，使用 R600a 作制冷剂的系统，其电器绝缘要求较一般系统要高，以免产生电火花而引起爆炸。

R600a 与矿物油可以很好互溶，不需昂贵的合成润滑油。除可燃外，R600a 与其他物质的化学相溶性很好，而与水的溶解性很差，这对制冷系统很有利。但为了防止“冰堵”现象，对除水要求相对较高，要求 R600a 制冷剂含水量要低。此外，R600a 的检漏不能用传统的检漏仪检漏，而应用专门适合于 R600a 的检漏仪检漏。

第四节 载冷剂

制冷系统按冷却方式可分为直接冷却系统和间接冷却系统。在间接冷却系统中，被冷却物体的热量是通过载冷剂传给制冷剂的。这种制冷系统的优点是使制冷系统集中在较小的场所，因而可以减少制冷系统的容积和制冷剂的充灌量；同时载冷剂的热容量大，被冷却对象的温度易于保持稳定，特别对于间歇性，当负荷大且集中时，采用直接冷却就要配置台数较多或大型的压缩机，停机时设备就会被搁置，十分不经济，而间接冷却系统则可利用载冷剂蓄冷能力大的特性，选配台数较少或小型的压缩机，即使在不需用冷时仍开机对载冷剂降温蓄冷，以满足集中大负荷时之用。当然间接冷却系统也有一些缺点，如增加了动力消耗及设备费用，加大了被冷却物与制冷剂之间的传热温差等。

在间接冷却的制冷装置中，被冷却物体或空间中的热量是通过一种中间介质传给制冷剂的。这种中间介质在制冷过程中称为载冷剂或第二制冷剂（secondary refrigerant）。载冷剂先在蒸发器中与制冷剂发生热交换获得冷量，然后用泵将被冷却了的载冷剂输送到各个用冷场所，用载冷剂使被冷却对象降温。

采用载冷剂的优点是可使制冷系统集中在机房或者一个很小的范围，使制冷系统的连管和接头大大减少，便于密封和系统检漏，因而可以减小制冷机系统的容积及制冷剂的充灌量；一般选用比热容大的物质作载冷剂，被冷却对象的温度易于保持恒定；在大容量、集中供冷的装置中采用载冷剂便于解决冷量的控制和分配问题，便于机组的运行管理，便于安装，生产厂可以直接将制冷机系统安装好，用户只需要现场安装载冷剂系统即可。其缺点是系统比不用载冷剂时复杂，且增大了被冷却物和制冷剂间的传热温差，需要较低的制冷机蒸发温度，总的传热不可逆损失增大。

一、载冷剂的要求

选择载冷剂时，应考虑下列一些因素：

（1）载冷剂在工作温度下应处于液体状态；其凝固温度应低于工作温度，沸点应高于工作温度。

（2）比热容要大。在传递一定的冷量时，可使流量减小，因而可以提高循环的经济性，或减少输送载冷剂的功率消耗和管道的材料消耗。

（3）密度小。载冷剂的密度小可使循环泵的功率减小。

（4）黏度小。采用黏度小的载冷剂可使流动阻力减小，因而循环泵功率减小。

（5）化学的稳定性好。载冷剂应在工作温度下不分解，不与空气中的氧气起化学变化，不发生物理化学性质的变化。

（6）对设备和管道无腐蚀。

（7）载冷剂应不燃烧、不爆炸、无毒，对人体无害。

（8）便宜，容易获得。

二、常用的载冷剂的性质

常用的载冷剂是水、无机盐水溶液或有机物液体。它们适用于不同的载冷温度。各种载冷剂能够载冷的最低温度受其凝固点的限制。

1. 水 水可以用于蒸发温度高于0℃的制冷装置中的载冷剂。由于水便宜，易于获得，传热性能好，因此在空调装置及某些0℃以上的冷却过程中广泛地用作载冷剂。例如，集中式空气调节系统中，水是最适宜的载冷剂。机房的冷水机组中得到7℃左右的冷水，送到建筑物房间的终端冷却设备中，供房间空调降温使用。此外，冷水还可以直接喷入空气，实现温度和湿度调节。水的缺点是只适合于载冷温度在0℃以上的使用场合。

2. 无机盐水溶液 盐水，如氯化钙、氯化钠、氯化镁等的水溶液。无机盐水溶液有较低的凝固温度，适合于在中、低温制冷装置中载冷。它的主要缺点是对一些金属材料有腐蚀作用。最广泛使用的是氯化钙（$CaCl_2$）、氯化钠（NaCl）和氯化镁（$MgCl_2$）水溶液。

图 2-4 是盐水溶液的相图（$T—\xi$ 图）。图中给出盐水溶液状态与温度 T 和盐浓度 ξ 的关系。曲线 WE 为析冰线，EG 为析盐线，E 点为共晶点。共晶点所对应的温度 T_E 和浓度 ξ_E 分别叫作共晶温度和共晶浓度。溶液温度降低发生相变时的情况与浓度有关。当 $\xi<\xi_E$ 时，溶液降温凝固时首先析出水冰，随着 ξ 增大析冰温度降低，直到 $\xi=\xi_E$ 时，达到最低结冰温度 T_E，共晶溶液形成固溶体。当 $\xi>\xi_E$ 时，溶液降温凝固时首先析出盐晶体，析盐温度随浓度的增大而升高。共晶温度是溶液不出现结冰或析盐的最低温度。$CaCl_2$、NaCl 和 $MgCl_2$ 水溶液的共晶温度分别是－55℃、－21℃和－34℃。

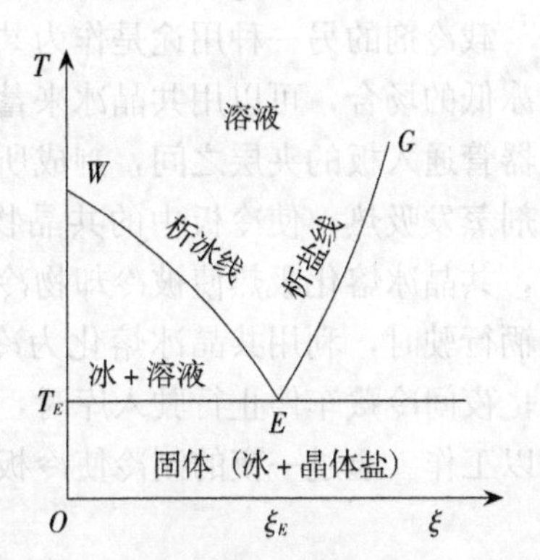

图 2-4 盐水溶液的相图（$T—\xi$ 图）

由图 2-4 所示的相图可见，对低于共晶浓度的溶液，随浓度的增加，起始凝固温度不断降低；对高于共晶浓度的溶液，随浓度的增加，起始凝固温度不断增加。利用上述相图，配制盐水溶液载冷剂时，浓度不宜超过其共晶浓度。否则，盐水浓度高会使耗盐量增多，溶液密度增大，阻力和泵功耗增大，而且载冷液的凝固温度反而升高。配制浓度只要满足它所对应的析冰温度比制冷剂的蒸发温度低 5～8℃即可。

盐水溶液的密度和比热容都比较大，因此，传递一定的冷量所需盐水溶液的体积循环量较小。盐水溶液具有腐蚀性，尤其是略呈酸性，且与空气相接触的稀盐溶液对金属材料的腐蚀性很强。为此需要采取一定的缓蚀措施。如在盐水溶液中添加缓蚀剂，使溶液呈中性（pH 调整到 7.0～8.5）。缓蚀剂通常采用二水重铬酸钠（$Na_2Cr_2O_7\cdot 2H_2O$）和氢氧化钠（NaOH）。通常是在 1m^3 氯化钙溶液里加 1.6kg 的重铬酸钠和 0.432kg 的氢氧化钠；在 1m^3 氯化钠溶液里加 3.2kg 的重铬酸钠和 0.862kg 的氢氧化钠。盐水吸湿性较强，因吸湿，浓度会逐渐变小，所以盐水溶液可以适当配浓一些，并应注意定期检查浓度。载冷剂返回盐水池的回流入口应设在液面以下。

3. 有机载冷剂 低温有机载冷剂很多，如乙二醇、丙二醇、丙三醇的水溶液都是性能良好的载冷剂。这些水溶液的凝固点都比水的凝固点低，对管道、设备等金属材料无腐蚀作用。其中乙二醇水溶液是使用最广泛的有机载冷剂。

（1）甲醇（CH_3OH）、乙醇（C_2H_6OH）和它们的水溶液 甲醇的冰点为－97℃，乙醇的冰点为－117℃。它们的纯液体密度和比热容都比盐水低，故可以在更低温度下载冷。甲醇比乙醇的水溶液黏性稍大一些。它们的流动性都比较好。甲醇和乙醇都有挥发性和可燃性，所以使用中要注意防火，特别是当机器停止运行、系统处于室温时，更需格外当心。

（2）乙二醇、丙二醇和丙三醇水溶液 丙三醇（甘油）是极稳定的化合物，其水溶液对金属无腐蚀。无毒，可以和食品直接接触，是良好的载冷剂。乙二醇和丙二醇水溶液的特性相似，它们的共晶温度可达－60℃（对应的共晶浓度为 0.6 左右）。它们的密度和比热容较大。溶液黏度高。略有毒性，但无危害。

（3）纯有机液体 纯有机液体如二氯甲烷 R30（CH_2Cl_2）、二氯乙烯 R1120（C_2HCl_3）和其他氟利昂液体可以作为低温载冷剂。它们具有凝固点低、黏度小、不燃烧和化学稳定性好的特点。只是在使用过程中要考虑管道的承压能力和密封要求。如上述有机液体的凝固点在−100℃左右或更低。

载冷剂的另一种用途是作为共晶冰的使用。共晶冰的熔点较低，在需要制冷温度比一般水冰低的场合，可以用共晶冰来蓄冷。在四周封闭的夹层板中充入共晶物质，把制冷机的蒸发器管通入板的夹层之间，制成所谓的“共晶板”（又称“冷板”）。制冷机工作时，由于制冷剂蒸发吸热，使冷板中的共晶物质结冰，以共晶冰的形式贮存冷量。当制冷机停止工作时，共晶冰熔化吸热使被冷却物冷却。共晶板在运送冻结食品的冷藏车上使用很适宜。白天车辆行驶时，利用共晶冰熔化为冷藏车提供冷量，由于熔化过程恒温，使车内温度变化不大；夜间冷藏车停止行驶入库时，只要将车底座上的制冷机电源插到供电干线上，制冷机便可以工作。通过一夜的制冷使冷板中重新形成共晶冰，为第二天白天运输提供冷量贮备。

第五节　制冷润滑油

制冷压缩机中所使用的润滑油，也称为冷冻机油。润滑油在各类制冷压缩机中起着十分重要的作用：

（1）润滑作用，减少机械摩擦和磨损。

（2）冷却作用，润滑油在制冷压缩机中不断循环，因此也不断带走制冷压缩机工作过程中产生的大量热量，使机械保持较低温度，从而提高制冷机的机械效率和使用可靠性。

（3）密封作用，润滑油还用于各轴封及气缸和活塞间，起密封作用，提高轴封和活塞环的密封性能，防止制冷剂泄漏。

（4）用作能量调节机构的动力，有些制冷机中，利用润滑油的油压作为能量调节机构的动力，对制冷机的制冷量进行自动或手动调节。

一、制冷循环系统对润滑油性能的要求

为保证制冷系统的正常运行，对制冷润滑油的性能有一些要求。

表 2-11 列出的为制冷循环系统各部件对润滑油性能的要求。可以看出，为了确保制冷循环系统的正常运行，润滑油必须具备优良的与制冷剂共存时的热稳定性、有极好的与制冷剂的互溶性、良好的润滑性、优良的低温流动性、无蜡状物絮状分离、不含水和优良的绝缘性能。

表 2-11　制冷循环系统各部件对润滑油性能的要求

制冷循环系统	性能要求
压缩机	1. 与制冷剂共存时具有优良的化学稳定性 2. 有优良的润滑性能 3. 与制冷剂有极好的互溶性 4. 对绝缘材料、密封材料有优良的适应性 5. 有良好的抗泡沫性
冷凝器	与制冷剂有极好的互溶性
膨胀阀	1. 无蜡状物絮状分离 2. 不含水（特别是用卤代烃的制冷系统）

（续）

制冷循环系统	性　能　要　求
蒸发器	1. 有优良的低温流动性 2. 无蜡状物絮状分离 3. 有极好的与制冷剂的互溶性 4. 不含水

二、制冷润滑油的分类

制冷润滑油主要可分为矿物油和合成油两大类。矿物油又以其所含主要成分不同，分为石蜡基油和环烷基油。矿物油是长期以来制冷压缩机选用的主要润滑油品种。但随着新型制冷剂的发展，由于矿物油和无氯卤代烃类制冷剂无法相溶而不能使用。近年来开发出许多合成油，主要有能用于R22和R502的烷基苯（alkylbenzene）、适用于以R134a和R32为基本的混合制冷剂的聚（烷基乙）二醇（polyalkylene glycol）和多元醇酯（polyol ester）类油，前者可用PAG表示，后者亦称聚酯油，用POE表示。PAG油可用于HFC类、烃类及氨作为制冷剂的系统，它有很好的润滑性、良好的低温流动性，以及和多数橡胶有良好的兼容性；缺点是吸水性强，与矿物油不相溶，需要添加剂来改善其化学和热力稳定性。POE油是继PAG而推出的适用于HFC和烃类制冷剂的一种合成油，它和HFC制冷剂能相溶，耐磨性好，吸水性比PAG弱，两相分离温度高。

三、制冷润滑油的主要性质与要求

1. 黏度和黏度等级　黏度是指流体流动的阻力，它可用绝对黏度（动力黏度，mPa・s）或运动黏度（mm^2/s）来表示。动力黏度等于密度与运动黏度的乘积。选择适当黏度的冷冻机油，对于保证制冷压缩机的正常润滑、减少机械磨损和降低动力消耗是一个重要因素。黏度太小，在摩擦面不易形成正常的油膜厚度，加速机械磨损，同时，也会导致机械密封性能下降，造成泄漏。黏度太大，又会加大压缩机的动力消耗。冷冻机油的黏度随着油温上升或因制冷剂的溶解而下降。表2-12列出的为各种制冷系统所推荐的黏度范围，在国际上用ISO黏度等级来定义冷冻油的黏度水平，例如ISO黏度等级32，代表在40℃下冷冻机油的运动黏度等级为32 mm^2/s（28.8～35.2 mm^2/s范围内）。我国新的国家标准也开始采用ISO黏度等级。

表2-12　各种制冷系统所推荐的黏度范围

制冷剂	压缩机形式	38℃润滑油运动黏度/（mm^2/s）
氨	活塞式	32～65
	螺杆式	60～65
二氧化碳	活塞式	60～65
R22	活塞式	32～65
	螺杆式	60～173
	离心式	60～86
	涡旋式	60～65

（续）

制冷剂	压缩机形式	38℃润滑油运动黏度/（mm^2/s）
R134a	螺杆式	60～65
	离心式	60～65
卤代烃制冷剂	螺杆式	32～800

2. 黏度指数 矿物油的黏度随温度增加而下降，随温度下降而上升。由实验确定的润滑油黏度与温度的关系，称为黏度指数，在一定的温度变化区间，黏度变化少的机油黏度指数高。

3. 密度 将运动黏度转化成绝对黏度时，必须知道冷冻机油的密度。在一定温度下，密度代表润滑油的组分，环烷基油通常比石蜡基油密度大。对同类组分，高黏度油具有较高的密度。

4. 倾点 对任何用于低温装置的润滑油，在最低温度点必须还具有流动性。油的流动点是指它能倾倒或流动的最低温度。可以通过添加化学抑浮剂来降低倾点温度。由于润滑油在卤代烃制冷剂系统的低压侧溶有大量制冷剂，按标准规定在大气中对纯润滑油测定的倾点无关紧要，重要的是应考虑在该工作情况条件下润滑油—制冷剂溶液的黏度值以及絮凝点（脱蜡温度）。

5. 脱蜡和絮凝点 从石油中提炼得到的冷冻机油，是由不同的碳氢化合物组成的混合物，且在提炼过程中经深度脱蜡，但在制冷装置的低温侧冷冻机油中，部分较大分子会分离出来，形成蜡状的沉淀。这些蜡会阻塞毛细管或膨胀阀。脱蜡倾向可用测定油的絮凝点来确定。对合成油润滑的系统，脱蜡问题不很重要，这是因为此类油不含蜡或蜡状分子。

6. 挥发性——闪点和燃点 由于润滑油的沸腾区间和蒸气压一般情况不可知，只能通过闪点和燃点来描述油的挥发性。当冷冻机油闪点、燃点较低，而系统在较高压缩比和较高环境温度下运行时，容易发生碳化反应，从而影响油的热稳定性。在这种情况下，应改用较高闪点和燃点的冷冻机油，或通过对系统优化设计，以防止炭化反应的发生。石蜡基油相对于环烷基油具有较高的闪点和燃点。

7. 制冷剂在油中的溶解性 除氨与二氧化碳以外，所有气体都会在一定程度上溶解于矿物油。许多制冷剂气体具有高度溶解性，溶解量与气体的压力和润滑油的温度有关，制冷剂溶入油后将降低油的黏度。

8. 水分的溶解性 润滑油中的水分有两种：一种是溶于油中的少量溶解水，每千克润滑油仅含几十毫克水，此时油品仍透明，这种水不易除去；另一种是混入油品中的水，含量较大，此时油品颜色浑浊，甚至有水的沉淀，这种水较易除去。润滑油精制后含水量很低，但很容易在运输、贮存和使用中吸收外界潮气，使含水量提高。

不论来自油、制冷剂的水还是设备内存在的水，均会对系统造成很大的危害。在氨系统中，氨溶于水会引起油的乳化，产生泡沫，恶化润滑条件。水溶于氨后，会生成氢氧化铵，造成设备腐蚀。在卤代烃系统中，水分降低冷冻机油的稳定性，促进卤代烃分解为盐酸和氢氟酸，造成设备严重腐蚀和产生镀铜。系统中的水分还会堵塞节流装置，使系统不能正常运行。冷冻机油中溶解有水分，还会降低油的电绝缘性能。所以，半封闭式和全封闭式制冷压缩系统，对水分要求比开启式更高。

润滑油中的水分含量除用测定微量水分法外，还可以用测量击穿电压和做爆声试验间接地测出。这种方法虽然不能直接得到含水量，而且也不太准确，但分析方便、简单。

9. 润滑油中空气的溶解性 制冷系统中不允许过量的空气或其他不凝性气体存在。这是因为空气中的氧气会与润滑油发生反应，使油变质。同时空气等不凝性气体，会使制冷装置不能正常运行。因此，如果系统是在抽真空后加冷冻机油，应特别注意机油中不应含有过量的空气等不凝性气体。若用真空泵对冷冻机油进行干燥处理，油中的空气等不凝性气体会同时除去。

10. 发泡和抗发泡剂 人们不希望在制冷系统中有过多的机油泡沫存在。过多的泡沫会阻碍电动机绕组的散热，也会引起润滑油通过泵过多地进入低压侧。在某些情况下，甚至会造成润滑条件恶化。

当然，适当的泡沫对喷射润滑系统和需要消除噪声的地方是有利的，因为机油表面的泡沫可以吸收压缩机部件的噪声。现在还没有通用的准则来判定什么是过多发泡或怎样避免它发生。有些制造商加入少量的抗泡沫剂，但也有人认为发泡问题可以通过设备设计得到解决。

11. 抗氧化安定性 润滑油在加热和有金属催化作用下，抵抗空气中氧化作用的能力，称为抗氧化稳定性。由于要求制冷润滑油能够长期使用，如在全封闭式制冷压缩机中，甚至要求使用10～15年以上不换油，所以必须具有良好的抗氧化稳定性，以保证油品长期使用不变质。为改善冷冻机油的抗氧化性，可以在油中加入一定数量的抗氧化添加剂。润滑油的抗氧化性可通过有关试验测定。

12. 化学稳定性 润滑油必须具有优良的化学稳定性。在使用过程中，润滑油在高温下与金属、制冷剂、水分等接触时，会产生分解、氧化和聚合等反应。并且在制冷系统内部，润滑油经历与多种材料的化学作用，会形成如油泥、阀片结炭、结胶、镀铜等多种现象。

13. 含机械杂质的量 杂质的存在将使磨损加剧，严重时会堵塞油路。

14. 击穿电压 这是表示冷冻机油电绝缘性能的指标。在封闭式压缩机中，由于润滑油与电动机绕组和接线柱接触，因而要求具有较高的击穿电压，一般应在25 kV以上。

第三章　制冷压缩机

第一节　制冷压缩机的分类

一、制冷压缩机概述

在蒸气压缩式制冷装置中，选用了各种类型的制冷压缩机。它们是装置中的关键核心设备，对系统的运行性能、噪声、振动、使用寿命和节能有着决定性的作用。

根据蒸气压缩的原理，压缩机可分为容积型和速度型两种基本类型。容积型压缩机通过对运动机构做功，减少压缩空间容积来提高蒸气压力，以完成压缩功能。速度型压缩机则由旋转部件连续将角动量转换给蒸气，再将该动量转为压力，提高蒸气压力，达到压缩气体的目的。

随着工程技术的不断发展和进步，压缩机的形式和结构有了很大变化，图 3-1 所示为目前制冷和空调系统中常用压缩机的分类及其结构。表 3-1 列出了各类压缩机在制冷和空调工程中的应用范围。

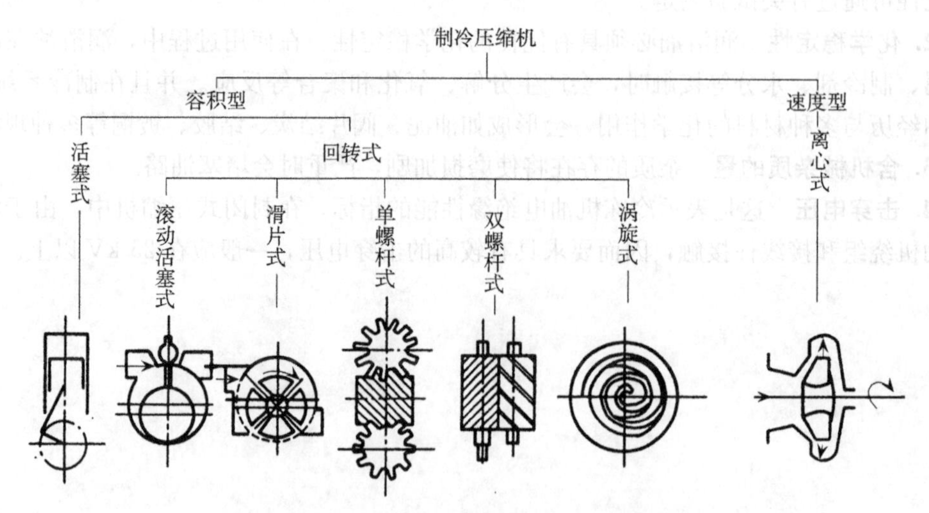

图 3-1　制冷和空调中常用压缩机的分类及结构

表 3-1　各类压缩机在制冷和空调工程中的应用范围

压缩机形式 \ 用途	家用冷藏箱、冻结箱	房间空调器	汽车空调设备	住宅用空调器和热泵	商用制冷和空调设备	大型空调设备
活塞式	←100W				200kW→	
滚动活塞式	←100W			10kW→		

（续）

用途 压缩机形式	家用冷藏箱、冻结箱	房间空调器	汽车空调设备	住宅用空调器和热泵	商用制冷和空调设备	大型空调设备
涡旋式		5kW			70kW	
螺杆式					150kW	1400kW
离心式						350 kW 及以上

二、容积型压缩机

容积型压缩机通过可变的工作容积来完成气体的压缩和输送过程。根据压缩方式，容积型压缩机可分为活塞式（往复式）和回转式两大类。活塞式压缩机是常用的一种容积式压缩机，但近年来回转式压缩机发展很快，特别在高效化、小型化、轻量化方面。常用的回转式压缩机类型有滚动活塞式（滚动转子式）、涡旋式和螺杆式。

从压缩机结构上来看，又可分为开启式、半封闭式和全封闭式压缩机。开启式压缩机的主轴伸出机体外，通过传动装置（传动皮带或联轴器）与原动机相连接。为防止机体内制冷剂的泄漏，或在曲轴箱为负压时，外部空气渗入，在主轴伸出部位必须有轴封装置，使主轴和机体间保持密封。封闭式压缩机的结构是将电动机和压缩机连成整体，装在一个密闭的、由上下两部分冲压而成的铁壳内，焊接成一个机体（不可拆卸），可以取消轴封装置，避免了泄漏制冷剂的可能性。这样，电动机便处于四周是制冷剂的环境中，称为内装式电动机，但电动机的绝缘要求较高。封闭式压缩机又可分为半封闭和全封闭两种形式，半封闭式的机体用螺栓连接，因此和开启式一样可以拆开维修。全封闭式的机体则装在一个焊接起来的外壳中，无法拆开维修。

目前，开启式压缩机除了在氨制冷机、汽车空调器和发动机驱动等场合使用外，在其他的制冷和空调工程中，正逐步向半封闭式和全封闭式发展。全封闭式具有结构紧凑、密封性好、噪声低、运转平稳的优点，而且由于生产规模大、成本低，正越来越广泛地应用于制冷和空调的各个领域。

三、速度型压缩机

速度型压缩机主要是指离心式和轴流式压缩机。离心式压缩机，吸气从轴向进入旋转叶轮，而排气以高速径向流出叶轮，它主要靠高速旋转的叶轮将能量传递给流道中连续流动的制冷剂气体，使之获得极大的速度，同时压力提高，而高速流动的气体在扩压过程中，动能又转化为压力能，即动压通过扩压转变为静压，使气体的压力达到继续升高的目的。气体每经过一级叶轮所能升高的压力是有限的，当压力比大时，则需采用多级压缩。轴流式压缩机，气体在其中的流动，无论是进出各级叶轮还是流经扩压器，都是轴向的。

由于该机械中流体的流动是连续的，其流量比容积式机械要大得多。为了产生有效的动量转换，其旋转速度必须很高，但由于运动是稳定的且没有零部件的接触，因而振动和磨损很小。离心压缩机能产生较高的压差。因而特别适用于大容量的制冷和空调领域。

离心压缩机应用于各种大型的制冷和空调装置中，吸气量为0.03～15 m³/s，转速为1800～90 000 r/min。吸气温度通常在10～−100℃，吸气压力为14～700 kPa，排气压力小于2 MPa，压缩比为2～30。几乎所有制冷剂都可采用，但一般宜选用分子质量较大的制冷剂。

第二节　制冷压缩机的功率和效率

一、压缩机的指示功率和指示效率

由于压缩机的实际过程和理论过程之间有偏差，实际压缩过程中气缸内所消耗的功率P_i（称为指示功率）比绝热压缩所需之功率P_a要大，两者之间的关系可用指示效率η_i（又称绝热效率）表示，即

$$\eta_i = \frac{P_a}{P_i} \tag{3-1}$$

故

$$P_i = \frac{P_a}{\eta_i} = G\frac{h_2 - h_1}{\eta_i} \tag{3-2}$$

$$G = \frac{Q_0}{q_0} \quad 或 \quad G = \frac{V_h\lambda}{v_1}$$

式中　G——压缩机实际工作过程中吸入气体的质量（kg/s）；

V_h——压缩机的理论输气量（m³/s）；

v_1——压缩机吸入蒸气的比体积（m³/kg）；

λ——压缩机的输气系数。

压缩机的指示效率η_i可用下列经验公式计算：

$$\eta_i = \lambda_t + bt_0 \tag{3-3}$$

式中　λ_t——温度系数，可按式（3-4）和式（3-5）计算；

t_0——蒸发温度（℃），代入公式时应有相应的正负号；

b——系数，对卧式氨压缩机b=0.002，对立式氨压缩机b=0.001，对立式卤代烃压缩机b=0.0025。

对开启式制冷压缩机

$$\lambda_t = \frac{T_0}{T_k} \tag{3-4}$$

式中　T_0—绝对蒸发温度（K）；

T_k—绝对冷凝温度（K）。

对全封闭式制冷压缩机

$$\lambda_t = \frac{T_1}{aT_k + b\theta} \tag{3-5}$$

式中　T_1——绝对吸气温度（K）；

θ——蒸气在吸入管中的过热度（K），$\theta = T_1 - T_0$；

a——压缩机的温度高低随冷凝温度而变化的系数，a=1.0～1.15，随着压缩机的尺寸的减小，a值趋近于1.15；

b——容积损失与压缩机对周围空气散热的关系，b=0.25～0.8。

对氨和卤代烃压缩机指示效率 η_i 也可从图 3-2 和图 3-3 中求得。

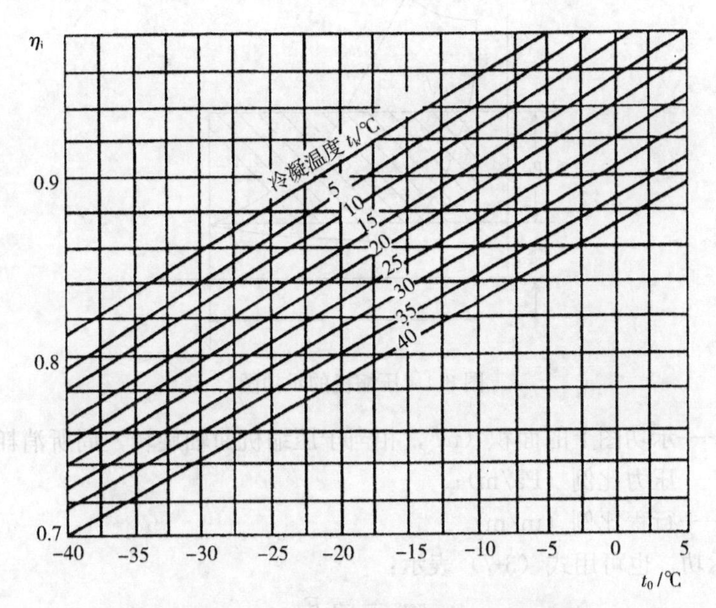

图 3-2 NH_3 制冷压缩机指示效率

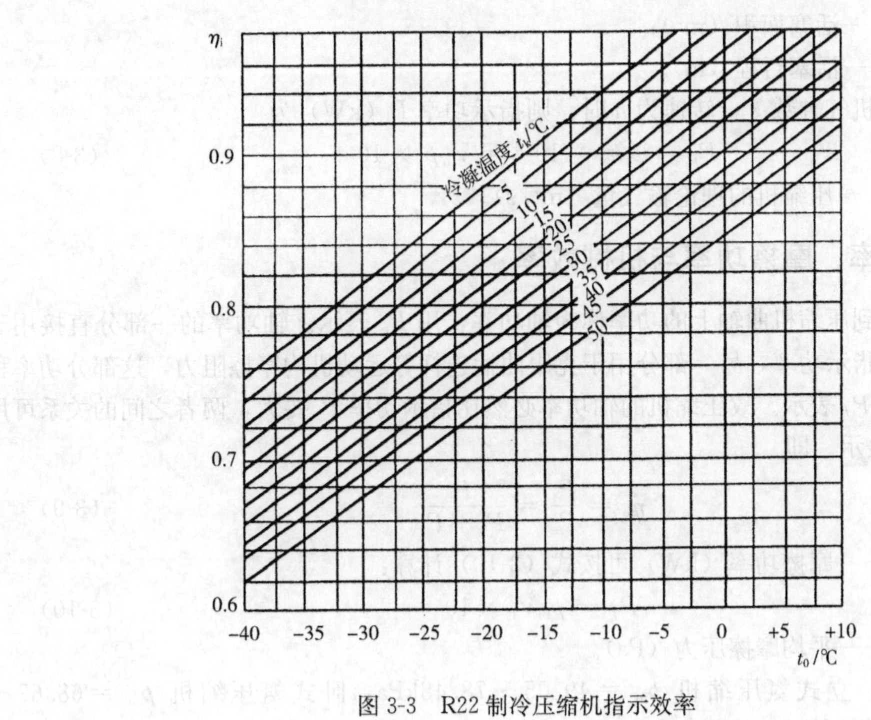

图 3-3 R22 制冷压缩机指示效率

压缩机在实际过程中用于压缩气体的指示功率，也可从压缩机的示功图上求得的面积 f_i（图 3-4）经换算后求得指示功率。

设压缩机每转中一个气缸所消耗的功用 w_i（J/r）表示：

$$w_i = f_i m_p m_s \quad (3\text{-}6)$$

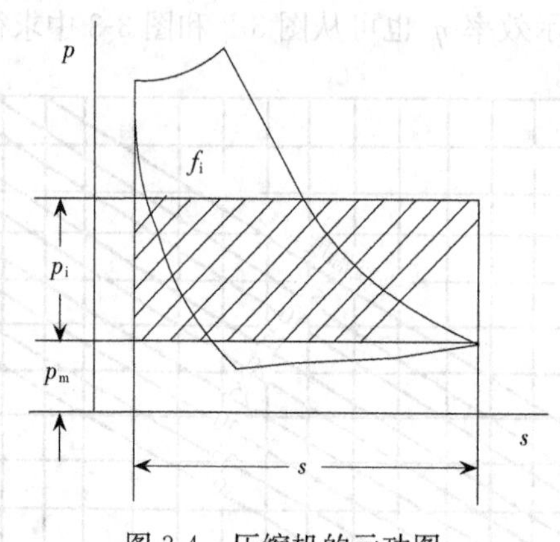

图 3-4　压缩机的示功图

式中　f_i ——示功图上的面积（m^2，相当于压缩机曲轴旋转一周所消耗的功）；

　　m_p ——压力比例（Pa/m）；

　　m_s ——行程比例（m/m）。

w_i 又称指示功，也可用式（3-7）表示：

$$w_i = sp_iF \tag{3-7}$$

式中　p_i ——平均指示压力（Pa）；

　　F——活塞面积（m^2）；

　　s ——活塞行程（m）。

当已知压缩机气缸数 z，转速为 n 时，则指示功率 P_i（kW）为

$$P_i = w_i nz \times 10^{-3} = V_h p_i \times 10^{-3} \tag{3-8}$$

式中　V_h ——压缩机的理论输气量（m^3/s）。

二、轴功率、摩擦功率与机械效率

由原动机传到压缩机曲轴上的功率称为轴功率，用 P_e 表示。轴功率的一部分直接用于压缩气体，称为指示功率，另一部分用于克服曲柄连杆等运动机构摩擦阻力，这部分功率称为摩擦功率，用 P_f 表示。故压缩机的轴功率必然比指示功率 P_i 要大，两者之间的关系可用机械效率 η_m 来表示。即

$$\eta_m = \frac{P_i}{P_e} = \frac{P_i}{P_i + P_f} \tag{3-9}$$

式中　P_f ——摩擦功率（kW）可按式（3-10）计算：

$$P_f = p_m V_h \times 10^{-3} \tag{3-10}$$

　　p_m ——平均摩擦压力（Pa）。

对于 p_m 值，立式氨压缩机 p_m =49.05～78.48kPa，卧式氨压缩机 p_m =68.67～88.29kPa，氟利昂压缩机 p_m =34.34～63.77kPa。

压缩机的摩擦功率可分为两部分，即往复运动摩擦功率（活塞、活塞环与气缸间）和回转运动摩擦功率，前者占70%～80%，后者占20%～30%。

摩擦功率与压缩机的结构有关，也与润滑油温度及转速有关。

制冷压缩机的指示效率与机械效率的乘积称为压缩机的总效率，即 $\eta_k = \eta_i \eta_m$ 。

制冷压缩机的总效率 η_k 等于 0.65～0.72。

三、压缩机所需电动机的功率

当压缩机用皮带与电动机相连接时，这时电动机轴上的功率 P_0 要比压缩机的轴功率 P_e 大，两者之间的关系可用传动效率 η_n 表示，即

$$\eta_n = \frac{P_e}{P_0} \tag{3-11}$$

或

$$P_0 = \frac{P_e}{\eta_n} \tag{3-12}$$

对于 η_n 值，三角皮带传动 η_n =0.97～0.98，平皮带传动 η_n =0.96。

系列压缩机都用联轴器直接传动，故可不考虑传动效率。通常，在选配压缩机所需的电动机时，应按计算的电动机轴功率增加 10%～15%裕度来选配。

第三节　制冷压缩机的原理与结构

一、活塞式制冷压缩机

活塞式制冷压缩机是研制最早的压缩机，几乎和机械制冷方法同时出现，在 100 多年的使用过程中，得到了广泛发展和深入研究，到目前为止，虽然其地位受到其他类型压缩机的挑战，但其产量仍然在各类压缩机中占主要地位。

1. 活塞式制冷压缩机的分类　按压缩机气缸分布形式分类，可分为直立式、V 形、W 形、S 形（扇形）、Y 形（星形）等。

按使用的制冷剂种类分类，可分为氨用、卤代烃用制冷压缩机。

按压缩机与电动机的组合形式分类，可分为开启式和封闭式，其中封闭式又可分为全封闭式和半封闭式两种。

按压缩机的级数分类，可分为单机单级和单机双级压缩机。

制冷压缩机通常用一定的数字和符号表示，以便于用户选用（表 3-2）。

表 3-2　活塞式制冷压缩机型号表示法

压缩机型号	气缸数	制冷剂	气缸排列方式	气缸直径/cm	结构形式
8AS17	8	氨（A）	S 形（扇形）	17	开启式
6FW7B	6	卤代烃（F）	W 形	7	半封闭式（B）
3FY5Q	3	卤代烃（F）	Y 形（星形）	5	全封闭式（Q）

2. 活塞式制冷压缩机的总体结构和主要零部件　为了保证制冷压缩机的正常运行，压缩机本体用许多零部件组成，对于一台较典型的大型活塞式制冷压缩机（图 3-5），这些零部件可以分为以下几个部分：

（1）机体　它是压缩机的机身，用来安装和支撑其他零部件以及容纳润滑油。图 3-6 所示是 8FS10 型开启式活塞制冷压缩机的机体。

（2）传动机构　压缩机借助该机构传递动作，对气体做功，它包括曲轴、连杆、活塞等。图 3-7 是制冷压缩机的传动机构（八缸）。

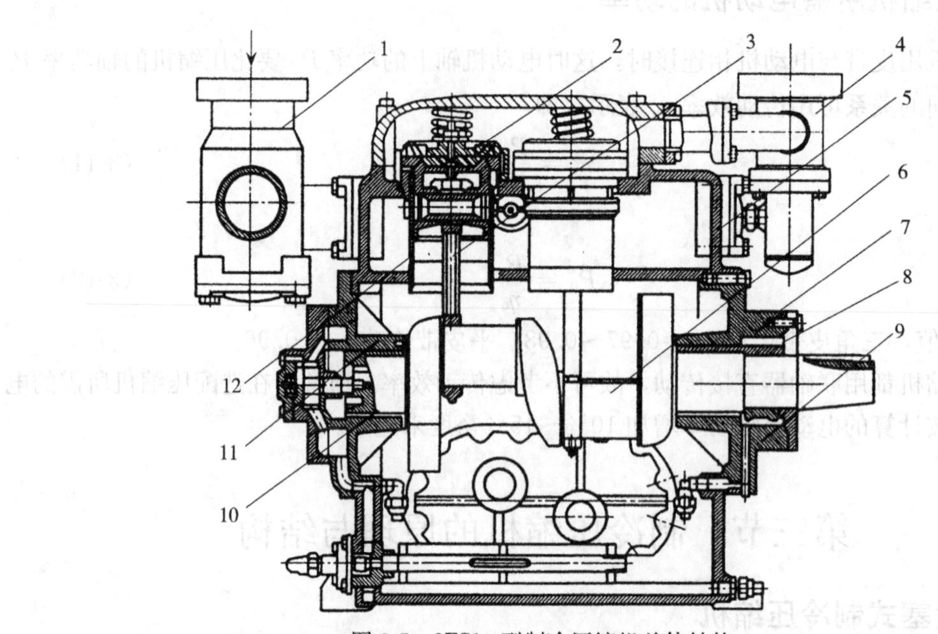

图 3-5　8FS10 型制冷压缩机总体结构

1. 吸气管　2. 假盖　3. 连杆　4. 排气管　5. 气缸体　6. 曲轴
7. 前轴承　8. 轴封　9. 前轴承盖　10. 后轴承　11. 后轴承盖　12. 活塞

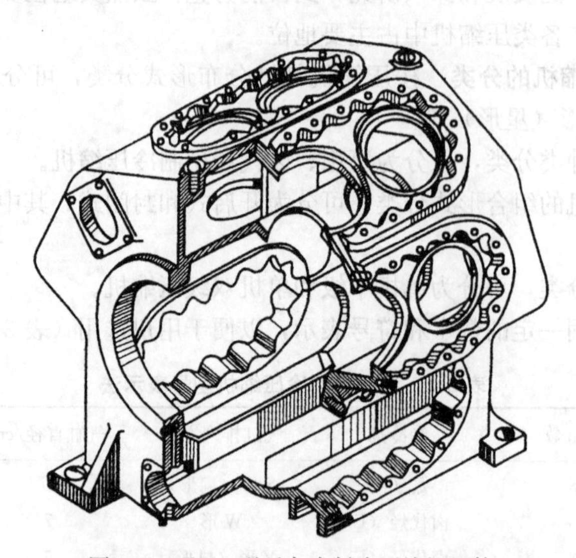

图 3-6　8FS10 型开启式制冷压缩机机体

（3）配气机构　它是保证压缩机实现吸气、压缩、排气过程的配气部件，它包括吸气阀片、排气阀片、阀板和气阀弹簧等。

（4）润滑油系统　它是对压缩机各传动摩擦耦合件进行润滑的输油系统，它包括油泵、油过滤器和油压调节等部件。

（5）卸载装置　它是对压缩机气缸进行卸载、调节冷量、便于启动的传动机构，它包括卸载油缸、油活塞、推杆和顶针、转环等零件，如图 3-8 所示。

（6）轴封装置　在开启式压缩机中，轴封装置用来密封曲轴穿出机体处的间隙，防止泄漏，它包括托板、弹簧、橡胶圈和石墨环等。

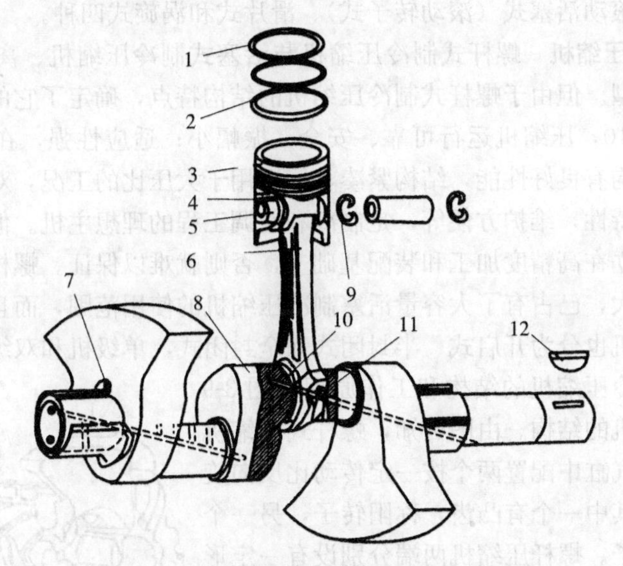

图 3-7　制冷压缩机的传动机构（八缸）

1. 气环　2. 油环　3. 活塞　4. 连杆小头　5. 活塞销　6. 连杆　7. 主轴承　8. 曲轴　9. 挡圈　10. 连杆大头　11. 连杆螺栓　12. 键

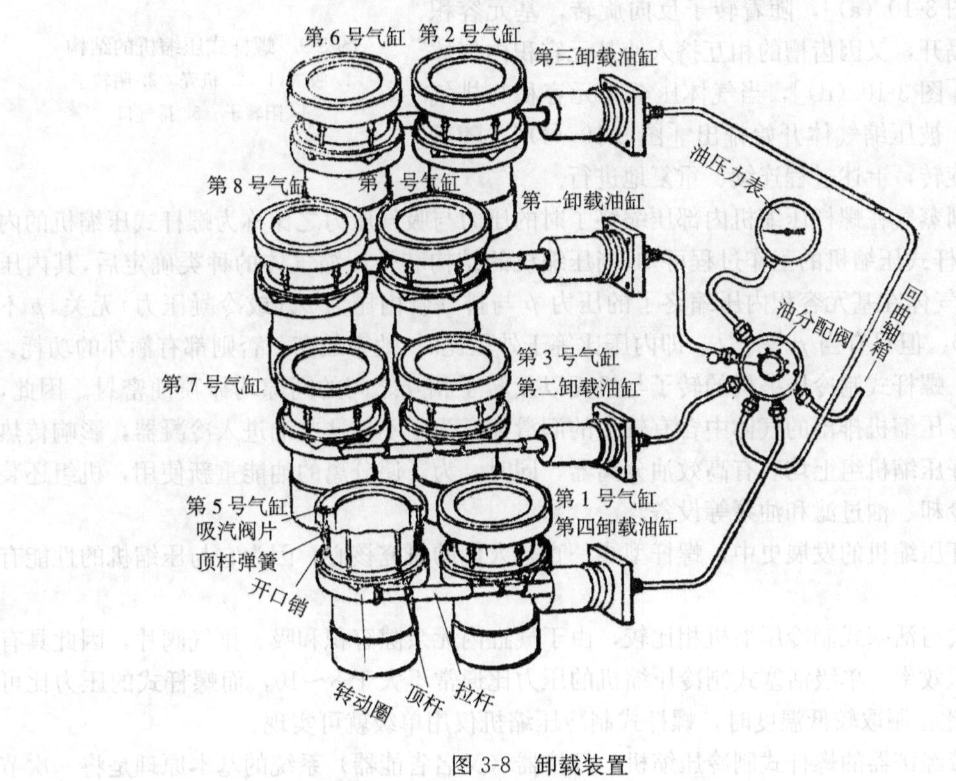

图 3-8　卸载装置

二、回转式制冷压缩机

近年来回转式压缩机发展很快，特别是在高效化、小型化、轻量化方面。常用的回转式压缩机有螺杆式、滚动活塞式（滚动转子式）、滑片式和涡旋式四种。

1. 螺杆式制冷压缩机 螺杆式制冷压缩机与活塞式制冷压缩机、离心式制冷压缩机相比是较晚的一种机型。但由于螺杆式制冷压缩机的结构特点，确定了它的许多优点，如零件数仅为活塞式的1/10，压缩机运行可靠、安全、振幅小；适应性强，在高、低温制冷范围内以及热泵应用中均有良好性能，结构紧凑，能适用于大压比的工况，对湿压缩不敏感，有良好的输气量调节特性，维护方便等，是制冷和空调工程的理想主机。但是，螺杆式压缩机的良好性能必须建立在高精度加工和装配基础上，否则就难以保证。螺杆式压缩机应用日益广泛，发展潜力很大，已占有了大容量活塞制冷压缩机的使用范围，而且正在向中等容量范围延伸。这类压缩机也分为开启式、半封闭式和全封闭式，单级机和双级机等。

（1）螺杆式制冷压缩机的结构和工作原理 图3-9所示为螺杆式压缩机的结构。由图可知，螺杆式压缩机的气缸呈曲字形，气缸中配置两个按一定传动比反向旋转的螺旋形转子，其中一个有凸齿，称阳转子，另一个具有齿槽，称阴转子。螺杆压缩机两端分别设有一定形状和大小的吸气和排气口，气缸中的阴、阳转子与气缸壁之间的容积（称基元容积）和位置随转子的旋转而变动（图3-10），当基元容积与吸气口相通时，压缩机开始吸气［图3-10（a）］，随着转子反向旋转，基元容积与吸气口隔开，又因齿槽的相互挤入使基元容积内气体进行压缩［图3-10（d）］，当气体压至基元容积与排气口相通时，被压缩气体开始排出［图3-10（f）］。随着转子继续旋转，上述过程连续、重复地进行。

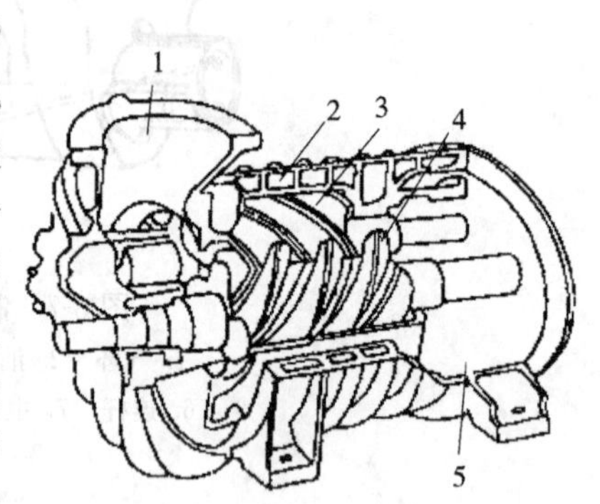

图3-9 螺杆式压缩机的结构
1. 吸气口 2. 机壳 3. 阴转子 4. 阳转子 5. 排气口

制冷剂蒸气在螺杆压缩机内部压缩终了时的压力与吸气压力之比称为螺杆式压缩机的内压比。由螺杆式压缩机的工作过程可知，当压缩机的结构和被压缩气体的种类确定后，其内压比为定值，气体在基元容积内压缩终了的压力 p 与排气管内压力 p_k（或冷凝压力）无关，p 不一定等于 p_k。但只有当 p 等于 p_k，即内压比等于外压比时，效率最高，否则都有额外的功耗。

目前，螺杆式制冷压缩机的转子与机壳以及转子相互之间的间隙均靠喷油密封。因此，螺杆式制冷压缩机排出的气体中含有较多的润滑油，为了不使这些油进入冷凝器，影响传热效果，螺杆压缩机组上均装有高效油分离器，同时，为了使分离的油能重新使用，机组还装有一套油冷却、油过滤和油泵等设备。

在螺杆压缩机的发展史中，螺杆型线一直是人们的研究核心，因为它与压缩机的性能有极大关系。

螺杆式与活塞式制冷压缩机相比较，由于气缸内无余隙容积和吸、排气阀片，因此具有较高的容积效率。单级活塞式制冷压缩机的压力比通常不大于8～10，而螺杆式的压力比可达20，因此在制取较低温度时，螺杆式制冷压缩机仅用单级就可实现。

（2）带经济器的螺杆式制冷压缩机 经济器（又名省能器）系统的基本原理是将一次节

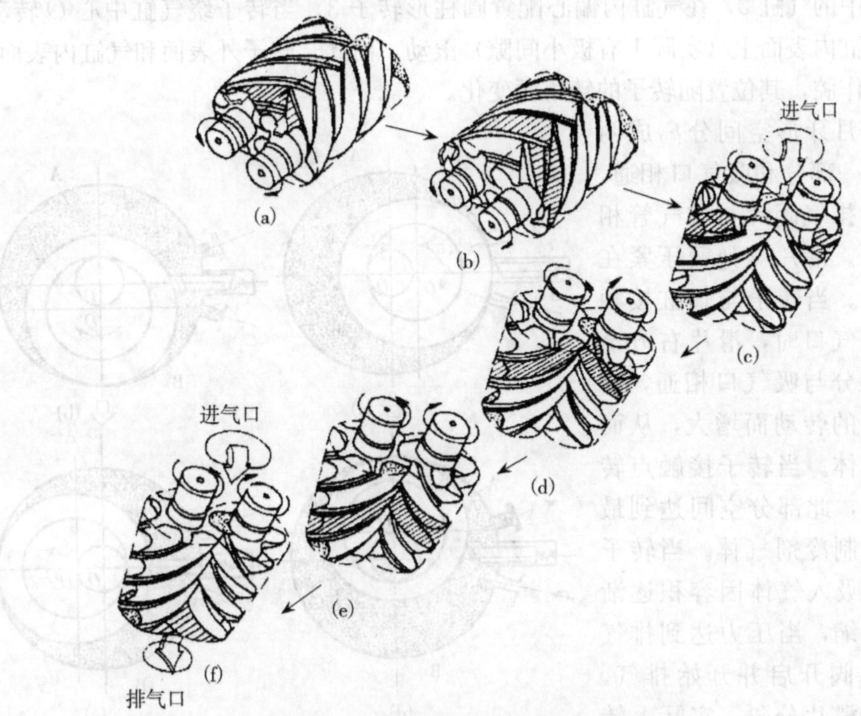

图 3-10 螺杆式制冷压缩机的工作过程

(a) 吸气开始 (b) 吸气过程 (c) 吸气结束 (d) 压缩过程 (e) 压缩结束 (f) 排气过程

流中所产生的中间压力气体引至压缩机压力相应部分的压缩腔内，同时在经济器内将制冷剂进行再冷却，从而达到增加制冷量、提高制冷系数的目的。

在采用经济器的螺杆制冷压缩机的机体上有一个中间补气口的接口，从冷凝器出来的液体制冷剂经过节流进入经济器，并在经济器中闪发成中间压力的气体进入压缩机的补气接口，同时将在经济器盘管里的液体过冷，然后经膨胀阀进入蒸发器，吸热汽化的制冷剂蒸气于是进入螺杆制冷压缩机。由于被过冷的液体制冷剂其单位质量制冷量要比没有过冷的液体制冷剂大，而补气口是开设在螺杆齿槽吸气结束之后，所以并不影响螺杆的吸气量。因此在压缩机压送相同质量流量的制冷剂时，其制冷量有了增加，但由于所增加的制冷量大于压缩功率的增加量，所以制冷系数得到提高。

2. 滚动活塞式（滚动转子式、滑片式）**制冷压缩机** 转子式压缩机虽然出现较早，但由于材质和加工精度的限制，长期以来在制冷领域一直未被采用。随着科学技术的发展，原有的难题已经或者逐步得到了解决，偏心滚动转子式制冷压缩机在1 kW 左右以下的小型窗式空调器和食品冷藏箱中已开始广泛使用，在该冷量范围内所显示的优点足以取代活塞式制冷压缩机。

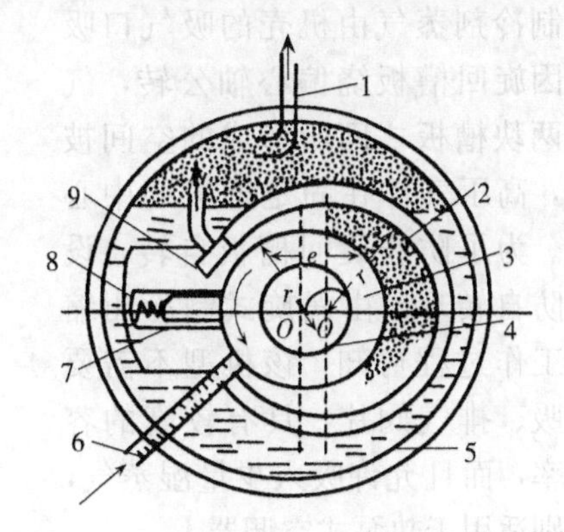

图 3-11 滚动活塞式（偏心滚动转子式、滑片式）制冷压缩机结构

1. 排气管 2. 气缸 3. 圆柱形转子 4. 偏心轮 5. 润滑油 6. 吸气管 7. 滑片 8. 弹簧 9. 排气阀

图 3-11、图 3-12 分别为偏心滚动转子式制冷压缩机的示意图和工作过程图。它有一个浸

没在润滑油 5 中的气缸 2，在气缸内偏心配置圆柱形转子 3，当转子绕气缸中心 O 转动时，转子紧贴在气缸内表面上（实际上有极小间隙）滚动。由此，转子外表面和气缸内表面形成一月牙形的工作腔，其位置随转子的转角而变化。

滑片 7 将月牙形空间分离成两个孤立部分，一部分和吸气口相通，另一部分通过排气阀片与排气管相通（A、B 腔）。滑片靠弹簧压紧在转子外表面上。当转子与气缸接触点转到超过吸气口时，滑片右方至接触点之间部分与吸气口相通，它的容积随转子的转动而增大，从而吸气口吸进气体。当转子接触点转到最上位置时，此部分空间达到最大，且充满了制冷剂气体。当转子继续旋转时，吸入气体因容积逐渐缩小而受到压缩，当压力达到排气压力时，排气阀开启并开始排气。由于气缸内有滑片分隔，实际上转子每转一圈即完成一次吸气、压缩和排气过程。

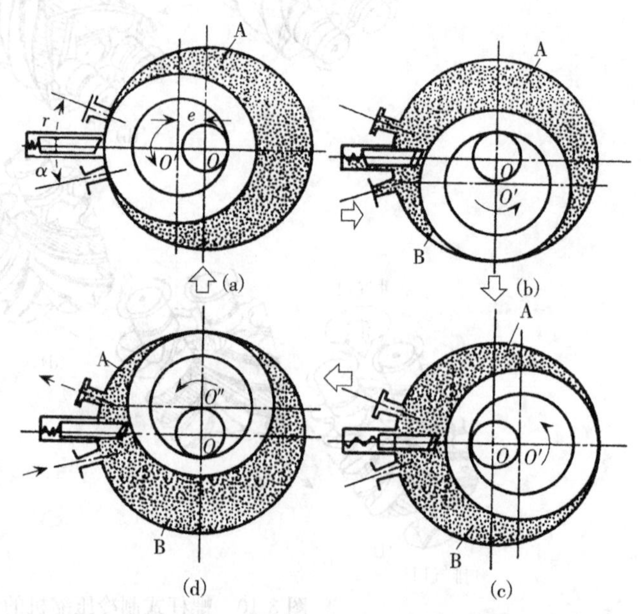

图 3-12　滚动活塞式（偏心滚动转子式）制冷压缩机的工作过程

偏心滚动转子式制冷压缩机在目前的使用冷量范围内与活塞式相比较，其能效比 EER 值可提高 20%，体积缩小 40%，零件数减少 1/3，质量下降 50%，噪声降低 5dB（A）。

3. 涡旋（涡线）式制冷压缩机　近几年，涡旋（涡线）式制冷压缩机由于效率高、噪声低、运转平稳而日益受到重视。它也是一种容积式的压缩机。

涡旋式制冷压缩机的构造见图 3-13，其工作过程见表 3-3。来自蒸发器的制冷剂蒸气由机壳的吸气口吸入，因旋回槽板绕偏心轴公转，气体在两块槽板之间所形成的空间被压缩，高压气体在固定槽板的中心排出。为了防止旋回槽板自转，设置了防自转环。由涡旋式制冷压缩机的工作过程可知，该机型不需要设置吸、排气阀片，具有较高的容积效率，而且允许吸入少量湿蒸气，故特别适用于热泵式空调器。

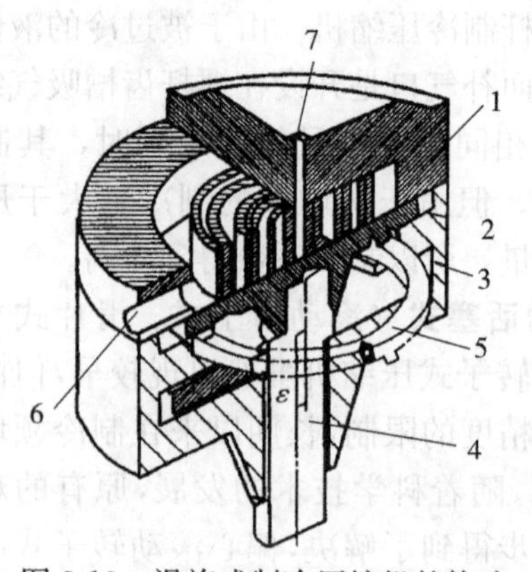

图 3-13　涡旋式制冷压缩机的构造

1. 固定螺旋槽板　2. 旋回螺旋槽板　3. 壳体　4. 偏心轴　5. 防自转环　6. 进气口　7. 排气口

目前，涡旋式制冷压缩机的使用功率为1～15kW。与活塞式制冷压缩机相比较，它的体积可缩小40%，质量减小 15%，结构简单（仅需 5 个零件），运行平稳、可靠，噪声可降低 2～3dB（A），具有较高的 EER 值。

螺杆式、转子式、涡旋式压缩机均属于容积型中的回转式制冷压缩机，由于这些机器的结构简单，性能优良，运行可靠，制造技术也日趋成熟，这就打破了活塞式制冷压缩机在某些领域一统天下的局面，可以预料，今后在回转式制冷压缩机的研究和开发方面仍将十分活跃，甚至可能出现更新式的机型。

表 3-3 涡旋式制冷压缩机的工作过程

工作过程	摆动连杆位置 
吸气过程	当涡旋转子沿轨道运转时，两个月牙形制冷剂气室被形成和密闭 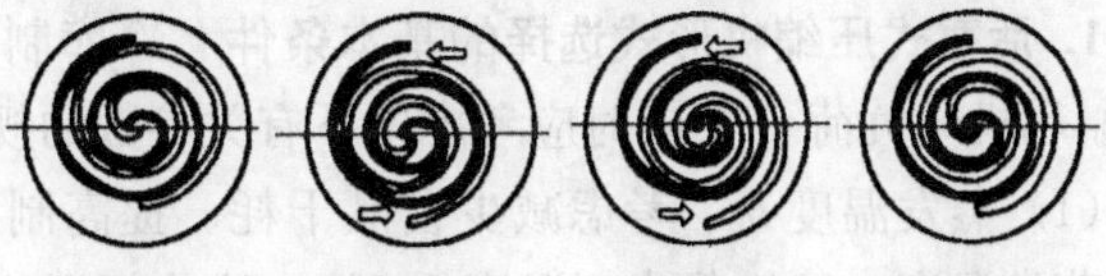
压缩过程	当气室逐渐减小并靠近涡旋中心时，制冷剂气体被压缩 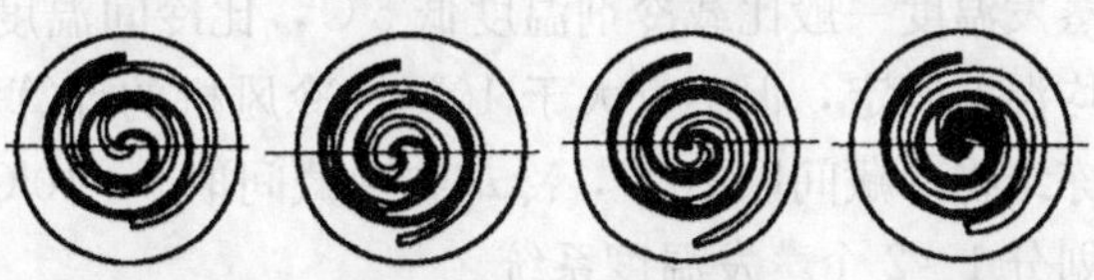
排气过程	制冷剂气体被进一步压缩，并通过涡旋定子中心的排出口排出 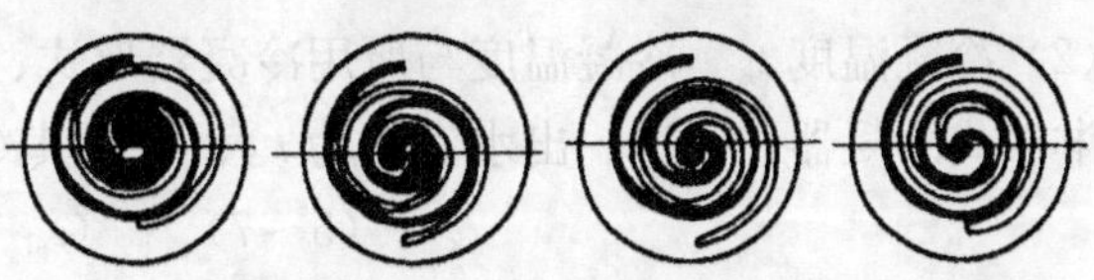

三、离心式制冷压缩机

离心式制冷压缩机的发展已有 60 多年历史。20 世纪 30 年代卤代烃制冷剂的出现以及后来冶金工业和其他科学技术的发展，为离心式制冷压缩机的制造和应用奠定了良好基础。目前，单机冷量在 1200kW 以上的制冷压缩机，几乎全部采用离心式。

离心式制冷压缩机的构造和工作原理：

图3-14所示为单级离心式制冷压缩机的简图。压缩机本体包括高速旋转的叶轮、扩压器、进口导叶以及传动轴等部件。当电动机通过增速齿轮带动叶轮高速旋转时，由于制冷剂蒸气受叶轮离心力的作用而产生极高的流速，当进入扩压器和机壳后，便转化为压力能，使吸入蒸气由蒸发压力升至冷凝压力。目前，离心式制冷压缩机的转数一般在 10^4 r/min 左右。

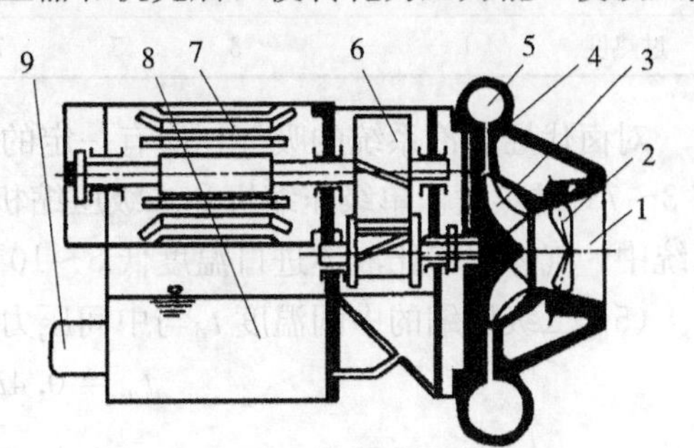

图 3-14 单级离心式制冷压缩机的简图

1. 吸气腔 2. 进口导叶 3. 叶轮 4. 扩压器 5. 蜗壳 6. 增速齿轮 7. 电动机 8. 油箱 9. 齿轮油箱

离心式制冷压缩机也有开启式和封闭式两种，当采用封闭式压缩机时，电动机依靠系统中的制冷剂冷却。

所有制冷压缩机，根据其结构特点和工作原理，均有其最佳冷量使用范围，因此，当使用的冷量和条件不同时，应选用不同形式的压缩机，以获得最佳运行效果。

应该指出，活塞式制冷压缩机在结构和

运行性能方面虽有许多不足，但其制造技术要求相对较低，而且使用年代已久，目前在200kW冷量以下的制冷压缩机中仍在广泛使用。

第四节　制冷压缩机的热力分析和节能措施

一、制冷压缩机的选型计算（单、双级压缩机）

制冷系统最常用的压缩机是活塞式和螺杆式。压缩机是制冷系统的“主机”，一般根据空调或冷库制冷系统的使用条件、制冷剂的种类、制冷循环形式及制冷能量要求，选择一定规格的制冷压缩机，以满足制冷系统的使用要求。

1. 活塞式压缩机形式选择的基本条件　冷库制冷系统压缩机选择的依据是冷却设备负荷 Q_0 和机械负荷 Q_j，同时应考虑以下有关参数的规定：

（1）蒸发温度 t_0　考虑减少食品干耗、提高制冷效率、节约能源、降低投资成本的要求，蒸发温度一般比载冷剂温度低5℃，比冷间温度低7～10℃。冷却排管的计算温差由算术平均温差确定，但不宜大于10℃；冷风机的计算温差按对数平均温差确定，如冷却、冻结和冻结物冷藏间取10℃，冷却物冷藏间取8～10℃，不同类型的制冷系统，可按生产工艺条件划分1～2个蒸发温度系统。

（2）冷凝温度 t_k　冷凝温度与所用冷凝器形式、冷却方式及冷却介质有关。对于立、卧式和淋激式冷凝器，若进、出水温度为 t_{s1}、t_{s2}，其冷凝温度为

$$t_k = (5 \sim 7) + (t_{s1} + t_{s2})/2$$

对于蒸发式冷凝器，冷凝温度为 $t_k = t_s + (5 \sim 10)$，式中 t_s 为夏季空气调节室外计算湿球温度（℃）。

（3）过冷温度 t_g　在两级压缩制冷系统中，高压液体过冷温度比中间温度高5℃。

（4）吸气温度 t_1　吸气温度与制冷系统供液方式、吸气管长短及管径大小、供液多少及隔热等因素有关。对氨制冷系统，压缩机允许吸气温度及吸气过热度见表3-4。

表3-4　氨压缩机允许吸气温度

单位：℃

蒸发温度	0	−5	−10	−15	−20	−25	−28	−30	−33	−40	−45
吸气温度	1	−4	−7	−10	−13	−16	−18	−19	−21	−25	−28
过热度	1	1	3	5	7	9	10	11	12	15	17

对卤代烃制冷系统的吸气，应有一定的过热度。采用热力膨胀阀时，蒸发器出口气体应有3～7℃过热度。单级压缩机和二级压缩机的高压级吸入温度，一般不超过15℃。在回热系统中，气体出口比液体进口温度低5～10℃为好。

（5）二级压缩的中间温度 t_{zj} 与中间压力 p_{zj} 的经验公式为

$$t_{zj} = 0.4t_k + 0.6t_0 + 3 \tag{3-13}$$

$$p_{zj} = \sqrt{p_k p_0} \tag{3-14}$$

式中　t_k、t_0——冷凝温度和蒸发温度（℃）；

p_k、p_0——冷凝压力和蒸发压力（MPa）。

2. 活塞式制冷压缩机形式选择　确定选择单、双级压缩机的标准是压缩比 p_k/p_0。对于氨系统，压缩比≤8 时采用单级，压缩比>8 时采用两级。对卤代烃系统，压缩比≤10 时采用单级，压缩比>10 时采用两级。采用的两级压缩机可以是单机两级，也可以是配组的两级压缩。

3. 制冷压缩机单机容量和台数选择　压缩机单机容量和台数，应按便于能量调节和适应制冷对象的工况变化等因素来确定。采用多台压缩机时，应尽可能采用同一系列或型号的产品，以方便运行和维修。

4. 制冷压缩机的工作范围和自动控制　压缩机的运行工况应尽可能满足前述基本条件。在必须保证运行安全保护的前提下，在系统设计时可以补充其他控制内容。在制冷自控技术不断进步的今日，采用设有微电脑控制的制冷压缩机是较理想的选择。不过这一选择还要与整个制冷系统控制程序协调配合。

5. 螺杆式制冷压缩机的选择　螺杆式制冷压缩机由于结构特点，它的内容积比是随外界温度的变化而变化的，我国规定有 2.6、3.6 和 5.0 三种，选用 3 种不同的滑阀，可适应不同的工况需要。新型可移动滑阀式螺杆压缩机，可以进行内容积比的无级调节。

螺杆压缩机单级压缩比大，有较宽的运行条件。带有经济器的单级螺杆式制冷压缩机可以得到更高的运行效率。但在低温工况下，由于 t_0 很低，则应选择两级螺杆压缩机。

6. 压缩机制冷量的计算　压缩机的制冷量 Q_0（kJ/h）从制造厂的产品样本上无法查到时，可用式（3-15）计算：

$$Q_0 = q_v V_h \lambda \tag{3-15}$$

式中　q_v——单位容积制冷量（kJ/m^3）；

V_h——压缩机的理论输气量（m^3/h）；

λ——压缩机的输气系数。

从式（3-15）中可以看出，对一定的压缩机，V_h 是定值，而 q_v 与 λ 值是随压缩机的工作温度（主要指冷凝温度和蒸发温度）而变化的，因此压缩机的制冷量也是随工作温度而变动的。

［例 3-1］　试计算 8S-12.5 型、R22 制冷压缩机在 $t_k=30℃$、$t_0=-15℃$、$t_5=25℃$、$t_{1'}=15℃$ 时的制冷量 Q_0。该压缩机的气缸直径 $D=125mm$，活塞行程 $s=100mm$，转速 $n=960r/min$，气缸数 $z=8$。

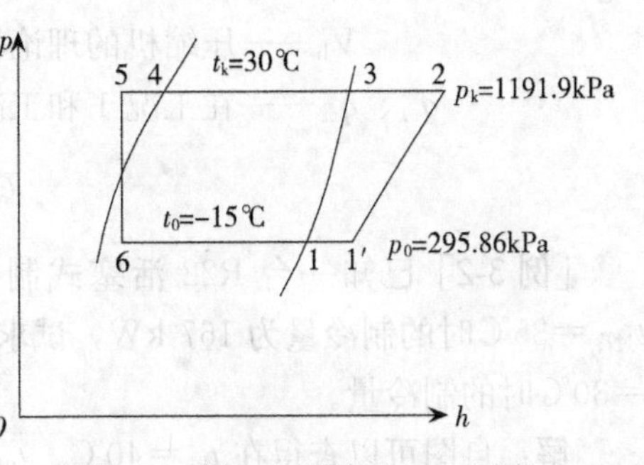

图 3-15　例 3-1 用图（lg$p$—h 图）

解：根据上述工作温度，在 lg$p$—h 图（图 3-15）上作出制冷循环，并把有关热力参数列于表 3-5 中，便于计算采用。

表 3-5　图 3-15 中有关点的热力参数

参数	t_k/℃	t_0/℃	p_k/kPa	p_0/kPa	$t_{1'}$/℃	t_5/℃	h_1/(kJ/kg)	h_2/(kJ/kg)	$h_5=h_6$/(kJ/kg)	$v_{1'}$/(m^3/kg)
数值	30	−15	1191.9	295.86	15	25	399.17	461	230.32	0.091

计算步骤：

（1）单位制冷量（制冷量包括吸入管道的过热）：

$$q_0=h_1-h_5=399.17-230.32=168.85\ (\text{kJ/kg})$$

（2）单位容积制冷量：

$$q_v=q_0/v_{1'}=168.85/0.091=1855.5\ (\text{kJ/kg})$$

（3）压缩机的理论输气量：

$$V_{\text{h}}=\frac{\pi}{4}D^2snZ\times 60$$

$$=47.1\times 0.125^2\times 0.1\times 960\times 8\times 60=565.2\ (\text{m}^3/\text{h})$$

（4）用木村公式，计算输气系数 λ：

$$\lambda=0.94-0.085\times\left[\left(\frac{p_{\text{k}}}{p_0}\right)^{\frac{1}{n}}-1\right]=0.94-0.085\times\left[\left(\frac{1191.9}{295.86}\right)^{\frac{1}{1.18}}-1\right]=0.748$$

（5）8S-12.5 型、R22 制冷压缩机的制冷量在此工况下的制冷量：

$$Q_0=1855.5\times 565.2\times 0.748=784449\ (\text{kJ/h})=217.9\text{kW}$$

7. 在不同工况下压缩机制冷量的换算 制冷压缩机在出厂时，制造厂在机器的铭牌上标出的制冷量一般都是指名义工况下的制冷量，在实际运行中如工况变化，则可按产品样本上提供的制冷机性能曲线查得工作工况下的制冷量，也可根据工况改变时压缩机的理论输气量总是定值这个原则来进行换算，即

$$Q_{01}=\frac{\lambda_1 V_{\text{h}} q_{v1}}{3600} \tag{3-16}$$

$$Q_{02}=\frac{\lambda_2 V_{\text{h}} q_{v2}}{3600} \tag{3-17}$$

式中 Q_{01}、Q_{02}——在工况 1 和工况 2 时的压缩机制冷量（kW）；

λ_1、λ_2——在工况 1 和工况 2 时的压缩机输气系数；

V_{h}——压缩机的理论输气量（m^3/h）；

q_{v1}、q_{v2}——在工况 1 和工况 2 时的制冷剂单位容积制冷量（kJ/m^3）。

$$Q_{02}=Q_{01}\frac{\lambda_2 q_{v2}}{\lambda_1 q_{v1}} \tag{3-18}$$

［例 3-2］已知一台 R22 活塞式制冷压缩机，在 $t_{\text{k}}=40$℃、$t_0=-10$℃、$t_{吸入}=10$℃、$t_{过冷}=35$℃时的制冷量为 167 kW，试求该压缩机在 $t_{\text{k}}=35$℃、$t_0=-20$℃、$t_{吸入}=5$℃、$t_{过冷}=30$℃时的制冷量。

解：自图可以查得在 $t_{\text{k1}}=40$℃、$t_{01}=-10$℃、$t_{吸入1}=10$℃时，$\lambda_1=0.73$；在 $t_{\text{k2}}=35$℃、$t_{02}=-20$℃、$t_{吸入2}=5$℃时，$\lambda_2=0.66$。又自 R22 的热力性质表求得单位容积制冷量为

$$q_{v1}=\frac{h_1-h_5}{v_{1'}}=\frac{401.6-243.1}{0.0766}=2069.2\ (\text{kJ/m}^3)$$

$$q_{v2}=\frac{h_1-h_5}{v_{1'}}=\frac{397.5-236.6}{0.1088}=1478.9\ (\text{kJ/m}^3)$$

根据式（3-18）可以求得：

$$Q_{02}=Q_{01}\frac{\lambda_2 q_{v2}}{\lambda_1 q_{v1}}=167\times\frac{0.66\times 1478.9}{0.73\times 2069.2}=107.9\ (\text{kW})$$

8. 双级压缩制冷压缩机制冷量的计算 双级压缩制冷压缩机制冷量的计算分为两种，具体如下。

(1) 第一种情况（校核计算） 已知冷凝温度 t_k 和蒸发温度 t_{02} 及高、低压级理论输气量，计算双级制冷机的制冷量 Q_0，计算步骤如下：

①确定这套双级制冷机的中间压力 p_{01} 值。

②按已知的 t_k（或 p_k）、t_{02}（或 p_{02}）和求得的中间压力 p_{01}，作出双级制冷机循环的 $\lg p—h$ 图，并列出各有关点的热力参数值。

③最后按下式计算双级制冷机的制冷量 Q_0。

$$Q_0 = \frac{\lambda_{低} V_{h低} q_v}{3600} = \frac{\lambda_{低} V_{h低} q_{02}}{3600_{v_1}} \tag{3-19}$$

式中 q_v——制冷剂在蒸发温度 t_{02} 时的单位容积制冷量（kJ/m^3）；

q_{02}——制冷剂在 t_{02} 时的单位质量制冷量（kJ/kg）；

$V_{h低}$——低压级理论输气量（m^3/h）；

$\lambda_{低}$——低压级输气系数；

v_1——低压级吸入蒸气的比体积（m^3/kg）。

［例 3-3］试计算下列配组式双级氨制冷机的制冷量。低压级：8S-12.5 型一台，$V_{h低}=566\ m^3/h$；高压级：4V-12.5 型一台，$V_{h高}=283\ m^3/h$。

工作条件为 $t_k=40℃$（$p_k=1557.0kPa$），$t_{02}=-40℃$（$p_{02}=72.01kPa$），$t=-25℃$，氨液经过中间冷却器冷却盘管后的出液温度，采取比中间温度高 5℃。

解：

①先求出一个中间压力，$p_{理}=\sqrt{p_k p_0}=\sqrt{1557\times72.01}=334.84(kPa)$，并由氨热力性质表查出相对应的中间温度 $t_{理}=-6.55℃$；

②再假设一个中间温度 $t_{01'}=-12℃$（假设的中间温度与 $t_{理}$ 相差 5～10℃，便于以后作图）。相应的 $p_{01'}=268.63\ kPa$。

根据这两个中间压力，分别进行热力计算，并求得在 $p_{理}=334.84\ kPa$ 时，$\xi_1=-0.305$；$p_{01'}=268.63\ kPa$ 时，$\xi_2=0.447$。

③最后作 $p_{01}—\xi$ 图，求得在 $\xi=0.5$ 时，$p_{01}=244\ kPa$。

双级制冷压缩机循环的 $\lg p—h$ 图（图 3-16）与 $p_{01}—\xi$ 图（图 3-17）如下，各点的有关热力参数与计算结果均列于表 3-6 和表 3-7。

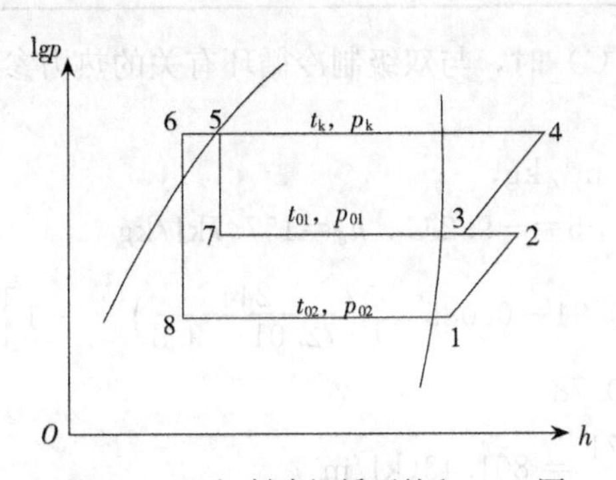

图 3-16 双级制冷机循环的 $\lg p—h$ 图

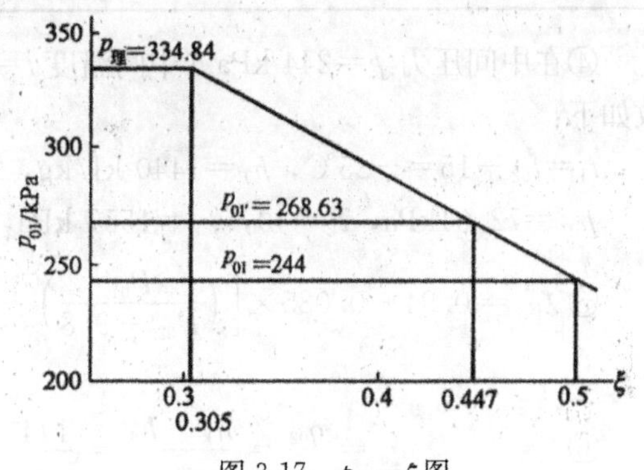

图 3-17 $p_{01}—\xi$ 图

表 3-6　各点有关热力参数值

项　目	单　位	$t_{理}=-6.55℃$，$p_{理}=334.84$ kPa	$t_{01'}=-12℃$，$p_{01'}=268.63$ kPa
$t_1=t_{02}+15$	℃	−25	−25
h_1	kJ/kg	1440	1440
v_1	m^3/kg	1.6	1.6
t_2	℃	78	60
h_2	kJ/kg	1657	1616
v_2	m^3/kg	0.5	0.6
$t_3=t_{02}+5$	℃	−1.55	−7
h_3	kJ/kg	1465	1460
v_3	m^3/kg	0.375	0.48
t_4	℃	110	126
h_4	kJ/kg	1694	1735
t_5	℃	40	40
h_5	kJ/kg	390.59	390.59
$t_6=t_{01}+5$	℃	−1.55	−7
h_6	kJ/kg	193.0	167.79

表 3-7　计算结果

序号	计算公式	$t_{理}=-6.55℃$，$p_{理}=334.84$ kPa	$t_{01'}=-12℃$，$p_{01'}=268.63$ kPa
1	$\lambda_{高}=0.94-0.085\times\left[\left(\frac{p_k}{p_0}\right)^{\frac{1}{n}}-1\right]$	$\lambda_{高}=0.94-0.085\times\left[\left(\frac{1557}{334.84}\right)^{\frac{1}{1.28}}-1\right]=0.743$	$\lambda_{高}=0.94-0.085\times\left[\left(\frac{1557}{268.63}\right)^{\frac{1}{1.28}}-1\right]=0.689$
2	$\lambda_{低}=0.94-0.085\times\left[\left(\frac{p_{01}}{p_{02}-9.8}\right)^{\frac{1}{n}}-1\right]$	$\lambda_{低}=0.94-0.085\times\left[\left(\frac{334.84}{72.01-9.8}\right)^{\frac{1}{1.28}}-1\right]=0.71$	$\lambda_{低}=0.94-0.085\times\left[\left(\frac{268.63}{72.01-9.8}\right)^{\frac{1}{1.28}}-1\right]=0.758$
3	$G_{低}=\frac{V_{h低}}{v_1}\lambda_{低}$	$G_{低}=\frac{566}{1.6}\times0.71=251.16$	$G_{低}=\frac{566}{1.6}\times0.758=268.14$
4	$1+\alpha=\frac{h_2-h_6}{h_3-h_5}$	$1+\alpha=\frac{1657-193.0}{1465-390.59}=1.362$	$1+\alpha=\frac{1616-167.79}{1460-390.59}=1.354$
5	$G_{高}=G_{低}(1+\alpha)$	$G_{高}=251.16\times1.362=342.08$	$G_{高}=268.14\times1.354=363.06$
6	$V_{h高}=\frac{G_{高}v_3}{\lambda_{高}}$	$V_{h高}=\frac{342.08\times0.375}{0.743}=172.65$	$V_{h高}=\frac{363.06\times0.48}{0.689}=252.9$
7	$\xi=\frac{V_{h高}}{V_{h低}}$	$\xi=\frac{172.65}{566}=0.305$	$\xi=\frac{252.9}{566}=0.447$

④在中间压力 $p=244$ kPa（中间温度 $t=-14.2℃$）时，与双级制冷循环有关的热力参数如下：

$t_1=t_{02}+15=-25℃$，$h_1=1440$ kJ/kg，$v_1=1.6\ m^3/kg$，

$p_{02}=72.01$kPa，$t_k=40$，$p_k=1557$ kPa，$t_6=t_{01}+5=-9.2℃$，$h_6=157.7$kJ/kg

⑤ $$\lambda_{低}=0.94-0.085\times\left[\left(\frac{P_{01}}{P_{02}-9.8}\right)^{\frac{1}{n}}-1\right]=0.94-0.085\times\left[\left(\frac{244}{72.01-9.8}\right)^{\frac{1}{1.18}}-1\right]=0.78$$

⑥ $$q_v=\frac{q_{02}}{v_1}=\frac{h_1-h_6}{v_1}=\frac{1440-157.71}{1.6}=801.43(kJ/m^3)$$

⑦　　$Q_0=q_v V_{h低}\lambda_{低}=801.43\times566\times0.78=353815$（kJ/h）$=98.3$kW

（2）第二种情况（选型计算）　已知冷凝温度 t_k 和蒸发温度 t_{02} 及需要的制冷量，确定高、低压级的输气容量，然后再核算其制冷量。

计算步骤如下：

①根据制冷工艺所需要的制冷量和温度条件（t_k 和 t_{02}），以及中间压力（按制冷系数 ε 最大的原则求得），按式（3-20）、式（3-21）计算出高、低压级的理论输气量：

$$V_{h低}=\frac{Q_0}{q_{02}}\frac{v_1}{\lambda_{低}} \tag{3-20}$$

$$V_{h高}=\frac{Q_0}{q_{02}\lambda_{高}}(1+\alpha)v_3 \tag{3-21}$$

$$\alpha=\frac{(h_2-h_3)+(h_5-h_6)}{h_3-h_5} \tag{3-22}$$

式中　v_3——高压级吸入蒸气的比体积（m^3/kg）；

$\lambda_{高}$——高压级输气系数；

Q_0——制冷工艺所需要的制冷量（kJ/h）；

α——为消除低压级排气过热和实现高压液体过冷，中间冷却器内液态制冷剂的蒸发量（kg/kg）；

h_2——低压级排出的过热蒸气比焓（kJ/kg）；

h_5、h_6——进入和流出中间冷却器蛇形冷却盘管组的高压液态制冷剂比焓（kJ/kg）；

h_3——高压级吸入蒸气的比焓（kJ/kg）。

②根据上面求得的高、低压容积比 ξ，选配适当的压缩机，组成配组式双级制冷机或单机双级机。

最后，由于所选配的压缩机，其高、低压级理论输气量与计算求得的不一定正好符合，因此可用第一种情况所列举的步骤来核算所选配的双级制冷机制冷量，使能满足工艺所要求的制冷量 Q_0。

二、制冷压缩机的变工况运行特性

1. 制冷压缩机的变工况　制冷压缩机的热力循环的性质与压缩机的工作条件有关，压缩机吸入蒸气的压力与比体积及压缩终了的压力，决定于制冷循环的温度。因此，压缩机的制冷量不仅决定于容量的大小，而且与温度有关。冷凝温度和蒸发温度对压缩机的运行性能会有下列影响。

2. 制冷量 Q_0 与温度条件的关系　压缩机的制冷量 Q_0 主要决定于通过压缩机输送的制冷剂循环量 G（kg/h），当蒸发温度降低，也即压缩机吸气压力降低时，制冷剂比体积增大，因而循环量 G 减少，导致制冷量 Q_0 减少。

当冷凝温度升高时，压缩比增大，输气系数 λ 减小，使制冷剂循环量 G 减少，因而制冷量 Q_0 减少。但冷凝温度对制冷量的影响不如蒸发温度的影响那么显著。

3. 压缩机耗功与温度条件的关系　压缩机耗功随制冷剂循环量和压缩机运转温度条件而变化，其变化的关系如下：

（1）当蒸发温度不变时，冷凝温度升高，制冷剂循环量虽在减少，但是其减少的比值较

单位绝热压缩功 W（kJ/kg）增大的比值要小，因此轴功率 $p_e=\frac{GW}{3600\eta_e}$ 值增大（总效率 η_e 可看作不变）。反之，如冷凝温度降低，则轴功率也降低。

（2）当冷凝温度不变时，蒸发温度降低，制冷剂循环量也随着减少，但单位绝热压缩功却随蒸发温度下降而增大，因此很难直接看出轴功率是增大还是减少。理论分析得出，各种制冷剂的最大功率都在压缩比 $\frac{p_k}{p_0}=k^{\frac{k+1}{k}}$（$k$ 为绝热指数）时，由此可以近似地认为对于各种制冷剂，其压缩比大约等于 3 时功率最大。

4. 制冷系数与温度条件的关系 制冷系数是压缩机制冷量和消耗功率的比值。当蒸发温度升高或冷凝温度降低时，制冷系数 ε 提高。

5. 单位容积制冷量与温度条件的关系 压缩机每立方米活塞输气量的制冷量称为单位容积制冷量 q_v（kJ/m^3）。即

$$q_v=\frac{h_1-h_5}{v_1} \tag{3-23}$$

式中 h_1——压缩机吸气状态时制冷剂的比焓（kJ/kg）；

h_5——节流阀后制冷剂的比焓（kJ/kg）；

v_1——吸气状态时制冷剂的比体积（m^3/kg）。

压缩机的 q_v 值与制冷剂种类、冷凝温度、蒸发温度等温度条件有关。

三、制冷压缩机的能量调节方法

通常制冷压缩机总是根据最大制冷量来选用。用户实际所需的冷负荷是变化的，为了适应用户的需要和安全经济运行，必须根据外界的变化进行调节。通过调节，使制冷压缩机的制冷量与用户需要的冷负荷基本平衡，制冷系统处于稳定运行状态。压缩机的制冷量与其输气量成正比，即通过调节输气量就可以调节制冷量。故压缩机的制冷量调节又称为输气量调节或能量调节。能量调节的实质是使压缩机的产冷量与外界热负荷实时保持平衡，以使压缩机能以节能的状态运行。

1. 制冷压缩机能量调节方式的选择 进行能量调节有以下三个优点：

（1）能使制冷装置的制冷量始终与外界热负荷平衡，从而提高运行的经济性。

（2）减小蒸发温度（蒸发压力）的波动，相对应地减小了被冷却对象的温度波动，对空调而言可以提高环境的舒适度，对食品冷藏可以更好地保持其品质，这样还可以减少压缩机的启动次数，延长压缩机的使用寿命。

（3）保证了轻载或空载启动，避免引起电网负载过大的波动。当压缩机无能量调节时，压缩机的启动力矩较大，可达额定负载的 1.8～2.25 倍，易引起电动机过载。这样不但对电网电压的稳定性影响大，而且易引起电动机因过载而损坏。若选用大容量的电动机来进行工作，则降低了运行的经济性。

采用不同的能量调节方法所获得的经济效果不同，即不同的能量调节方法效率不同。在生产实际中，制冷装置在部分负荷运行的时间占很大比例。因此，选择合适的能量调节方式，对于运行的节能具有重大的意义。根据采用的压缩机形式不同，可以分别选用不同的能量调节方法。

2. 活塞式压缩机的能量调节方式 对于单台活塞式压缩机，最简单的能量调节方式是

间歇运行，即当达到规定的制冷温度时，就将压缩机停止运转，当温度升到规定的上限时，又将压缩机重新启动运转。这种方法只用于小型压缩机。对于功率大于10kW的压缩机，电动机的频繁启动会引起供电回路的电压波动，影响其他设备的正常工作。对于较大容量的压缩机，目前常见的调节方法有如下几种。

（1）顶开吸气阀片调节输气量　在高速多缸压缩机运行中，通过顶开机构，使吸气阀片在顶开时间里脱离阀座，气缸中无法实现对吸入气体的压缩。这样，尽管压缩机依然运转着，但吸气阀片被顶开的气缸没有输气，从而达到改变压缩机输气量的作用。这种全部压缩行程顶开吸气阀片的调节法，在我国缸径ϕ70mm以上、缸数在四缸以上的多缸系列压缩机中广泛应用，这种方法还是很实用的，能够满足生产实际的调节要求，操作也较方便。顶开吸气阀调节机构分为两种形式。一种是液压缸拉杆机构，当液压缸中无油压时，拉杆在弹簧的作用下，带动气缸套外的转动环，通过顶杆顶开阀片。当油压恢复时，油压克服弹簧力，推动卸载活塞，使转动圈反转，顶杆下降，气缸恢复正常输气。另一种是油压直接顶开机构。这种机构利用气缸套外可上下滑动的移动环，直接推动顶杆。同样是无油压时利用弹簧力顶开气阀，有油压时克服弹簧力，气缸正常输气。这种结构免除了液压缸拉杆等零件，结构较紧凑。但这种结构的移动环等零件加工精度要求高，所用的O形密封圈易变形老化，这会引起润滑油泄漏和调节失灵。

上述两种顶开形式中，压力油的供给和切断，可以用手动控制，也可以采用压力控制器与电磁阀配合实现自动控制。应该说明的是，完全顶开吸气阀的调节方式属分挡调节，适用于气缸数多的压缩机。因为气缸数越多，可调节的挡数就越多。例如，8缸压缩机每挡卸载2缸，就可以分为25%、50%、75%和100%四挡运行。对于气缸数较少的压缩机，可调节的挡数就较少。

顶开吸气阀片的调节方式，基本上可以满足实际生产中的调节要求。但是从节能的角度看，这种调节方式显然是不理想的。因为顶开吸气阀片的气缸虽然不输气，但活塞连杆仍在运动，存在机械摩擦损失。气体虽没有被压缩，但随着活塞往复运动，不断地流入流出气缸也存在流阻的损失。尤其当负荷很小时，这些损失所占的比例将增大。

（2）压缩机进排气侧流量旁通调节　对于本身没有能量调节装置的中小型压缩机，可用旁通调节阀进行能量调节。图3-18为旁通能量调节原理。其能量调节的原理，是热负荷下降时，吸气压力将降低。当低于能量调节阀1的给定压力时，阀自动打开，使部分高压制冷剂气体直接旁通到吸气管3。这样既能防止吸气压力进一步降低，又能使压缩机的制冷量下降。

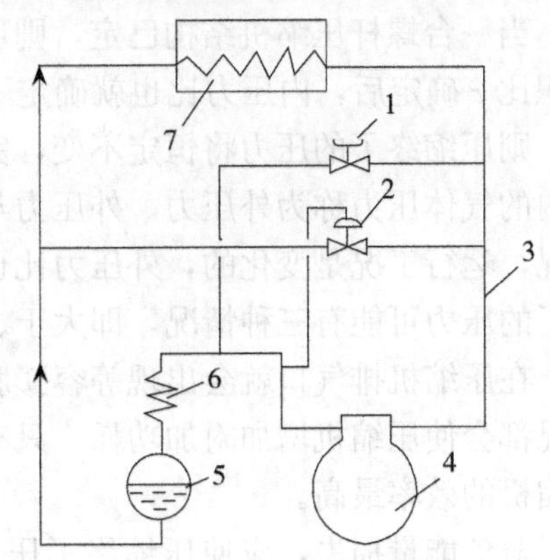

图3-18　旁通能量调节原理
1. 能量调节阀门　2. 注液阀　3. 吸气管　4. 压缩机
5. 贮液器　6. 冷凝器　7. 蒸发器

由于通过能量调节阀旁通到吸气管的制冷剂温度相当高，容易造成排气温度过高，所以需在贮液器5的出口和压缩机吸气管之间装上注液阀2。在排气温度超限时，注入一定量液态制冷剂，将排温控制在允许的范围内。注液阀是气动直接作用式比例调节阀，其感温包绕在压缩机排气管上，感受排气温度。当排气温度超过调定值时，便打开向吸气管 3 喷液。阀开度与排气温度超过给定值的量成正比，阀中也有冷凝压力补偿装置，使其工作不受冷凝压力的影响。旁通能量调节中的旁通制冷剂，压缩机对其做了功而没有产生有效冷量，显然是不经济的。因此，从节能的角度，除了小型制冷装置外，一般不宜采用这种调节方法。

3. 螺杆式制冷压缩机的能量调节 螺杆式制冷压缩机通常采用滑阀调节能量，即在两个转子高压侧，装上一个能够轴向移动的滑阀来调节制冷量和卸载启动。滑阀调节能量的原理，是利用滑阀在螺杆的轴向移动，以改变螺杆的有效轴向工作长度，使输气量在 10%～100%范围内连续无级调节。

滑阀的移动调节分手动和自动，但控制的基本原理都是采用油压驱动调节，一般根据吸气压力或温度的变化实现能量调节。该系统基本上由三部分构成：供油、控制和执行机构。供油机构有液压系统及压力调节阀，控制机构有四通电磁阀或油分配阀，执行机构有滑阀、活塞及液压缸等。

在调节过程中，功率与制冷量在 40%以上负荷的运行关系几乎是成正比例的。但在 40%以下，制冷量与消耗的功率不是成正比例的，即在低负荷时，螺杆压缩机的效率降低。图 3-19 所示为部分负荷与其对应的轴功率的变化关系。由图可见，只是在蒸发温度较高、压缩比较小时，功率与负荷才成正比例的关系。即一般高压缩比轻负荷下运行是不经济的，在设计中应尽量避免。

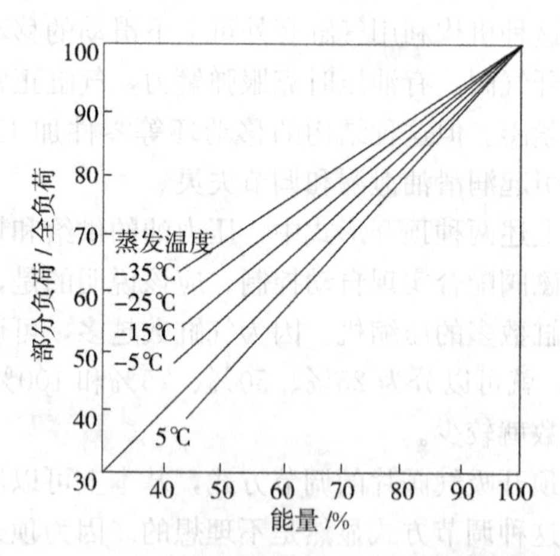

图 3-19 螺杆压缩机部分负荷与轴功率的变化关系

必须注意，同一型号的螺杆压缩机可以配用不同的滑阀。在系列产品中滑阀分为三种规格，其内容积比分别为 5、3.6、2.6。用户必须根据具体的工况选用内容积比适当的滑阀，这是因为螺杆式压缩机具有固定内容积比。螺杆式压缩机是无气阀的容积型回转式压缩机，吸排气孔口的启闭完全为几何结构所定。当一台螺杆压缩机结构已定，则压缩开始的容积和压缩终了的容积之比 τ 为定值。而内容积比 τ 确定后，内压力比也就确定了，内压力比为定值，意味着当压缩机的吸入压力一定时，则压缩终了的压力将恒定不变，完全不受压缩机排出端压力变化的影响。压缩机排气接管内的气体压力称为外压力。外压力与吸气压力之比值称为外压力比。外压力比取决于运行工况，运行工况是变化的，外压力比也随之变化。因此，在吸气压力不变的情况下，内压缩终了的压力可能有三种情况，即大于、等于或小于外压力。当内压缩终了的压力大于外压力时，在压缩机排气口就会出现等容膨胀。当小于外压力时，则会增加等容压缩过程，这两种情况都会使压缩机增加附加功耗。只有内压缩终了压力与外压力相等时，才没有附加功耗，压缩机的效率最高。

为了避免能量损失，应使压缩终了压力等于外压力，即内压力比与外压力比相等。因此，螺杆式制冷压缩机系列中推荐了三种内容积比不同的滑阀，让用户根据需要选配。显然，当选配了某种内容积比的滑阀后，内压力比就成为定值。但在实际生产应用中，工况是变化的，尤其是压缩机输出端压力（冷凝压力），将随着环境温度变化而变化。因此，采用内容积比固定的螺杆压缩机，不可避免地将产生附加功耗，使效率降低。目前国内开发的内容积比连续可调的螺杆压缩机已经上市，内容积比调节范围为 2.6～5。显然，内容积比可调的机型，可将压缩终了压力调节到与外压力相等，故不存在附加功耗。

因此，从节能角度及调节特性角度考虑，应该尽可能选用内容积比连续可调的螺杆式压缩机，尤其对于工况变化较大的场合更加重要。

4. 离心式制冷压缩机的能量调节 离心式制冷压缩机具有带叶片的工作轮，即叶轮，当叶轮转动时，叶片就带动气体运动并使气体得到动能，而后部分动能转化为压力能，从而提高气体的压力。从能量转化的角度看，可以理解为叶轮给气体以一定的能量，此能量又转化为气体的压力能和动能。在生产实际中，热负荷是随着外界条件经常变化的，这就要求能对压缩机的制冷量进行调节。

离心式制冷压缩机的制冷量调节方法有：①改变转速；②进口节流调节；③进口导流叶片调节；④冷凝器水量调节；⑤旁通调节。前三种调节方法以改变制冷压缩机的特性来适应冷量变化，后两种调节方法是用改变管网特性来适应冷量变化的。

在离心式制冷装置的实际运行中，部分负荷运行占相当大的比例。因此，部分负荷运行时的效率对节能十分重要。上述几种调节方法中，变转速调节的经济性最好，进口导叶调节的经济性也较好，在设计选用中应尽量采用，作为部分负荷较长时间运行的主要方式。其他的调节方法经济性较差，往往作为临时性或短时间运行调节之用。对于空调用离心式制冷机最常用的三种调节方法的综合比较见表 3-8。

表 3-8 空调用离心式制冷机最常用的三种调节方法的综合比较

调节方法 比较项目	变转速调节	进口节流调节	进口导流叶片调节
调节范围	最大	一定	较大
经济性	最好	较差	较好
结构	简单	简单	单级简单多级复杂
操作	最方便，自控系统最简单	方便，自控系统复杂	方便，自控系统较简单
多级机组	效果好	效果差	效果差
超负荷调节	受叶轮强度限制	受阀门开度限制	不受叶轮强度限制
保持载冷剂出口温度恒定的调节	方便	不易实现	较方便
保持制冷量恒定的调节	损失最小	损失较大	损失较小
维修和保养	最简单	较简单	较复杂
可靠性	好	较好	较差

5. 制冷压缩机的变速能量调节 制冷压缩机的能量调节，如上述各节所述的除了在压缩机本身采取措施外，还可以在压缩机的外部采取措施，实现能量调节。根据压缩机工作的基本原理，其制冷量与输气量成正比，而压缩机的输气量又与其转速 n 成正比，即转速 n 越高，制冷量越大。因此，只要改变压缩机的转速，就能相应地改变压缩机的制冷量，实现压缩机的能量调节。压缩机的转速调节，根据其外部动力装置的不同，可分为原动机直接驱动、变速电动机驱动和电动机配合变速装置三种类型。

（1）原动机直接驱动的压缩机变速调节 在有些情况下，制冷压缩机采用原动机直接驱动。目前常用的原动机主要是内燃机，如柴油机、汽油机等。对于各种原动机，其转速的调节十分方便。例如对柴油机，只要调节进入气缸燃烧的油量，就可以改变其转速。因此，当制冷压缩机采用内燃机直接驱动时，只要改变内燃机的转速，就可方便地实现制冷压缩机的变速调节。目前，由内燃机直接驱动的制冷压缩机，主要用于汽车和渔船上。其变速调节的主要特点是速度调节的范围大，并且可以实现无级调节。因此，当制冷压缩机采用内燃机直接驱动时，可以很方便地实现变速调节，其调节特性令人满意。

（2）采用变速电动机时压缩机的变速调节　现在绝大部分的制冷压缩机采用电动机驱动。因此选用变速电动机，就可以实现制冷压缩机的转速变化。常用的变速电动机有电磁调速电动机和变极对数电动机。所谓电磁调速电动机，是由恒速笼型异步电动机和靠励磁电流调速的电磁离合器组成的。笼型异步电动机作为原动机带动电磁离合器为主动部分，其从动部分与负载连接。它与主动部分只有磁路联系而无机械联系，通过控制励磁电流改变磁路磁通，使离合器产生不同涡流转矩，实现调速目的。采用电磁调速电动机的制冷压缩机具有运行可靠、结构简单、便宜、控制线路简单、对电网无谐波影响、维修方便的优点。在闭环控制时，调速范围可达10∶1以上，调速精度约2%，适用于中小功率电动机。其缺点是在低速运转时效率低，高速特性软。输出最大转速只有空载转速的80%～90%，损失大。我国电磁调速电动机已成系列，通常又称滑差电动机、VS电动机，功率范围为0.4～500kW，根据电磁调速电动机的特性，它适用于容量较小的制冷机。目前主要用于风机水泵的调速。

变极对数的调速方法属于高效型调速方案，其优点是控制简单、初投资小、维护方便，可分段启动，减速、可回馈电能，节能效果好。

采用变极对数的笼型异步电动机，通常简称多速机。我国已有双速、三速、四速的多速机，其主要缺点是调速无法连续平滑，只能是有级调速。

（3）采用调速装置的变速调节　利用不同的原理，采用各种调速装置，可以实现电动机的速度调节。对于绕线型电动机，可以采用转子串接附加电阻，借此改变电动机的机械特性，从而实现调速。这种调速方法一般只能是有级的和有触点的，而且不易实现调速自动化。为了克服这个缺点，可以采用直流调阻调速方法，即先把转子感应出的三相交流电整流成直流，然后通过晶闸管直流开关的作用，改变直流电路的电阻，实现无级调速。

①调压调速。调压调速器是用于异步电机的一种调速装置。调压调速是通过调整电动机定子电压来实现调速的。目前常用的笼型交流异步电动机是三相的，通常采用晶闸管三相调压器。由于晶闸管几乎不消耗钢铁材料，体积小，价格低，控制方便，现在已成为交流调压器的主要形式。调压调速方案具有调压装置体积小、线路简单、价格低、使用维修比较方便的优点。采用调压装置在轻载时可以提高功率因数，较少电动机空载损耗，且可以兼作笼型异步电动机降压启动设备，其缺点是低速运行时转差功率大，效率低，调速特性差，调速范围小。

②变频调速。交流变频调速是20世纪80年代迅速发展起来的一种新型电力传动调速技术。由于该技术具有许多明显的优点，发展非常迅速，现已成为现代交流调速的基础和主力。在发达国家，变频调速装置已经开发了从不足1kW到数兆瓦的系列产品。在我国，适应中小容量的变频器，已经进入推广应用阶段。变频式能量调节是指用改变压缩机电动机供电频率的方法，改变电动机转速，相应地改变压缩机的转速，使压缩机制冷量与热负荷的变化达到最佳匹配，在压缩式制冷装置中，不论是活塞式压缩机、螺杆式压缩机，还是离心式压缩机，凡是由电动机直接驱动的压缩机均可采用这种方法。因此，这种能量调节适用于各

种压缩机，并且具有优良的调节特性和经济性。

各种压缩机中匹配的均为感应式电动机，其转速的表达式为

$$n=60f(1-s)/p \tag{3-24}$$

式中 f——电动机电源频率（Hz）；

s——电动机滑差率；

p——电动机的极对数（对）；

n——电动机的转速（r/min）。

由式（3-24）可见，只要改变供电频率 f，就能改变感应电动机的转速。变频式能量调节就是通过变频装置改变供电频率，使压缩机匹配的电动机转速变化而达到容量控制的目的。

（4）制冷压缩机采用变频式能量调节的主要特点

①节能、能效比高，这是变频式调节最突出的优点。在部分负荷运行时，由于冷凝器、蒸发器的热流量减小，制冷系数明显提高。例如美国某公司生产的系列离心式冷水机组，采用“Turbo 变速调节器”实现变频调速，实际运行表明，比固定转速的冷水机组每年可节电约 30%。在小型空调器中，采用变频能量调节节电可达 40%。因为空调大部分时间都在部分负荷下运行，部分负荷时效率的提高，可以大幅度地减少全年运行电费。

②启动电流小，一般电动机的启动电流是额定电流的 5～7 倍，即使采取了降压等措施，启动过程对电网冲击较大。采用变频调节时，可以进行“软启动”（软件控制启动），即启动时以低频、低压供电，待启动完成后再投入全速运行。因而变频能量调节的启动电流小，对电网的干扰小。

③压缩机的寿命长。采用变频调节后，压缩机大部分时间都在低于额定转速下连续运行，避免了频繁的启动停机。这样压缩机和电动机的机械冲击和电冲击就大大减少，因而磨损少，寿命长，可靠性高。

④无级调速、调节范围宽。目前变频调速的变频范围已达 15～180Hz，压缩机的调速范围可达 20∶1。适应负荷变化的范围非常宽，完全可以满足各种不同情况的调节需要。

⑤温度波动小，控制精度高。由于变频式能量调节具有随负荷改变容量的特性，大负荷时机器可在高频高效率状态下运行，到达设定温度快。又因为容量始终追踪负荷调变，因此控制精度高。例如，对变频式空调器的实测表明，从启动到达设定温度的时间及室温波动幅度，均比一般开关控制式空调器减小一半。

⑥可以利用原笼型异步电动机，对减少初投资特别有利。对现有制冷装置进行技术改造，更宜采用这种调速方式。

变频调速实现制冷压缩机能量调节的方式也存在一些缺点，主要是变频器较复杂，初投资较大。而且要求的使用、维护、管理技术水平高，尽管如此，变频调速的优点还是明显大于缺点。因此，变频调速已发展成一门专门技术，获得越来越广泛的应用。据国内在水泵、风机方面的实际应用，可以实现最经济运行，通常节电可达 30%～40%。

变频调速系统的核心是变频器和控制器。变频调速通常按变频器的特点进行分类，可分成交流—直流—交流（简称交—直—交）变频器和交流—交流（简称交—交）变频器两大类。前者又称带直流环节的间接式变频器，后者又称直接式变频器。

理论分析表明，不论是活塞式、螺杆式还是离心式压缩机，改变转速的能量调节方式具

有最佳的调节特性。早期实践中的主要问题是如何实现转速的改变。如在压缩机和原动机之间采用液力联轴器或者磁性联轴器来改变转速，调节的经济性就大大降低。20 世纪 80 年代微电脑技术和电力电子技术的飞速发展，使变频调速技术获得了突破性进展。变频调速技术正朝着高性能、高精度、微型化、大容量、数字化方向前进。

综上所述，制冷压缩机采用改变转速进行能量调节，通常具有良好的调节特性。节能效果良好。但各种调速方案特性和效果不同。在选择调速方案时，要充分考虑：①要求的速度变化范围；②压缩机或电动机的负荷大小；③调速装置的技术复杂程度；④调速装置的价格；⑤可靠性及易维修性；⑥特殊要求或其他因素，必须深入调查研究，综合考虑，进行技术经济分析，最后才能确定调速方案。

第四章 制冷热交换器

在蒸气压缩式制冷装置中，除了压缩机作为主机外，还有许多设备。这些设备按其在制冷系统中所起的作用，可分为两大类：一类是主要设备，包括冷凝器、蒸发器、节流机构等，这些是完成制冷循环必不可少的设备；另一类是辅助设备，包括各种贮存、分离和安全保护等设备，这些设备的作用是改善制冷系统的工作条件，提高系统运行的经济性和安全可靠性。

第一节 冷凝器

冷凝器的作用是将压缩机排出的高温、高压制冷剂过热蒸气冷却及冷凝成液体。制冷剂在冷凝器中放出的热量由冷却介质（水或空气）带走。

一、冷凝器的分类

冷凝器按其冷却介质和冷却方式不同，可以分为水冷式、空气冷却式、水和空气联合冷却式三种类型。

（1）水冷式冷凝器　冷凝器中制冷剂放出的热量被冷却水带走。冷却水可以一次流过，也可以循环使用。当循环使用时，需设置冷却塔或冷却水池。水冷式冷凝器分为壳管式、套管式、板式、螺旋板式等几种类型。

（2）空气冷却式冷凝器　通常，空气冷却式冷凝器也叫风冷式冷凝器。空气在冷凝器管外流动，冷凝器中制冷剂放出的热量被空气带走，制冷剂在管内冷凝。这类冷凝器中有自然对流空气冷却式冷凝器和强制对流空气冷却式冷凝器。

（3）水和空气联合冷却式冷凝器　冷凝器中制冷剂放出的热量同时由冷却水和空气带走，冷却水在管外喷淋蒸发时，吸收汽化潜热，使管内制冷剂冷却和冷凝。因此耗水量少。这类冷凝器中有淋水式冷凝器和蒸发式冷凝器两种类型。

各种类型冷凝器的特点及使用范围见表 4-1。

表 4-1　各种类型冷凝器的特点及使用范围

类型	形式	制冷剂	优点	缺点	使用范围
水冷式	立式	氨	1. 可安装于室外 2. 占地面积小 3. 对水质要求低 4. 易于除水垢	1. 冷却水量大 2. 体积较卧式大 3. 需经常维护、清洗	大、中型
	卧式	氨、卤代烃	1. 传热效果较立式好 2. 易于小型化 3. 易于与设备组装	1. 冷却水质要求高 2. 泄漏不易发现 3. 冷却管易腐蚀	大、中、小型

（续）

类型	形式	制冷剂	优点	缺点	使用范围
水冷式	套管式	氨、卤代烃	1. 传热系数高 2. 结构简单，易制作	1. 水流动阻力大 2. 清洗困难	小型
	板式	氨、卤代烃	1. 传热系数高 2. 结构紧凑，组合灵活	1. 水质要求高 2. 制造复杂	中、小型
	螺旋板式	氨、卤代烃	1. 传热系数高 2. 体积小	1. 水侧阻力大 2. 维修困难	中、小型
水和空气联合冷却式	淋水式	氨	1. 制造方便 2. 清洗、维修方便 3. 冷却水质要求低	1. 占地面积大 2. 金属耗材多 3. 传热效果差	大、中型
	蒸发式	氨、卤代烃	1. 冷却水耗量小 2. 冷凝温度低	1. 价格较高 2. 冷却水质要求高 3. 清洗、维修困难	大、中型
空气冷却式	自然对流式	卤代烃	1. 不需要冷却水 2. 无噪声 3. 无需动力	1. 体积庞大，传热面积庞大 2. 制冷机功耗大	小型家用电冰箱
	强制对流式	卤代烃	1. 不需要冷却水 2. 可安装于室外，节省机房面积	1. 体积大，传热面积大（相对水冷却式） 2. 制冷机功耗大	中、小型

二、冷凝器的结构

1. 水冷式冷凝器

（1）立式壳管式冷凝器　立式壳管式冷凝器简称为立式冷凝器，适用于大、中型氨制冷系统。立式冷凝器的结构如图 4-1 所示，它的外壳由钢板卷制后焊接成圆柱形，两端焊有管板，传热管用焊接或胀接方法和管板紧固。冷凝器垂直安装。

立式冷凝器顶部装有配水箱，冷却水从水箱中经过均水板进入每根传热管顶部的分水器（图 4-2），然后进入传热管，在重力作用下沿管道内表面成膜层流入水池。分水器用铸铁、胶木、陶瓷等材料制造，铸铁制造的分水器生锈后易堵塞通道；陶瓷制造的分水器较为光滑，阻力小，使水流均匀流入传热管，但材质较脆，在运输时应注意保护，防止碎裂；胶木制造的分水器既光滑，又不会生锈、不易破裂，目前使用较多。均水板和分水器除了使水流均匀、增强传热作用外，还可降低水流冲击、减缓传热管所受水流的冲击腐蚀。

压缩机排出的高压过热氨气经油分离器分离出冷冻机油后，从筒体上部进入冷凝器内的管外空间，在垂直管外冷却冷凝为液体，从筒体底部出液口流入贮液器。

冷凝器的传热管一般用 ϕ51mm×3.5mm 或 ϕ38mm×3mm 的无缝钢管，这样可提高传热效果。

（2）卧式壳管式冷凝器　卧式壳管式冷凝器简称为卧式冷凝器，水平安放。卧式冷凝器的结构如图 4-3 和图 4-4 所示，其结构与立式冷凝器类似。筒体由钢板卷制后焊接而成，两端有管板，管板中间穿插传热管，两端管板的外侧用端盖封闭。端盖用铸铁或钢板制成，端盖内部设有分水肋，从而把整个管束分隔成几个管组，使冷却水流动时形成几个（一般为偶数，4～6 个流程）流程，从而提高冷却水流速，强化冷凝效果。

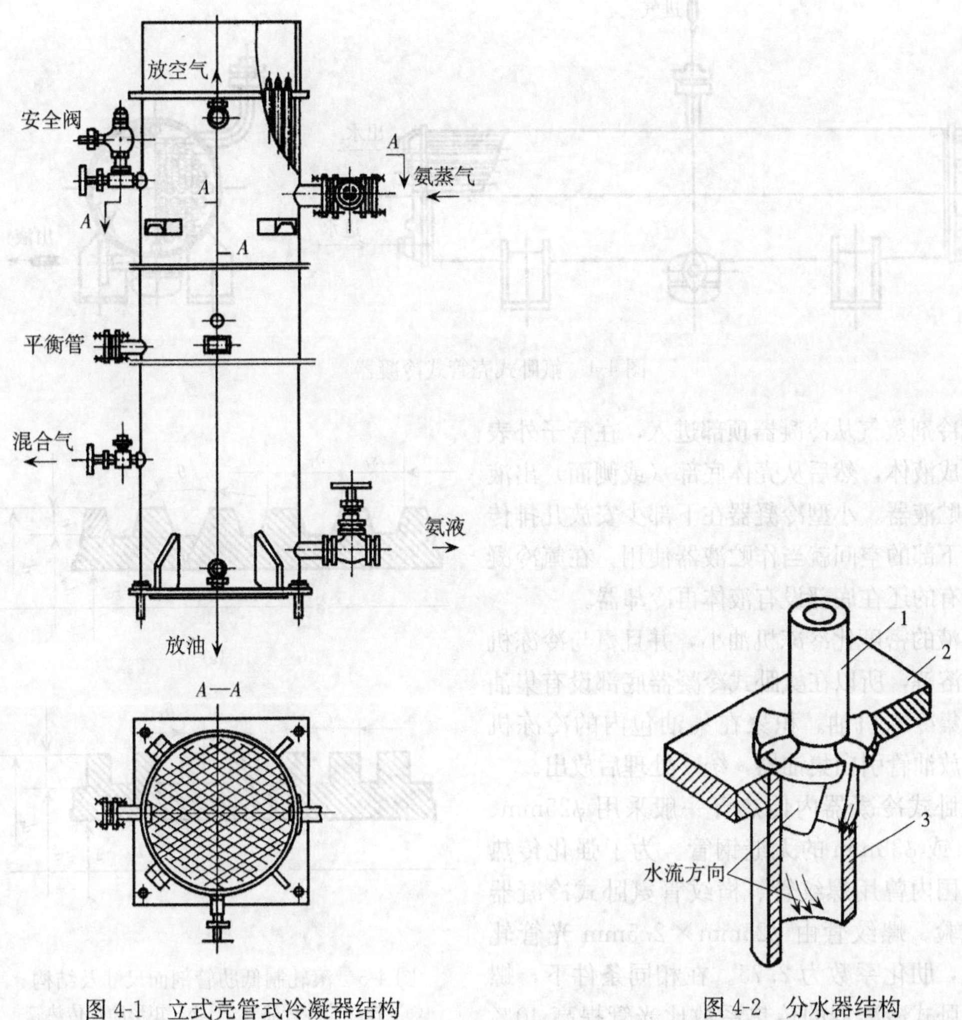

图 4-1　立式壳管式冷凝器结构

图 4-2　分水器结构

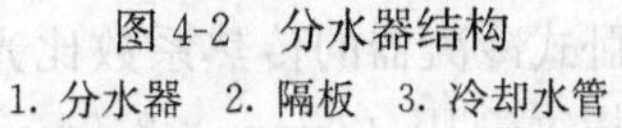
1. 分水器　2. 隔板　3. 冷却水管

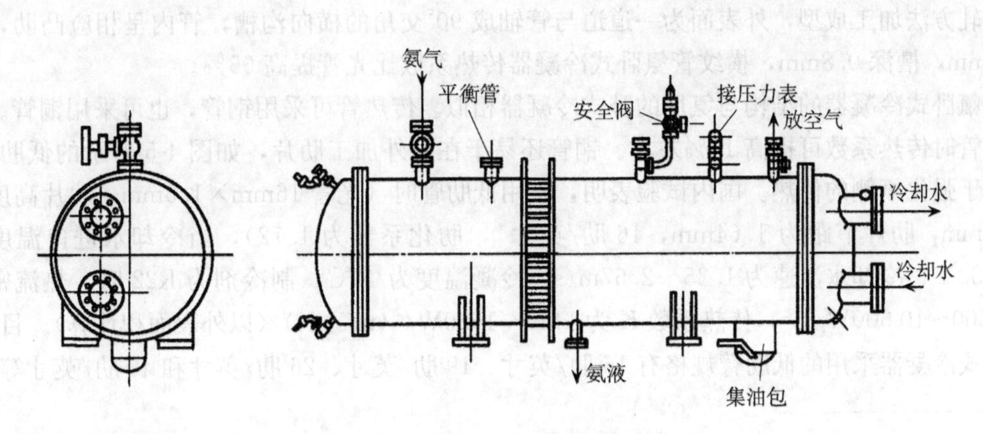

图 4-3　氨卧式壳管式冷凝器

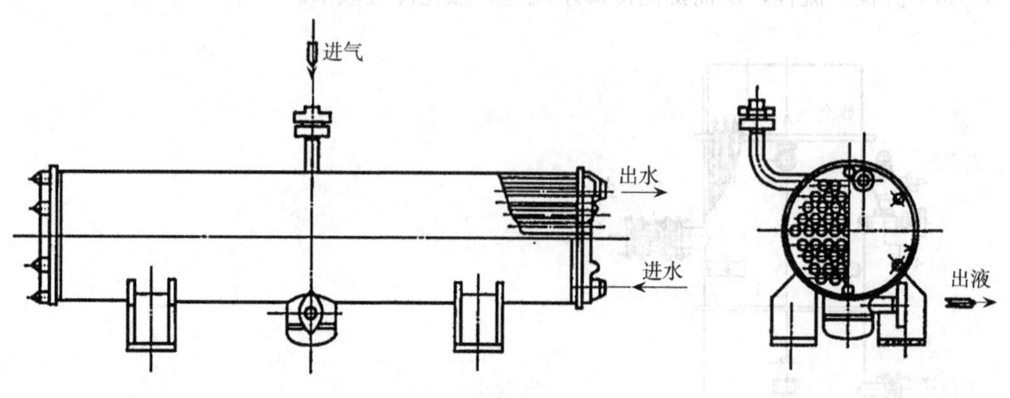

图 4-4　氟卧式壳管式冷凝器

制冷剂蒸气从冷凝器顶部进入，在管子外表面冷凝成液体，然后从壳体底部（或侧面）出液管流入贮液器。小型冷凝器在下部少安放几排传热管，下部的空间就当作贮液器使用。在氟冷凝器中，有的还在底部设有液体再冷却器。

氨液的密度比冷冻机油小，并且氨与冷冻机油互不溶解，所以在氨卧式冷凝器底部设有集油包，收集冷冻机油。积聚在集油包内的冷冻机油，由放油管引向集油器，统一处理后放出。

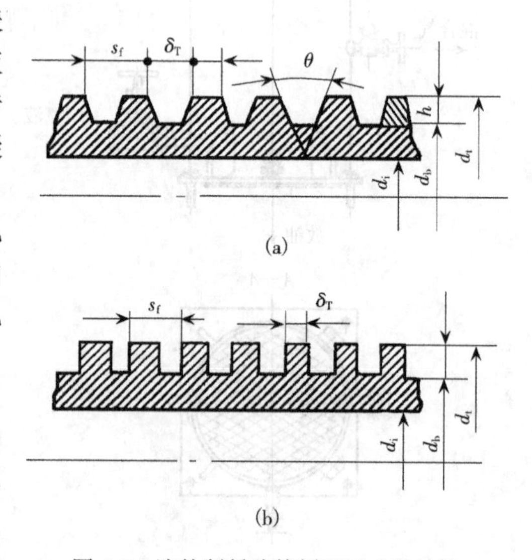

图 4-5　滚轧制低肋管剖面尺寸及结构
(a) 梯形肋片传热管　(b) 矩形肋片传热管

氨卧式冷凝器内传热管一般采用 ϕ25mm、ϕ32mm 或 ϕ38mm 的无缝钢管。为了强化传热效果，国内曾用螺纹管、横纹管氨卧式冷凝器做过试验。螺纹管由 ϕ25mm×2.5mm 光管轧制而成，肋化系数为 2.75。在相同条件下，螺纹管氨卧式冷凝器的传热系数比光管提高 40%以上。横纹管用 ϕ25mm×2.5mm 光管采用机械滚轧方法加工成型，外表面为一道道与管轴成 90°交角的横向沟槽，管内呈相应凸肋，节距 9mm，槽深 0.8mm，横纹管氨卧式冷凝器传热系数比光管提高 65%。

氟卧式冷凝器的结构与氨用的卧式冷凝器相似。传热管可采用钢管，也可采用铜管。采用铜管时传热系数可提高 10%左右。铜管还易于在管外加工肋片，如图 4-5 所示的低肋管，以利于强化氟侧的传热。国内试验表明，采用低肋管时（光管 16mm×1.5mm，肋片高度为 1.55mm，肋片节距为 1.64mm，16 肋/英寸*，肋化系数为 1.72），当冷却水进口温度为 27～32℃、冷却水流速为 1.35～2.67m/s、冷凝温度为 40℃、制冷剂为 R22 时，热流密度达 8700～10 600W/m^2，传热系数 K 为 1146～1630W/（m^2·K）（以外表面积计算）。目前，氟卧式冷凝器采用的低肋臂规格有 16 肋/英寸、19 肋/英寸、26 肋/英寸和 40 肋/英寸等。

* 英寸为非法定计量单位，1 英寸=0.025 4m。

低肋管与光管相比，使传热效果大为提高。国内试验结果表明，一般可减少铜材50%以上。为了使制冷剂液膜厚度减少和使液膜迅速脱离传热管表面，对低肋管的肋片形状再进行改进，将螺旋形式的低肋片沿纵向开出许多沟槽，形成锯齿形高效冷凝传热管（C管）。据国外报道，使用高效冷凝传热管后，表面传热系数可比低肋臂提高70%上，冷凝器的体积减小70%，质量减小40%。

(3) 套管式冷凝器　氨套管式冷凝器由两根不同直径的无缝钢管相互叠套连接而成，其结构如图4-6所示。氨气从上方进入管的空腔，在内管外表面上冷凝后，从下部流入贮液器。冷却水从冷凝器的下部进入内管，吸热后从上部流出，与制冷剂蒸气呈逆向流动，因此传热效果好。

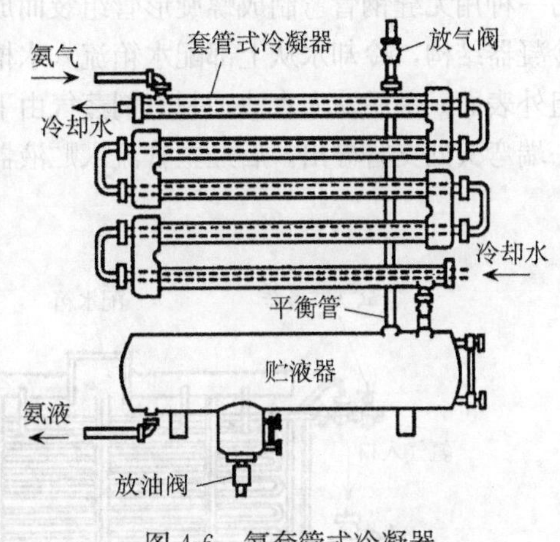

图4-6　氨套管式冷凝器

氟套管式冷凝器结构如图4-7所示。为了减少机组体积，将套管做成长圆形［图4-7（a）］或圆形螺旋形式［图4-7（b）］。外套管为直径较大的无缝钢管，内管为直径较小的一根或数根光铜管或低肋铜管［图4-7（c）］，冷却水在管内流动，卤代烃在外管环状空间流动，在内管外表面上凝结。

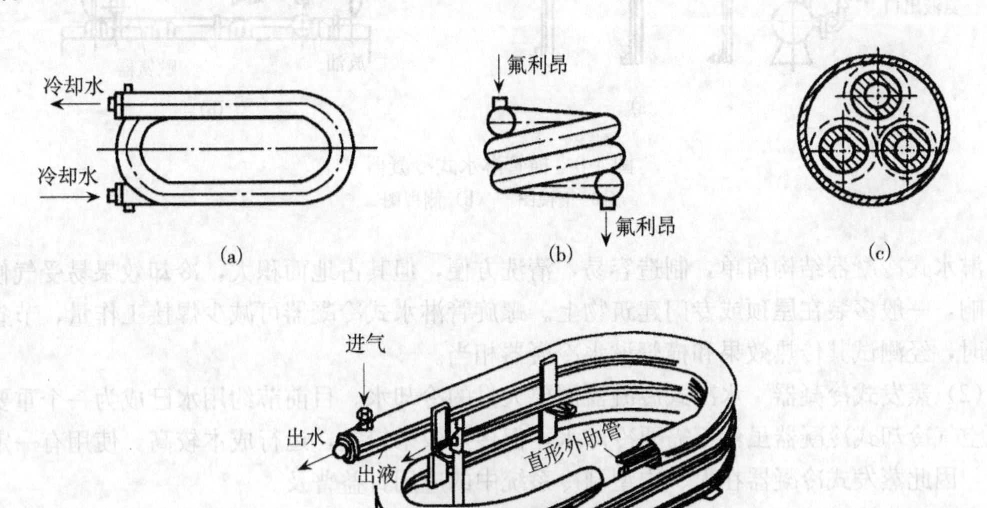

图4-7　氟套管式冷凝器
(a) 顶视图　(b) 侧视图　(c) 管断面图　(d) 立体图

2. 水和空气联合冷却式冷凝器　水和空气联合冷却式的冷凝器包括淋水式冷凝器和蒸发式冷凝器两大类。在这两类冷凝器中，制冷剂在管内冷凝，冷却水喷洒在传热管外。在淋水式中，制冷剂放出的热量大部分依靠空气自然对流带走，少量的热量由水的汽化吸热带走。在蒸发式中，制冷剂放出的热量主要由水的汽化吸热带走，汽化时产生的蒸汽由强制流动的空气带走，少部分热量通过管壁传给管外壁上的水膜，由水膜传给空气。传热管均为光滑钢管。

（1）淋水式冷凝器　淋水式冷凝器又称为淋激式冷凝器。根据传热管排列方式不同分为两种：一种是用无缝钢管制成蛇形管组，称为横管淋水式冷凝器，一般简称为淋水式冷凝器；另一种用无缝钢管弯制成螺旋形管组装而成，称为螺旋管淋水式冷凝器。图 4-8 为横管淋水式冷凝器结构，冷却水从上部配水箱流入水槽，经水槽锯齿形溢水口均匀地流下，淋浇在冷却管组外表面，最后流入水池。制冷剂蒸气由下部进入冷却管组，管内凝结的制冷剂液体从冷却管一端弯头处支管导出。后经主管流入贮液器。淋水式冷凝器一般用于氨制冷装置。

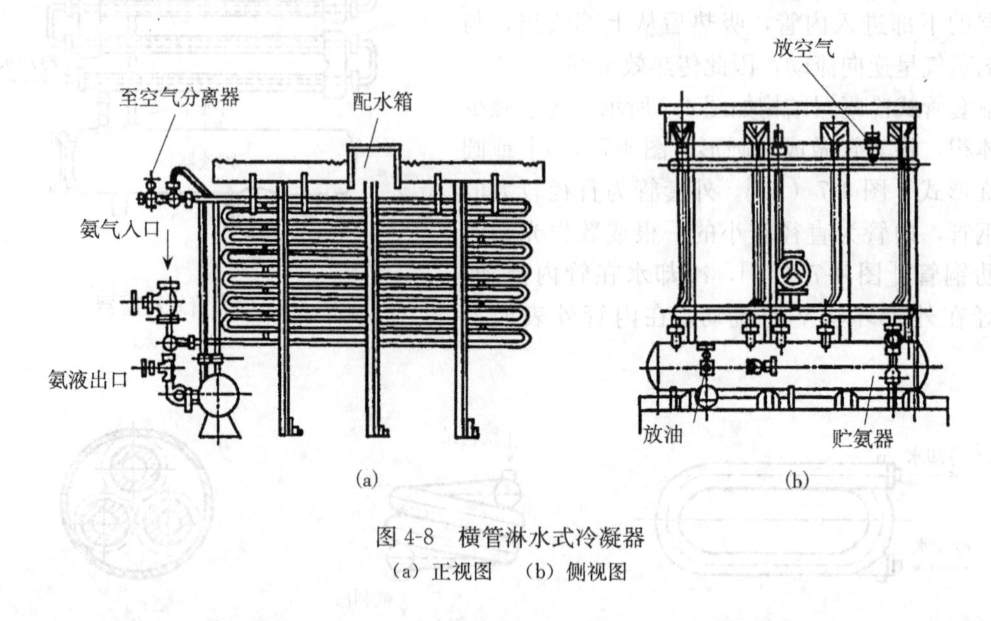

图 4-8　横管淋水式冷凝器
（a）正视图　（b）侧视图

淋水式冷凝器结构简单，制造容易，清洗方便，但其占地面积大，冷却效果易受气候条件影响，一般多装在屋顶或专门建筑物上。螺旋管淋水式冷凝器可减少焊接工作量，节省加工工时，经测试其传热效果和横管淋水冷凝器相当。

（2）蒸发式冷凝器　水冷式冷凝器需要大量的冷却水。目前节约用水已成为一个重要课题。空气冷却式冷凝器虽然不需要冷却水，但传热效果较差，运行成本较高。使用有一定局限性，因此蒸发式冷凝器在大、中型制冷系统中的应用日益普及。

在蒸发式冷凝器中，制冷剂冷凝时放出的热量同时被水和空气带走。蒸发式冷凝器冷却水的消耗量很少，即使考虑排污损失，耗水量也仅相当于一般水冷式冷凝器耗水量的 5%～10%，可以不用或选用较小型号的冷却塔；在同样气候条件下运行，采用蒸发式冷凝器的系统具有较低的冷凝温度，运行成本低；结构紧凑，可安装在屋顶，节省占地面积；空气流量也不大。但蒸发式冷凝器对冷却水质的要求较高。

蒸发式冷凝器的结构如图 4-9 及图 4-10 所示。整个冷凝器主要由风机、冷却管组、供水喷淋系统、挡水板和箱体五大部分组成。蒸发式冷凝器的箱体一般由薄钢板制成，冷却管组装在箱体内。冷却管上方为喷水装置。冷却水经喷嘴从上面淋下，制冷剂蒸气由冷却管组上端进入，冷凝成液体后由下面经集管排出。制冷剂放出的热量使喷淋在管外表面的冷却水汽化。箱体上方装有挡水板，阻挡被空气带出的水滴，减少冷却水的飞散损耗。未蒸发的喷淋水落入下面的水槽，循环使用。水箱内一般设有浮球阀，以利调节补充水的水量，使之保持一定水位。

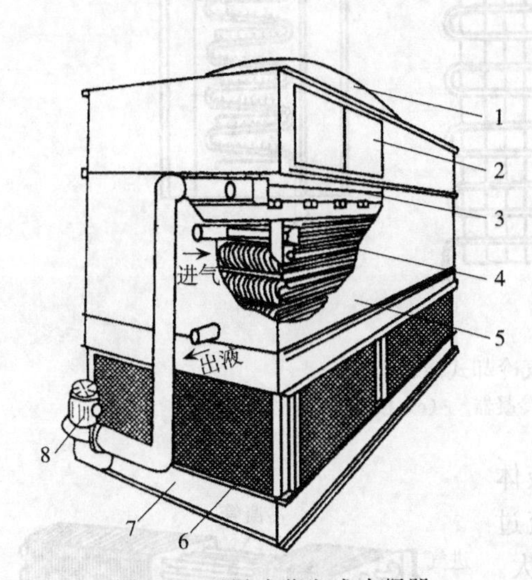

图 4-9　吸风式蒸发式冷凝器

1. 风机及电机　2. 挡水板　3. 喷淋管　4. 冷却管组
5. 箱体　6. 进风格栅　7. 水箱　8. 水泵

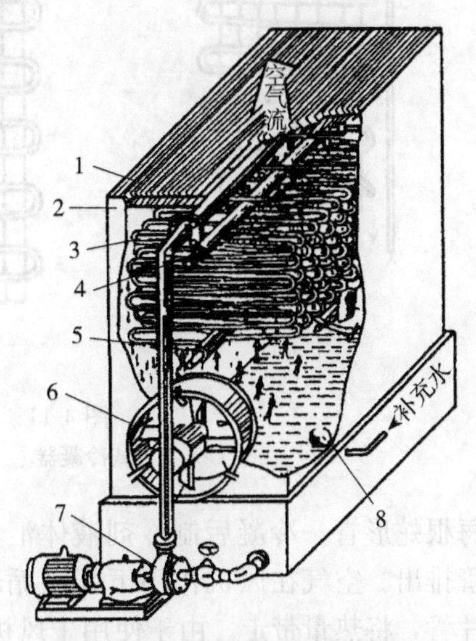

图 4-10　鼓风式蒸发式冷凝器

1. 挡水栅　2. 喷嘴　3. 冷凝管　4. 进气管
5. 出液管　6. 风机　7. 水泵　8. 浮子

冷却管组的传热管一般采用圆形无缝钢管：为了强化传热，有的产品采用肋片管作为冷却管，也有的使用椭圆形钢管，以增加管子表面积，缩小管间距。从而提高传热效率。此外，由椭圆形管组成的管组还具有流动阻力小、能容纳较大水量的优点。

蒸发式冷凝器的风机可以安装在箱体顶部，空气从箱体下部格栅吸入，由顶部排出，这种结构称为吸风式，或称为抽风式（图 4-9）。吸风式蒸发式冷凝器冷却管组处的气流较均匀，箱内始终保持负压，水的蒸发温度低，故水易蒸发，传热效果好。缺点是带有水分的湿空气流经风机及其电动机，容易使风机腐蚀损坏。故风机所用电动机应采用全封闭式。蒸发式冷凝器的风机也可以安装在箱体下部两侧，空气在风机的压送下，由下往上输送。这种结构称为鼓风式，或称为吹风式（图 4-10）。

3. 空气冷却式冷凝器　空气冷却式冷凝器中，制冷剂在管内冷凝，空气在管外流动，带走制冷剂放出的热量。根据管外空气流动方式，可分为自然对流空气冷却式冷凝器和强制对流空气冷却式冷凝器两大类型。

（1）自然对流空气冷却式冷凝器　自然对流空气冷却式冷凝器的结构如图 4-11 所示。在自然对流空气冷却式冷凝器中，空气受热后产生自然对流，将冷凝器中热量带走。由于空气流动速度很小，传热效果很差，为此将金属丝环绕在管外，形成线管式或百叶窗式冷凝器；有的将传热管胶合在冷凝器体壁面上，形成板管式冷凝器，以增强传热效果。这种冷凝器一般用于小型氟装置，如家用冰箱、空调器等。

（2）强制对流空气冷却式冷凝器　强制对流空气冷却式冷凝器也称为风冷式冷凝器。其结构如图 4-12 所示，它一般由一组或多组蛇形管组成。通常铜管直径为 6～20mm，管外套有翅片，翅片材料由铜或铝组成，翅片距通常为1.3～3.2mm。制冷剂蒸气从上部集气管进

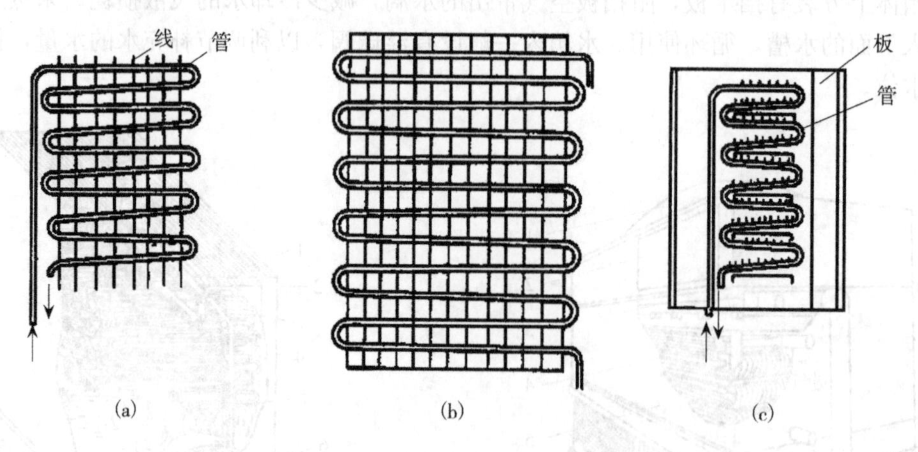

图 4-11 自然对流空气冷却式冷凝器
(a) 线管式冷凝器 (b) 百叶窗式冷凝器 (c) 板管式冷凝器

入每根蛇形管，冷凝后制冷剂液体汇集于底部液体集管排出。空气在风机作用下强制循环，横向流过翅片管，将热量带走。由于使用了风机，噪声较大。为了改善冷凝器冷却条件，并降低室内噪声，一般将冷凝器放置于室外。

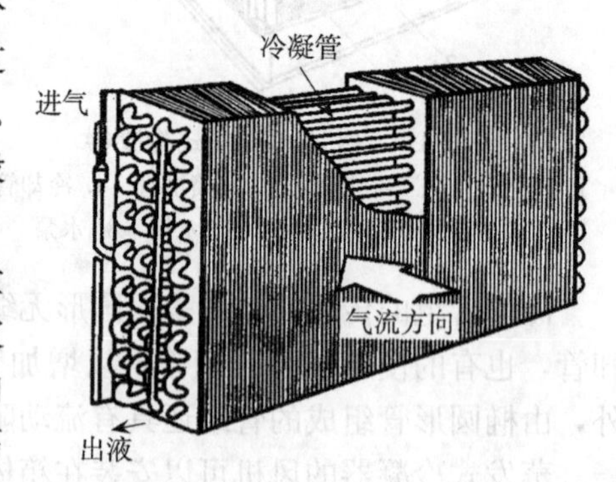

图 4-12 强制对流空气冷却式冷凝器

20 世纪 80 年代中期以来，由于空调机的需要量迅速增长，在空气侧开发出了不少新型翅片，如波纹片、条形片等。波纹片可通过不断改变气流方向来增加空气侧的扰动，表面传热系数比平片提高 20%；条形片是指翅片表面上冲出向一个方向凸出的桥形长条，完全依靠冲条的前缘效应提高换热，条形片的表面传热系数比平片提高 65%；双向条形片（又称超条形翅片）是将翅片上冲出的长条向上下两个方向凸出，这样使表面传热系数比平片提高 85%。

近年来，强制对流空气冷却式冷凝器，最常用的铜管管径为 9.52mm。目前广泛使用带翅片的内螺纹管。内螺纹管是在管子内表面上加工出许多细微的螺旋槽，槽深以 0.2mm 为宜，螺旋角以 20°以上为佳。采用内螺纹管和高性能翅片组合的 R22 强制对流空气冷却式冷凝器的传热系数，要比光管套波纹片的提高 60%以上。

强制对流空气冷却式冷凝器一般用于氟空调制冷装置。近年来国外也有用于氨的风冷冷凝器产品，采用镀锌钢管外套钢翅片或蜗管外套铝翅片，用于空调装置和冷水机组。

三、冷凝器的选择和计算

1. 冷凝器的选型 制冷系统的设计、操作和运行中，较多遇到的问题是根据需要，从现有产品中选出一个换热设备。这就需要进行必要的选择和计算。冷凝器选择计算的目的，是通过热力计算和传热计算，确定其传热面积，从而选用合适的冷凝器，以及通过流体动力计算，确定冷却介质的流量和流过冷凝器的阻力损失，从而选择泵或风机的容量及功率。

冷凝器形式的选择，取决于水源、水温、水质、水量及气象条件，同时与热负荷大小、机房的布置要求等情况有关，一般可按表 4-1 介绍的冷凝器形式与结构来选取。例如，在冷却水源充足、水质较好的地区，多采用水冷式冷凝器。在冷却水源缺乏的地区，或夏季室外空气湿球温度较低的地区，宜使用蒸发式冷凝器。在冷却水源无法解决或移动式空调机组、冷藏装置中，多采用空气冷却式冷凝器。

2. 冷凝器的选择计算　冷凝器的选择计算包括确定冷凝器的传热面积、冷却介质流量及冷却介质在冷凝器中的流动阻力损失。对于蒸发式冷凝器选择计算将单独介绍。

（1）冷凝器传热面积的确定

①冷凝器热负荷 Q_k。这是指制冷剂蒸气在冷凝器中排放出的总热量（kW）。一般情况下，它包括制冷剂在蒸发器中吸收的热量及在压缩过程中所获得的机械功所转换的热量。可用式（4-1）表示：

$$Q_k = Q_0 + P_i \tag{4-1}$$

式中　Q_k——冷凝器在计算工况下的热负荷（kW）；

Q_0——压缩机在计算工况下的制冷量（kW）；

P_i——压缩机在计算工况下的消耗功率（kW）。

冷凝器热负荷也可按制冷循环的热力计算确定，即

$$Q_k = G(h_2 - h_3) \tag{4-2}$$

式中　G——制冷剂的质量流量（kg/s）；

h_2——制冷剂进入冷凝器的比焓（kJ/kg）；

h_3——制冷剂出冷凝器的比焓（kJ/kg）。

对单级压缩制冷循环，冷凝器热负荷 Q_k（kW）也可按式（4-3）近似计算：

$$Q_k = \psi Q_0 \tag{4-3}$$

式中　ψ——冷凝器负荷系数，其值与制冷剂种类及运行工况有关，具体数值可由图 4-13查得。

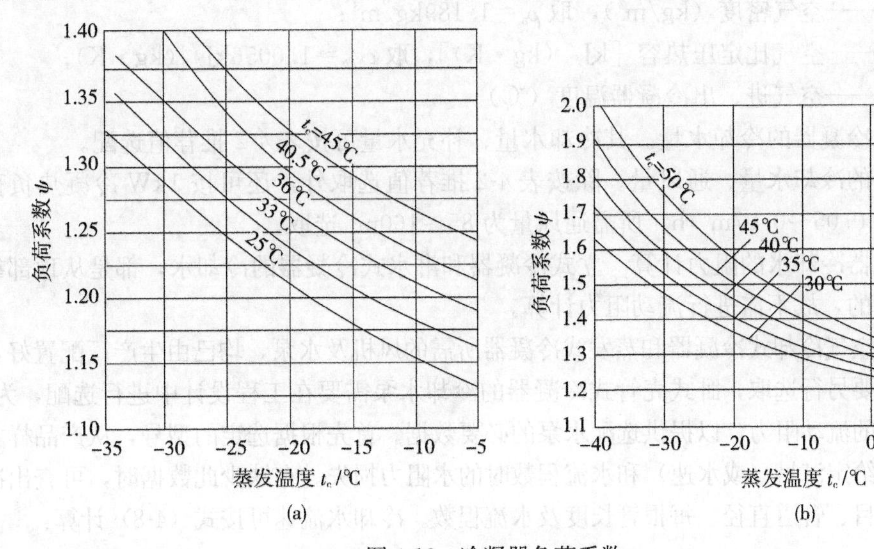

图 4-13　冷凝器负荷系数

（a）氨系统　（b）卤代烃系统

②冷凝器传热系数 K [kW/（m²·℃）]。其值可按传热学中有关公式计算，或按冷凝器生产厂提供的资料选取。作为初步估算，也可采用经过实验验证、符合通常使用条件的推荐值。各类冷凝器的传热系数和热流密度 q_f（kW/m²）的推荐值见表 4-2。

③传热温差 Δt_m（℃）。可按式（4-4）计算：

$$\Delta t_m=\frac{t_2-t_1}{\ln\dfrac{t_k-t_1}{t_k-t_2}} \tag{4-4}$$

式中 t_1——冷却介质进口温度（℃）；

t_2——冷却介质出口温度（℃）；

t_k——冷凝温度（℃）。

传热温差也可按表 4-2 推荐值选取。

④冷凝器传热面积 A（m²）。可按式（4-5）计算：

$$A=\frac{Q_k}{K\Delta t_m}=\frac{Q_k}{q_f} \tag{4-5}$$

式中 q_f——热流密度（kW/m²），其经验数据可按表 4-2 所列推荐值选取。

（2）冷却介质流量

①水冷式冷凝器的冷却水流量 G_s（m³/h），可按式（4-6）计算：

$$G_s=\frac{3.6Q_k}{p_s c_{s,p}(t_2-t_1)} \tag{4-6}$$

式中 ρ_s——冷却水密度（kg/m³），取 $\rho_s=1000$kg/m³；

$c_{s,p}$——冷却水比定压热容 [kJ/（kg·K）]，取 $c_{s,p}=4.186$kJ/（kg·K）；

t_1、t_2——冷却水进、出冷凝器温度（℃）。

②空气冷却式冷凝器的空气流量 G_a（m³/h），可用式（4-7）计算：

$$G_a=\frac{3.6Q_k}{\rho_a c_{a,p}(t_{a2}-t_{a1})} \tag{4-7}$$

式中 ρ_a——空气密度（kg/m³），取 $\rho_a=1.189$kg/m³；

$c_{a,p}$——空气比定压热容 [kJ/（kg·K）]，取 $c_{a,p}=1.0056$kJ/（kg·K）；

t_{a1}、t_{a2}——空气进、出冷凝器温度（℃）。

③蒸发式冷凝器的冷却水量。其冷却水量、补充水量可按表 4-2 推荐值选配。

④冷凝器的冷却水量、通风量。除按表 4-2 推荐值选取外，还可按 1kW 冷凝热负荷所需循环水量为 0.05～0.07m³/h、所需通风量为 85～160m³ 选取。

（3）冷凝器冷却水的阻力计算　立式冷凝器和淋水式冷凝器的冷却水，都是从顶部靠重力沿管壁流下的，故不需进行流动阻力计算。

强制对流空气冷却式冷凝器和蒸发式冷凝器所需的风机及水泵，均已由生产厂配置好，故在工程中不需要另行选取，卧式壳管式冷凝器的冷却水泵需要在工程设计中进行选配，为此，需计算冷却水的流动阻力，以提供选配水泵的必要数据。首先根据选定的型号，从产品样本上查出冷凝器在给定流量（或水速）和水流程数时的水阻力损失。在缺少此数据时，可查出冷凝器的传热管数目、管道直径、每根管长度及水流程数。冷却水流速可按式（4-8）计算：

$$\omega=\frac{4G_s z}{3600\pi d_i^2 n} \tag{4-8}$$

式中　ω——冷却水在管内流速（m/s）；

G_s——冷却水循环量（m^3/h）；

z——冷却水流程数；

d_i——传热管内径（m）；

n——传热管总根数。

冷却水的总流动阻力可用经验公式（4-9）求得：

$$\Delta p = \frac{1}{2}\rho\omega^2\left[fz\frac{L}{d_i} + 1.5(z+1)\right] \tag{4-9}$$

式中　Δp——冷凝器冷却水的流动阻力（Pa）；

ρ——冷却水的密度（kg/m^3），取 $\rho=1000kg/m^3$；

ω——冷却水流速（m/s）；

L——传热管长度，即管板之间距离（m）；

d_i——传热管内径（m）；

f——摩擦阻力系数，与冷凝器传热管污垢和绝对粗糙度有关，$f=0.178bd_i^{-0.25}$；

b——系数，钢管 $b=0.098$，铜管 $b=0.075$。

表 4-2　冷凝器传热系数 *K* 和热流密度 *q*

制冷剂	冷凝器形式	传热系数 $K/[W/(m^2\cdot ℃)]$	热流密度 $q/(W/m^2)$	相应条件
氨	立式	700～900	3500～4000	1. 光滑钢管 2. 传热温差 $\Delta t_m=4\sim6℃$ 3. 冷却水温升 2～3℃ 4. 单位面积冷却水量 1～1.7m^3/（$m^2\cdot h$）
	卧式	800～1100	4000～5000	1. 光滑钢管 2. 传热温差 $\Delta t_m=4\sim6℃$ 3. 冷却水温升 4～6℃ 4. 单位面积冷却水量 0.5～0.9m^3/（$m^2\cdot h$） 5. 水速 0.8～1.5m/s
	板式	2000～2300		1. 板片为不锈钢板 2. 使用焊接板式或经特殊处理的钎焊板式
	螺旋板式	1400～1600	7000～9000	1. 传热温差 $\Delta t_m=4\sim6℃$ 2. 冷却水温升 3～5℃ 3. 水速 0.6～1.4m/s
	淋水式	600～750	3000～3500	1. 光滑钢管 2. 单位面积冷却水量 0.5～0.9m^3/（$m^2\cdot h$） 3. 补充水量为循环水量的 10%～12% 4. 进口湿球温度 24℃
	蒸发式	600～800	1800～2500	1. 光滑钢管 2. 单位面积冷却水量 0.12～0.16m^3/（$m^2\cdot h$） 3. 单位面积通风量 300～340m^3/（$m^2\cdot h$） 4. 补充水量为循环水量的 5%～10% 5. 传热温差 $\Delta t_m=2\sim3℃$（制冷剂与钢管外侧水膜之间）

（续）

制冷剂	冷凝器形式	传热系数 $K/[W/(m^2 \cdot ℃)]$	热流密度 $q/(W/m^2)$	相应条件
卤代烃	卧式（R22、R134a、R404A）	800～1000	5000～8000	1. 低肋铜管，肋化系数≥3.5 2. 传热温差 Δt_m=7～9℃ 3. 冷却水流速 1.5～2.5m/s 4. 冷却水温升 4～6℃
	套管式（R22、R134a、R404A）	800～1000	7500～10000	1. 低肋铜管，肋化系数≥3.5 2. 传热温差 Δt_m=8～11℃ 3. 冷却水流速 1.0～2.0m/s
	板式（R22、R134a、R404A）	2300～2500		1. 板片为不锈钢板 2. 钎焊板式
	空气冷却式 自然对流	6～10（以传热管内表面计）	45～85	
	空气冷却式 强制对流	30～40	250～300	1. 铝平翅片套铜管 2. 传热温差 Δt_m=8～12℃ 3. 迎面风速 2.5～3.0m/s 4. 冷凝温度与进风温度之差≥15℃
	蒸发式（R22）	500～700	1600～2200	1. 光滑钢管 2. 单位面积冷却水量 0.12～0.16m^3/（m^2·h） 3. 单位面积通风量 300～340m^3/（m^2·h） 4. 补充水量为循环水量的 5%～10% 5. 传热温差 Δt_m=2～3℃（制冷剂与钢管外侧水膜之间）

3. 蒸发式冷凝器的计算和选用 高效蒸发式冷凝器的设计，需考虑许多因素，如冷凝管的直径、长度、管间距、制冷剂的流向、空气的流量、喷淋水量、箱体的尺寸等。此外，还需考虑制冷剂冷凝时与管壁的热交换、管外水膜与空气的热质交换。

对蒸发式冷凝器的用户来说，主要是如何计算选用。现按上海合众-益美高制冷设备有限公司生产的 ATC 型蒸发式冷凝器有关资料（表 4-3、表 4-4、表 4-5）举例说明。

［**例 4-1**］已知蒸发器的制冷量为 1000kW，制冷剂为氨（R717），冷凝温度为 36℃，湿球温度为 26℃，压缩机所耗轴功率为 300kW。

解：选型程序如下。

（1）冷凝器的热负荷：

$$Q_k = 1000 + 3000 = 1300(kW)$$

（2）由表 4-4，求得冷凝温度 36℃、湿球温度 26℃时的热负荷修正值为 1.39。

（3）修正后的热负荷：

$$Q'_k = 1.39 \times 1300 = 1807(kW)$$

（4）从表 4-3，可选取 ATC-440 型蒸发式冷凝器，其热负荷为 1896kW。

表 4-3 蒸发式冷凝器的热负荷（上海合众-益美高产品）

型号	热负荷（排热量）/kW	型号	热负荷（排热量）/kW
ATC-50	215	ATC-90	388
ATC-65	280	ATC-105	452
ATC-80	345	ATC-120	517

（续）

型号	热负荷（排热量）/kW	型号	热负荷（排热量）/kW
ATC-135	582	ATC-260	1120
ATC-150	646	ATC-285	1228
ATC-165	711	ATC-320	1379
ATC-180	775	ATC-370	1594
ATC-200	862	ATC-415	1788
ATC-210	905	ATC-440	1896
ATC-230	991	ATC-485	2089

表 4-4 氨（R717）的热负荷修正值

冷凝压力/kPa	冷凝温度/℃	湿球温度/℃ 10	12	14	16	17	18	19	20	21	22	23	24	25	26	27	28	29	30
1069	30	0.97	1.04	1.14	1.25	1.34	1.43	1.55	1.68	1.83	2.05	2.29	2.56	3.06	—	—	—	—	—
1137	32	0.86	0.92	0.99	1.09	1.15	1.21	1.29	1.37	1.48	1.60	1.76	1.91	2.15	—	—	—	—	—
1206	34	0.77	0.82	0.88	0.95	1.00	1.05	1.10	1.15	1.22	1.30	1.41	1.51	1.64	1.81	—	—	—	—
1245	35	0.73	0.77	0.82	0.88	0.93	0.97	1.01	1.05	1.10	1.17	1.24	1.33	1.41	1.53	1.70	1.92	2.20	2.52
1276	35.7	0.71	0.75	0.79	0.84	0.88	0.92	0.95	0.99	1.04	1.10	1.16	1.24	1.32	1.42	1.57	1.76	2.00	2.29
1284	36	0.70	0.74	0.78	0.83	0.87	0.90	0.94	0.97	1.02	1.07	1.15	1.21	1.29	1.39	1.53	1.71	1.94	2.21
1373	38	0.63	0.67	0.71	0.75	0.77	0.80	0.82	0.85	0.88	0.92	0.96	1.01	1.06	1.14	1.22	1.33	1.47	1.63
1451	40	0.58	0.61	0.64	0.67	0.69	0.71	0.73	0.76	0.78	0.81	0.85	0.89	0.92	0.98	1.03	1.11	1.20	1.29
1539	42	0.54	0.56	0.58	0.61	0.62	0.64	0.66	0.68	0.70	0.72	0.75	0.78	0.81	0.85	0.89	0.94	1.00	1.07
1637	44	0.50	0.51	0.53	0.55	0.56	0.57	0.59	0.61	0.62	0.64	0.66	0.69	0.72	0.74	0.77	0.80	0.84	0.89

表 4-5 R22 和 R134a 的热负荷修正值

冷凝压力/kPa		冷凝温度/℃	湿球温度/℃																
R22	R134a		10	12	14	16	17	18	19	20	21	22	23	24	25	26	27	28	29	30
1090	669	30	1.07	1.15	1.25	1.38	1.47	1.57	1.70	1.85	2.00	2.25	2.52	2.81	3.36	—	—	—	—	—
1154	718	32	0.94	1.01	1.09	1.19	1.26	1.33	1.41	1.51	1.62	1.76	1.93	2.10	2.36	—	—	—	—	—
1220	863	34	0.85	0.90	0.97	1.04	1.10	1.15	1.20	1.27	1.34	1.44	1.55	1.66	1.80	1.99	—	—	—	—
1253	887	35	0.80	0.85	0.91	0.97	1.02	1.06	1.11	1.15	1.21	1.29	1.37	1.46	1.55	1.68	1.87	2.11	2.41	2.77
1287	912	36	0.77	0.81	0.86	0.92	0.96	1.00	1.04	1.07	1.13	1.19	1.26	1.34	1.42	1.53	1.69	1.89	2.14	2.43
1359	963	38	0.70	0.74	0.78	0.82	0.85	0.88	0.90	0.93	0.96	1.01	1.06	1.11	1.17	1.25	1.35	1.47	1.62	1.78
1431	1017	40	0.65	0.67	0.70	0.73	0.76	0.78	0.80	0.83	0.86	0.89	0.93	0.97	1.01	1.07	1.13	1.21	1.31	1.43
1455	1033	40.6	0.63	0.65	0.68	0.72	0.74	0.75	0.77	0.80	0.83	0.87	0.90	0.94	0.98	1.02	1.08	1.15	1.23	1.33
1508	1073	42	0.59	0.61	0.64	0.67	0.68	0.70	0.72	0.74	0.77	0.80	0.83	0.86	0.89	0.93	0.98	1.04	1.10	1.18
1587	1130	44	0.54	0.56	0.58	0.61	0.62	0.63	0.65	0.66	0.68	0.70	0.73	0.76	0.78	0.82	0.85	0.89	0.93	0.97

四、冷凝器的热力分析

冷凝器是制冷装置的重要换热设备之一。制冷剂蒸气的热量通过冷凝器的传热表面传给周围介质（水或空气），制冷剂放出热量的同时被冷凝成液体。虽然它的结构类型很多，但按照其基本传热方式大都属于间壁式换热设备。在给定的换热设备中，换热面积是一定的，因而要提高传热量，除了提高平均温差外，重要途径是如何提高传热系数。

冷凝器中的传热过程，包括制冷剂的冷凝放热、通过金属壁和污垢层的导热及冷却介质（水或空气）的吸热过程。传热过程中，不仅制冷剂蒸气的冷凝管面和接触冷却介质的管面有放热热阻，管壁也具有导热热阻。此外冷凝器管面上不免还要附有油膜、水垢等污物，这些都具有导热热阻。一般来说，管壁厚度很小，而且换热器又都是用热导率很大的材料制成的，因而管壁的导热热阻可以忽略。下面主要分析影响制冷剂侧蒸气凝结放热及冷却介质侧放热的因素。

凝结的形式有两种：膜状凝结与珠状凝结。制冷剂在冷凝器的凝结，一般都是膜状凝结。从换热效果看，以珠状凝结为好。

1. 影响制冷剂侧蒸气凝结放热的因素

（1）制冷剂蒸气的流速和流向的影响　在膜状凝结时形成的液膜，将使制冷剂的传热热阻增大，表面传热系数降低。因此理想的情况是不让液膜增厚并能迅速与传热面分离。当制冷剂蒸气与低于饱和温度的壁面接触时，便凝结成一层液体薄膜，并在重力的作用下向下流动。液膜是冷凝器中制冷剂一侧的热阻，它的增厚可使制冷剂侧的热阻增大，传热系数降低。因此，当制冷剂蒸气与冷凝液膜沿同一方向运动时，冷凝液体与传热表面的分离较快，传热系数增高。而当制冷剂蒸气与液膜受重力流动做反向运动时，则传热系数可能降低，也可能增大，此时将决定于制冷剂蒸气的流速。若蒸气的流速较小，则液膜流动减慢，液膜变厚，传热系数降低；若制冷剂蒸气流速相当大，则液膜层会被制冷剂蒸气流带着向上移动，以至吹散而与传热壁面脱离，在这种情况下，传热系数便将增大。

考虑到制冷剂蒸气的流速和流向对放热的影响，所以，立式壳管式冷凝器的蒸气进口，一般总是设在冷凝器高度三分之二处的筒体侧面，让高速进入的压缩机排气的气流可以吹散已形成的液膜，以便不使冷凝液膜太厚而影响放热。

（2）传热壁面粗糙度的影响　冷凝液膜在传热壁面上的厚度，不仅与制冷剂液体的黏度等因素有关，而且传热壁面的粗糙度对液膜厚度也有很大影响。当壁面很粗糙或有氧化皮时，液膜流动阻力增加不易剥离，液膜增厚，从而使传热系数降低。根据试验，传热壁面严重粗糙时，可使制冷剂凝结传热系数下降 20%～30%。所以，对冷凝管表面应保持光滑和清洁，以保证有较大的凝结传热系数。

（3）制冷剂蒸气中含空气或其他不凝性气体的影响　在制冷系统中，总会有一些空气及制冷剂和润滑油在高温下分解出来的不凝性气体存在。这些气体随制冷剂蒸气进入冷凝器，会显著降低凝结传热系数。这是因为制冷剂蒸气凝结后，这些不凝性气体将附着在凝结液膜附近。在液膜表面上，不凝性气体的分压力显著增加，因而使得制冷剂蒸气的分压力减低。由于蒸气分压力的减小，就会大大影响制冷剂蒸气的凝结放热。实验证明，如在单位热负荷 $Q=1163\mathrm{W/m^2}$ 下，当氨蒸气中含有 2.5% 的空气时，凝结表面传热系数将由 8141W/（$\mathrm{m^2}$·K）降低到 4071W/（$\mathrm{m^2}$·K）。可见制冷剂蒸气中含有空气或其他不凝性气体时，对凝结传热系数的影响是很大的。

为了防止冷凝器中不凝性气体积聚过多，以致恶化传热过程，必须采取措施，既要防止空气渗入制冷系统，又要及时将系统中的不凝性气体利用专门设备排出。

（4）制冷剂蒸气中含油对凝结放热的影响　制冷剂蒸气中含油对凝结传热系数的影响，与油在制冷剂中的溶解度有关。由于氨与油基本不相溶，如果氨蒸气中混有润滑油，油将形成油膜沉积在冷凝器的传热表面上，这样就会造成附加热阻（油垢热阻）。对于卤代烃系统，由于氟油很容易溶解，所以当油的质量分数在一定范围内（小于6%～7%）时，可不考虑其对传热的影响，超过此限时，也会使传热系数降低。因此，在大中型制冷系统的设计中，需设置高效的油分离器，以减少制冷剂蒸气中的含油量，从而降低其对凝结放热的不良影响。

（5）冷凝器构造形式的影响　制冷剂蒸气在横放单管外表面冷凝时的传热系数，一般大于直立管的传热系数。这是因为具有一定高度的直立管的下部，冷凝液膜层厚度较大。但是，对于蒸气在水平管束外表面上的凝结放热，由于下落的冷凝液可使下部管束外侧的液膜增厚，使其平均传热系数也有所降低。水平管束在上下重叠的排数越多，这种影响就越大。所以，水平管束的平均传热系数，也有可能低于直立管的传热系数。

一般立式壳管式冷凝器的传热系数较小，其立管下部积有较厚的液膜层是原因之一。从这个观点，卧式冷凝器的筒体直径不宜太大，否则传热系数会显著降低。而且不管是何种结构的冷凝器，要想提高凝结传热系数，就必须保证能迅速将传热表面的冷凝液体排除，并保证传热表面的光滑和清洁。

2. 影响冷却介质侧放热的因素　在冷凝器传热壁的冷却介质（水或空气）一侧，影响传热系数的因素如下：

（1）冷却介质的性质　比如，水的传热系数要比空气的大得多。

（2）冷却水或空气的流速影响　传热系数随着冷却介质流速的增加而增大。但是，流速太大会使换热设备中冷却介质流动阻力增加，从而增加水泵或风机的功率消耗，以及导致管壁腐蚀的增加。因此应综合考虑技术经济效果。一般冷凝器内最佳的水流速度为0.8～1.2m/s，空气流速为2～4m/s。

（3）冷却介质的洁净程度对冷却介质侧传热系数也有一定的影响　在水冷式冷凝器中，由于实际使用的冷却水不免含有某些矿物质和泥沙之类的物质，因此经过长时间的使用后，在冷凝器的传热面上会附着一层水垢，形成附加热阻，致使传热系数显著降低。水垢层的厚度取决于冷却水质的好坏、冷凝器使用时间的长短及设备的操作管理情况等因素。

空气冷却式冷凝器的传热表面在长期使用后，会被灰尘覆盖，传热表面可能被锈蚀或沾有油污。所有这些因素都会对传热带来不利的影响，因此在制冷设备运转期间，应经常对冷凝器的各种污垢进行清除。

3. 影响蒸发式冷凝器传热的因素　蒸发式冷凝器的热负荷 Q_k（kW），是指冷凝器内制冷剂放出的全部热量，包括过热蒸气的冷却、饱和蒸气的冷凝以及液体制冷剂的过冷却。对已设计好的蒸发式冷凝器，在给定的蒸发温度下工作，其热负荷 Q_k 主要与下列三个因素有关。

（1）进入空气湿球温度的影响　进入空气的湿球温度对蒸发式冷凝器起决定性作用。湿球温度降低、冷凝器的冷凝温度也随之降低。蒸发式冷凝器的制造厂根据一定的湿球温度和冷凝温度测定出一个热负荷值，此时热负荷系数为1，然后提供一定的图或表格，供用户在不同的湿球温度和冷凝温度时进行修正，如图4-14所示。

从图4-14中可看出，蒸发式冷凝器的热负荷变化值是随着冷凝温度的升高和进入空气的湿球温度的降低而升高的，这一特性不仅对选用蒸发式冷凝器时可供参考，而且对使用时提供了部分运转的依据。

[例 4-2] 一台 R22 蒸发式冷凝器，其热负荷为设计工况的 60%（即热负荷变化值为 0.6），若湿球温度为 20℃，冷凝温度是多少？

解：从图 4-14 中，热负荷变化值为 0.6 与湿球温度 20℃的交点处可得冷凝温度约为 30.5℃。

冷凝温度 t_k 的降低可使压缩机消耗的功率减少，例如 $t_k=35℃$、$t_0=0℃$，当 t_k 降低 1℃时，对活塞式制冷压缩机约可节省功率 2%。

冷凝器的热负荷变化值减少时，同样可关闭一台蒸发式冷凝器或在多台风机的情况下停止一组风机运转，以达到节能目的。

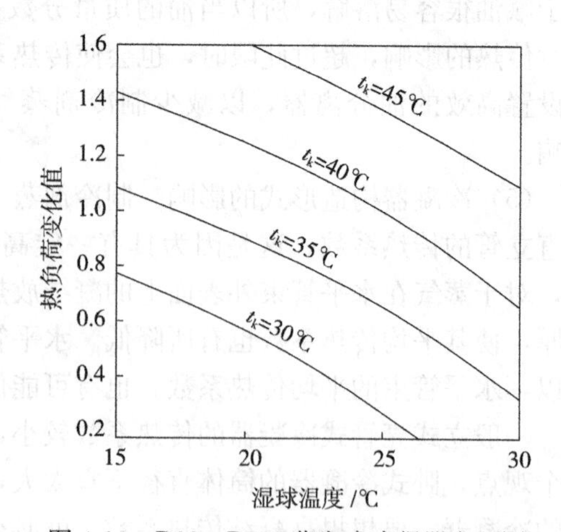

图 4-14 R22、R502 蒸发式冷凝器在不同湿球温度下的热负荷变化值

（设计工况：冷凝温度为 40℃，湿球温度为 25℃）

(2) 喷淋水量的影响　喷淋水量增加时，冷凝器的热负荷也增加。德苏茄（S. Tezuka）对蒸发冷却器的研究指出，其传热系数 K 值与喷淋水量及空气的流量的关系可用方程式（4-10）表示：

$$K = c\,G^{0.48}L^{0.22} \tag{4-10}$$

式中 c——常数；

L、G——喷淋水量和空气流量。

若喷淋水量增加一倍，则 $2^{0.22}=1.16$，即传热系数可增加 1.16 倍。根据经验，喷淋水量以能全部润湿管表面形成连续的水膜为最佳，超过这个喷淋水量，反而不利于热交换，同时会造成水泵功率增大。

(3) 空气的流量或风量　风量减小时，冷凝器的热负荷也随之减小。这可从式（4-10）看出，当风量减少一半时，传热系数 K 约减少 28%。但风量的减少会引起冷凝器出口空气的湿球温度和比焓值增大。风量与进风湿球温度有关，湿球温度高，风量一般应较大，但风量增大，风机的电耗也增加，不适当地增大风量，会使带走的水滴增加，即水的飞溅损失加大，导致冷却水消耗量增大。

下面是美国有关蒸发式冷凝器的经验数据，可供使用时参考。

传热面积：$0.25m^2/kW$ 冷凝热负荷。

喷淋水量：0.018L/（s·kW）冷凝热负荷。

风量：$0.03m^3$/（s·kW）冷凝热负荷。

空气经过冷凝器的压力降：250～375Pa。

蒸发水量：1.5L/（h·kW）冷凝热负荷。

冷却水消耗量：补充水的水质良好，泄放水量约为蒸发量的 50%以下，故冷却水消耗量为 2.2L/（h·kW）冷凝热负荷。

五、清除和预防冷凝器结水垢的方法

水垢的形成是因为水中溶解的各种矿物质，如钙和镁的硫酸盐和重碳酸盐，会分解成钙和镁的阳离子以及硫酸根和碳酸根的阴离子，由于用水设备与大地相连而带负电，于是水中阳离子首先被吸引到管壁，同时与阳离子相对应的阴离子又和固定在管壁上的阳离子产生化学结合而形成水垢。这样反复进行，水垢就越来越厚。这就是冷凝器和锅炉上生成水垢的主要原因。清除冷凝器水垢的方法大致有以下两种。

1. 机械除垢法　用软轴洗管器对钢管内的水垢进行除垢，但不适用于铜管冷凝器。将特制的括刀连接在软轴上，软轴由电动机带动，进行滚括除垢。在除垢过程中，根据管内结垢厚度、锈蚀程度等情况来确定所选用括刀的直径，首次除垢时所选用的括刀直径比冷凝管内径适当小一些，以防损伤管壁，然后再选用与冷凝管内径接近的括刀再次除垢，这样95%以上的水垢、污锈可去除掉。这种机械除垢法对冷凝器没有伤害，除垢也比较干净，但费时间，劳动强度大，主要适用于壳管式冷凝器的除垢。除垢过程中必须停止冷凝器的工作，将制冷剂抽尽，关闭与制冷系统连接的阀门，冷却水正常循环。在除垢完毕后，对冷凝器一定进行气密性试验，确保气密性良好后才能投入正常运行。

2. 酸洗法　用配置好的弱酸性盐酸对冷凝器进行清洗、除垢。操作时需停止冷凝器工作，将气体抽尽，关闭与制冷系统连接的阀门，并停止冷却水泵的工作，在酸洗槽内配制好酸洗溶液（10%盐酸溶液，每千克约加入缓蚀剂0.5g），缓蚀剂可用六次甲基四胺或苯胺与六次甲基四胺的聚合物等，它的作用是减轻盐酸溶液对管壁的作用。然后开动酸洗泵，使酸洗液在管道内循环流动24h，停止酸洗泵，用圆柱形钢丝刷在管内来回拉刷，并用水反复冲洗。再用1%的氢氧化钠溶液或5%的碳酸钠溶液循环清洗15min，以中和残留在冷凝器的酸溶液。除垢工作结束也要对冷凝器进行气密性试验。酸洗法除水垢，适用于立式和卧式壳管式冷凝器，尤其适用于铜质冷凝管。

冷凝器或冷却塔中水质的处理方法很多，如静电水垢控制器，可预防冷却水结垢。静电水处理技术20世纪70年代初在国外开始应用于生产。静电水垢控制器是应用静电水处理法，防止冷却水在管壁结垢，这样就可不必用机械或酸洗等烦琐的方法来清洗冷凝器中的水垢了。静电水处理法可以从根本上解决水垢形成的问题，它能防止阴阳离子产生化学结合。由于水是一种带极性偶极子，它在十分强的静电场中，就会产生极化作用，即偶极子的正端朝向静电场的阴极，负电极朝向静电场的阳极，按正负的次序连在一起被整齐地排列起来。当水中含有溶解盐时，这些盐的正负离子周围将被数个偶极子包围着，于是这些正负离子也以正负极的次序进入偶极子群，因而它们在水中不能自由游动。由于水的极化作用，使这些溶解盐的离子不能接触管壁，这样就不再生成水垢。

第二节　蒸发器

蒸发器是制冷系统中的另一种换热器。对制冷系统而言，它是从系统外吸热的换热器。蒸发器的作用是利用液态制冷剂在低压下沸腾，转变为蒸气并吸收被冷却物体或介质的热量，达到制冷目的。因此蒸发器是制冷系统中制取冷量和输出冷量的设备。

一、蒸发器的分类

蒸发器按被冷却介质的不同，分为冷却液体载冷剂、冷却空气或其他气体的两大类型。

蒸发器按供液方式的不同，可以分为满液式、非满液式（干式）、循环式和喷淋式，如图 4-15 所示。

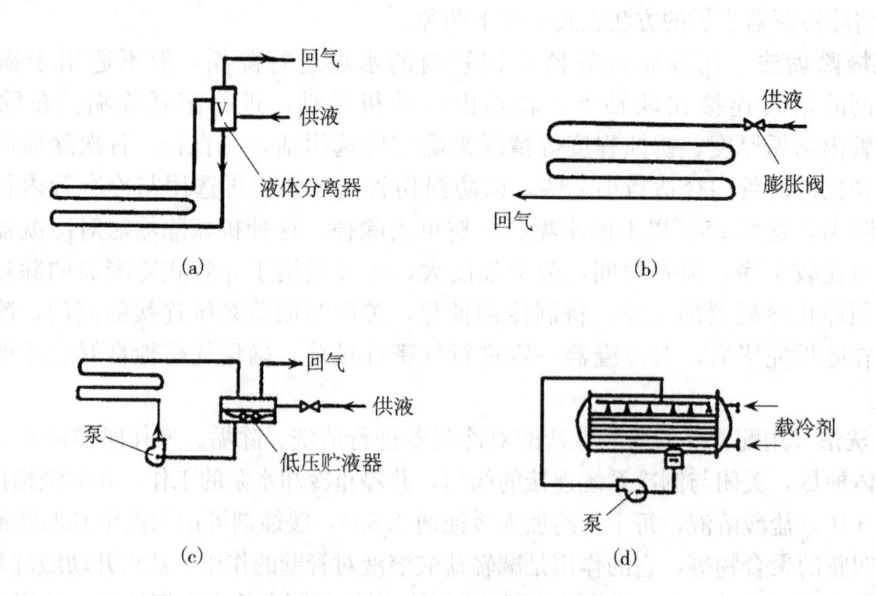

图 4-15　蒸发器按供液方式分类
（a）满液式　（b）非满液式　（c）循环式　（d）喷淋式

由于满液式蒸发器内充满了液态制冷剂，使传热面与液态制冷剂接触，所以满液式蒸发器的沸腾表面传热系数较大，其缺点是需要充注大量的制冷剂，同时静液柱的影响也需考虑。另外，如果采用能溶于润滑油的制冷剂，润滑油将难以返回压缩机。属于这类蒸发器的有立管式、螺旋管式和卧式壳管蒸发器等。

干式蒸发器主要用于卤代烃制冷系统。制冷剂经膨胀阀节流后直接进入蒸发器，在蒸发器内制冷剂处于气、液共存的状态。由于有一部分传热面积与气态制冷剂相接触，所以其传热效果比满液式差。其优点是充液量少，润滑油容易返回压缩机。属于这类蒸发器的有壳管式蒸发器和直接蒸发式空气冷却器等。

强制循环式蒸发器是依靠泵强迫制冷剂在蒸发器中循环，因此，沸腾表面传热系数较高并且润滑油不易在蒸发器中积存。由于循环式蒸发器的设备费用较高，所以目前只在大、中型冷藏库系统中使用。

喷淋式蒸发器是用泵把制冷剂送至喷嘴后喷淋在传热面上，这样既可减少制冷剂的充液量，又能消除静液高度对蒸发温度的影响。但因设备费用较高而较少使用。

在冷却液体载冷剂的蒸发器中，有壳管式蒸发器（包括卧式蒸发器、干式蒸发器）、水箱型（沉浸式）蒸发器（包括立管式、螺旋管式、蛇管式）、板式蒸发器、螺旋板式蒸发器等。

冷却空气的蒸发器也有多种形式，一般都是制冷剂在管内沸腾，而气体在管外侧被冷却。在冷却空气蒸发器中，有空调用翅片式蒸发器、冷冻冷藏用空气冷却器（冷风机）及排管蒸发器等。

各种类型蒸发器的特点及使用范围见表 4-6。

表 4-6 各种类型蒸发器的特点及使用范围

类型		形式	优点	缺点	使用范围
冷却空气的蒸发器	排管式蒸发器	立管式	1. 加工制作方便 2. 传热效果好	1. 充液量大 2. 静液柱影响大	氨冷库墙排管
		U形顶排管	1. 供液回路短 2. 回气阻力小 3. 传热效果好	对制造和安装的水平度要求高，否则供液不均匀	氨冷库顶排管
		蛇形盘管	1. 加工制作方便 2. 充液量小	1. 回路较长，阻力大 2. 传热效果降低	氨、氟冷库墙、顶排管
		搁架式	1. 传热效果好 2. 温度均匀	1. 钢材消耗大 2. 库内搬运劳动强度大，效率低	小型氨、氟冻结间
	板管式蒸发器	管板式	1. 加工制作方便 2. 传热效果好 3. 不易泄漏	用料较多，适用于小型装置	家用电冰箱
		复合板式	1. 传热效果好 2. 用料较省	1. 制造工艺复杂 2. 维修较难	家用电冰箱
		单脊翅片管式	1. 单位长度制冷量比光管好 2. 易于制造和清洗	一般为蛇形，大通道不宜做大面积蒸发器	家用电冰箱、冷藏室
		平板式	1. 传热好 2. 适用范围广	1. 制造工艺复杂 2. 难维修	家用冰箱
		翅片管式	1. 传热效果好 2. 占地小 3. 节省材料 4. 结构紧凑	1. 制造工艺复杂 2. 不易清洗 3. 冷冻和空调片距要求不同	冰箱、空调
	冷风机	吊顶式	1. 结构紧凑 2. 不占库房面积	1. 温度不均匀 2. 安装要求高	氨、氟冷库
		落地式	1. 易维护 2. 温度均匀	1. 体积大，占据有效库容积 2. 易碰撞	氨、氟冷库
		湿式	1. 结构简单 2. 不结霜 3. 传热效果好 4. 温度均匀	1. 空气阻力大 2. 盐水浓度易降低 3. 对管道腐蚀大	空调系统
		混合式	1. 结构简单 2. 不结霜 3. 传热好	盐水对管道腐蚀大	空调系统
冷却液体载冷剂的蒸发器	水箱型（沉浸浸式）蒸发器	立管式	1. 载冷剂冻结危险小 2. 有一定的蓄冷能力 3. 操作管理方便	1. 体积大，占地面积大 2. 易腐蚀 3. 金属耗量大 4. 易于积油	氨制冷系统

（续）

类型		形式	优点	缺点	使用范围
冷却液体载冷剂的蒸发器	水箱型（沉浸浸式）蒸发器	螺旋管式	1～3. 同立管式 4. 结构简单，制造方便 5. 体积、占地面积比立管大	维修比立管式麻烦	氨制冷系统
		蛇管式	1～3. 同立管式 4. 结构简单，制造方便	管内制冷剂流速低，传热效果差	小型氟制冷系统
	卧式壳管式蒸发器	满液式	1. 结构紧凑，质量轻，占地面积小 2. 可采用闭式循环，不易腐蚀	1. 加工复杂 2. 载冷剂易发生冻结而胀裂管子 3. 无蓄冷能力	氨、氟制冷系统
		干式	1. 载冷剂不易冻结 2. 回油方便 3. 制冷剂充灌量小	1. 制造工艺复杂 2. 不易清洗	氟制冷系统
		板式蒸发器	1. 传热系数高 2. 结构紧凑，组合灵活	1. 制造复杂，维修困难 2. 造价较高	氨、氟制冷系统
		螺旋板式蒸发器	1. 体积小 2. 传热系数高	1. 制造复杂，维修困难 2. 使用淡水有冻结危险	氨、氟制冷系统
		套管式蒸发器	1. 结构简单，体积小 2. 传热系数高	1. 水质要求高，不易清洗 2. 维修困难	小型氟制冷系统

二、蒸发器的结构

1. 卧式壳管式蒸发器 卧式壳管式蒸发器的结构与卧式壳管式冷凝器基本相似，同样具有圆筒形的壳体和固接于两端管板上的直管管束，管束两端加有端盖。根据制冷剂在壳体内或传热管内的流动，分为满液式壳管式蒸发器（一般简称为卧式蒸发器）、干式壳管式蒸发器（一般简称为干式蒸发器）。

（1）卧式蒸发器 制冷剂液体由卧式蒸发器顶部或侧面进入，汽化以后的蒸气从上部流出。为了将蒸气中挟带的液滴分离出来，蒸发器上方应留有一定气液分离空间。在氨卧式蒸发器的筒上装有气包。离心式冷水机组中，氟卧式蒸发器筒体上方装有挡液板。氨卧式蒸发器壳体下部装有集油包，以便排放积存的冷冻机油及其他杂物。

氨卧式蒸发器结构如图 4-16 所示。卧式蒸发器结构紧凑，制造工艺简单，造价较低，传热性能好，但是制冷剂充灌量大，液体静柱压力对蒸发温度的影响较大。以卤代烃为制冷剂时，制冷剂中溶解的油较难排出，需采取一定回油措施。在中小型氟制冷装置中，采用干式蒸发器的为多。

卧式蒸发器运行时，壳体内应充装相当数量的液体制冷剂，一般其静液面的高度为壳体直径的 70%～80%，所以卧式蒸发器被称为满液式蒸发器。但是液面既不能过高，也不能过低。液面过低，不能充分发挥蒸发器传热面积作用；液面过高，则有可能使压缩机有液击的危险。为此，应安装浮球阀或其他自动控制装置来控制液面，使蒸发器能保持正常液位。卧式蒸发器传热管内为载冷剂，可定期拆卸两侧端盖进行清洗。载冷剂为淡水时，当蒸发温度接近 0℃或机组停车时，应防止管内结冰而冻裂管子，造成蒸发器损坏。

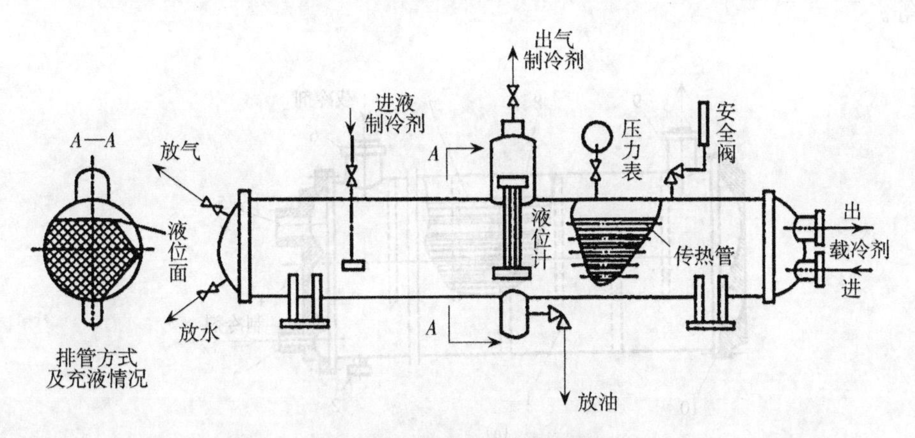

图 4-16　氨卧式蒸发器结构

氨卧式蒸发器的传热管用钢管，氟卧式蒸发器一般用纯铜管或铝黄铜管。为了强化传热，国内外研制出许多新型传热管，这些蒸发传热管表面形状如图 4-17 所示。国内研究表明，T 形管的氟蒸发表面传热系数可达光管的 10 倍，对氨卧式蒸发器用的钢质 T 形管管束进行实验研究，其传热系数为光管的 2.2 倍，可节省传热面积 50%以上。

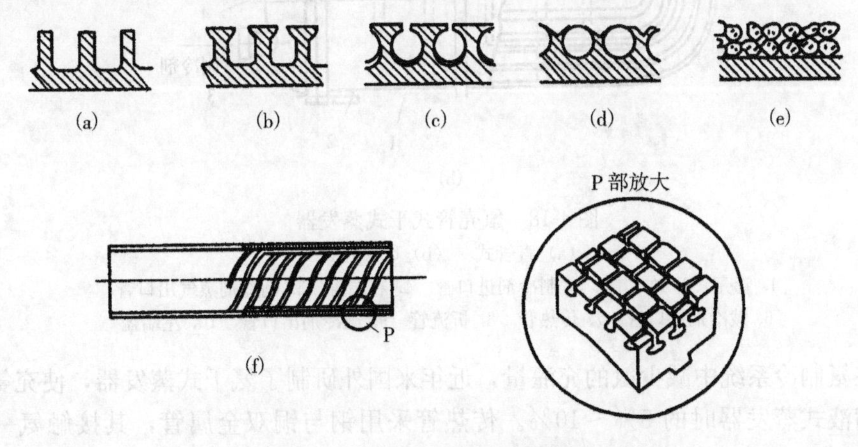

图 4-17　强化蒸发传热管表面结构

(a) 低肋管　(b) T 形肋管　(c) TX 肋管　(d) TXY 肋管　(e) 烧结蒸发器　(f) 多孔 E 管

（2）干式蒸发器　干式蒸发器的外形和结构，与前面所述满液式卧式蒸发器基本相同。主要差别在于在干式蒸发器中，制冷剂在管内蒸发，制冷剂液体的充灌量很少，为管组内容积的 35%～40%，为满液式卧式壳管式蒸发器的 1/3～1/2 或更少，而且制冷剂在蒸发汽化过程中，不存在自由液面，所以称为“干式蒸发器”。图 4-18（a）所示为一种氟干式蒸发器的构造。在干式蒸发器中，液体载冷剂在管外被冷却，为了增加管外载冷剂的流速，在壳体内横跨管束装设许多折流板。图 4-18（b）所示为氟 U 形管式干式蒸发器，传热管安装在同一块管板上，传热管可先行安装后再装入壳体。制冷剂可始终在一根管子内流动和蒸发，不会出现多流程时气液分层现象，而造成供液不均匀，但由于每根传热管的弯曲半径不同，制造时需采用不同的加工模具。

氟干式蒸发器的传热管一般用铜管制造，除了采用光管外，还有内肋管、铝芯内翅管、波纹管等。

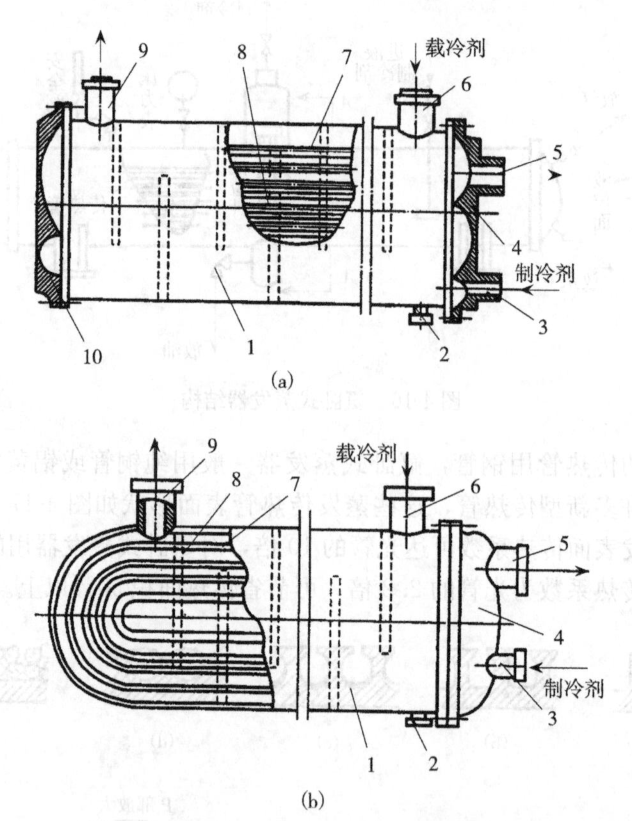

图 4-18 氟壳管式干式蒸发器

(a) 直管式 (b) U形管式

1. 管壳 2. 放水管 3. 制冷剂进口管 4. 右端盖 5. 制冷剂蒸气出口管
6. 载冷剂进口管 7. 传热管 8. 折流管 9. 载冷剂出口管 10. 左端盖

为了在氨制冷系统中减少氨的充灌量，近年来国外研制了氨干式蒸发器，使充氨量只有原来使用满液式蒸发器时的5%～10%。传热管采用钢与铜双金属管，其接触氨一侧用钢管，外包铜管，既耐氨腐蚀又耐水腐蚀。在氨制冷系统中，采用了与氨互溶的聚二醇(PAG)作为冷冻机油，在活塞式氨压缩机制冷系统中运行3000h，传热及回油情况良好。

2. 水箱型（沉浸式）**蒸发器** 水箱型蒸发器的特点是蒸发管组沉浸于淡水或盐水箱中。制冷剂在管内蒸发，水或盐水在搅拌器的作用下，在箱内流动，以增强传热。这类蒸发器热稳定性好，但只能用于开式循环系统，载冷剂必须是非挥发性物质。水箱型蒸发器分为直管式、螺旋管式和蛇管（盘管）式等形式。

（1）直管式蒸发器 直管式蒸发器用于氨制冷装置，其结构如图 4-19（a）所示。直管式蒸发器全部由无缝钢管焊制而成，蒸发器管以组为单位。根据不同容量要求，蒸发器可由若干管组组合而成。蒸发管组安装在矩形金属水箱中，每组蒸发管组由上下两根水平管及焊在其间许多根端部微弯的立管所组成。在管组的一端，上集管接气液分离器，下集管接集油器，氨液从中间的供液管进入，供液管由上面一直伸入下集管［图 4-19（c）］，这样使液体从下部进入下集管后，均匀地进入各立管中。制冷剂液体在管内吸收载冷剂的热量后，不断蒸发汽化，汽化后的制冷剂通过上集管，经气液分离器分离后，蒸气从上面引出，被压缩机吸入，液体返回下集管。集油器上端有一根管子与吸气管接通，以便将冷冻机油中的制冷剂抽走，积存的润滑油定期从放油管放出。

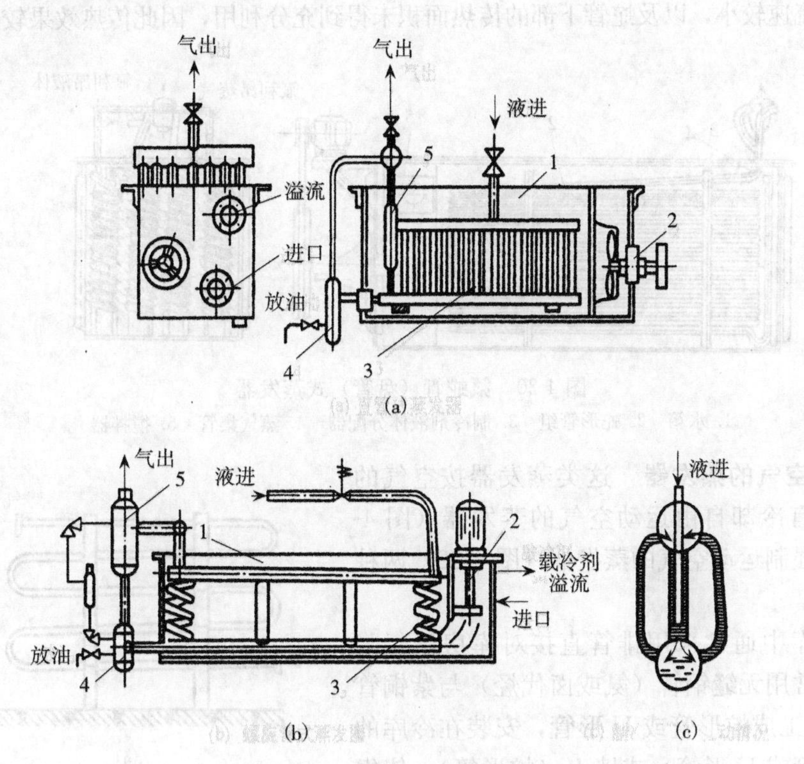

图 4-19 直管式蒸发器

（a）直管式蒸发器 （b）螺旋管式蒸发器 （c）制冷剂循环流动情况

1. 载冷剂容器 2. 搅拌器 3. 直管或螺旋管蒸发器 4. 集油器 5. 气液分离器

为了提高直管式蒸发器的传热效果，在水箱内装有搅拌机。搅拌机有卧式和立式两种。由于卧式搅拌机安装时需要密封措施，并且维修较困难，故目前采用立式搅拌机较多。水流速一般保持在 0.3～0.7m/s。水箱上部设有溢流管，底部设有泄水口。为了控制蒸发器排管中的氨液面，在水箱上装有浮球阀或电子液位控制装置。

立管式蒸发器由于上部开启，便于操作人员观察和维修。载冷剂容量较大，所以用淡水作制冷剂时，不会有结冰损坏设备的危险。当用盐水作载冷剂时，由于盐水和空气接触，水箱腐蚀较严重，需在盐水中加入缓蚀剂，且盐水易吸收空气中水分而使质量浓度降低，需经常检查盐水的相对密度，向盐水补充固体盐。

（2）螺旋管式蒸发器 螺旋管式蒸发器结构如图 4-19（b）所示。其工作原理和直管式蒸发器相同。结构上主要区别是蒸发管采用螺旋形盘管代替直立管。因此当传热面积相同时，螺旋管式蒸发器的外形尺寸比直管式小，结构紧凑，减少焊接工作量，制造方便。为使产品结构更紧凑，缩小体积，也有采用双头螺旋管组的。

从试验结果分析，直管式、单头螺旋管式、双头螺旋管式氨蒸发器，在流速相同时，传热效果十分相近。

（3）蛇管（盘管）式蒸发器 蛇管（盘管）式蒸发器是小型氟开式循环制冷装置中常用的

一种水冷却器，结构如图 4-20 所示，它由若干组铜管盘绕成蛇形管组成。蛇形管用纯铜管弯制。卤代烃液体经液体分液器从蛇形管的上部进入，汽化产生的蒸气由下部导出。蛇形管组整体地沉浸在水（或盐水）箱中，水在搅拌器作用下，在箱内循环流动。蛇管式蒸发器由于蛇管布置较密，流速较小，以及蛇管下部的传热面积未得到充分利用，因此传热效果较差。

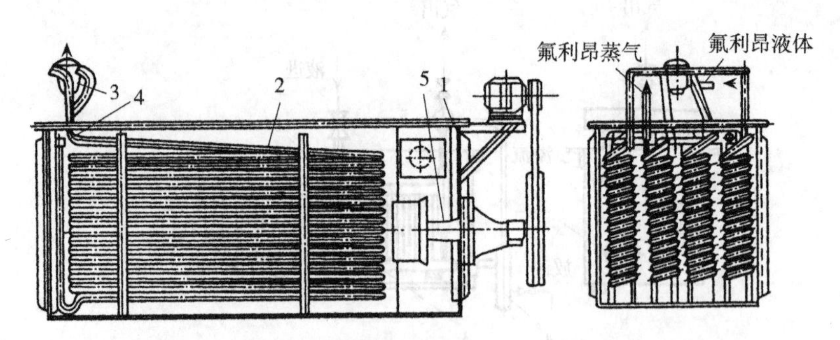

图 4-20　氟蛇管（盘管）式蒸发器

1. 水箱　2. 蛇形管组　3. 制冷剂液体分配器　4. 蒸气集管　5. 搅拌器

3. 冷却空气的蒸发器　这类蒸发器按空气的运动状态分有冷却自由运动空气的蒸发器（图 4-21）和冷却强制运动空气的蒸发器（图 4-22）两种形式。

在冷藏库中通常采用排管直接对库房进行降温。排管通常用无缝钢管（氨或卤代烃）与紫铜管（卤代烃）加工成蛇形管或 U 形管，安装在冷库的顶上（蛇形管或 U 形管）或墙上（蛇形管），依靠自然对流冷却使库内保持低温。排管虽有结构简单、制作方便、价格低的优点，但传热系数低，除霜工作量大。

冷却强制运动空气的蒸发器又名直接蒸发式空气冷却器，由数排肋片管加风机组成。翅（肋）片式蒸发器或冷风机，也广泛应用在冷藏库和空调设备中。在冷库等低温系统中使用的冷风机，由于管外会结霜，影响空气流通，因此肋片管应采用较大的片距，通常为 6～10mm。空调系统用的直接蒸发式空气冷却器片距一般为 2～4mm。

4. 套管式蒸发器　套管式蒸发器结构如套管式冷凝器，一般用于小型氟系统。外管为无缝钢管，内管可以是一根或多根铜管，可以用光管，也可以是强化传热管。一般被冷却的液体载冷剂可以在内外管的环形空间流动，也可以在内管中流动。套管式蒸发器结构紧凑，表面传热系数高。但有水易冻结和除水垢困难等缺点。

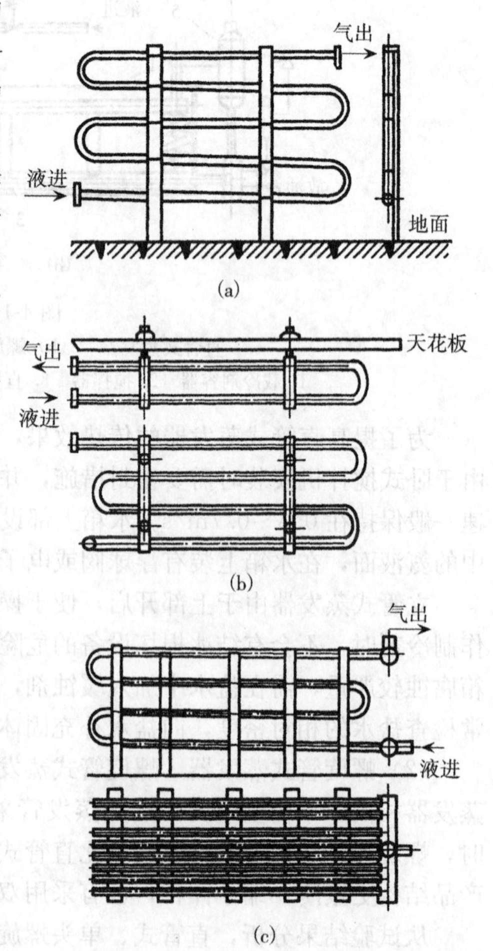

图 4-21　冷却自由运动空气的蒸发器

(a) 墙排管　(b) 顶排管　(c) 搁架式排管

三、蒸发器的选择和计算

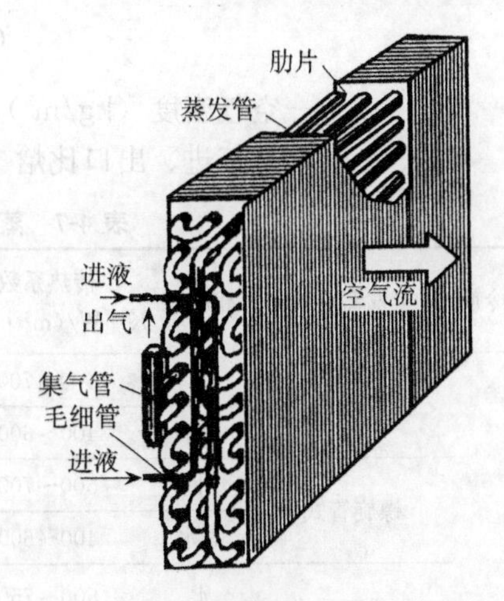

图 4-22 冷却强制运动空气的蒸发器

1. 蒸发器的选型 蒸发器形式的选择，主要从生产工艺和供冷方式来考虑。对于自带冷源的空气调节机组，应采用翅片式蒸发器；对于不挥发载冷剂的开式循环系统，如集中喷雾式空调冷水系统，可采用水箱型（沉浸式）蒸发器；对具有挥发性的载冷剂循环系统，或采用闭式循环的集中空调冷水系统，应采用卧式壳管式蒸发器。蒸发器形式的选择，可参照表4-6及本节介绍的蒸发器形式。

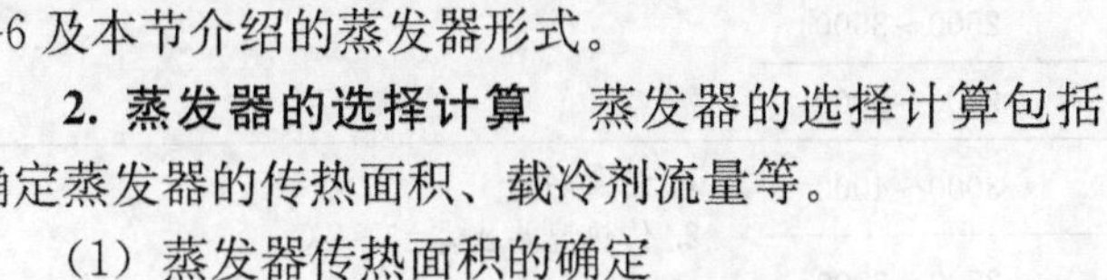

2. 蒸发器的选择计算 蒸发器的选择计算包括确定蒸发器的传热面积、载冷剂流量等。

（1）蒸发器传热面积的确定

①制冷量 Q_0。制冷量即蒸发器的热负荷，一般是给定的，也可根据生产工艺或空调负荷进行计算，或根据制冷压缩机的制冷量来确定，同时应考虑到冷损耗和裕度等。

②蒸发器的传热系数 K［kW/（m^2・℃）］和热流密度 q_f（kW/m^2）。蒸发器的传热系数 K 可按传热学公式进行计算，或按蒸发器生产厂提供的资料进行选取，作为初步估算也可采用经实际验证的推荐数值。各种蒸发器的传热系数 K 和热流密度 q_f 的推荐值见表4-7。

③传热温差 Δt_m。可按式（4-11）计算：

$$\Delta t_m = \frac{t_1 - t_2}{\ln \dfrac{t_1 - t_{01}}{t_2 - t_0}} \tag{4-11}$$

式中 t_1——载冷剂进口温度（℃）；

t_2——载冷剂出口温度（℃）；

t_0——蒸发温度，（℃）。

Δt_m 或按表4-7选取。

④传热面积 A（m^2）。可按式（4-12）计算：

$$A = \frac{Q_0}{K\Delta t_m} = \frac{Q_0}{q_f} \tag{4-12}$$

式中 q_f——热流密度（kW/m^2），其经验数据可按表4-7所列推荐值选取。

（2）蒸发器中载冷剂流量的确定 对于液体载冷剂流量 G_z（m^3/h）可按式（4-13）计算：

$$G_z = \frac{3.6Q_0}{\rho_z c_{z,p}(t_1 - t_2)} \tag{4-13}$$

式中 Q_0——蒸发器在计算工况下的制冷量（kW）；

ρ_z——载冷剂密度（kg/m^3）；

$c_{z,p}$——载冷剂比定压热容［kJ/（kg・K）］，载冷剂一般选用水，取 $c_{z,p}$ = 4.186kJ/（kg・K）；

t_1、t_2——空气进、出口温度（℃）。

对于空气载冷剂流量 G_{za}（m^3/h）可按式（4-14）计算：

$$G_{za}=\frac{3.6Q_0}{\rho_a(h_1-h_2)} \tag{4-14}$$

式中 ρ_a——空气密度（kg/m³），取 ρ=1.189kg/m³；

h_1、h_2——空气进、出口比焓（kJ/kg）。

表 4-7 蒸发器传热系数 K 和热流密度 q_f

制冷剂	蒸发器形式	载冷剂	传热系数 K/[W/(m²·℃)]	热流密度 q_f/(W/m²)	相应条件
氨	直管式	水	500～700	2500～3500	1. 传热温差 Δt_m=4～5℃ 2. 载冷剂流速 0.3～0.7m/s
		盐水	400～600	2200～3000	
	螺旋管式	水	500～700	2500～3500	
		盐水	400～600	2200～3000	
	卧式壳管式（满液式）	水	500～750	3000～4000	1. 光滑钢管 2. 传热温差 Δt_m=5～7℃ 3. 载冷剂流速 1.0～1.5m/s
		盐水	450～600	2500～3000	
	板式	水	2000～2300		1. 板片为不锈钢板 2. 使用焊接板式或经特殊处理的钎焊板式
		盐水	1800～2100		
	螺旋板式	水	650～800	4000～5000	1. 温差 Δt_m=5～7℃ 2. 载冷剂流速 1.0～1.5m/s
		盐水	500～700	3500～4500	
卤代烃	蛇管式（R22）	水	350～450	1700～2300	有搅拌器
		水	170～200		无搅拌器
		盐水	115～140		
	卧式壳管式（满液式）	水	800～1400		1. 光滑钢管 2. 传热温差 Δt_m=4～6℃ 3. 载冷剂流速 1.0～1.5m/s
		盐水	500～750		1. 低肋管，肋化系数≥3.5 2. 载冷剂流速 1.0～2.4m/s
	干式（R22）	水	800～1000	5000～7000	1. 光滑铜管 ϕ12mm 2. 传热温差 Δt_m=5～7℃
		水	1000～1800	7000～12 000	1. 高效传热 2. 传热温差 Δt_m=4～8℃ 3. 载冷剂流速 1.0～1.5m/s
	套管式（R22、R134a、R404A）	水	900～1100	7500～10 000	1. 低肋铜管，肋化系数≥3.5 2. 载冷剂流速 1.0～1.2m/s
	板式（R22、R134a、R404A）	水	2300～2500		1. 板片为不锈钢板 2. 钎焊板式
		盐水	2000～2300		
	翅片式	空气	30～40	450～500	1. 蒸发管组 4～8 排 2. 传热温差 Δt_m=8～12℃ 3. 迎面风速 2.5～3.0m/s

四、蒸发器的热力分析

在蒸发器中，被冷却介质的热量通过传热壁传给制冷剂，使液体制冷剂吸热汽化。制冷剂在蒸发器中发生的状态变化，实际上是沸腾过程，习惯上称其为蒸发。蒸发器内的传热效果也像冷凝器一样，受到制冷剂侧的传热系数、传热表面污垢物的热阻及被冷却介质侧的传热系数等因素的影响。其中后两种因素的影响基本上与冷凝器的情况相同，但制冷剂侧液体沸腾传热系数与气体凝结时的传热系数，有着本质上的差别。

沸腾有两种形式：泡状沸腾和膜状沸腾，从传热效果看，膜状沸腾较好。制冷装置中蒸发器内的温差不大，因此制冷剂液体的沸腾总处于泡状沸腾。沸腾时，在传热表面产生许多气泡。这些气泡逐渐变大，脱离表面并在液体中上升。它们上升后，在该处又连续地产生一个个的气泡，沸腾传热系数与气泡的大小、气泡上升的速度等因素有关。下面分析影响制冷剂液体沸腾换热的主要因素。

1. 制冷剂液体物理性质的影响 制冷剂液体的热导率、密度、黏度和表面张力等有关物理性质，对沸腾传热系数有着直接的影响。热导率较大的制冷剂，传热热阻就小，沸腾传热系数就较大。

蒸发器在正常工作条件下，制冷剂对流换热的强烈程度取决于制冷剂液体在汽化过程中的对流运动程度。沸腾过程中，气泡在液体内部的运动，使液体受到扰动，这就增加了液体各部分与传热壁面接触的可能性，使液体从传热壁面吸收热量更为容易，沸腾过程更为迅速。密度和黏度较小的制冷剂液体，受到这种扰动就较强，其对流传热系数就较大。密度大和黏度大的制冷剂液体，受到的这种扰动就较弱，对流传热系数也就较小。

制冷剂液体的密度及表面张力越大，汽化过程中气泡的直径就较大，气泡从生成到离开传热壁面的时间就越长，单位时间内产生的气泡就少，传热系数也就小。

卤代烃与氨的物理性质有着显著的差别，一般来说，卤代烃的热导率比氨的小，密度、黏度和表面张力都比氨的大。

2. 制冷剂液体润湿能力的影响 如果制冷剂液体对传热表面的润湿能力强，则沸腾过程中生成的气泡具有细小的根部，能够迅速从传热表面脱离，传热系数也就较大。相反，若制冷剂液体不能很好地润湿传热面，则形成的气泡根部很大，减少了汽化核心的数目，甚至沿传热表面形成气膜，使表面传热系数显著降低。

常用的几种制冷剂均为润湿性的液体，但氨的润湿能力要比卤代烃的强得多。

3. 制冷剂沸腾温度的影响 制冷剂液体沸腾过程中，蒸发器传热壁面上单位时间生成的气泡数目越多，则沸腾传热系数越大。而单位时间内生成的气泡数目与气泡从生成到离开传热壁面的时间长短有关，这个时间越短，单位时间内生成气泡数目越多，反之亦然。此外，如果气泡离开壁面时的直径越小，气泡从生成到离开的时间将越短。气泡离开壁面时，其直径的大小是由气泡的浮力及液体表面张力的平衡来决定的。浮力促使气泡离开壁面，而液体表面张力则阻止气泡离开。气泡的浮力和液体表面张力，又受饱和温度下液体和蒸气的密度差的影响。气泡的浮力和密度差成正比，而液体的表面张力与密度差的四次方成正比。所以，随着密度差的增大，则液体表面张力的增大速度，比气泡浮力的增大速度大得多，这时气泡只能依靠体积的膨胀来维持平衡，因此气泡离开壁面时的直径就大。相反，密度差越小，气泡离开壁面的直径就越小。而密度差的大小与沸腾温度有关，沸腾温度越高，饱和温度下的液体与蒸气的密度差越小，汽化过程就会更迅速，传热系数就更大。

上述说明了在同一个蒸发器中，使用同一种制冷剂时，其传热系数随着沸腾温度的升高而增大。

4. 蒸发器构造的影响 液体沸腾过程中，气泡只能在传热表面上产生。蒸发器的有效传热面是与制冷剂液体相接触的部分。所以，沸腾传热系数的大小，除了与制冷剂的性质等因素有关外，还与蒸发器的结构有关。实验结果表明，翅片管外的沸腾传热系数大于光管，而且管束上的大于单管的。

这是由于加翅片以后，在饱和温度与单位面积热负荷相同的条件下，气泡生成与增长的条件，翅片管比光管有利。由于汽化核心数的增加和气泡增大速度的降低，使得气泡很容易脱离传热壁面。而管束上的沸腾传热系数大于单管，是由于下排管子表面上产生的气泡向上浮起时，引起液体附加扰动的结果。附加扰动的影响程度与蒸发压力、单位面积热负荷、管排间距等有关。实验结果还表明，翅片管管束的沸腾传热系数大于光管管束的。如有资料介绍，在相同的饱和温度下，R12 在翅片管管束的沸腾传热系数，比光管管束大 70%，而 R22 则大 90%。

根据以上分析，蒸发器的结构应该保证制冷剂蒸气能很快地脱离传热表面。为了有效地利用传热面，应将液体制冷剂节流后产生的蒸气，在进入蒸发器前就从液体中分离出来，而且在操作管理中，蒸发器应该保持合理的制冷剂液体流量，否则也会影响蒸发器的传热效果。

第三节　板式热交换器的应用

这种热交换器早在 100 多年前就已问世，直到近几年随着加工工艺水平的提高，出现了无垫片全焊接的板式换热器，才使得这种高效换热器在制冷系统中得以应用。板式换热器一般可作为冷凝器、蒸发器或冷却器（如润滑油冷却器），可广泛地应用于制冷及空调用冷水机组。

板式换热器的优点：①结构紧凑，体积小，质量大约只有相同传热面积的壳管式换热器的 25%，因此便于运输和安装；②板式换热器的当量直径小，流动扰动大，在较小的雷诺数下即可形成紊流，因此传热系数高，一般为壳管式换热器的 1.1～1.7 倍，③制冷剂充注量小，只需壳管式换热器的 20%～40%；④换热面积可通过改变板片数目任意调节；⑤适应性强，可作冷凝器、蒸发器或冷却器使用；⑥可靠性高；⑦工艺过程简单，适合于批量生产。板式换热器也有一定缺点：①板片制造要求高，造价较高；②板片之间间隙较小，冷却水中如有杂质存在则易堵塞，因此对水质要求较高。

板式换热器按板片的形式可分为板片式、螺旋式和板翅式换热器等多种。板片式换热器由许多平行的平板或波纹板组成，其两侧用密封条密封或封焊，板片之间有定距撑，外形做成长方形，流体进出管接头布置在两端，内部分成数个流道，为提高板片式换热器的换热效率，采用波纹板片为多；螺旋式换热器由两张平行的金属板卷制而成，内部形成两个螺旋通道，再加上上下盖和接管构成一个螺旋体，其中热交换的流体在其中逆向流动；板翅式换热器为近年开发起来的新型的换热器之一，它是在金属平板之间紧密夹嵌着的波纹状金属导热翅片，并在四周加上密封条进行整体钎焊而成。

一、板式冷凝器的应用

目前制冷装置用的板式换热器一般有钎焊板式及焊接板式（包括半焊板式、全焊板式）

两种。图 4-23 和图 4-24 分别表示了这两种形式的板式换热器的结构。

板式换热器一般由传热板片、盖板（压紧板）和接管组成。在焊接板式换热器中，还有压紧螺栓、螺母、垫片、支架等零部件。焊接板式换热器是用专门的焊接工艺，将每两张板片沿外密封槽焊在一起，形成板片对，再将板片对用垫片组装起来，成为半焊板式换热器，或采用专门的焊接工艺，将一定数量的板片沿密封槽焊成一个板片包，再将几十板片包组焊并装配成一体的全焊板式换热器。钎焊板式换热器则是不锈钢板片和铜箔（或镍箔）钎料，在真空钎焊炉的高温作用下形成一体的板式换热器。一般的钎焊板式换热器都是用铜作为钎焊料，由于氨和铜有腐蚀性，因此如要用于氨制冷装置时，应选用镍钎焊板式，或经特殊处理（如在铜焊后再经镀锡处理）的钎焊板式换热器。焊接板式换热器可用于氨或卤代烃制冷装置。

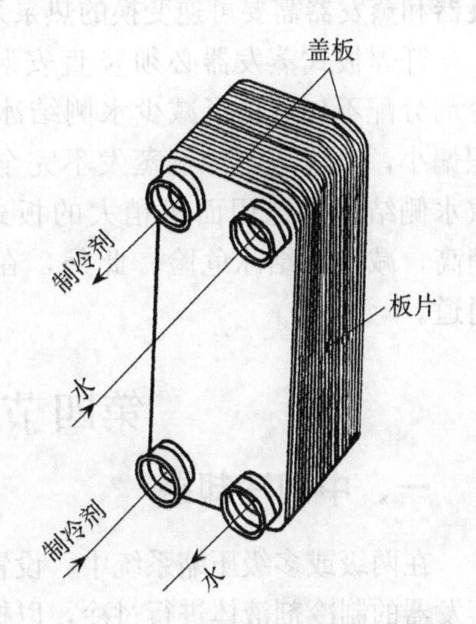

图 4-23　钎焊板式换热器总体结构

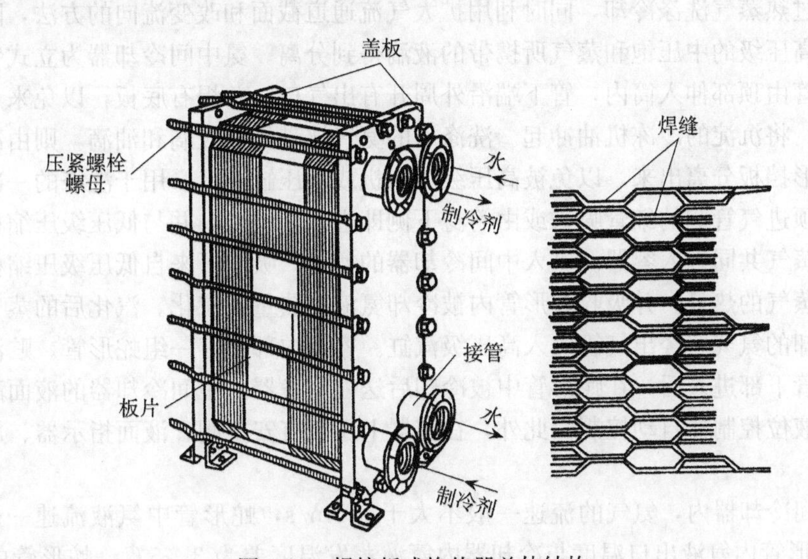

图 4-24　焊接板式换热器总体结构

传热板片一般由不锈钢或钛合金材料经冲压制成各种形状，如人字形板片、波纹板片等。设计压力一般不超过 4MPa。钎焊板式换热器使用的温度范围为－160～225℃，焊接板式换热器可用于－40～120℃。在板式换热器中，相邻板片上的花纹方向相反，其脊线彼此相交而形成接触点，经焊接或钎焊形成两种相隔离的模槽流道，使水及制冷剂在各自模槽流道中形成相互交叉逆流而发挥最佳传热效果，由此形成高效换热器。

二、板式蒸发器的应用

板式蒸发器的构造和板式冷凝器相同，可参见图 4-23 和图 4-24，因此它特别适用于冷凝器和蒸发器需要可逆变换的热泵系统。

钎焊板式蒸发器必须竖直安装，并使制冷剂下进上出，其他位置安装都将导致制冷剂分配不匀，为了减少水侧结冰的危险，应选用传热面积较大的板式蒸发器。传热面积偏小，会造成制冷剂蒸发不完全，蒸气没有足够的过热度，因此蒸发温度降低，易导致水侧结冰。选用面积稍大的板式蒸发器，可在较小的传热温差下运行，使蒸发温度稍高，减小了结冰危险。此外，在进口水管加装过滤器，可防止杂物堵塞换热器流体通道。

第四节　其他制冷热交换器

一、中间冷却器

在两级或多级压缩系统中，设置中间冷却器，用来冷却低压级压缩机的排气，还对进入蒸发器的制冷剂液体进行过冷，以提高低压级压缩机的制冷量和减少节流损失，同时对低压级压缩机的排气也起着油分离器作用。

1. 氨中间冷却器　氨中间冷却器如图 4-25 所示，它用于一级节流中间完全冷却的氨双级压缩制冷系统。其工作原理与洗涤式氨油分离器相似，利用筒体内呈中间温度的氨液，将进入筒体的过热蒸气洗涤冷却，同时利用扩大气流通道截面和改变流向的方法，降低蒸气的流速，使去高压级的中压饱和蒸气所携带的液滴得到分离。氨中间冷却器为立式钢制圆柱形容器。进气管由顶部伸入筒内，管下端沿外周开有出气口，并焊有底板，以免来自低压级排气冲击底部，将沉淀的冷冻机油冲起。洗涤后的氨气挟带的氨液滴和油滴，则由冷却器内设置的两块伞形挡板分离出来，以免被高压级压缩机或高压缸吸走。用于洗涤的一次节流后的氨液，从筒顶进气管侧的细管喷入或由筒身下侧即进液管进入，并与低压级压缩机或低压缸排出的过热蒸气共同进入容器。进入中间冷却器的氨液，吸收了来自低压级压缩机或低压缸排出的过热蒸气的热量，并吸收蛇形管内被冷却氨液的热量而汽化。汽化后的蒸气随同来自低压缸被冷却的氨气，经出气管进入高压级汽缸。容器内部设有一组蛇形管。贮液器的高压氨液由蛇形管下部进入后，在蛇形管中被冷却后送往蒸发器。中间冷却器的液面高度可由浮球阀或其他液位控制器自动控制。此外，在容器上还装有安全阀、液面指示器、放油阀、压力表等附件。

在氨中间冷却器内，氨气的流速一般不大于 0.5m/s，蛇形管中氨液流速一般为 0.4～0.7m/s。蛇形管内氨液出口温度与冷却器内氨液蒸发温度差为 3～5℃。蛇形管的传热系数 K=600～700W/（m^2·K)。

2. 氟中间冷却器　两级氟系统多采用一次节流中间不完全冷却循环，中间冷却器仅用来冷却高压液体，因此结构要比氨中间冷却器简单。其结构如图 4-26 所示，在器内只有一组蛇形管。被冷却的高压液体在蛇形管内流动，一次节流后的低温液体进入器内后，吸收管内液体热量而汽化。汽化的蒸气被高压级压缩机吸入，蛇形管内的制冷剂液体则得到过冷。

3. 中间冷却器的选配　中间冷却器的选择应满足两个条件：一是气体通过中间冷却器横断面的速度应满足气液分离的要求，一般流速不大于 0.5～0.8m/s；二是传热面积应满足液体制冷剂过冷的要求，而且盘管内的液体的流速一般不大于 0.4～0.7m/s。

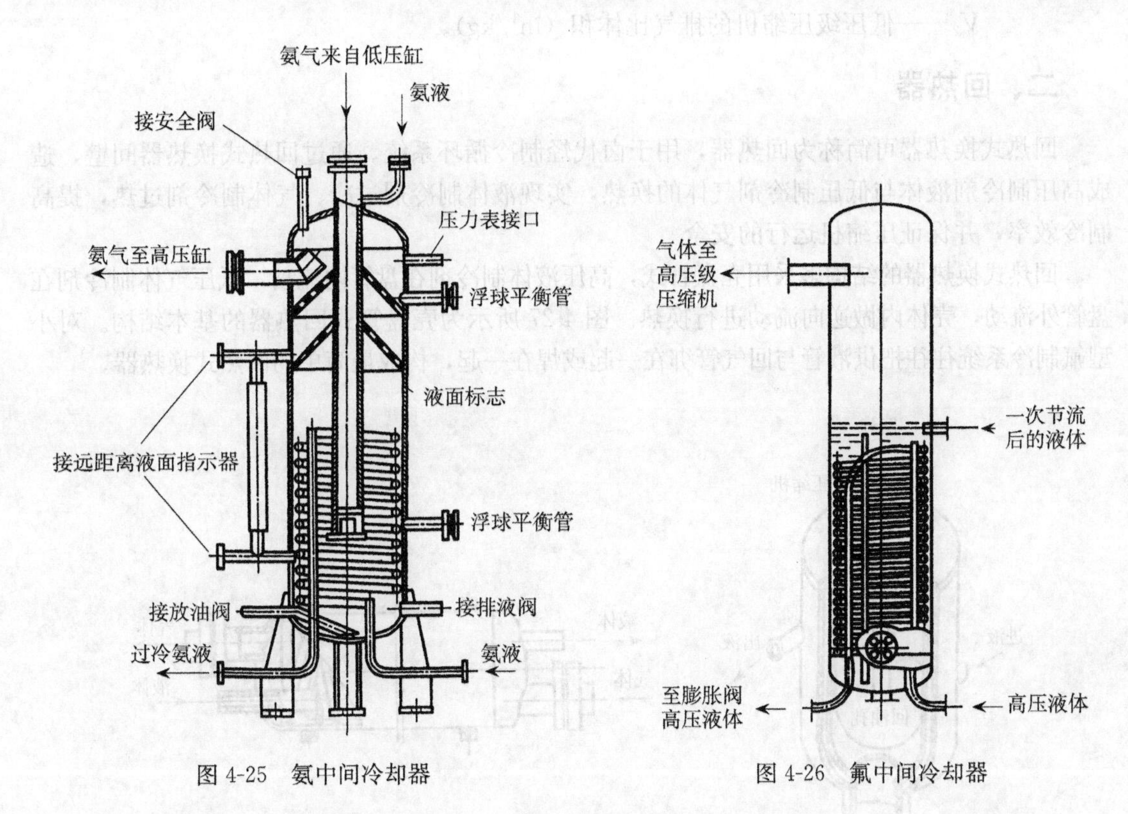

图 4-25　氨中间冷却器　　　　图 4-26　氟中间冷却器

(1) 中间冷却器内液体冷却盘管传热面积的确定　传热面积 F (m^2) 按式 (4-15) 计算：

$$F=\frac{Q_m}{K\Delta t_m} \tag{4-15}$$

$$\Delta t_m=\frac{t_1-t_2}{\ln\frac{t_1-t_{01}}{t_2-t_{01}}} \tag{4-16}$$

式中　Q_m——中间冷却器的热负荷 (W)

Δt_m——中间冷却器内平均传热温差 (℃)

t_1——进入盘管内的液体制冷剂温度 (℃)；

t_2——流出盘管内的液体制冷剂温度 (℃)；

t_{01}——中间冷却器中的蒸发温度 (℃)；

K——中间冷却器中的传热系数 [W/ (m^2·K)]，氨中间冷却器 $K=580\sim700$W/ (m^2·K)，氟中间冷却器 $K=290\sim400$W/ (m^2·K)。

(2) 中间冷却器壳体直径的确定　中间冷却器壳体的直径 D (m) 按式 (4-17) 计算：

$$D=\sqrt{\frac{4V_h\lambda_d V_2}{\pi w V_1}} \tag{4-17}$$

式中　V_h——低压级压缩机制冷剂气体的理论排气量 (m^3/s)；

λ_d——低压级压缩机的输气系数；

V_1——低压级压缩机的吸气比体积 (m^3/kg)；

V_2——低压级压缩机的排气比体积（m^3/kg）。

二、回热器

回热式换热器可简称为回热器，用于卤代烃制冷循环系统。通过回热式换热器间壁，造成高压制冷剂液体与低压制冷剂气体的换热，实现液体制冷剂过冷、气体制冷剂过热，提高制冷效率，并保证压缩机运行的安全。

回热式换热器的结构多采用壳盘管式，高压液体制冷剂在盘管内流动，低压气体制冷剂在盘管外流动，壳体内做逆向流动进行换热。图 4-27 所示为壳盘管式回热器的基本结构。对小型氟制冷系统往往把供液管与回气管绑在一起或焊在一起，构成最简单的回热式换热器。

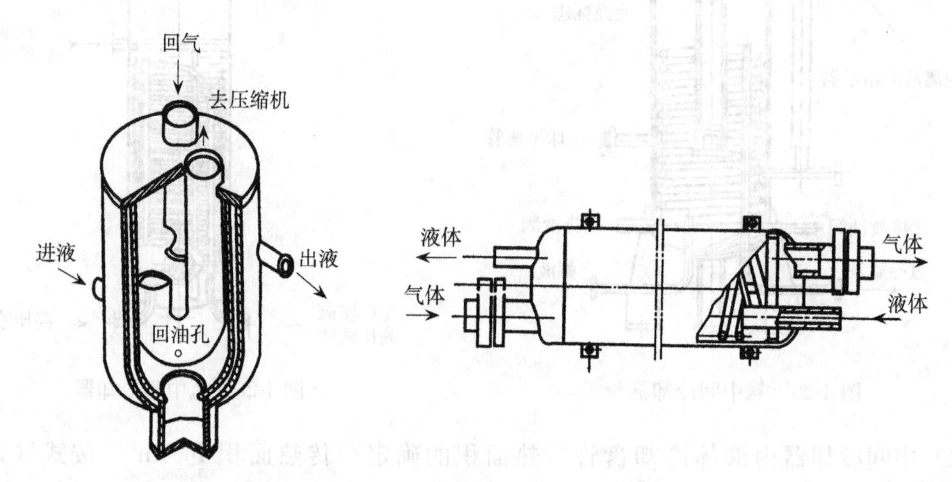

图 4-27　壳盘管式回热器基本结构

回热式换热器的选择要满足两个条件：一是气体在壳体内的流速应为 8～12m/s（过低的流速会使润滑油沉积在壳体内）；二是传热面积应能满足给定的工作条件。

回热式换热器传热面积按式（4-18）计算：

$$F = \frac{Q_r}{K\Delta t_m} \tag{4-18}$$

$$\Delta t_m = \frac{(t_1 - t_{2'}) - (t_2 - t_{1'})}{\ln\frac{t_1 - t_{2'}}{t_2 - t_{1'}}} \tag{4-19}$$

式中　Q_r——回热式换热器的热负荷（W）；

Δt_m——回热式换热器内平均传热温差（℃）；

t_1——进入热交换器的液体制冷剂温度（℃）；

t_2——流出热交换器的液体制冷剂温度（℃）；

$t_{1'}$——进入热交换器的制冷剂气体温度（℃）；

$t_{2'}$——流出热交换器的制冷剂气体温度（℃）；

K——回热式换热器的传热系数［W/（m^2·K）］。回热换热器的传热系数 K，在气体流速为 8～10m/s、液体流速为 0.1～0.8m/s 时，为 100～250W/（m^2·K）。

三、蒸发-冷凝器

蒸发-冷凝器用于复叠式制冷系统。高温侧的制冷剂在其中汽化吸热，低温侧的制冷剂在其中放热冷凝，故称为蒸发-冷凝器。蒸发-冷凝器的基本结构有三种：立式壳管式、立（或卧）式盘管式及套管式。图4-28所示为立式壳管式和立式盘管式蒸发-冷凝器结构。一般高温侧制冷剂液体在直管内和盘管内汽化吸热，低温侧气体制冷剂则在管外壳内放热冷凝。为了提高换热效率，两种制冷剂多为逆向流动，而高、低温侧之间的传热温差，一般为5～10℃。蒸发-冷凝器的传热系数为460～520W/（m^2·K）。

套管式蒸发-冷凝器的结构，与套管式冷凝器相似，利用两根直径不同的钢管弯曲而成。低温制冷剂液体在管间汽化吸热，高温制冷剂蒸气在小管内放热冷凝。套管式蒸发-冷凝器仅用于小型低温设备。

蒸发-冷凝器的选配基本类同于蒸发器或冷凝器的传热计算。传热温差为低温部分的冷凝温度与高温部分的蒸发温度之差，一般取为5～10℃。考虑到温度越低，传热温差造成的不可逆损失越大，蒸发-冷凝器的传热温差应取较小值。蒸发-冷凝器的传热系数一般可选460～520W/(m^2·K)。

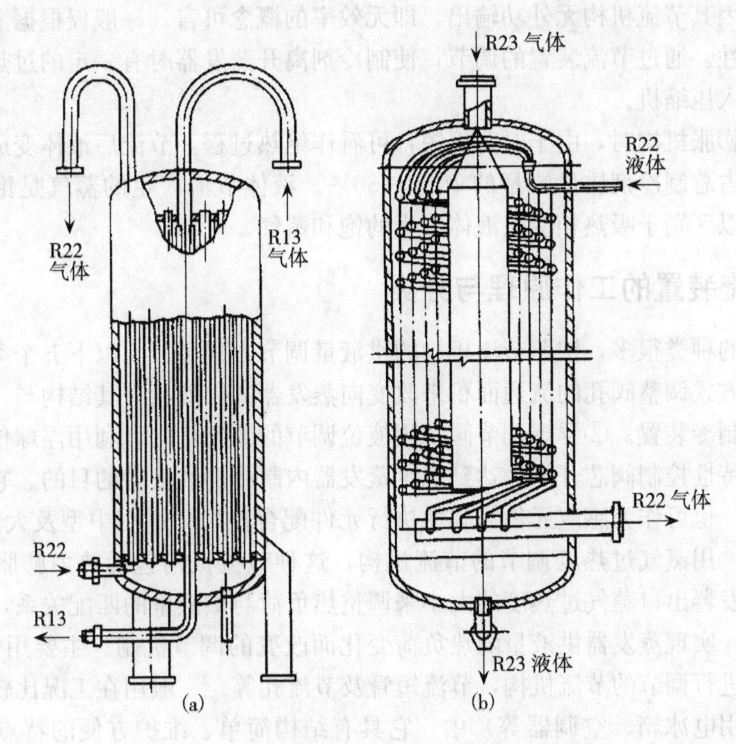

图4-28　立式壳管式和立式盘管式蒸发-冷凝器结构
（a）立式壳管式　（b）立式盘管式

第五章　节流装置、阀门与辅助设备

在蒸气压缩式制冷系统中，除了压缩机及各种热交换器，还需要有专门的节流与流量调节装置，以及辅助设备。

第一节　节流装置

节流装置又名膨胀机构，设置于冷凝器之后，从冷凝器出来的高压制冷剂液体流经膨胀机构后，压力降低，然后进入蒸发器。制冷装置的节流机构在实现制冷剂液体节流过程的同时，还具有以下两方面的作用：一是将制冷机的高压部分和低压部分分隔开，防止高、低压之间串气；二是对蒸发器的供液量进行控制，使其中保持适量的液体，使蒸发器换热面积全面发挥作用。因其节流机构无外功输出，即无效率的概念可言。一般仅根据上述两方面的功能来判断其特性。通过节流装置的调节，使制冷剂离开蒸发器时有一定的过热度，保证制冷剂液体不会进入压缩机。

流体流经膨胀机构时，由于时间很短，可看作绝热过程。节流后液体变成气液两相，其中蒸气的含量占总制冷剂质量流量的10%～30%。液体节流产生的蒸气是饱和蒸气，它又称闪发蒸气，以区别于吸热相变、液体产生的饱和蒸气。

一、节流装置的工作原理与分类

节流装置的种类很多，按照节流机构的供液量调节方式可分为以下五个类型：①手动膨胀阀，以手动方式调整阀孔的流通面积来改变向蒸发器的供液量，其结构与一般手动阀门相似。多用于氨制冷装置。②浮球调节阀，用液位调节的节流机构，利用浮球位置随液面高度变化而变化的特性控制阀芯开闭，达到稳定蒸发器内制冷剂的液量的目的。它可作为单独的节流机构使用，也可作为感应元件与其他执行元件配合使用，适用中型及大型氨制冷装置。③热力膨胀阀，用蒸气过热度调节的节流机构，这种节流机构包括热力膨胀阀和电热膨胀阀。它通过蒸发器出口蒸气过热度的大小来调整热负荷与供液量的匹配关系，以此控制节流孔的开度大小，实现蒸发器供液量随热负荷变化而改变的调节机制。主要用于氟制冷系统。④毛细管，不进行调节的节流机构，节流短管及节流孔等。一般用在工况比较稳定的小型制冷装置（如家用电冰箱、空调器等）中。它具有结构简单、维护方便的特点。⑤电子膨胀阀，用电子脉冲进行调节的节流机构，是制冷技术中机电一体化的产物。

二、常用节流装置

1. 手动膨胀阀　手动膨胀阀用于干式或湿式蒸发器。在干式蒸发器中使用手动膨胀阀时，操作人员需频繁地调节流量，以适应负荷的变化，保证制冷剂离开蒸发器时有轻微的过热度。如果蒸发器出口处蒸气的过热度太大，可以开大阀门，使较多的制冷剂进入蒸发器，从而降低过热度。如果过热度太小，或者没有过热度，需将阀门关小，使制冷剂蒸气产生一定的过热度。大多数手动膨胀阀都由喷嘴形阀孔和阀针组成，手动膨胀阀的结构如图 5-1 所示。

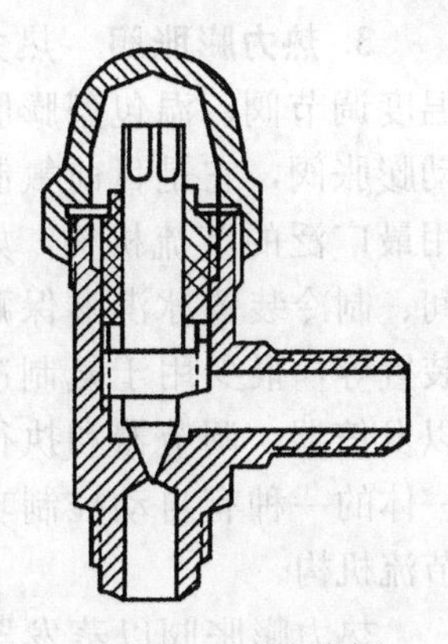
图 5-1 手动膨胀阀

过去应用很广的手动膨胀阀现已大部分被自动控制阀取代，只有氨制冷系统还在使用，或在氟及氨系统中作为检修主要节流装置时的备用。

2. 低压浮球阀 在制冷装置运转过程中，保持满液式蒸发器、低压循环贮液器、中间冷却器等设备具有较恒定的液位，这是保证制冷循环正常、安全进行的重要条件之一。通常采用控制制冷剂流量的方法来实现控制液位的目的。低压浮球阀就是被广泛采用的一种液位控制设备。

图 5-2 所示为低压浮球阀的结构。浮球阀由壳体、浮球、浮球杆、阀座、阀针和平衡块组成。浮球阀中用以启闭阀门的动力是一钢制浮球，低压浮球调节阀的铸铁壳体上，有上、下两个平衡管道，分别与被控容器（如蒸发器、中间冷却器等）的蒸气空间和液体空间相连通。这样，浮球室与蒸发器具有相同的液面。当被控容器的液面发生变化时，浮球即随液面在浮球室中升降。浮球杆通过杠杆推动节流阀的阀针，因此阀门可随着蒸发器中液面的下降或上升，自动开大或关小，以保持大致恒定的液面。当被控容器的液位下降时，阀体内的液位也随之下降，导致浮球下落，阀针后缩，阀口开大，供入的制冷剂增加。反之，液位升高时阀针前伸，阀口关小，使供液量减少，甚至完全封住阀口，停止供液。浮球阀的这种调节方式为比例调节。大容量的浮球阀一般不用阀针，而采用滑阀结构。

低压浮球阀分直通式和非直通式两种类型，如图 5-3 所示。由于直通式浮球阀在使用时，供往设备的液体先通过阀孔进入浮球室，然后由液相均压管供往设备，虽安装简单，但浮球室液面波动大，造成对阀芯和阀座很大的冲击力，容易造成阀门的损坏，已不在制冷系统中使用。制冷系统中现在用的是非直通式的低压浮球阀。

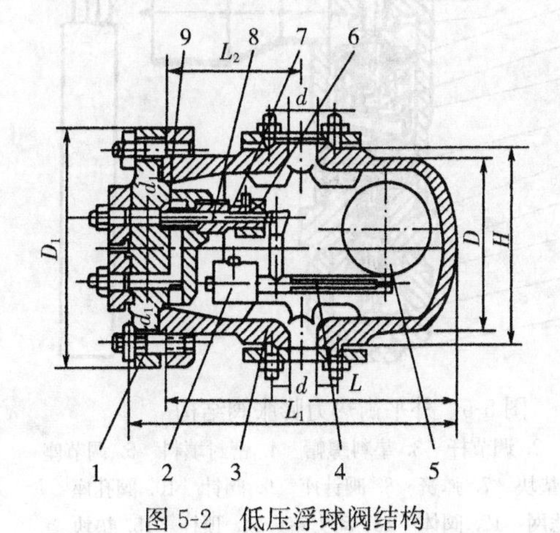

图 5-2 低压浮球阀结构

1. 端盖 2. 平衡块 3. 壳体 4. 浮球杆 5. 浮球 6. 帽盖 7. 接管 8. 阀针 9. 阀座

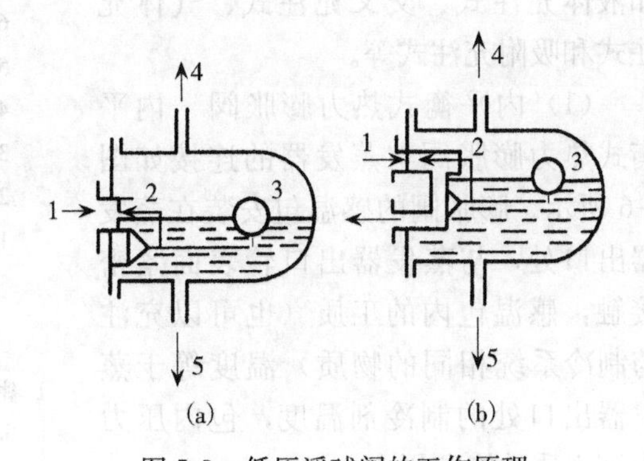

图 5-3 低压浮球阀的工作原理

(a) 直通式 (b) 非直通式

1. 液体进口 2. 阀杆 3. 浮球 4. 气相平衡管 5. 液相平衡管

3. 热力膨胀阀 热力膨胀阀又称温度调节阀、温包型膨胀阀或温度自动膨胀阀，它是目前氟制冷系统中使用最广泛的节流机构，如风冷式冻结间、制冷装置冰淇淋保藏箱以及空调装置等，很少用于氨制冷装置。它是以发信器、调节器和执行器三位组成一体的一种有自动控制功能的制冷剂节流机构。

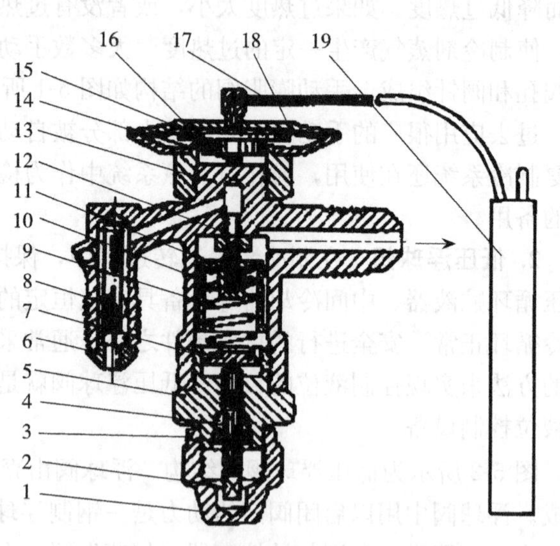

图 5-4 内平衡热力膨胀阀结构

1. 密封盖 2. 调节杆 3. 垫料螺帽 4. 密封填料 5. 调节座 6. 喇叭接头 7. 调节垫块 8. 过滤网 9. 弹簧 10. 阀针座 11. 阀针 12. 阀孔座 13. 阀体 14. 顶杆 15. 垫块 16. 动力座 17. 毛细管 18. 传动膜片 19. 感温包

热力膨胀阀以蒸发器出口制冷剂蒸气的过热度作为控制信号，通过包扎在蒸发器出口管壁上的感温包中感温工质的压力变化予以响应。由推杆推动阀针开大关小，自动调节向蒸发器供液的流量，提供与需冷环境热负荷相对应的制冷能力。

热力膨胀阀调节作用的原理是用流量的变化调节蒸发器出口制冷剂蒸气的过热度，而不是调节蒸发温度。热力膨胀阀的优点是当蒸发器负荷变化时，可以自动调节制冷剂液体的流量，以控制蒸发器出口处制冷剂的过热度。热力膨胀阀由蒸发器出口处的温度控制，根据接受信号的不同，可分为内平衡和外平衡两种形式，见图 5-4 和图5-5。

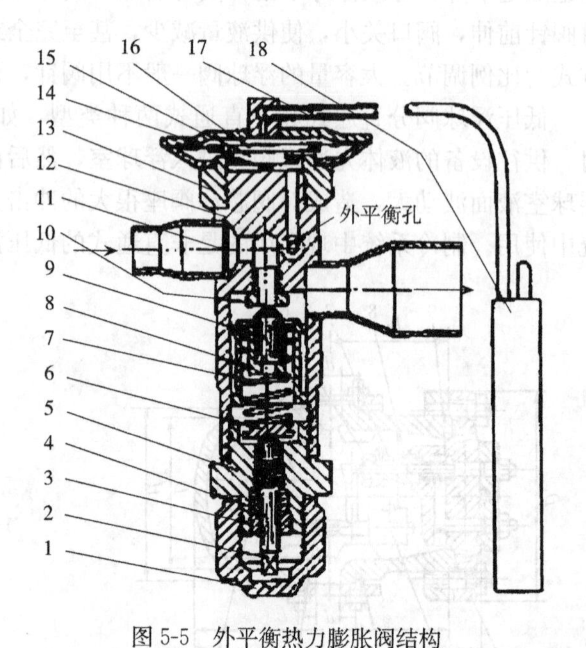

图 5-5 外平衡热力膨胀阀结构

1. 密封盖 2. 调节杆 3. 垫料螺帽 4. 密封填料 5. 调节座 6. 调节垫块 7. 弹簧 8. 阀针座 9. 阀针 10. 阀孔座 11. 过滤网 12. 阀体 13. 动力室 14. 顶杆 15. 垫块 16. 传动膜片 17. 毛细管 18. 感温包

感温包内工质的充注形式有多种，如液体充注式、交叉充注式、气体充注式和吸附充注式等。

(1) 内平衡式热力膨胀阀 内平衡式热力膨胀阀与蒸发器的连接如图 5-6 所示。膨胀阀的感温包安装在蒸发器出口处，与蒸发器出口管表面紧密接触，感温包内的工质（也可以充注与制冷系统相同的物质）温度等于蒸发器出口处的制冷剂温度，包内压力为该工质的饱和压力。

热力膨胀阀的特性取决于蒸发压力、弹簧压力和感温元件的性能。它对制冷剂流量的调节是通过其动力膜片上三个作用力的动态平衡而自动进行的。p 为感温包内气体压力，作用在膜片的上部，其方向是指向打开膨胀阀孔。p_0为蒸发压力，它通过内平衡孔作用于膜片的下部，其方向是指向关闭膨胀阀孔。W为弹簧的弹力，作用在膜片的下部，其方向也是指向关闭膨胀阀孔。弹簧力的大小能保证蒸发器出口制冷剂得到所需要的过热度。

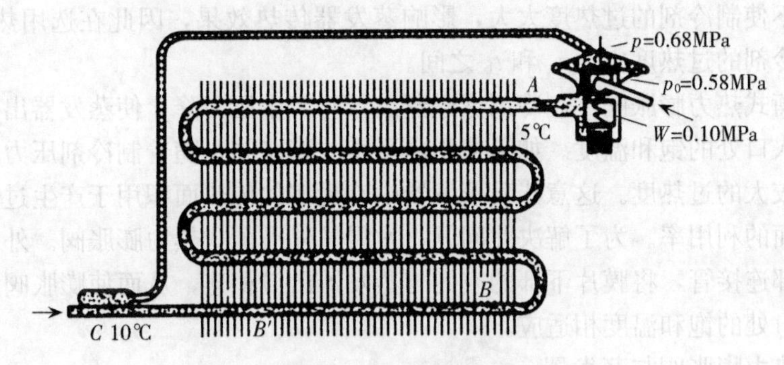

图 5-6　内平衡式热力膨胀阀与蒸发器的连接

当膨胀阀在正常情况下保持一定开度工作时，作用在膜片上、下部的三个力是平衡的，即 $p = p_0 + W$。

图 5-6 为一个使用 R22 的内平衡式热力膨胀阀（假设感温包充注的也是 R22）的连接，制冷剂的蒸发温度为 5℃（p_0=0.58MPa），当制冷剂在蒸发器中由 A 点流至 B 点时，液态制冷剂全部汽化，如果忽略蒸发器中流动阻力，制冷剂在 A、B 两点之间的蒸发温度保持不变，均为 5℃。当制冷剂蒸气由 B 点流至 C 点时，由于继续吸热，其温度将升至 10℃，因此 C 点的过热度为 5℃。感温包内工质感受到的温度为 10℃，从而转换成的压力 p 等于 R22 在 10℃时饱和压力，即 p=0.68MPa。假设弹簧力 W=0.10MPa。显然，此时膨胀阀膜片上、下部的压力相等，且保持一定开度，制冷系统运行稳定。

当蒸发器热负荷减少时，蒸发器中的制冷剂在 B' 点才能全部汽化结束，这样，蒸发器出口处制冷剂的过热温度将小于 10℃，感温包内的工质压力 p 下降，膨胀阀向关闭方向动作，制冷剂流量减少，蒸发压力 p_0 也稍有降低，C 点温度上升，结果在新的平衡点工作。相反，当蒸发器的热负荷增加时，制冷剂将在 B 点前汽化结束，蒸发器出口处的制冷剂温度将高于 10℃，感温包内工质压力 p 升高，膨胀阀向打开方向动作，制冷剂流量增加，蒸发压力稍有升高，C 点温度将得到降低，膨胀阀处在另一个新的平衡点工作。

应当指出，当膨胀阀开度增加时，由于蒸发压力 p_0 略有上升，以及膜片和弹簧系数的影响，膨胀阀在新的平衡点工作时，蒸发器出口制冷剂过热度会稍有增加。相反，在膨胀阀开度关小时，蒸发器出口制冷剂过热度稍有降低。

图 5-7 为热力膨胀阀的特性图。由图中曲线可知，热力膨胀阀的开度（可用制冷剂流量或制冷量表示）随蒸发器出口制冷剂过热度的增加而增加，图中的 Δt_a 称

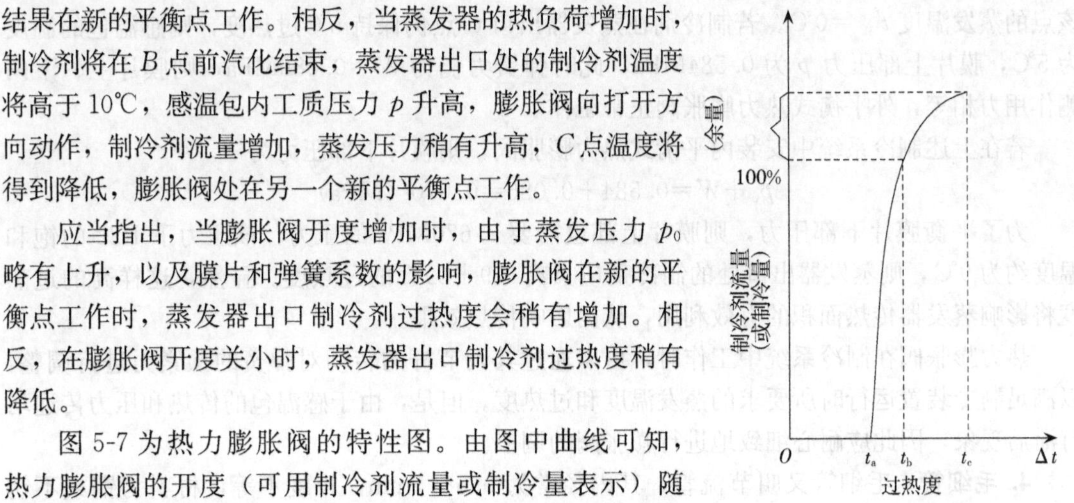

图 5-7　热力膨胀阀的特性

为膨胀阀的静止过热度，它是膨胀阀阀芯由静止到开始动作的过热度。Δt_b称为膨胀阀的工作过热度，它是阀芯从开始开启到最大开启位置所需要的过热度，所以又叫膨胀阀的过热度变化。

当过热度大于Δt_a时，膨胀阀的供液量继续增加，当到达Δt_b时，阀孔开足，流量达到最大值。为了不使制冷剂的过热度太大，影响蒸发器传热效果，因此在选用热力膨胀阀时，蒸发器出口制冷剂的过热度应在t_a和t_b之间。

（2）外平衡式热力膨胀阀　制冷剂流经蒸发器时产生压力降，使蒸发器出口处的制冷剂饱和温度低于入口处的饱和温度。如果使用内平衡式膨胀阀，随着制冷剂压力的下降，在出口处将有一个较大的过热度。这意味着蒸发器中有更多的传热面积用于产生过热蒸气，降低了蒸发器传热面的利用率。为了解决此问题，发展了外平衡式热力膨胀阀。外平衡式热力膨胀阀有一根外部连接管，将膜片下部的空间与蒸发器出口相连，从而使膨胀阀所提供的过热度与蒸发器出口处的饱和温度相适应。

外平衡式热力膨胀阀与蒸发器的连接如图5-8所示。它与内平衡式热力膨胀阀的主要区别在于增加了一根外接平衡管，接管的一端与阀体上的接头连接，另一端与蒸发器出口连接。这样，膜片下部的制冷剂蒸发压力就不是蒸发器的进口压力p_0，而是蒸发器出口压力p_0。外平衡式热力膨胀阀适用于蒸发器阻力较大的制冷系统。

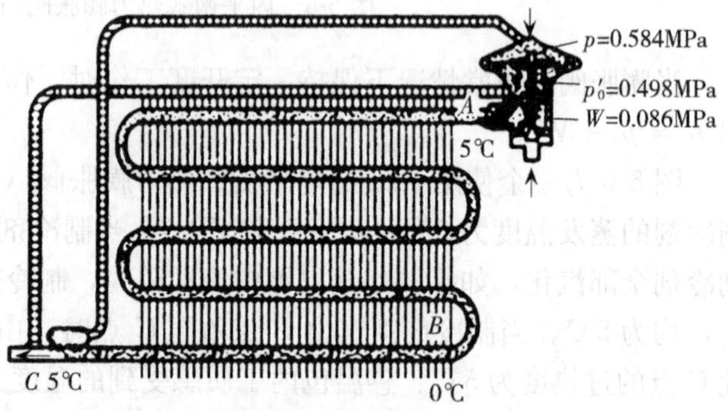

p=0.584MPa
p'0=0.498MPa
W=0.086MPa
A
5℃
B
C 5℃
0℃

图5-8　外平衡式热力膨胀阀与蒸发器的连接

若图5-8所示的制冷系统仍采用R22制冷剂，但蒸发器有0.086MPa流动阻力。当外平衡式热力膨胀阀在如图5-8所示条件下工作时，制冷剂在蒸发器入口处A点的蒸发温度为5℃，相应的蒸发压力为0.584MPa，在接近蒸发器出口处B点压力$p'_0=0.584-0.086=0.498$（MPa），制冷剂在该点的蒸发温度$t'_0=0$℃。若制冷剂在蒸发器出口C点仍保持5℃过热度，则感温包的温度为5℃，膜片上部压力p为0.584MPa，此时弹簧力仍为$W=0.086$MPa，则膜片上、下两侧作用力相等，外平衡式热力膨胀阀正常工作。

若在上述制冷系统中安装内平衡式热力膨胀阀，则膜片下部压力为

$$p_0+W=0.584+0.086=0.670\ (\text{MPa})$$

为了平衡膜片下部压力，则膜片上部也需要0.670MPa的压力，该压力下R22的饱和温度约为9℃，则蒸发器出口处的制冷剂应具有（9+0）℃的过热度。显然，这样高的过热度将影响蒸发器传热面积的有效利用，从而影响传热效果。

热力膨胀阀在制冷系统中工作时，可以通过其调节杆的转动对弹簧的预紧力进行调整，以满足制冷装置运行时所要求的蒸发温度和过热度。但是，由于感温包的传热和压力传递均有滞后现象，因此应耐心细致地进行膨胀阀的调节。

4. 毛细管　毛细管又叫节流管，其内径常为0.5～5mm，长度不等，材料为铜或不锈钢。由于它不具备自身流量调节能力，被看作一种流量恒定的节流设备。毛细管节流是根据

流体在一定几何尺寸的管道内流动，产生摩阻压降改变其流量的原理，当管径一定时，流体通过的管道短则压降小，流量大；反之，压降大且流量小。在制冷系统中取代膨胀阀作为节流机构。毛细管常用于家用制冷装置，如冰箱、干燥器、空调器和小型的制冷机组。它是一种价廉、结构简单、无振动、无磨损的节流机构。由于直径小，其通路容易被阻塞，为此，通常在毛细管的前面安装一种性能良好的过滤器，以阻止污物进入。

根据毛细管进口处制冷剂的状态分为过冷液体、饱和液体和稍有汽化等情况。从毛细管的安装方式考虑，制冷剂在其进口的状态按毛细管是否与吸气管存在热交换而分为回热型和无回热型两种。回热型即毛细管内制冷剂在节流过程对外放热；无回热型即毛细管内制冷剂为绝热节流。通常，毛细管受蒸发器出口处低温制冷剂的冷却，以进一步冷却毛细管内的制冷剂，其原理如图 5-9 所示。

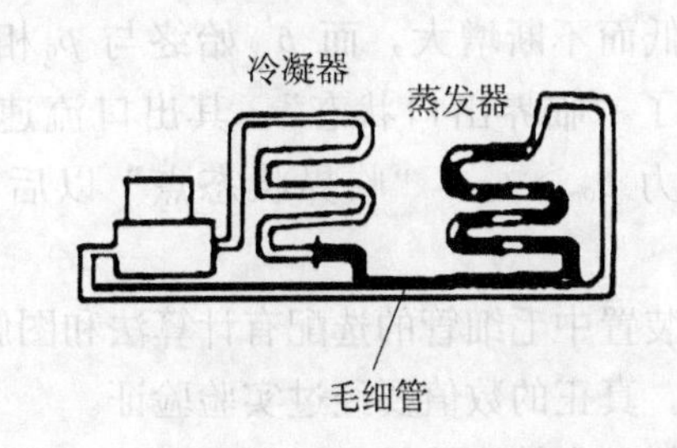

图 5-9　蒸发器出口处制冷剂冷却毛细管

图 5-10 表示与毛细管长度相应的压力与温度的变化曲线，即表示毛细管在绝热节流过程中，沿管长方向的压力和温度分布情况。进入毛细管的制冷剂一般为过冷液体。过冷液体在毛细管中绝热节流，前一段为液体，随着压力的降低，液体过冷度不断减小，并最后变成饱和液体，为线性压力降阶段，如图 5-10 中 1—a 段所示。当制冷剂达到点 a，也就是压降相当于制冷剂入口温度的饱和压力时，开始汽化，变为两相流动。在这个阶段，制冷剂温度不变。此后，制冷剂再经过非线性压力降阶段。压力与温度的关系为饱和压力与饱和温度之关系。随着压力不断降低，液体不断汽化，气液混合物的比体积和流速相应增大，且比焓逐渐减小。同时由于管内阻力影响，一部分动能消耗于克服摩擦，并转化为热能被制冷剂吸收，使其比焓有所回升。因而这种节流过程不可能等熵，制冷剂的比熵值将不断增大，如图 5-10 中 a—2 段所示。2—3 段为管外自由膨胀，点 3 以后为蒸发器内的过程，制冷剂在蒸发器的状态为 t_0、p_0。

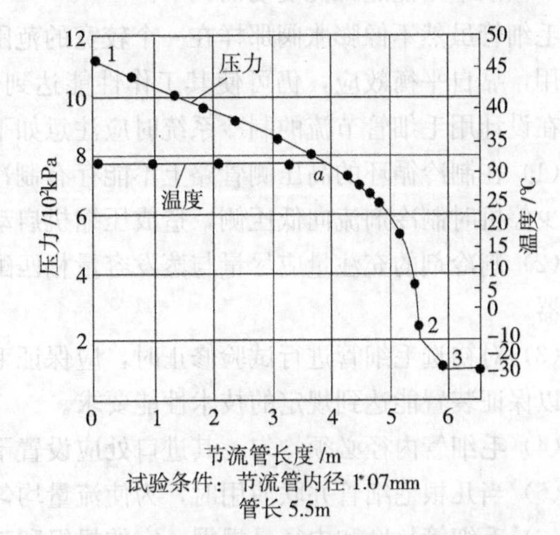

图 5-10　制冷剂在毛细管中流动时的压力与温度分布特性
实验条件：毛细管内径 1.07mm，管长 5.5m

从毛细管入口至产生第一个气泡的毛细管长度称为液态长度，紧连着的进入毛细管的制冷剂流量应适当。流量太小，不能保持进口处的液封，流量过大，则流动阻力增加，导致压缩机排气压力过高，系统效率下降。毛细管的节流效果取决于五个因素：管长、管内径、热交换作用、毛细管的等圆程度以及毛细管的安装位置。

当毛细管进口为饱和液体或已具有一定干度的气液混合物时，在节流管内仅为气液两相流动过程，无液体段。即图 5-10 中的曲线点 a 与点 1 重合，其流动过程相当于图 5-10 中的 a—2—3 曲线所表示的情况。

在毛细管的管径 d、长度 L 和制冷剂进口前的状态均给定的条件下，制冷剂的流量密度、出口压力 p，将随蒸发器内的蒸发压力（俗称背压）p_0变化而改变。当 p_0较高时，G随p_0降低而不断增大，而 p'_2始终与 p_0相等。这是因为 p_0降低到某一数值时，毛细管出口出现了“临界出口状态”，其出口流速达到当地音速，制冷剂的流量密度 G 达到最大值，压力 $p_{0c}>p_0$。“临界状态点”以后将做自由膨胀，直到 p_0进入蒸发器等压吸热汽化。

制冷装置中毛细管的选配有计算法和图解法两种。无论是哪种方法得到的结果，均只能是参考值。真正的数值要经过实验验证。

毛细管具有结构简单、无运动部件、价格低、使用时不需安装贮液器、充液量少、停机后冷凝器与蒸发器的压力可以快速自动达到平衡、减轻压缩机启动负载等优点；但其调节性能差，供液量不能随工况变动而调节。

毛细管虽然不像膨胀阀那样在一个较宽的范围内正常运行，但由于有一定程度的流量控制作用，靠自平衡效应，仍可使其工作性能达到令人满意的效果。为充分发挥毛细管的优势，在设计用毛细管节流的制冷系统时应注意如下几点：

(1) 在制冷循环的高压侧管路上不能存有制冷剂容易集聚的地方，也不能设置贮液器，以减少停机时制冷剂流向低压侧，造成压缩机启动时发生“液击”。

(2) 制冷剂的充注量应尽量与蒸发容量相匹配。必要时可在压缩机吸气管路上加装气液分离器。

(3) 对初选毛细管进行试验修正时，应保证毛细管的管径和长度与装置的制冷能力相吻合，以保证装置能达到规定的技术性能要求。

(4) 毛细管内径必须均匀。其进口处应设置干燥过滤器，防止水分和污物堵塞毛细管。

(5) 当几根毛细管并联使用时，为使流量均匀，毛细管前应加设分液器。

(6) 毛细管长度和内径是根据一定的机组和工况配置的，不能随意改变工况或更换任意的毛细管，否则会影响制冷设备的正常工作。

5. 分液器 为了使热力膨胀阀节流后的制冷剂气液两相流体能均匀地分配到蒸发器的各个管组，通常在膨胀阀的出口管和蒸发器的进口管之间设置分液器。它只有一个进液口，但有几个甚至十几个出液口，将膨胀阀节流后的制冷剂均匀地分配到各个管组中（或各个蒸发器中）。其均匀供液的原理为：分液器的特点是通道尺寸较小，制冷剂液体流过时有较大的压降，前后约有 50kPa 压差，同时在分液管中也有相近的压差，这样即使蒸发器各回路的阻力降有差异，但与在分液器中产生的压力降叠加后，蒸发器各通路管组总压降大致相等，使制冷剂能均匀地分配到蒸发器的各路中，各部分传热面积可以得到充分利用。在安装分液头时各分液管必须具有相同的管径和长度，以保证各路管组压降相等。

分液器的形式很多，以降压型分液器的使用效果最好。图 5-11 所示为几种降压型分液器的结构。

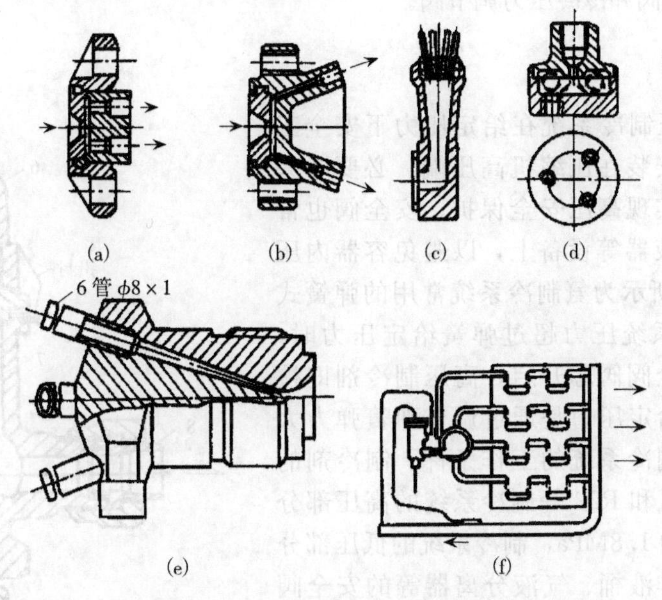

图 5-11　几种降压型分液器结构

三、电子膨胀阀

电子膨胀阀是 20 世纪 70 年代推出的一种先进的节流阀，发展至 90 年代逐步完善。它按照预设的程序调节向蒸发器供液的制冷剂流量。因属于电子式调节模式，故被称为电子膨胀阀。它适应了制冷机电一体化的发展要求，具有传统的热力膨胀阀无法比拟的优良特性。

热力膨胀阀有以下不足之处：

(1) 信号的反馈有较大的滞后　蒸发器处的高温气体首先要加热感温包外壳。感温包外壳有较大的热惯性，导致反应滞后。感温包外壳对感温包内工质的加热引起进一步的滞后。讯号反馈的滞后会使被调参数产生周期性的振荡。

(2) 控制精度较低　感温包中的工质通过薄膜将压力传递给阀针。因薄膜的加工精度及安装均会影响它受压产生的变形以及变形的灵敏度，故难以达到高的控制精度。

(3) 调节范围有限　因薄膜的变形量有限，使阀针开度的变化范围较小，故流量的调节范围较小。在要求有大的流量调节范围时（例如在使用变频压缩机时），热力膨胀阀无法满足要求。

电子膨胀阀的应用，克服了热力膨胀阀的上述缺点，并为制冷装置的智能化提供了条件。电子膨胀阀利用被调节参数产生的电信号，控制施加于膨胀阀上的电压或电流，进而控制阀针的运动，达到调节的目的。

按照电子膨胀阀的驱动方式分类，有热动式、电磁式和电动式三大类，热动式适用于大型制冷装置的供液控制。其中电动式膨胀阀又可分为直动型和减速型两种。

第二节　制冷系统常用阀门

制冷系统常用的阀门包括安全阀、电磁阀、电动阀、单向阀、恒压阀、电磁四通换向阀、蒸发压力调节阀和冷凝压力调节阀。

一、安全阀

安全阀是保证制冷系统在给定压力下安全工作的设备，一般安装在压缩机高压端，必要时旁通高低压部分，实现高压安全保护；安全阀也常装在冷凝器或贮液器等设备上，以避免容器内压力超高。图 5-12 所示为氨制冷系统常用的弹簧式安全阀结构，当系统压力超过弹簧给定压力时，弹簧被压缩，安全阀阀芯开启，高压制冷剂即被排出。安全阀的给定压力是通过调节弹簧弹力大小实现的。它与制冷系统的工作条件、制冷剂的选择有关，一般氨和 R22 等制冷系统的高压部分安全阀开启压力约 1.8MPa，制冷系统的低压部分如低压循环桶、排液桶、气液分离器等的安全阀开启压力约 1.8MPa。

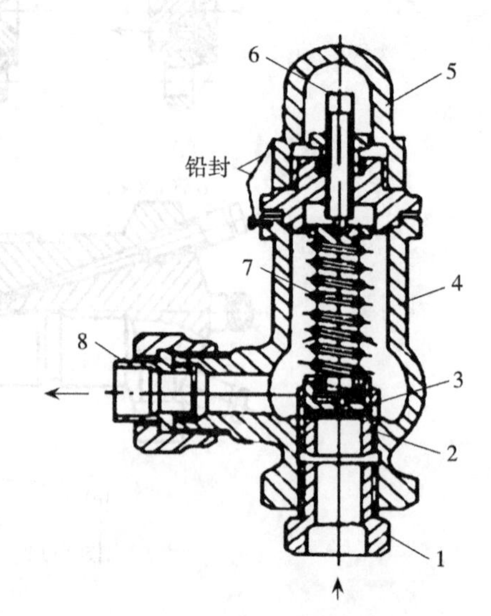

图 5-12　安全阀结构

1. 接头　2. 阀座　3. 阀芯　4. 阀体　5. 阀盖　6. 调节杆　7. 弹簧　8. 排出管接头

二、单向阀

单向阀又名止回阀，如图 5-13 所示。止回阀的作用是只允许流体顺箭头所标方向单向流动，不允许逆向流动。止回阀是借助弹簧力和阀芯自重的合力起到止逆作用的，其使用和安装时需注意以下事项：

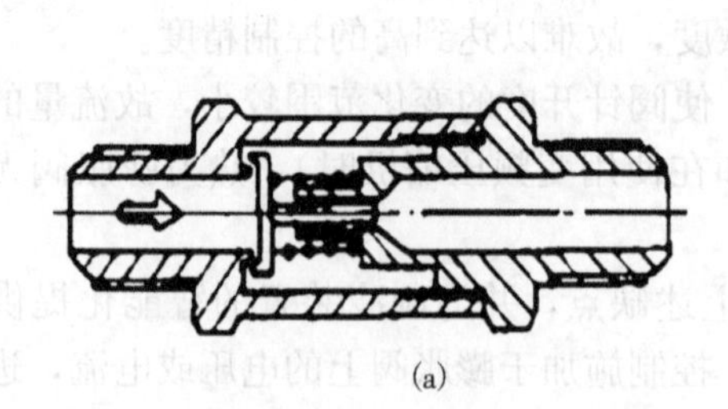

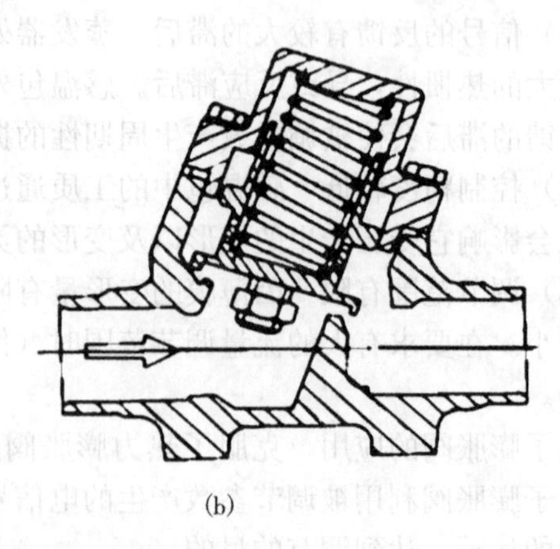

图 5-13　单向阀

(a) 小型结构　(b) 大型双筒结构

(1) 选用要恰当。止回阀的通径选择要恰当，既要避免口径偏小造成过大的流动阻力损失，也要避免口径偏大使止回阀的阻尼作用丧失而造成脉冲撞击，影响阀的使用寿命和增加噪声。

(2) 止回阀要装在便于检查维修的位置，同时要便于拆卸，低温管道上的止回阀，其隔热不要和管道隔热相连。

（3）止回阀一般有筒式和横式两种结构，筒式结构的止回阀的关闭主要靠弹簧力，故可根据需要作水平、朝上、朝下或斜向等任何方位的安装，而横式结构止回阀全靠阀芯自重关闭，必须水平安装。

（4）有些止回阀两端定位止口一深一浅，安装时注意不要搞错，上法兰螺钉时必须均匀用力，以免影响密封。

（5）有些止回阀带有拆装用螺钉孔，安装时应注意其位置，以方便拆装。

（6）止回阀内的弹簧有低压回气用簧和高压气体及液体用簧两种，不可任意调换。

三、恒压阀

恒压阀是恒定工质流动压力或根据设定压力调节工质流通的阀门。根据恒压阀在管路中的位置，可以有两个作用，一是可直接安装于管路中起到恒定压力的作用，例如蒸发压力调节阀（称背压阀）；二是作为一种导阀，单独或与其他导阀一起组合于主阀，起到恒定压力和控制流通的作用，称为恒压导阀。

1. 恒压导阀的分类 按作用原理可分为正恒阀和反恒阀两种形式。每种形式又可根据其控制压力的来源分成两种：控制压力取自阀内压力或控制压力取自阀外压力。

正恒阀是常闭型导阀，当压力高于调定值时，阀口开启；压力继续升高时，阀口成比例开大，直至膜片产生跳跃作用，阀口全开。压力降低时的作用情况相反，即随着压力的降低阀口开始成比例关小，直至全部关闭。上述正恒阀的工作原理可归纳为“升开降闭”。反恒阀是常开型导阀，其工作原理可归纳为“升闭降开”，动作过程和正恒阀类似。

2. 恒压阀安装调试的注意事项 安装时须注意下列事项：

（1）阀体部位一般不应拆卸，以免损坏或影响精度。调整压力时，卸下阀罩即可进行。

（2）应注意阀体所示流向，尤其是反恒阀的立式和横式要对照组装图仔细辨别，不能装错，否则将会失去控制作用。

（3）压力控制值应在原安装部位以系统之实际压力复调。取压部位宜加装压力表或压力表接口，以备调试所用。

四、电磁阀

电磁阀是一种受电气控制的自动开启的截止阀。通常把它安装在系统管线上，用于自动接通和切断制冷系统管路的双位调节器的执行元件，或者安全保护元件，是制冷空调装置中制冷剂或其他介质（油、水、气等）流动通断的主要控制件之一。

电磁阀广泛应用于氟、氨制冷装置中。电磁阀通常安装在膨胀阀与冷凝器之间。位置应尽量靠近膨胀阀，因为膨胀阀只是一个节流元件，本身无法关严，因而需利用电磁阀切断供液管路。电磁阀也有装在制冷剂气体管道上的。

电磁阀和压缩机同时开动。压缩机停机时电磁阀立即关闭，停止供液，避免停机后大量制冷剂流入蒸发器，造成再次启动时压缩机发生液击。按电磁阀的结构区分，主要有直接作用式（也叫直动式）和间接作用式（也叫继动式）两大类。前者又分单动型和复动型；后者有膜片型、活塞型、盘型和控制型等多种结构。

五、蒸发压力调节阀

蒸发压力调节阀是一种安装在蒸发器出口管道上，以防止蒸发器内制冷剂蒸发压力低于设定值为目的而设置的调节机构，如图5-14所示。它既可用于单一的蒸发器，也可用于两个以上的蒸发器，保持不同的最低蒸发压力。

1. 蒸发压力调节阀的作用 当冷负荷减少或者因冷凝压力降低而使压缩机制冷能力上升时，由于压缩机制冷能力过剩，势必造成蒸发压力下降。若安装了蒸发压力调节阀，这时阀门自动关闭，压缩机的吸入压力即使下降也能维持蒸发压力在设定值继续运转，直到蒸发压力回升到设定压力之上，阀门才重新开启。

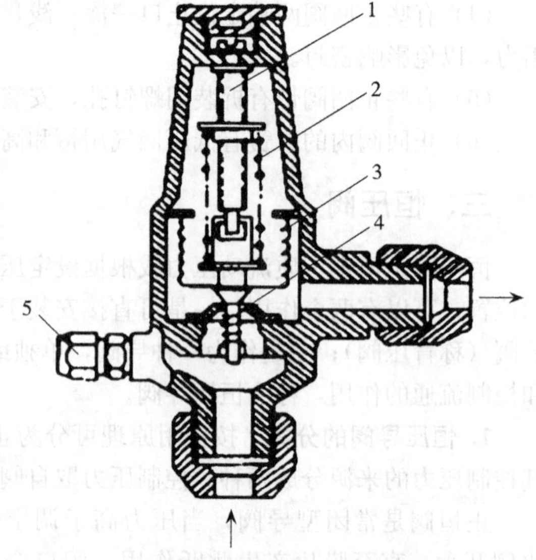

图5-14 直动式蒸发压力调节阀
1. 调节杆 2. 弹簧 3. 平衡波纹管 4. 阀板 5. 压力表接头

蒸发压力调节阀设置都可以实现如下目的：

(1) 在以水或盐水为被冷却介质时，防止因热负荷减少，使水或盐水过度冷却而冻结。

(2) 在不允许贮藏空间的环境温度低于设定温度的场合，可以确保设定的蒸发温度。

(3) 可以防止冷库中的冷却盘管表面过度结霜，造成被冷却物品过大的干耗。

(4) 在两台以上不同蒸发温度的蒸发器并联使用时，压缩机是以最低的蒸发温度作为运行基准的。为此，库温高的蒸发器存在温差过大，当负荷小的时候，库温有过度下降的倾向。如果在蒸发温度高的蒸发器回气管道上安装蒸发压力调节阀，就可以保证其蒸发压力不会降至设定压力以下，因此，仍可维持在较高的蒸发温度。

2. 蒸发压力调节阀的分类 蒸发压力调节阀按容量大小分为直动式和导阀与主阀组合的控制式两大类。前者用于小型装置上，后者用于大型装置上。

六、冷凝压力调节阀

制冷装置在制冷循环过程中的冷凝压力，是关系到装置能否正常运行和能耗高低的主要参数之一。冷凝压力过高，不仅增加压缩机的能耗，而且容易造成设备破坏事故；对于氟直膨供液制冷系统而言，若冷凝压力过低，则在膨胀阀前后建立不起足够的压差，无法满足对蒸发器供液的需求，也会使制冷装置的工作失调。可见，为了保证制冷装置安全高效的运行，必须控制冷凝压力，使其稳定在某一设定范围。对于使用水冷式冷凝器的装置，除了在较大的系统中采用水泵台数调节等方法外，一般可用水量调节阀控制冷凝压力。

水量调节阀有压力控制式和温度控制式两种类型。

第三节　蒸气压缩式制冷系统的辅助设备

制冷系统中，除了压缩机、冷凝器、蒸发器和节流装置四大件外，通常根据制冷系统工作要求与运行特点，还设有一些辅助设备。这些辅助设备的作用是保证制冷系统正常运转，提高运行经济性和运行安全。

常规制冷系统的辅助设备有油分离器、集油器、高低压贮液器、气液分离器、膨胀容器、空气分离器、过滤干燥器、输液泵、紧急泄氨器等。

一、润滑油分离设备

压缩机的排气（高温、高速）中带有冷冻机油，这些冷冻机油随制冷剂进入冷凝器、蒸发器后，将在传热表面形成油膜，从而影响换热设备的换热效果。因此，通常在压缩机与冷凝器之间装设油分离器，用来分离制冷剂蒸气中挟带的冷冻机油。氟制冷系统中，利用回油装置，使冷冻机油返回压缩机曲轴箱。氨制冷系统中，还需设置集油器，定期从各个有润滑油积存的设备中将油放入集油器，经集油器集中处理，即回收制冷剂后安全地放出系统。

油分离器的分类。油分离器常用结构有洗涤式、离心式、填料式及过滤式四种。

1. 洗涤式油分离器　洗涤式油分离器用于氨制冷装置中，结构如图 5-15 所示。油分离器由钢板卷焊而成，上、下各装有封头制成。在油分离器内装有伞状挡板，壳体上接有氨气进、出管，氨液进口管、放油管等接管。在底部保持一定氨液液位。从顶部进入油分离器的氨气，先经氨液洗涤降温，促使油气凝结，同时油分离器内氨液在洗涤压缩机排气时，发生换热，部分氨液汽化。汽化的氨气和被洗涤的氨气由伞形挡板经出气管排出。排气中挟带的氨液及油滴，则被伞形挡板分离出来而积贮在底部。其中冷冻机油定期从放油管排至集油器。

洗涤式油分离器的分油效果取决于冷却作用，所以必须保持分离器内氨液的正常液面。一般氨液液面应比进气管底部高出 125～150mm。为此安装时，油分离器内正常液面必须比冷凝器的出液水平管段低 150～250mm，以保证向油分离器连续供液。氨气在油分离器内流速不大于 0.8～1.0m/s，分油效率为 80%～85%。

2. 离心式油分离器　离心式油分离器适用于大中型制冷装置，它的结构如图 5-16 所示。制冷剂气体进入油分离器后，沿着叶片呈螺旋形运动，产生离心力，将挟带的油滴分离出来，沿着油分离器筒体流聚到底部；蒸气经中心管内多孔挡板后，由出气管排出。积贮在底部的冷冻机油可定期排出，也可由底部浮球阀自动回油到压缩机曲轴箱。

有的离心式油分离器外还加有冷却水套，以期提高分油效果，并减少操作人员烫伤的危险。但实际使用表明，加有冷却水套后，对分离效果的提高没有很大影响。

3. 填料式油分离器　填料式油分离器适用于中小型制冷装置。图 5-17（a）、（b）分别为立式及卧式填料式油分油器。

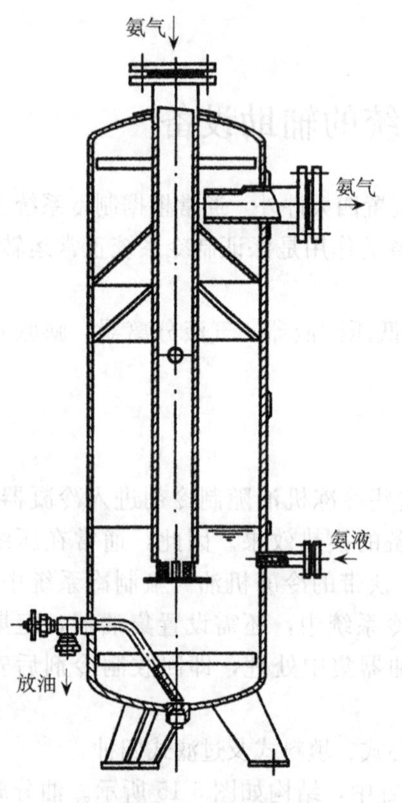

图 5-15　氨洗涤式油分离器

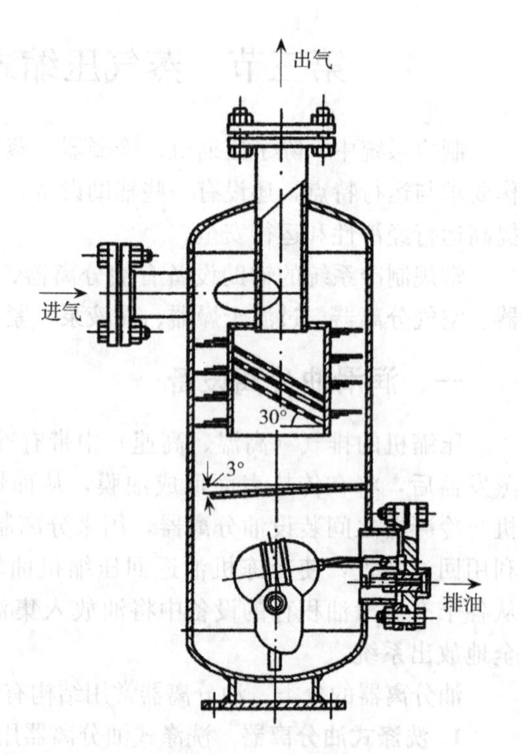

图 5-16　离心式油分离器

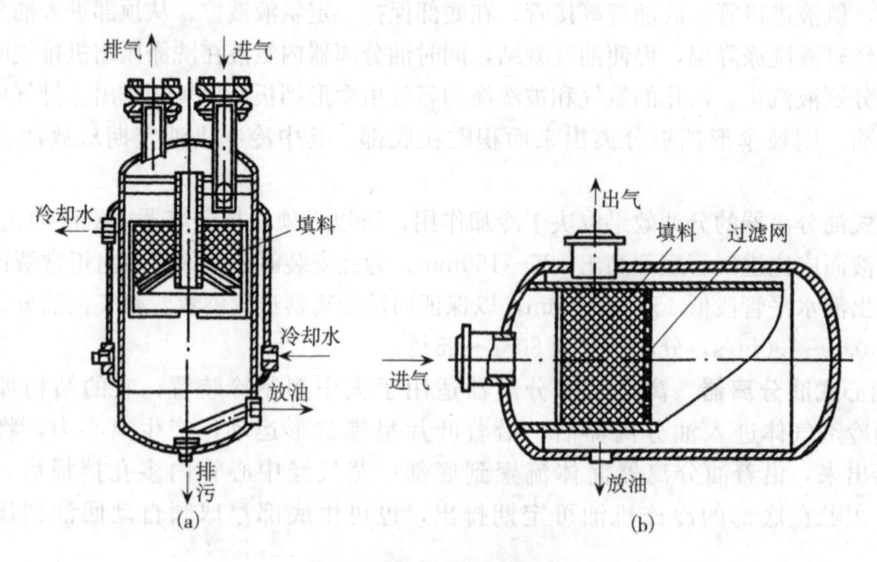

图 5-17　氨填料式油分离器
(a) 立式（带水套）(b) 卧式

在填料式油分离器内制冷剂气体中挟带的油滴，依靠气流速度的降低、转向及填料层的过滤而分离出来。填料可用金属丝网、陶瓷环或金属屑等，其中金属丝网效果较好。填料层愈厚，效果愈佳，但是阻力也随之增大，一般应控制在蒸气流速 0.5m/s 以下。有的填料式油分离器内，还装有浮球阀，以便自动回油。填料式油分离器分油效果较好，可高达96%～98%，因此广泛应用于氨及氟制冷系统。

4. 过滤式油分离器　过滤式油分离器常用于氟制冷装置中，结构如图 5-18 所示。过滤式油分离器的分油作用，依靠降低气流速度、改变流向和过滤丝网作用来实现。油分离器内装有浮球阀，当器内冷冻机油积聚到一定位置时，浮球阀开启即可自动回油。这种油分离器结构简单，制造方便，但其分油效果不及填料式油分离器。

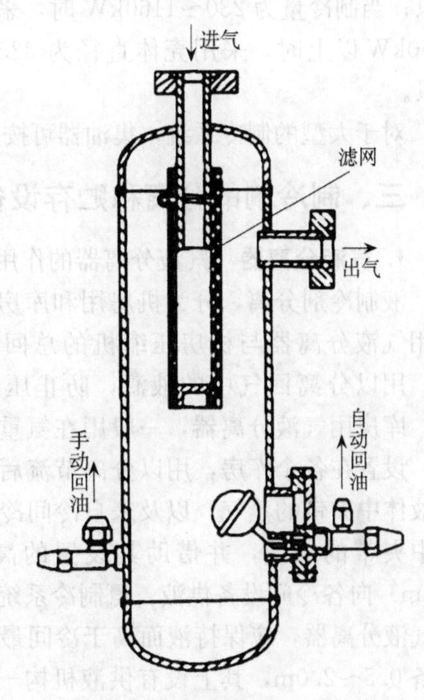

图 5-18　过滤式油分离器

5. 油分离器的选配　油分离器的选配主要依据排气在壳体内的横断面流速。当为单台压缩机选择油分离器时，可按式（5-1）确定所需油分离器的壳体直径 D（m）：

$$D=\sqrt{\frac{4V_h\lambda v_2}{3600\pi v_1 w}} \tag{5-1}$$

式中　V_h——压缩机的理论排气量（m^3/h）；

λ——压缩机的输气系数；

v_2——压缩机排气比体积（m^3/kg）；

v_1——压缩机吸气比体积（m^3/kg）；

w——气体在壳体内的流速（m/s），对填料式油分离器取 $w=0.3$～0.5m/s，其他形式油分离器取 $w=0.5$～0.8m/s。

二、润滑油收集设备

润滑油的收集设备——集油器只在氨制冷系统中使用。因为氨液与润滑油不相溶，且油重于氨液，易在容器底部积存。为了不影响换热器的换热效果，必须定期将润滑油从油分离器、冷凝器、贮液器等容器中放出。集油器的作用是可以在低压下从系统中放出润滑油，既安全可靠又不会造成制冷剂的损耗。系统中，润滑油分离放油最频繁，所以集油器一般布置在油分离器附近，其结构如图 5-19 所示。

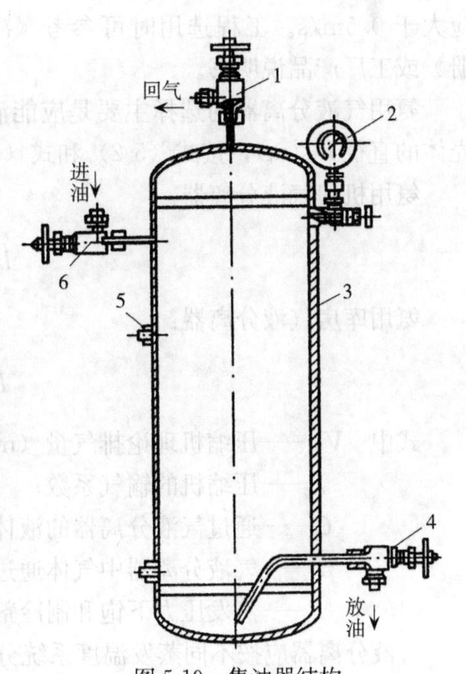

图 5-19　集油器结构

1. 回气阀　2. 压力表　3. 壳体　4. 放油阀　5. 液位计接头　6. 进油阀

集油器通常是根据系统制冷量的大小来选择。一般情况下，当制冷系统标准工况下的制冷量为230kW 以下时，采用壳体直径为 159mm 的集油器

1只；当制冷量为230～1160kW时，采用壳体直径为325mm的集油器1～2只；制冷量为1160kW以上时，采用壳体直径为325mm的集油器2只，或选直径为500mm的集油器1只。

对于大型的制冷系统，集油器可按高、低压系统分别设置。

三、制冷剂的分离和贮存设备

1. 气液分离器 气液分离器的作用是使混合的气、液制冷剂分离，分为机房用和库房用两种。机房用气液分离器与机房压缩机的总回气管路相连接，用以分离回气中的液滴，防止压缩机发生液击；库房用气液分离器，一般用在氨重力供液系统中，设置在各个库房，用以分离节流后的低压制冷剂液体中夹带的蒸气，以及来自冷间冷分配设备回气中夹带的液滴，并借助其设置的高度（0.5～2.0m）向各冷间设备供液。氨制冷系统重力供液用的气液分离器，应保持液面高于冷间最高层冷分配设备0.5～2.0m，其上设有供液机构——浮球阀或液位控制器、配供液电磁阀、手动节流阀等，其构造如图5-20所示。

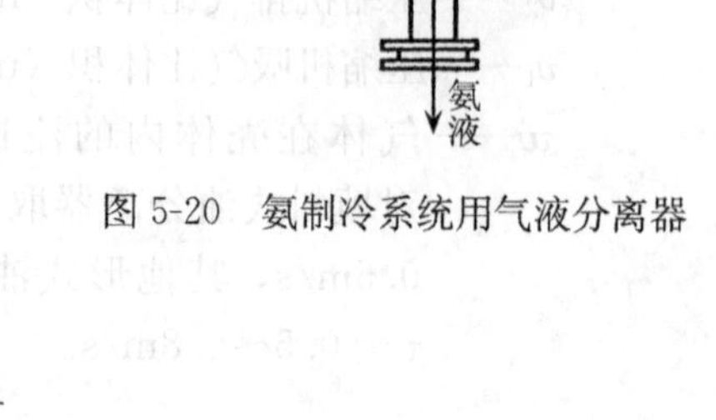

图5-20 氨制冷系统用气液分离器

立式气液分离器液滴的分离是依靠气体流速和方向的变化实现的。设计时，气体在筒内的流速不应大于0.5m/s。工程选用时可参考《冷库设计手册》或工厂产品说明书。

氨用气液分离器的选择主要是应能满足所需的壳体的直径D（m），按式（5-2）和式（5-3）计算：

氨用机房气液分离器：

$$D=\sqrt{\frac{4V_{h}\lambda}{\pi w}} \tag{5-2}$$

氨用库房气液分离器：

$$D=\sqrt{\frac{4Gv}{\pi w}} \tag{5-3}$$

式中 V_h——压缩机理论排气量（m^3/s）；

λ——压缩机的输气系数；

G——通过气液分离器的液体制冷剂量（kg/s）；

w——气液分离器中气体通过横断面的速度（m/s），一般w=0.5m/s；

v——蒸发压力下饱和制冷剂蒸气比体积（m^3/kg）。

气液分离器应按不同蒸发温度系统分别配置。

小型空调用氟制冷装置［包括热泵空调器（机）］所采用的气液分离器有管道型和筒体型两种，如图5-21所示。一般的小型氟系统内部容积较小，因而不设贮液器。为防止压缩机产生液击，会在压缩机机壳外吸气管处设置气液分离器。其结构与压缩机吸气管道融为一体，称为管道型气液分离器［图 5-21（a）］。它可以让制冷剂在进入压缩机机壳之前减速、转向，将其中的液滴分离出来，形成的干饱和蒸气回到压缩机。与此同时分离出来的润滑油则由下端的小孔，随干饱和蒸气一起返回压缩机。然而，对于制冷剂循环量稍大一些的制冷系统需要使用独立于压缩机外的筒体型气液分离器［图 5-21（b）］，其 U 形管的进气口位于容器上方，与含液气流管的出口形成一定高度差，以利于改变气流方向。U 形管底部的小孔 b 的作用是保证一定量的油随吸入气体一起返回压缩机。小孔 c 则是为在压缩机停车时防止分离器内的油从小孔返回压缩机而起平衡均压作用的。

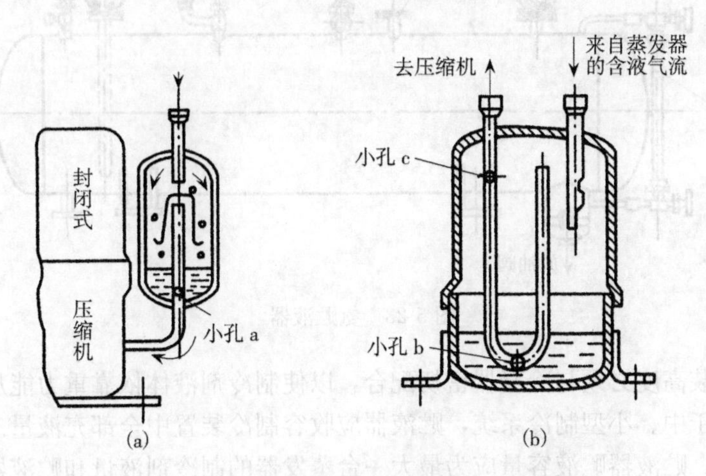

图 5-21　小型氟制冷装置用气液分离器
（a）管道型气液分离器　（b）筒体型气液分离器

氟制冷系统中的气液分离器如图 5-22 所示。它是一种带 U 形管的气液分离器，并多与回热式换热器合为一体。它除了分离混合气体中的液滴外，还可以是一个回气换热器，并可保证回气中的润滑油顺利返回压缩机，以及多台压缩机回油量的均匀分配。

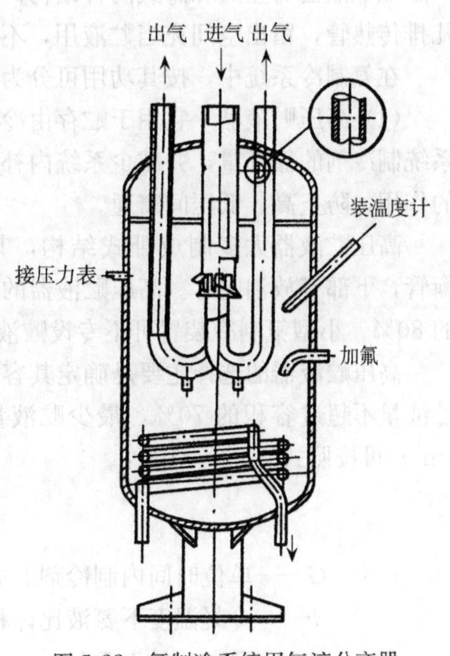

图 5-22　氟制冷系统用气液分离器

2. 制冷剂贮存设备及选配　制冷剂贮存设备主要指贮液器（筒），用于贮存制冷剂液体。贮液器一般是由无缝钢管或钢板焊制成的圆柱形容器，在壳体上安装一些管路接头及附件，用来控制液位或进行其他操作。

贮液器用来贮存冷凝器中凝结的制冷剂液体，并保持适当的贮量。调节和补充制冷系统内各部分设备的液体循环量，以适应工况变动的需要。此外，由于贮液器里有一定的液面，因此还起到液封作用，以防止高压系统的气体及混合在其中的空气等不凝性气体，串入低压系统。氨贮液器均为卧式结构，如图 5-23 所示。在贮液器上装有氨液进出口、压力表、安全阀、气体平衡管、液面指示器、放油阀等接头。贮液器的容量可按整个制冷系统每小时制冷剂循环量的 1/3～1/2来选取，贮存液体制冷剂的容量应不超过其实际容积的 70%，最少贮液量不少于容积的 10%。为了便于掌握，一般用最大充注高度不超过筒体直径的 80%来作为限值。

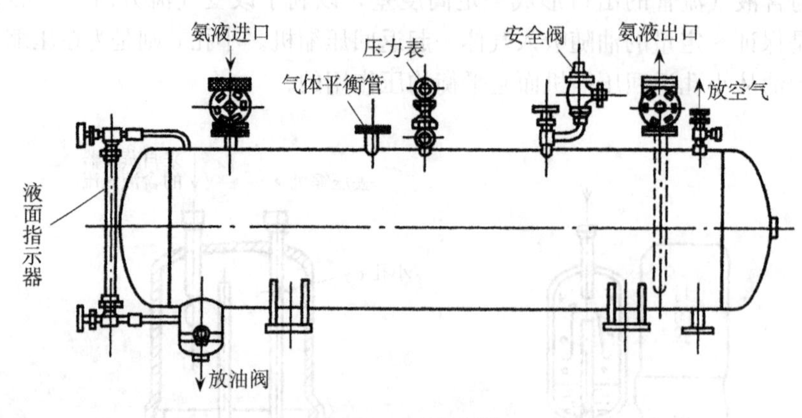

图 5-23　氨贮液器

贮液器的安装高度必须与冷凝器密切配合，以使制冷剂液体依靠重力能从冷凝器通畅地流入贮液器。对于中、小型制冷系统，贮液器应收容制冷装置中全部充液量。装有多台蒸发器的制冷系统中，贮液器贮液容量应为最大一台蒸发器的制冷剂液量和贮液器中正常贮液量之和。在设置两个或多个贮液器时，必须用管子将其底部接口连通，以平衡各个贮液器的液面。

氟贮液器有立式和卧式两种结构。在小型氟制冷装置中，往往在壳管式冷凝器底部少放几排传热管，留出空间充当贮液用，不再另设贮液器。

在氨制冷系统中，按其功用可分为高压贮液器和低压贮液器。

(1) 高压贮液器　它用于贮存由冷凝器来的高压制冷剂液体，以适应冷负荷变化时调节系统制冷剂的循环量，并减少系统内补充制冷剂的次数。在氨制冷系统，起到高低压间液封的作用，防止高、低压间窜通。

高压贮液器大多制成卧式结构，其上部有压力表、安全阀、进出液阀、气体压力平衡管，下部有放油阀等。高压贮液器的液位计指示贮液量，其液位高度一般不超过筒体直径的 80%。小型氟制冷装置可不专设贮液器，仅利用冷凝器下部空间作为贮液器使用。

高压贮液器的选择主要是确定其容积。其容积应能使得在制冷系统运行时在其中的最大贮液量不超过容积的 70%，最少贮液量不少于容积的 10%。对氨系统贮液器所需容积 V (m^3) 可按照式 (5-4) 计算：

$$V = \frac{Gv\varphi}{\beta} \tag{5-4}$$

式中　G——单位时间内制冷剂的循环量 (kg/h)；

v——冷凝温度下氨液比体积 (m^3/kg)；

φ——系数，见表 5-1；

β——贮液器充满度，取 $\beta=0.7$。

表 5-1　系数 φ 的选择

制冷系统		φ
空调制冷系统、制冰系统、以冷风机为冷分配设备的冷库制冷系统		0.5
以光滑排管为冷分配设备的冷库制冷系统	库容量在 1000t 以下	1.0
	库容量为 1000～4500t	0.8
	库容量在 5000t 以上	0.5

对小型氟制冷系统，贮液器容积可按照式（5-5）计算：

$$V=\sum G\frac{v}{\beta} \tag{5-5}$$

式中　$\sum G$——制冷系统内制冷剂总的充注量（kg）；

v——冷凝温度下氨液比体积（m^3/kg）；

β——贮液器充满度，取 $\beta=0.7$。

贮液器的台数可根据容积大小、外形尺寸及布置位置等因素确定。一般，小型系统选一台，大型系统可多选并联使用。但需要注意，多台并联使用时，应采用相同型号、规格的贮液器，且互相之间要设置气体、液体连通管，保证各台贮液器中液位平衡。

（2）低压贮液器　它又可根据其在系统中所起的作用不同，分为低压贮液器、低压循环贮液器和排液桶。低压贮液器用于重力供液的氨制冷系统，用来贮存低压回气经机房气液分离器分离出来的制冷剂液体；低压循环贮液器是在液泵供液系统中，以贮存循环使用的低压液体制冷剂，同时又可以起气液分离作用；排液桶是专供蒸发器融霜或检修时排液之用。

低压贮液器的结构与高压贮液器基本相同，只是连接管路有别。如进液管与气液分离器的排液管连接，平衡管与气液分离器的气相空间相连，加压管与高压气管接通，出液管与调节站进液管或排液桶进液管相接。

低压循环贮液器的最大贮液量，不大于本身容积的 70%；最小贮液量，不小于本身容积的 30%，并考虑保证氨泵 15～20min 不断液。若兼作融霜排液桶用，则应根据排液量适当增加其容积。低压贮液器的选择，一般按“三段法”计算选用。其基本结构见图 5-24。

低压循环贮液器按其结构分为立式和卧式。一般立式气液分离效果较好，但要求设备间层间高度高。它们的高度和容积示意图如图 5-25 和图 5-26 所示。此外，由于低压循环贮液器内温度较低，通常根据容器内的温度必须予以一定的隔热处理。

低压循环贮液器的选择应满足两个条件：一是直径的确定，使通过低压循环贮液器横断面的速度应满足气液分离的要求；二是容积选择。

①低压循环贮液器直径的确定。低压循环贮液器的直径 D（m）按式（5-6）计算：

$$D=\sqrt{\frac{4V_h\lambda_2}{3600\pi w\xi n}}=0.0188\sqrt{\frac{V_h\lambda}{w\xi n}} \tag{5-6}$$

式中　V_h——压缩机的理论吸气量（m^3/h）；

λ——压缩机的输气系数；

w——低压循环贮液器在壳体内的气体流速（m/s），立式桶为 0.5m/s，卧式桶为 0.8m/s；

ξ——低压循环贮液器截面积系数，立式桶为 1，卧式桶为 0.3。

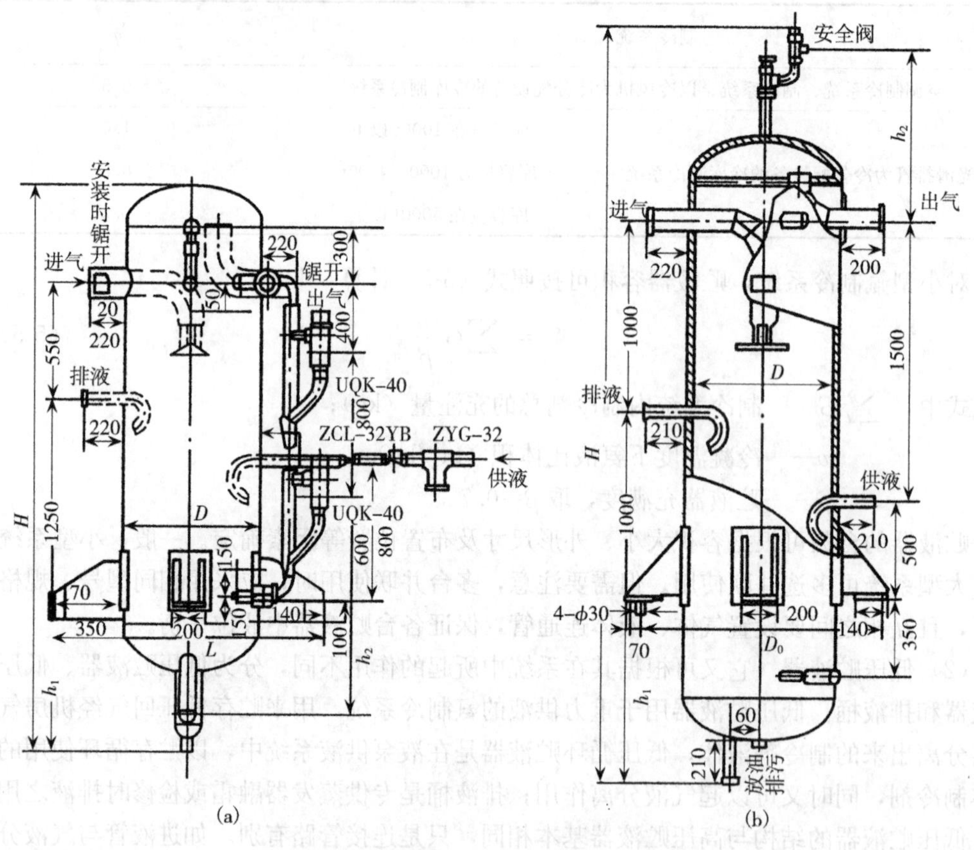

图 5-24 低压循环贮液器的结构

(a) ZDX-L 系列结构 (b) CDCA 系列结构

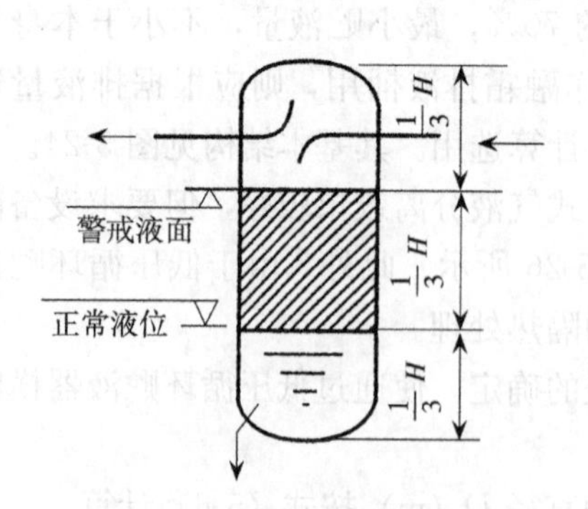

图 5-25 立式低压循环贮液器高度和容积示意

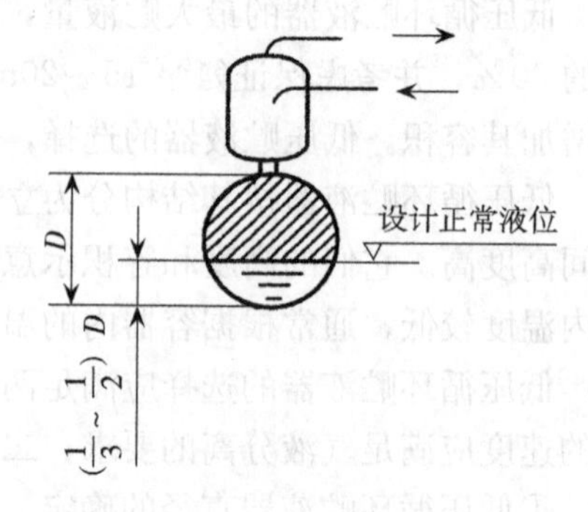

图 5-26 卧式低压循环贮液器高度和容积示意

②低压循环贮液器容积的确定。

a. 对蒸发器上进下出进液方式，即氨泵停止运转后，蒸发器内的液体全部返回低压循环贮液器内，其低压循环贮液器的容积 V（m^3）计算公式为

$$V = \frac{1}{0.5}(\alpha V_q + 0.6V_h) \tag{5-7}$$

式中　α——冷却设备设计充氨量容积的百分比；

V_q——冷却设备的容积（m^3）；

V_h——回气管容积（m^3）。

b. 对蒸发器下进上出进液方式，即氨泵停止运转后，蒸发器内的液体不返回低压循环贮液器内，其所需的容积主要是保证分离两相流体所需的容积以及保持一定的液体制冷剂容量供氨泵再循环使用，兼作排液桶使用时，应将最大一间库房蒸发器的排液量考虑进去。容积 V（m^3）计算公式为

$$V = \frac{1}{0.7}(0.2V'_q + 0.6V_h + \tau V_b) \tag{5-8}$$

式中　V_q'——各冷间中冷却设备充氨量最大一间的蒸发器总容积（m^3）；

V_h——回气管容积（m^3）；

V_b——供液管路的容积（m^3）；

τ——桶的正常液位一般保持在桶的 $\frac{1}{3}$ 高度，这部分氨液体容积可以保证氨泵15～20min 不断液，即相当于氨泵 15～20min 的流量。

四、制冷剂的净化设备

制冷剂的净化设备有空气分离器和过滤器及干燥器。其作用是清除制冷剂中的空气、杂质和水分等。

1. 空气分离器　该设备的作用是采用降温的方法清除制冷系统中的空气和其他不凝性气体。制冷系统在充注、补充制冷剂或运行过程中，均有可能使空气进入系统；在运行中，制冷剂和润滑油也可能在高温下分解出不凝性气体。空气或其他不凝性气体进入制冷系统，将引起冷凝压力升高，排气温度升高，制冷量降低，功耗增大，甚至危及设备运行安全。故应及时从系统中清除。

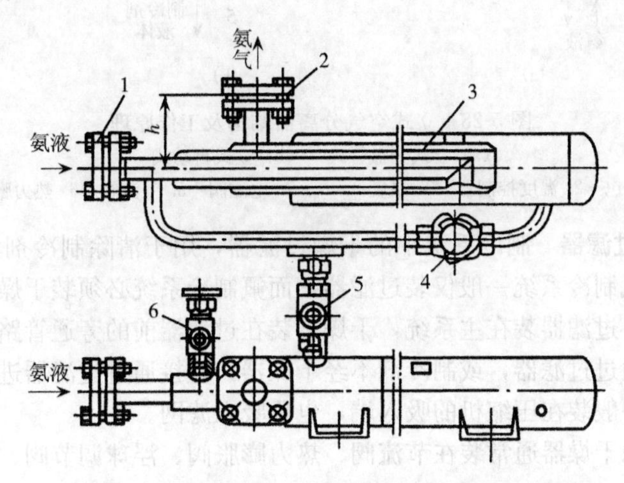

图 5-27　氨系统用卧式四套管式空气分离器的结构

1. 氨液进口　2. 氨气出口　3. 套管　4. 节流阀　5. 混合空气进口　6. 空气放出口

通常对小型制冷系统，可以通过高压系统（如冷凝器上部）放空气阀，将空气或其他不凝性气体直接排至大气，但由于制冷剂与空气等不凝性气体混合在一起，在排放过程中，必定要有部分制冷剂损失，甚至造成环境污染，故在大、中型制冷装置中，专门设置了空气分离器，用以排除制冷系统中的空气等不凝性气体，并回收部分制冷剂。

空气分离器有卧式和立式两类。立式又有立式壳盘管式和立式自动式两种。其基本工作原理是以一定的方式，使分离器内制冷剂与空气等不凝性气体的混合气体冷却，造成制冷剂液化从容器下部排出，空气等不凝性气体分离后，从上部排出。

图 5-27 所示为氨制冷系统中常用的卧式四套管式空气分离器的结构。图 5-28 为立式空气分离器结构及工作原理。

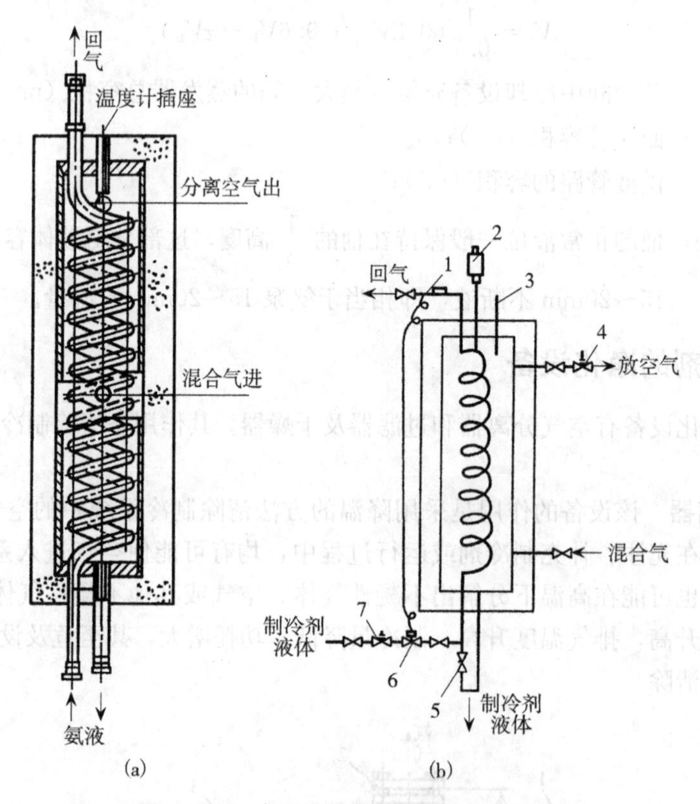

图 5-28 立式空气分离器结构及工作原理
（a）立式壳盘管式 （b）立式自动式
1. 感温包 2. 温度控制器 3. 温度计 4、7. 电磁阀 5. 节流阀 6. 热力膨胀阀

2. 制冷剂干燥过滤器 制冷系统中的干燥过滤器，用于清除制冷剂液体或气体中的水分、机械杂质等。氨制冷系统一般仅装过滤器，而氟制冷系统必须装干燥过滤器。但有时过滤器与干燥器分装，过滤器装在主系统，干燥器装在过滤器前的旁通管路上，制冷剂液体可以先通过干燥器再通过过滤器，或制冷剂不经干燥器，直接通过过滤器进入供液系统。制冷系统的气体过滤器一般装在压缩机的吸入端，也称吸入滤网。

制冷剂液体过滤干燥器通常装在节流阀、热力膨胀阀、浮球调节阀、供液电磁阀或液泵之前的液体管路上。

图 5-29 所示为氨制冷系统常用的两种制冷剂气液体过滤器结构。图 5-30 所示为氟制冷

系统中采用的液体制冷剂干燥过滤器结构。

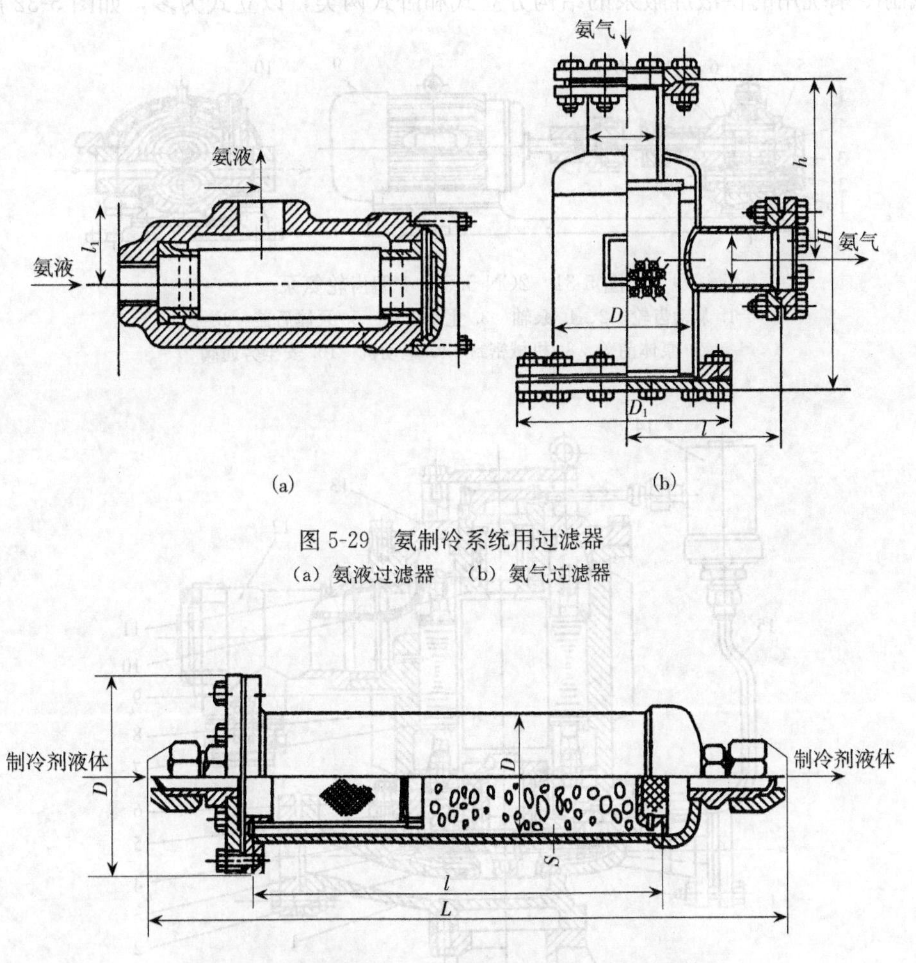

图 5-29　氨制冷系统用过滤器
（a）氨液过滤器　（b）氨气过滤器

图 5-30　氟制冷系统用的液体制冷剂干燥过滤器

制冷系统用的过滤器或干燥过滤器的大小，通常是根据制冷系统管路的管径和制冷剂流量大小选配。

五、液体制冷剂的输送设备

冷库氨制冷系统常采用液泵供液方式，以液泵作为动力输送制冷剂。液泵的主要结构有齿轮泵和屏蔽泵，而屏蔽泵均为离心泵。

1. 齿轮泵　齿轮泵是借助两个齿轮相对运动，产生啮合空间容积的变化而吸入和排出液体。齿轮泵的结构简单，流量均匀且不受压力变化的影响，但齿轮容易磨损，造成制冷剂泄漏。齿轮泵用作输液泵，适用于小流量高扬程场合，但其排出端应设安全旁通阀，与吸入端或低压循环贮液器相通，实现安全保护。氨制冷系统用的供液齿轮泵的结构如图 5-31 所示。

2. 屏蔽泵　氨制冷系统用典型离心式屏蔽泵，是借助离心叶轮高速回转，把机械能转变为液体的动能和压力能，实现输送氨液的作用。该类屏蔽泵结构紧凑，体积小，流量和扬程可选择性大，密封性较好，使用寿命长，但其流量随压头改变影响较大，又易产生“气蚀”。离心式屏蔽泵适用性好，只要吸入端有足够的静液柱，即可保证泵的启动和连续性供液。氨制冷系统用的供液屏蔽泵的结构分立式和卧式两类，以立式为多，如图 5-32 所示。

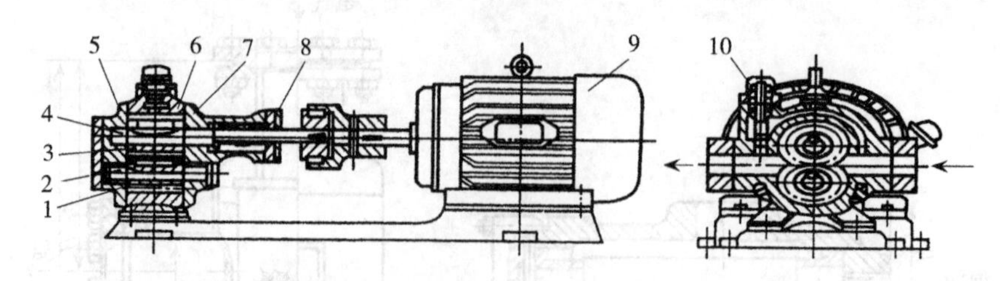

图 5-31　2CN-5.5/4-1 型齿轮氨泵

1. 从动齿轮　2、4. 泵轴　3. 主动齿轮　5. 泵体后盖　6. 泵体　7. 泵体前盖　8. 机械密封　9. 电动机　10. 安全旁通阀

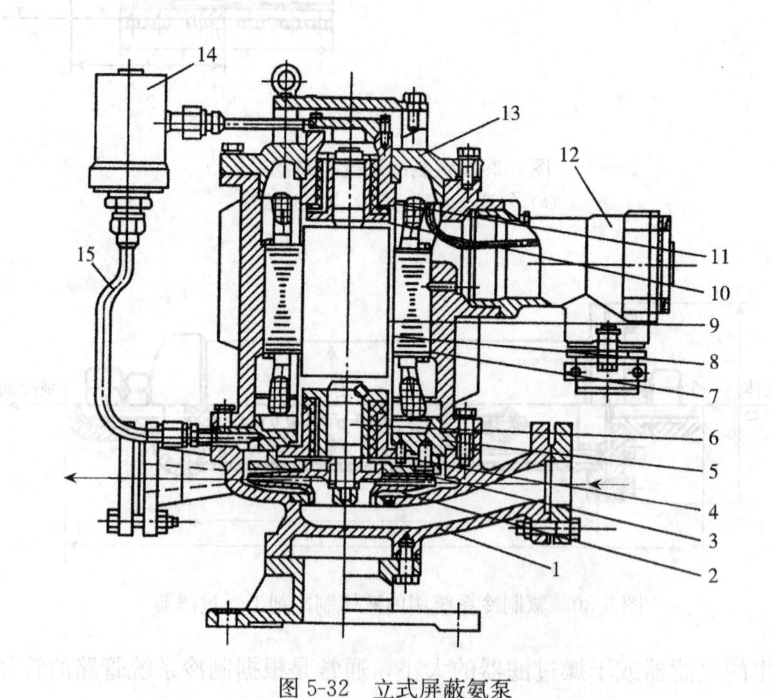

图 5-32　立式屏蔽氨泵

1. 泵体　2. 叶轮　3. 密封环　4. 轴承座　5. 端盖　6. 转子　7. 电动机定子　8. 定子屏蔽套　9. 转子屏蔽套　10. 轴套（推力盘）　11. 轴承　12. 出线盒　13. 上盖　14. 过滤器　15. 供液管

氨制冷系统的供液泵选择的基本依据，是系统必要的泵的排量、扬程及吸入口静液柱。其中液泵的流量 q_v（m^3/h）计算式为

$$q_v = ngv \tag{5-9}$$

式中　g——泵所供同一蒸发温度系统的液体制冷剂的蒸发量（kg/h）；

n——制冷剂循环倍数；

v——在蒸发温度下制冷剂饱和液体的比体积（m^3/kg）。

通常对负荷较稳定、蒸发器组数较少、不易积油的下进上出供液系统，式（5-9）n 取 3～4，反之则取 5～6。对上进下出供液系统 n 取 7～8。

氨泵的输出压头应按输送范围内蒸发压力较高和相对高度较高的蒸发器计算。输出扬程必须克服自氨泵出口至蒸发器进口的全都阻力损失、氨泵中心至最高的蒸发器进口的液柱和蒸发器节流阀前应维持 0.1MPa 的自由压头，以调节蒸发器的流量。

氨泵的吸入压头是保证氨泵正常供液的基本条件。氨泵吸入压头一般由泵厂在泵性能参数中提供，表 5-2 为氨泵进液口静液柱选择的参考数据。

表 5-2　氨泵进液口的静液柱

单位：m

泵的类型 \ 系统状况	蒸发温度较高或工况较稳定的系统	蒸发温度较低或工况较波动的系统
齿轮泵	0.7～1.0	1.5～2.0
离心屏蔽泵	2.0～2.5	1.5～2.5

六、冷库制冷系统的安全设备

冷库制冷系统除制冷压缩机设有压力、温度等控制器外，制冷系统中往往也设有一些安全设备，如安全阀、紧急泄氨器、易熔塞等。

1. 紧急泄氨器　紧急泄氨器用于大、中型氨制冷系统中，其功能是在遇有火警等事故时，迅速排出容器中的氨液至安全处，以免发生重大事故。紧急泄氨器为一立式容器，其上设一个氨液入口和清水入口，发生事故时，先打开供水阀，再打开泄氨阀，使氨液与水混合并溶解，最后使含氨量较少的氨水排入下水道。紧急泄氨器的基本结构如图 5-33。

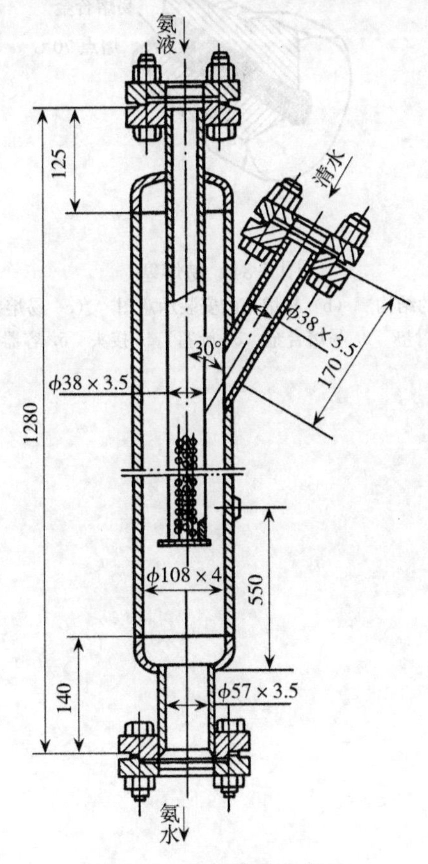

图 5-33　紧急泄氨器结构

2. 易熔塞 主要用于小型氟制冷装置或不满 $1m^3$ 的容器上，代替安全阀，是最简单的安全器件。图 5-34 为易熔塞的结构及安装示意图。通常在易熔塞通道内注以低熔点（75℃左右）的合金。当容器内压力、温度骤然升高，温度高到一定值时，合金熔化，制冷剂即被排出。已熔化的易熔塞需要更换或重新浇铸合金。

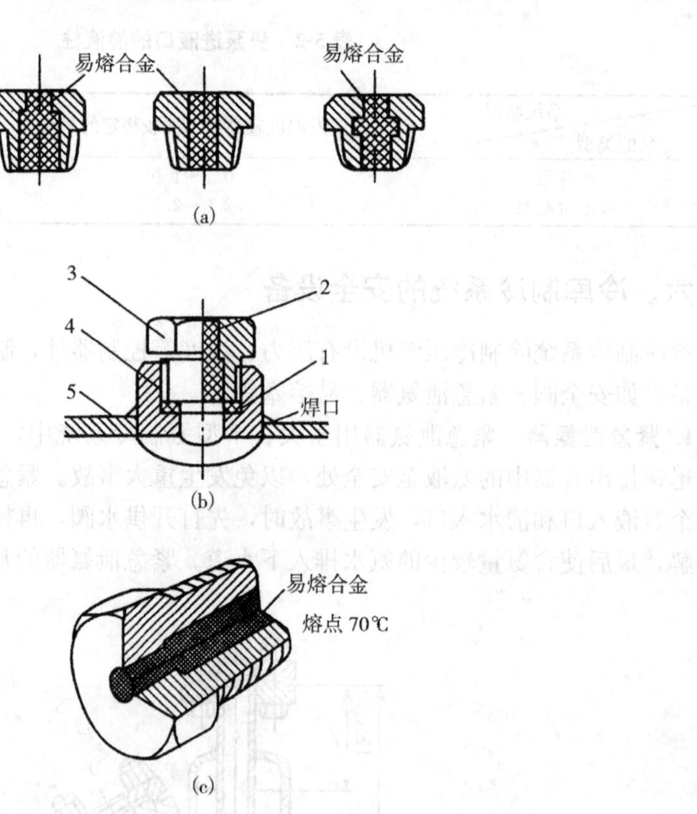

图 5-34 易熔塞

(a) 易熔塞的结构 (b) 易熔塞的安装示意图 (c) 易熔塞的立体图

1. 密封垫 2. 易熔合金 3. 旋塞 4. 接头 5. 容器壳体

应用篇

制冷技术

第六章　食品的冷加工方法与装置

第一节　食品冷加工基础

一、食品冷加工的原理

1. 食品的腐败与变质　在常温下贮藏时，新鲜的鱼、肉、禽、蛋、果蔬等食品的色、香、味、外观、形状和营养成分都会发生变化，结果使食品的质量逐渐下降。如果贮存时间长，食品的成分就会发生分解变化，以致完全不能食用。食品的这种变化，称为食品的腐败与变质。

引起食品腐败变质的主要原因有三种：

（1）微生物和酶的作用　食品从采摘或捕获、加工、贮藏、运输到销售等环节中，很容易受到微生物的污染与侵袭。新鲜食品中又含有大量水分和丰富的营养物质，适宜于细菌、酵母、霉菌等微生物的生长、繁殖。微生物在生命活动过程中，会分泌各种酶类物质，酶是一种特殊的蛋白质，是活细胞产生的一种有机催化剂，它可以促使食品中的蛋白质、脂肪、糖类等营养成分发生分解，使食品的质量下降，进而出现发霉、发酵或腐败变质。因此，在食品变质的原因中，微生物和酶的作用是主要的。

微生物的生存和繁殖需要一定的环境条件，如温度、湿度、有无氧气等，其中温度是其生存的主要条件。

（2）呼吸作用　植物性食品，主要是果蔬类食品，在采摘以后，虽然不再继续生长，但仍然还有生命，具有呼吸作用，能抵抗微生物的入侵，直到体内养分逐渐消耗，抗病能力减弱，或由于呼吸作用加强，放出热量增加，使温度升高，微生物乘虚而入，使食品彻底腐烂。

（3）化学作用　主要是由于食品碰伤、擦伤后发生氧化而使食品变色、变味、腐败。如维生素C、天然色素的氧化破坏，油脂与空气接触发生的酸败等。

虽然这三种原因各有特点，但它们不是孤立存在的，而是相互影响的，并且有时是同时进行的。例如水果碰伤后，伤口迅速氧化、变色，呼吸强度也就加大，天然的免疫能力开始减弱，以至丧失，微生物乘机侵入繁殖，使水果腐烂。所以要防止食品变质，必须对这三种使食品腐败变质的原因联系起来分析。

2. 食品的冷藏原理　新鲜食品在常温下长时间贮存后，会发生腐败变质，其主要原因是微生物的生命活动和食品中的酶所进行的生化反应。微生物的生命活动和酶的催化作用，都需要在一定的温度和水分情况下进行。如果降低贮藏温度，微生物的生长、繁殖就会减慢，酶的活性也会减弱，就可以延长食品的贮藏期。此外，低温下微生物新陈代谢会被破坏，其细胞内积累的有毒物质及其他过氧化物能导致微生物死亡。当食品的温度降至−18℃以下时，食品中90%以上的水分都会变成冰，所形成的冰晶，还可以以机械的方式破坏微生物细胞，细胞或失去养料，或因部分原生质凝固，或因细胞脱水等，都会造成微生物死亡。因此，冻结食品可以更长期地保持食品原有的品质。

对于果蔬等植物性食品，为了保持其鲜活状态，一般都在冷却状态下进行贮藏。果蔬仍然是具有生命力的有机体，还在进行呼吸活动，能控制引起食品变质的酶的作用，并对外界微生物的侵入有抵抗能力，降低贮藏环境的温度，可以减弱其呼吸强度、降低物质的消耗速度，延长贮藏期。但是，贮藏温度也不能降得过低，否则会引起果蔬活体的生理病害，以至冻伤。所以，果蔬类食品应放在不发生冷害的低温环境下贮藏。此外，如鲜蛋也是活体食品，当温度低于冻结点时，其生命活动也会停止。因此，活体食品一般都是在冷却状态下进行低温贮藏。

对于禽、鱼、畜等动物性食品，在贮藏时，因物体细胞都已死亡，本身不能控制引起食品变质的酶的作用，也无法抵抗微生物的侵袭。因此，贮藏动物性食品时，要求在其冻结点以下的温度保藏，以抑制微生物的繁殖、酶的作用和减慢食品内的化学变化，食品就可以较长时间地维持它的品质。

3. 食品冷冻工艺 食品冷冻工艺主要指食品的冷却、冻结、冷藏、解冻的方法，是利用低温最佳保藏食品和加工食品的方法。

（1）食品的冷却 冷却是指将食品的温度降低到某一指定的温度，但不低于食品汁液的冻结点。冷却的温度通常在10℃以下，其下限为－2～4℃。食品的冷却贮藏，可延长它的贮藏期，并能保持其新鲜状态。但由于在冷却温度下，细菌、霉菌等微生物仍能生长繁殖，而冷却的动物性食品只能作短期贮藏。

（2）食品的冻结 冻结是指将食品的温度降低到食品汁液的冻结点以下，使食品中的水分大部分冻结成冰。冻结温度带国际上推荐为－18℃以下。冻结食品中微生物的生命活动及酶的生化作用均受到抑制，水分活度下降，因此可进行长期贮藏。

（3）食品的冷藏 冷藏是指食品保持在冷却或冻结终了温度的条件下，将食品低温贮藏一定时间。根据食品冷却或冻结加工温度的不同，冷藏又可分为冷却物冷藏和冻结物冷藏两种。冷却物冷藏温度一般在0℃以上，冻结物冷藏温度一般在－18℃以下。对一些多脂鱼类和冰淇淋，欧美国家建议冷藏温度为－25～－30℃，以获得较高的品质和延长贮藏期。

（4）食品的解冻 解冻是指将冻结食品中的冰晶融化成水，恢复到冻结前的新鲜状态。解冻也是冻结的逆过程，对于作为加工原料的冻结品，一般只需升温至半解冻状态即可。

随着人们生活水平的提高，消费者对水产品质量的要求也在不断提高，冰温冷藏和微冻冷藏是近年来迅速崛起的两种水产品冷加工新方法。

①冰温冷藏是将食品贮藏在0℃以下至各自的冻结点范围内，它属于非冻结冷藏。冰温冷藏可延长水产品的贮藏期，但可利用的温度范围狭小，一般为－0.5～－2℃，故温度带的设定非常困难。

②微冻冷藏主要是将水产品贮藏在－3℃的空气或食盐水（或冷海水）中的一种贮藏方法。由于在略低于冻结点以下的微冻温度下贮藏，鱼体内部水分发生冻结，能达到对微生物生命活动的抑制作用，使鱼体能在较长时间内保持其鲜度，不发生腐败变质。微冻冷藏法的贮藏期比冰温冷藏法长1.5～2倍。各种冷藏方式的温度要求及适用食品见表6-1。

表 6-1 各种冷藏方式的温度要求和适用食品

冷藏方式	温度范围/℃	主要适用食品
冷却物冷藏	>0	蛋品、水果、蔬菜
冰温冷藏	−0.5～−2	水产品
微冻冷藏	−3	水产品
冻结物冷藏	−18～−28	肉类、禽类、水产品、冰淇淋
超低温冷藏	<−30	金枪鱼

4. 食品 HACCP 的概念 HACCP 是英语 Hazard Analysis and Critical Control Point 的缩写，译成中文为"危害分析和关键控制点"。HACCP 系统是由食品危害分析（HA）和关键控制点（CCP）两个部分组成的，是确保食品安全、卫生、质量控制的一项系统工程。它是对食品从原料开始，经过前处理、加工、贮藏、流通，直至消费的所有阶段，以科学方法分析所有危害食品安全的可能性，然后在食品生产、加工、贮藏每个环节中，设定处理方式，建立确保产品安全、优质的关键控制点，通过日常的对品质管理人员的训练和一整套防患于未然的措施，实行对食品的质量和安全性的有效控制。HACCP 系统是美国首先提出的，早在 20 世纪 60 年代就在食品工业中得到发展，现在已被食品研究、生产、监控等部门广泛接受，并为世界卫生组织（WHO）所推荐。

美国食品微生物标准国家顾问委员会（NACMCF）于 1992 年提出了关于 HACCP 概念的七项原则：

（1）进行危害分析和确定控制质量点。

（2）确定关键控制点。

（3）建立关键极限点。

（4）建立监控程序。

（5）建立纠正措施。

（6）建立检验程序。

（7）建立记录档案和文件保管措施。

在冷冻食品生产企业中，建立一套有效的食品卫生管理和质量监控体系，以提高冷冻食品的安全性是十分必要的。目前我国正在积极引进、消化、吸收 HACCP 管理系统，以与国际上的生产管理方式接轨。

二、食品冷藏条件

食品的冷藏要求，主要指冷藏时的最佳温度和空气中的相对湿度。有些食品在冷藏前要经过加工处理（如腌、熏、烤、晒等）。表 6-2 至表 6-7 列出了部分食品的贮藏温度、空气中的相对湿度和贮藏期。此处的贮藏期是指保持该食品新鲜与高的食品质量而言的贮藏时间，而不是基于营养成分变化而言的。贮藏温度是指长期贮藏的最佳温度，它是指食品的温度，而不是空气的温度。

1. 部分肉类食品的冷藏条件（表 6-2）

表 6-2　部分肉类食品的冷藏条件

食品名称	贮藏温度/℃	相对湿度/%	贮藏期
猪肉			
新鲜（平均）	0～1.1	85～90	3～7d
胴体（47%瘦肉）	0～1.1	85～90	3～5d
腹部（35%瘦肉）	0～1.1	85	3～5d
脊背部肥肉（100%肥肉）	0～1.1	85	3～7d
肩膀肉（67%瘦肉）	0～1.1	85	3～5d
冻猪肉	−17.8～−23.3	90～95	4～8月
香肠			
散装	0～1.1	85	1～7d
烟熏	0	85	1～3周
牛肉			
新鲜（平均）	−2.2～1.1	88～95	1周
牛肝	0	90	5d
小牛肉（瘦）	−2.2～1.1	85～90	3周
冻牛肉	−17.8～−23.3	90～95	6～12月
羔羊肉			
新鲜（平均）	−2.2～1.1	85～90	3～4周
冻羊肉	−17.8～−23.3	90～95	8～12月

2. 部分鱼、贝类食品的冷藏条件（表 6-3）

表 6-3　部分鱼、贝类食品的冷藏条件

食品名称	贮藏温度/℃	相对湿度/%	贮藏期
鱼类			
黑线鳕、鳕、河鲈	−0.6～1.1	95～100	12d
狗鳕、牙鳕	0～1.1	95～100	10d
庸鲽（大比目鱼）	−0.6～1.1	95～100	18d
鲱			
腌过的	0～2.2	80～90	10d
烟熏的	0～2.2	80～90	10d
大麻哈鱼	−0.6～1.1	95～100	18d
金枪鱼	0～2.2	95～100	14d
冷冻鱼	−28.9～20.0	90～95	6～12月
贝类			
扇贝肉	0～1.1	90～95	12d
虾	−0.6～1.1	90～95	12～14d
龙虾	5.0～10.0	在海水中	单个保藏
牡蛎、蛤（肉及汁液）	0～2.2	100	5～8d
牡蛎（带壳）	5.0～10.0	95～100	5d
冷冻贝类	−34.4～20	90～95	3～8月

3. 部分禽、蛋类食品的冷藏条件（表 6-4）

表 6-4 部分禽、蛋类食品的冷藏条件

食品名称	贮藏温度/℃	相对湿度/%	贮藏期
禽类			
家禽（新鲜）	−2.2～0	95～100	1～3 周
鸡肉	−2.2～0	95～100	1～4 周
鸭	−2.2～0	95～100	1～4 周
冷冻家禽	−17.8～−23.3	90～95	12 月
兔			
兔肉（新鲜）	0～1.1	90～95	1～5d
冻兔肉	−17.8～−23.3	90～95	6～12 月
蛋类			
带壳蛋	−1.7～0	80～90	5～6 月
带壳蛋（冷却过）	10.0～12.8	70～75	2～3 周
冷冻蛋			
全蛋	−17.8		12 月以上
蛋黄	−17.8		12 月以上
蛋白	−17.8		12 月以上
蛋粉	2.0	极小	6 月

4. 部分水果类食品的冷藏条件（表 6-5）

表 6-5 部分水果类食品的冷藏条件

食品名称	贮藏温度/℃	相对湿度/%	贮藏期
苹果（红玉）	−1～0.5	85～90	2～6 月
苹果（美味）	−1～0.5	85～90	4～8 月
苹果干	5～8.9	55～60	5～8 月
油橄榄	7～10.0	85～90	4～6 周
橄榄	5.0～10.0	85～90	4～6 周
梨	−0.6～−1.7	90～95	2～7 月
洋梨	−1.0～0.5	90～95	6～7 月
鳄梨	7.0～13.0	85～90	4 周
桃子	−0.6～0	90～95	2～4 周
桃干	0～5	55～60	5～8 月
杏子	−1.1～0	90～95	1～3 周
李子	−0.6～0	90～95	2～4 周
柑橘、香橙	0～1	85～90	8～12 周
红橘	4.4	90～95	2～4 周
樱桃			
酸的	0	90～95	3～7d
甜的	−0.6～−1.1	90～95	2～3 周
葡萄	−0.6～0	85～90	2～8 周
柠檬	11.1～12.8	85～90	1～4 月
枇杷	0	90	3 周
荔枝	1.7	90～95	3～5 周
草莓	−0.6～0	90～95	5～7d
黑莓	−0.6～0	90～95	3d
紫草莓	−0.6～0	90～95	2 周

（续）

食品名称	贮藏温度/℃	相对湿度/%	贮藏期
香蕉	13.3～14.4	85～95	2周
椰子	0～2.0	80～85	1～2月
西瓜	4.4～10.0	90	2～3周
无花果干	0～4.4	50～60	9～12月
无花果（新鲜）	－0.6～0	85～90	7～10d
柚子	14.4～15.6	85～90	6～8周
猕猴桃	－0.6～0	90～95	3～5月
芒果	10.0～12.8	85～90	2～3周
红梅	2.0～4.0	85～90	1～4月
黑梅	－0.5～0	85～90	7～10d
柿子	－1.1	90	3～4月
菠萝（熟的）	7.2	85～90	2～4周
石榴	4.4	90～95	2～3月
罗马甜瓜	2.2～4.4	95	5～15d
果仁	0～10.0	65～75	8～12月
干果	0	50～60	9～12月
速冻水果	－17.8～－24.4	90～95	18～24月

5. 部分蔬菜类食品的冷藏条件（表6-6）

表6-6　部分蔬菜类食品的冷藏条件

食品名称	贮藏温度/℃	相对湿度/%	贮藏期
卷心菜	0	98～100	5～6月
圆白菜（晚生）	0	90～95	3～4月
洋姜	－0.5～0	90～95	2～5月
胡萝卜			
上部未成熟	0	98～100	4～6周
上部已成熟	0	98～100	7～9月
甘蓝			
羽毛甘蓝	0	90～95	2～3周
球茎甘蓝	0	90～95	2～4周
花茎甘蓝	0	90～95	7～10d
花椰菜	0	95～98	3～4周
芹菜	0	98～100	2～3月
欧芹	0	95～100	1～2月
芦笋	0～1.7	95～100	2～3周
甜菜			
根茎	0	95～100	4～6月
叶	0	98～100	10～14d
黄瓜	7.2～10	95	10～14d
茄子	7.2～12.2	90～95	7～10d
甜玉米	0	95～98	4～8d
蒜头（干）	0	65～70	6～7月
韭菜	0	95～100	2～3月
莴苣（头）	0～1.1	95～100	2～3周
蘑菇	0	95	3～4d

（续）

食品名称	贮藏温度/℃	相对湿度/%	贮藏期
洋葱			
绿色、新鲜	0	95～100	3～4 周
干的	0	65～75	1～8 月
大蒜	0	70～75	6～8 月
豌豆			
绿色、新鲜	0	95～98	1～2 周
干的	10.0	70	6～8 月
蚕豆			
绿色、新鲜	4.4～7.2	95	7～10d
干的	10.0	70	6～8 月
菠菜	0	95～98	10～14d
南瓜	10～12.8	50～75	2～3 月
大黄	0	95～100	2～4 周
小萝卜（红色或白色）			
春季	0	95～100	3～4 周
冬季	0	95～100	2～4 月
马铃薯	3.3～4.4	90～95	5～8 月
胡椒（干的）	0～10.0	60～70	6 月
番茄			
绿色成熟的	12.8～15.6	90～95	1～3 周
红色成熟的	7.2～10	90～95	4～7d
蔬菜种子	0～10	50～60	10～12 月
白薯（红薯）	16.1	85～90	3～6 月
水田芥菜	0	95～100	2～3 周
蔬菜叶（新鲜）	0	95～100	10～14d
速冻蔬菜	−17.8～−23.3		6～12 月

6. 部分乳制品及其他食品的冷藏条件（表 6-7）

表 6-7 部分乳制品及其他食品的冷藏条件

食品名称	贮藏温度/℃	相对湿度/%	贮藏期
奶油（白脱）	0	75～85	2～4 周
速冻奶油	−23.3	70～85	12～20 月
冰淇淋			
10%脂肪	−26.1～−28.9	90～95	3～23 月
上等的	−34～−40	90～95	3～23 月
牛奶			
液态，巴氏消毒	3.9～6.1		7d
A 级（3.7%脂肪）	0～1.1		2～4 月
生鲜的	0～3.9		2d
全脂奶粉	21.1	低	6～9 月
脱脂奶粉	7.2～21.1	低	16 月
糖果			
牛奶巧克力	−17.8～1.1	40	6～12 月
花生脆片糖	−17.8～1.1	40	1.5～6 月
软质奶糖	−17.8～1.1	65	5～12 月
果汁软糖	−17.8～1.1	65	3～9 月

（续）

食品名称	贮藏温度/℃	相对湿度/%	贮藏期
啤酒			
桶装（45L 以上）	1.7～4.4		3～8 周
瓶装或罐装	1.7～4.4	65 或更低	3～6 月
面包	−17.8		3～13 周
罐头食品	0～15.6	70 或更低	12 月
杂货类			
可可粉	0～4.4	50～70	12 月以上
咖啡、绿茶	1.7～2.8	80～85	2～4 月
蜂蜜	10.0		12 月以上
啤酒花	−2.2～0	50～60	几个月
葡萄酒	10	85	6 月
熟猪油（无氧化）	−17.8	90～95	12～14 月
坚果类	0～10	65～75	8～12 月
植物油、色拉油	21.1		12 月以上
人造黄油	1.7	60～70	12 月以上
橘子汁	−1.1～1.7		3～6 周
香烟、烟草			
大桶装	10～18.3	50～65	12 月
大包	1.7～4.4	70～85	12～24 月
卷烟	1.7～7.8	50～55	6 月
雪茄烟	1.7～10.0	60～65	2 月
毛皮和织物	1.1～4.4	45～55	若干年

7. 冷藏食品表面的凝露和结霜 从冷间内取出食品时，必须注意防止水分凝结在低温食品表面。当环境中空气露点高于冷却食品或包装材料的表面温度时，就会出现凝露现象，如果食品表面温度低于 0℃时，就会出现结霜现象。这些情况会促使微生物生长，影响食品质量。包装可起到防止食品表面凝露的作用。有时冷间内采用托盘式堆垛，当从货架取出时，也可将整个托盘上的货物加以覆盖，以使食品表面不凝露。如出现食品表面凝露，应设法及早去除凝露，这可通过在空气较干燥的房间内将其升温实现。

图 6-1 为食品从冷间取出时，食品表面凝露温度 t_1 与环境中空气的温度 t_a、相对湿度 φ 的关系。例如，环境温度 t_a=20℃、相对湿度 φ=80%，这时食品从冷间取出时表面凝露温度 t_L=16.5℃。

当采用封闭式站台，并有制冷设备使站台温度保持在 5～7℃，这时的环境温度假定为 t_a=6℃，空气中的相对湿度 φ=80%时，食品从冷间内取出时表面凝露温度 t_L 从图 6-1 中查得为 2.5℃，即保持食品温度 t_L=3℃时，就不会产生凝露现象。故现代化冷库都要求有制冷设备的封闭式站台，一方面可防止冷却物的凝露，另一方面也可与冷藏车或冷藏集装箱货运车连在一起，使整个操作都在低温下进行，形成一个完整的冷藏链。

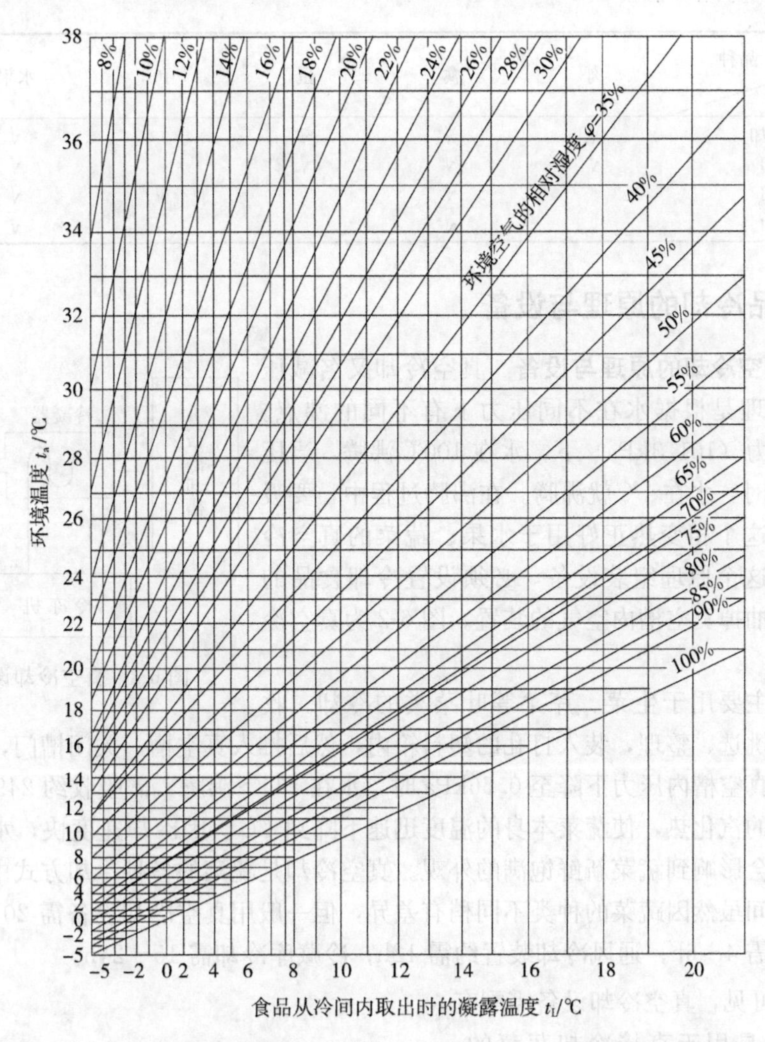

图 6-1 食品表面凝露温度 t_L 与环境中空气温度 t_a、相对湿度 φ 的关系

第二节 食品冷却方法与装置

一、食品冷却的方法

冷却是将食品的品温降低到接近食品的冰点，但不发生冻结。它是一种被广泛采用的用以延长食品贮藏期的方法。食品的冷却方法有真空冷却、差压式冷却、通风冷却、冷水冷却、碎冰冷却等。根据食品的种类及冷却要求的不同，可以选择合适的冷却方法。表 6-8 列出的是几种冷却方法的一般使用对象。

表 6-8 冷却方法与使用对象

品种 冷却方法	肉	禽	蛋	鱼	水果	蔬菜
真空冷却					√	√

（续）

冷却方法 \ 品种	肉	禽	蛋	鱼	水果	蔬菜
差压式冷却	√	√	√		√	√
通风冷却	√	√	√		√	√
冷水冷却		√		√	√	√
碎冰冷却		√		√	√	√

二、食品冷却的原理与设备

1. 食品真空冷却的原理与设备 真空冷却又名减压冷却。它的原理是根据水在不同压力下有不同的沸点。如在正常的压力（101.3kPa）下，水在100℃沸腾，当压力为0.66kPa时，水在1℃就沸腾。在沸腾过程中，要吸收汽化潜热，这个相变热正好用于水果、蔬菜的真空冷却。为了利用这个原理组装设备，必须设置冷却食品的真空槽和可以抽掉真空槽内空气的装置。图6-2为真空冷却设备原理。

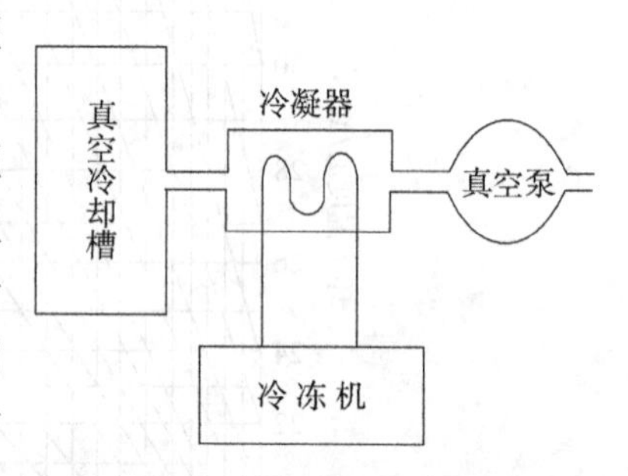

图6-2 真空冷却设备原理

真空冷却主要用于生菜、芹菜等叶菜类的冷却。收获后的蔬菜经挑选、整理，装入打孔的塑料箱内，然后推入真空槽，关闭槽门，开动真空泵和制冷机。当真空槽内压力下降至0.66kPa时，水在1℃下沸腾，需吸收约2496kJ/kg的热量，这么大量的汽化热，使蔬菜本身的温度迅速下降到1℃。因冷却速度快，水分汽化量仅2%～4%，不会影响到蔬菜新鲜饱满的外观。真空冷却是蔬菜的各种冷却方式中冷却最快的一种。冷却时间虽然因蔬菜的种类不同稍有差异，但一般用真空冷却设备需20～30min；差压式冷却装置需4～6h；通风冷却装置约需12h；冷藏库冷却需15～24h。

由图6-2可见，真空冷却设备需配有冷冻机，这不是用于直接冷却蔬菜的，而是因为常压下1mL的水，当压力变为599.5Pa、温度为0℃时，体积要增大近21万倍，此时即使用二级真空泵来抽，消耗很多电能，也不能使真空槽内压力快速降下来，用了制冷设备，就可以使大量的水蒸气重新凝结成水，保持了真空槽内稳定的真空度。

除了用制冷方式排除真空槽内水蒸气外，还可以用图6-3所示的蒸气喷射方式。在这种方式中，利用锅炉产生的高压蒸气，从喷嘴中以超音速喷出，将冷却槽中的空气和从蔬菜中蒸发出来的水蒸气一起卷入内部进行排气。利用的是

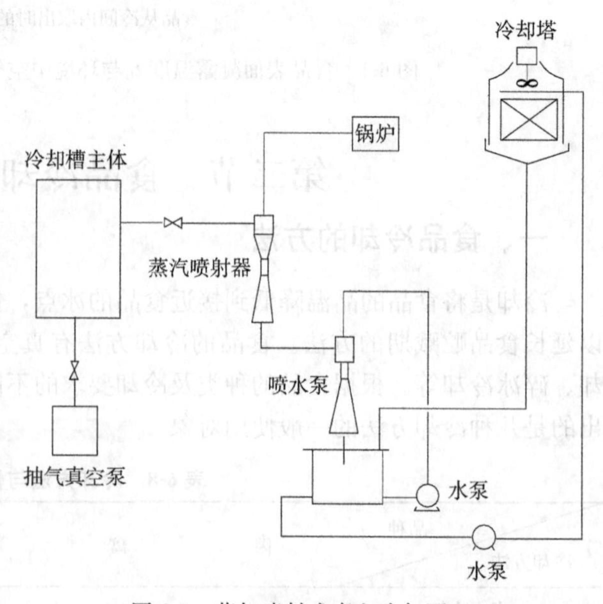

图6-3 蒸气喷射式真空冷却原理

一种喷雾原理。因为蒸汽喷射器与冷却蒸汽的喷水泵一起使用，所以不像用真空泵那样需要冷凝器。

虽然真空泵方式需要大量电力而且结构复杂，但只需进行真空泵的油及冷冻机的管理即可，而蒸气喷射器虽不需要大量电力，构造也简单，但得进行真空泵油的管理、锅炉的管理及水槽中水的管理。

总之，真空冷却设备具有冷却快、冷却均匀、品质高、保鲜期长、损耗小、干净卫生、操作方便等优点，但设备初次投资大，运行费用高，以及冷却品种有限，一般只适用于叶菜类，如白菜、甘蓝、菠菜、韭菜、菜花、春菊、生菜等。

2. 空气冷却方式及其装置　真空冷却设备对表面水分容易蒸发的叶菜类，以及部分根菜和水果可发挥较好的作用，但对难以蒸发水分的苹果等水果、胡萝卜等根菜，以及禽、蛋等食品就不能发挥作用了。这些食品的冷却就需要利用空气冷却及后面介绍的冷水冷却等。

（1）冷藏间冷却　将需冷却食品放在冷却物冷藏库内预冷却，称为室内冷却。这种冷却主要以冷藏为目的，库内制冷能力小，由自然对流或小风量风机送风，冷却慢，但操作简单，冷却与冷藏同时进行。一般只限于苹果、梨等产品，对易腐和成分变化快的水果、蔬菜不合适。

（2）通风冷却　又称为空气加压式冷却。它与自然冷却的区别，在于配置了较大风量、风压的风机，所以又称为强制通风冷却方式。这种冷却方式的冷却速率较上述有所提高，但不及差压式冷却，图 6-4 为两种冷风冷却的比较。

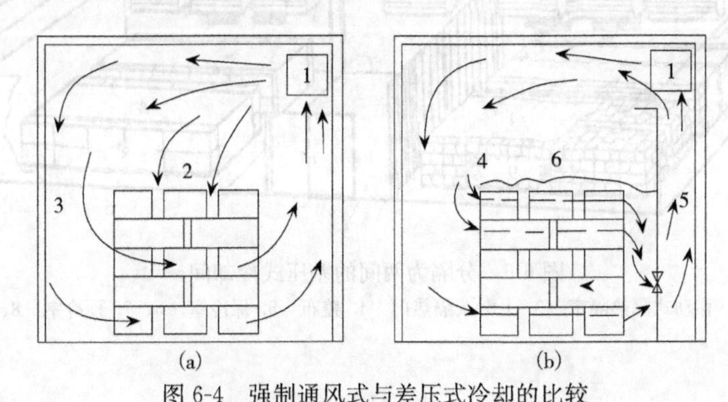

图 6-4　强制通风式与差压式冷却的比较

（a）强制通风式冷却　（b）差压式冷却

1. 通风机　2. 箱体间设通风空隙　3. 风从箱体外通过
4. 风从箱体上的孔中通过　5. 差压式空冷回风风道　6. 盖布

（3）差压式冷却　这是近几年开发的新技术。图 6-5 所示为差压式冷却的装置。将食品放在吸风口两侧，并铺上盖布，使高、低压端形成 2～4kPa 压差，利用这个压差，使－5～10℃的冷风以 0.3～0.5m/s 的速度通过箱体上开设的通风孔，顺利地在箱体内流动，用此冷风进行冷却。根据食品种类不同，差压式冷却一般需 4～6h，有的可在 2h 左右完成。一般最大冷却能力为货物占地面积 $70m^2$，若大于该值，可对贮藏空间进行分隔，在每个小空间设吸气口。图 6-6 为分隔为两间的差压式冷却间。

图 6-7 是将强制通风冷却方式的库房，改建为差压式冷却方式。冷风机吹出的冷风，由导风板引入盖布，贴附着吹到冷却间右端，下降到入口空间，然后从箱体上的开孔进入。冷风将食品冷却后，经出口空间，返回蒸发器。原来的设置经这样改造后，成为差压式冷却装

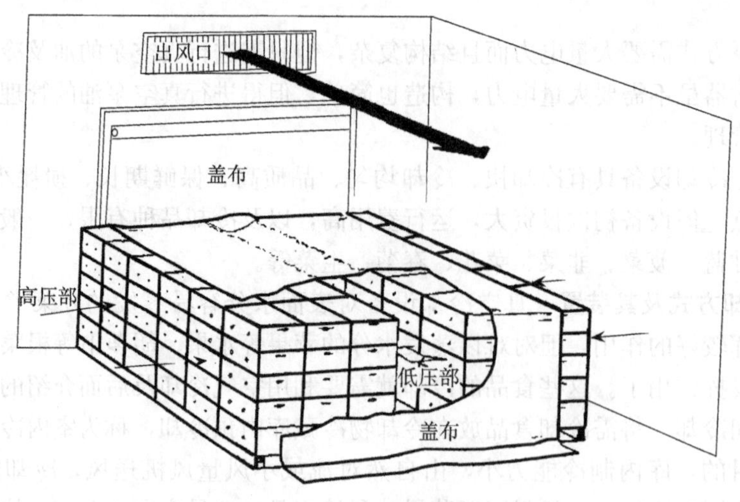

图 6-5　差压式冷却装置

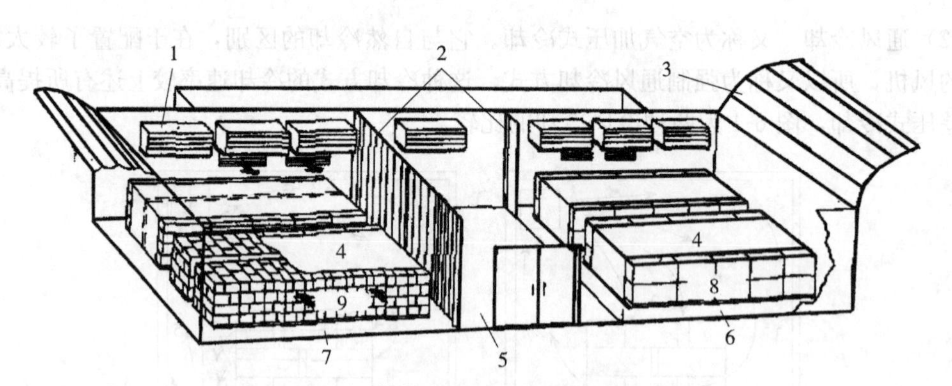

图 6-6　分隔为两间的差压式冷却间

1. 冷却器　2. 移动式隔热隔帘　3. 上滑式隔热门　4. 盖布　5. 保冷室　6、7. 预冷室　8、9. 预冷品

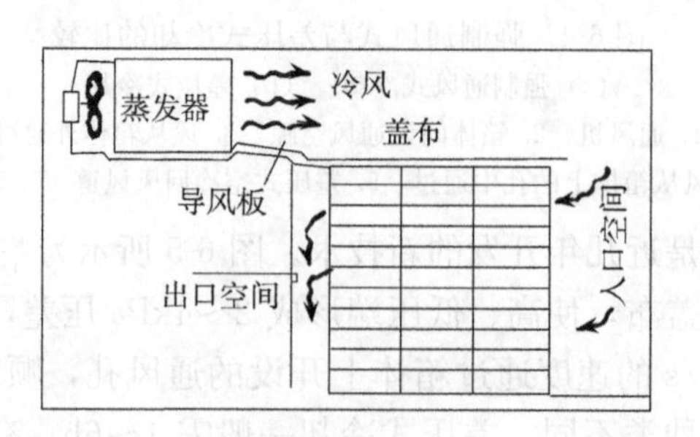

图 6-7　由强制通风冷却改建为差压式冷却装置

置，用同样的制冷设备，可以得到较大的收益。当然，也可以开始就设计成差压式冷却装置，则效果会更好。图 6-8 和图 6-9 所示是两例国外差压式冷却间的结构。

差压式冷却具有能耗小、冷却快（相对于其他空气冷却方式）、冷却均匀、可冷却的品种多、易于由强制通风冷却改建的优点。但也有食品干耗较大、货物堆放（通风口要求对齐）麻烦、冷库利用率低的缺点。

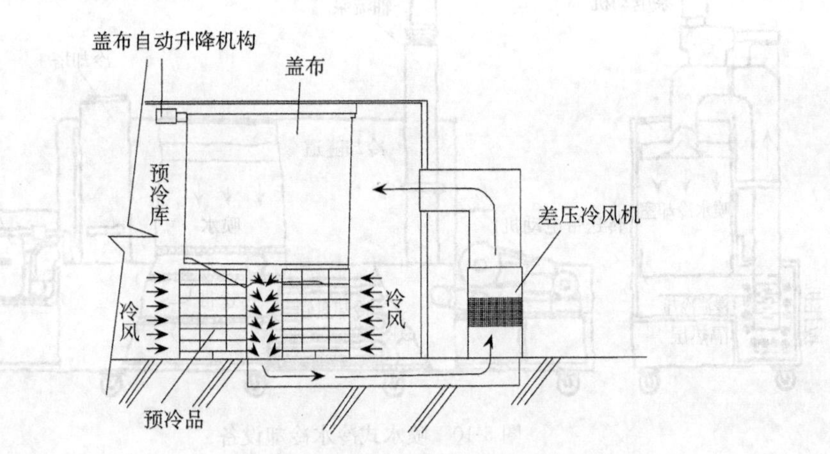

图 6-8　采用地板吸引方式的差压式冷却间

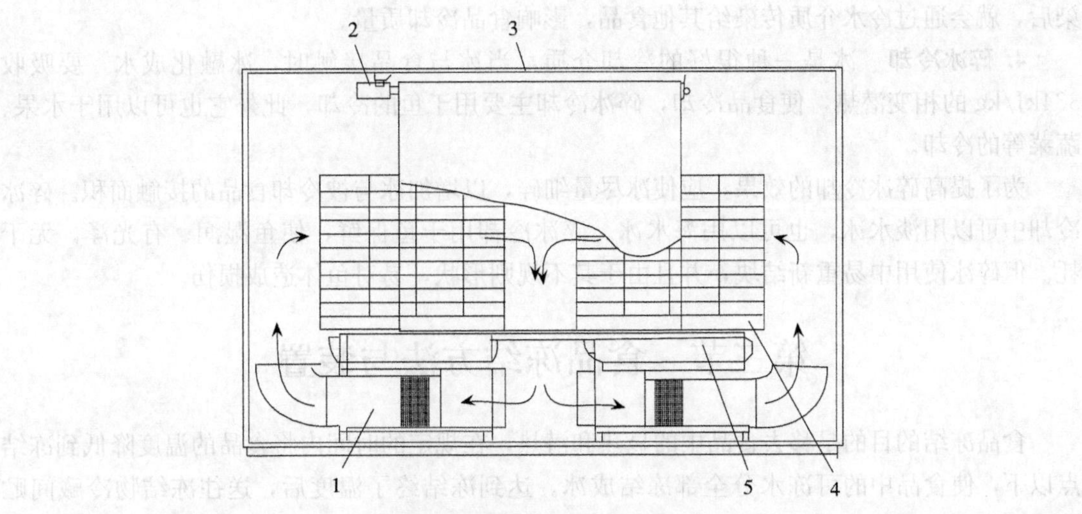

图 6-9　预制隧道差压式冷却间

1. 冷风机　2. 盖布自动升降机构　3. 外壳　4. 托盘　5. 传送装置

3. 冷水冷却及其设备　冷水冷却是用 0～3℃的低温水作为冷媒，把被冷却食品冷却到要求温度。水和空气相比热容量大，冷却效果好。冷水冷却设备一般有三种形式：喷水式（又分为喷淋式和喷雾式）、浸渍式和混合式（喷水和浸渍）。其中又以喷水式应用较多。喷水式冷却设备如图 6-10 所示，它主要由冷却水槽、传送带、冷却隧道、水泵和制冷系统等部件组成。在冷却水槽内设冷却盘管，由压缩机制冷，使盘管周围的水部分结冰，因而冷却水槽中是冰水混合物，泵将冷却的水抽到冷却隧道的顶部，被冷却食品则从冷却隧道的传送带上通过。冷却水从上向下喷淋到食品表面，冷却室顶部的冷水喷头，根据食品不同而大小不同：对耐压食品，喷头孔较大，为喷淋式；对较柔软的食品，喷头孔较小，为喷雾式，以免由于水的冲击造成食品损坏。

浸渍式冷却设备，一般在冷水槽底部有冷却排管，上部有放冷却食品的传达带。将欲冷却食品放入冷却槽中浸没，靠传送带在槽中移动，经冷却后输出。

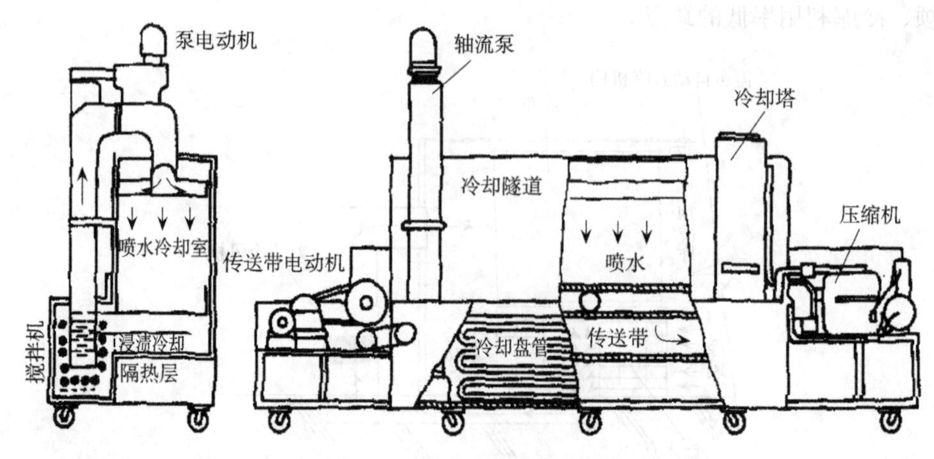

图 6-10　喷水式冷水冷却设备

冷水冷却设备适用于家禽、鱼、蔬菜、水果的冷却，冷却较快，无干耗。但若冷水被污染后，就会通过冷水介质传染给其他食品，影响食品冷却质量。

4. 碎冰冷却　冰是一种很好的冷却介质，当冰与食品接触时，冰融化成水，要吸收334kJ/kg的相变潜热，使食品冷却，碎冰冷却主要用于鱼的冷却，此外它也可以用于水果、蔬菜等的冷却。

为了提高碎冰冷却的效果，应使冰尽量细碎，以增加冰与被冷却食品的接触面积。碎冰冷却中可以用淡水冰，也可以用海水冰。碎冰冷却用于鱼保鲜，使鱼湿润、有光泽，无干耗。但碎冰使用中易重新结块，并且由于其不规则形状，易对鱼体造成损伤。

第三节　食品冻结方法与装置

食品冻结的目的是移去食品中的显热和潜热，在规定的时间内将食品的温度降低到冻结点以下，使食品中的可冻水分全部冻结成冰。达到冻结终了温度后，送往冻结物冷藏间贮藏。因为食品可近似看作溶液，而溶液在冻结的过程中，随着固相冰不断析出，剩余液相溶液的浓度不断提高，冰点不断下降，其完全冻结温度远低于0℃。对于食品，因含有多种成分，冻结过程从最高冻结温度（或称初始冻结温度）开始，在较宽的温度范围内不断进行，一般至－40℃才完全冻结（有的个别食品到－95℃还没有完全冻结）。目前，国际上推荐的冻结温度一般为－18℃或－40℃。冻结食品中微生物的生命活动及酶的生化作用均受到抑制，水分活度下降，冷冻食品可以作长期贮藏。

一、食品的冻结方法

1. 冻结的基本方式　按食品在冷却、冻结过程中放出的热量被冷却介质（气体、液体或固体）带走的方式进行分类。

（1）鼓风式冻结　用空气作冷却介质强制循环对食品进行冻结，是目前应用最广泛的一种冻结方法。由于空气的表面传热系数较小，在空气自然循环中冻结很慢。增大风速，能使冻品表面传热系数增大，可加快冻结。风速与冻结速度的关系见表6-9。纵向强制空气循环冻结法如图 6-11 所示。

表 6-9　风速与冻结速度的关系

风速/（m/s）	表面传热系数/［W/（m²·K）］	冻结速度增加的百分比/%
0	5.8	0
1	10.0	72
1.5	12.1	109
2	14.2	145
3	18.4	217
4	22.6	290
5	27.4	372
6	30.9	432

注：冻品为 7.5cm 厚的板状食品。

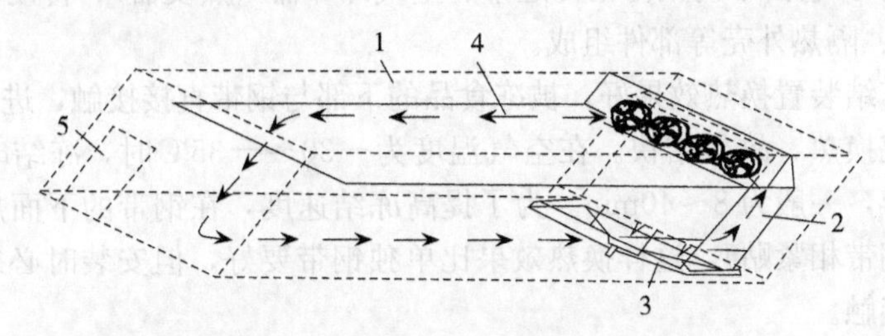

图 6-11　纵向强制空气循环冻结法示意

1. 冻结室的隔热外墙　2. 冷风机　3. 冷风机水盘　4. 吊顶　5. 门

（2）接触式冻结　这种冻结方法的特点是将被冻食品放置在两块金属平板之间，依靠导热来传递热量。由于金属的热导率比空气的表面传热系数大数十倍，故接触式冻结法的冻结快。它主要适用于冻结块状或规则形状的食品。

半接触式冻结法主要是指被冻食品的下部与金属板直接接触，靠导热传递热量。上部由空气强制循环，进行对流换热，加快食品冻结。如图 6-12 所示。

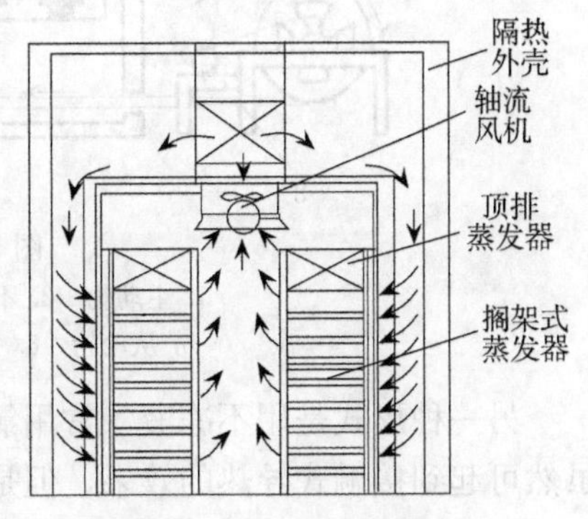

图 6-12　半接触式冻结法示意

（3）液化气体喷淋冻结　又称为深冷冻结。这种冻结方法的主要特点，是将液态氮或液态二氧化碳直接喷淋在食品表面进行急速冻结。用液氮或液态二氧化碳冻结食品时，其冻结很快，冻品质量也高，但要注意防止食品的冻裂。

（4）沉浸式冻结　沉浸式冻结的主要特点是将被冻食品直接沉浸在不冻液（盐水、乙二醇、丙二醇、酒精溶液或糖溶液）中进行冻结。由于液体的表面传热系数比空气的大好几十倍，故沉浸式冻结法的冻结快，但不冻液需要满足食品卫生要求。

2. 快速冻结与慢速冻结　国际制冷学会对食品冻结速度的定义做了如下规定：食品表面至热中心点的最短距离与食品表面温度达到 0℃后，食品热中心点的温度降至比冻结点低 10℃所需时间之比，称为该食品的冻结速度 v（cm/h）。

快速冻结，$v \geq 5 \sim 20$cm/h；

中速冻结，$v \geq 1 \sim 5$cm/h；

慢速冻结，v=0.1～1cm/h。

目前国内使用的各种冻结装置，由于性能不同，冻结速度差别很大。一般鼓风式冻结装置，冻结速度为0.5～3cm/h，属中速冻结；流态化冻结装置冻结速度为5～10cm/h，液氮冻结装置冻结速度为10～100cm/h，均属快速冻结装置。

二、食品的冻结装置

1. 鼓风式冻结装置 鼓风式冻结装置发展很快、应用很广，有间歇式、半连续式、连续式三种基本形式。在气流组织、冻品的输送传递方式上，均有不同的特点与要求，因此就有不同形式的冻结装置。下面介绍几种连续式鼓风冻结装置。

（1）钢带连续式冻结装置 这种冻结装置是在连续式隧道冻结装置的基础上发展起来的，如图6-13所示。它由不锈钢薄钢传送带、空气冷却器（蒸发器）、传动轮（主动轮和从动轮）、调速装置、隔热外壳等部件组成。

钢带连续式冻结装置换热效果好。被冻食品的下部与钢带直接接触，进行导热换热，上部为强制空气对流换热，故冻结快。在空气温度为－30～－35℃时，冻结时间随冻品的种类、厚度不同而异，一般为8～40min。为了提高冻结速度，在钢带的下面加设一块铝合金平板蒸发器（与钢带相紧贴），这样换热效果比单独钢带要好，但安装时必须注意钢带与平板蒸发器的紧密接触。

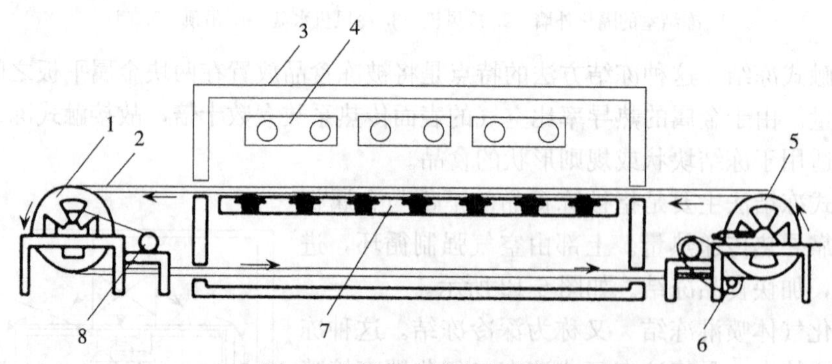

图6-13 钢带连续式冻结装置

1. 主动轮 2. 不锈钢传送带 3. 隔热外壳 4. 空气冷却器
5. 从动轮 6. 钢带清洗器 7. 平板蒸发器 8. 调速装置

另一种形式是用不冻液（常用氯化钙水溶液）在钢带下面喷淋冷却，代替平板蒸发器。虽然可起到接触式导热的效果，但是不冻液盐水系统需增加盐水蒸发器、盐水泵、管道、喷嘴等许多设备，同时盐水对设备的腐蚀问题需要很好解决。

由于网带或钢带传动的连续冻结装置占地面积大，进一步研究开发出多层传送带的螺旋式冻结装置。这种传送带的运动方向不是水平的，而是沿圆周方向做螺旋式旋转运动，这就避免了水平方向传动因太长而造成占地面积大的缺点。

（2）螺旋式冻结装置 这种装置如图6-14所示。它主要由转筒、不锈钢网带（传送带）、空气冷却器（蒸发器）、网带清洗器、变频调速装置、隔热外壳等部件组成。不锈钢网带的一侧紧靠在转筒3上。靠摩擦力和转筒的传送力，使网带随着转筒一起运动。网带需专门设计，它既可直线运行，也可缠绕在转筒的圆周上在转筒的带动下做圆周运动。当网带脱离转筒后，依靠链轮带动。因此，虽然网带很长，网带的张力却很小，动力消耗不大。网带的速度由变频调速装置 6 进行无级调速。冻结时间可在 20min 至 2.5h 范围内变化，故可适应多种冻品的要求，从食品原料到各种调理食品，都可在螺旋冻结装置中进行冻结，这是一种发展前途很大的连续冻结装置。

图 6-14 所示为单螺旋式结构，若不锈钢网带（传送带）很长，冻结装置将很高，操作不方便，并且冻品出冻时，容易造成机械损伤。因而开发出了图 6-15 所示的双螺旋式结构，使冻品进出时，均处于相同水平位置，避免了上述缺点。

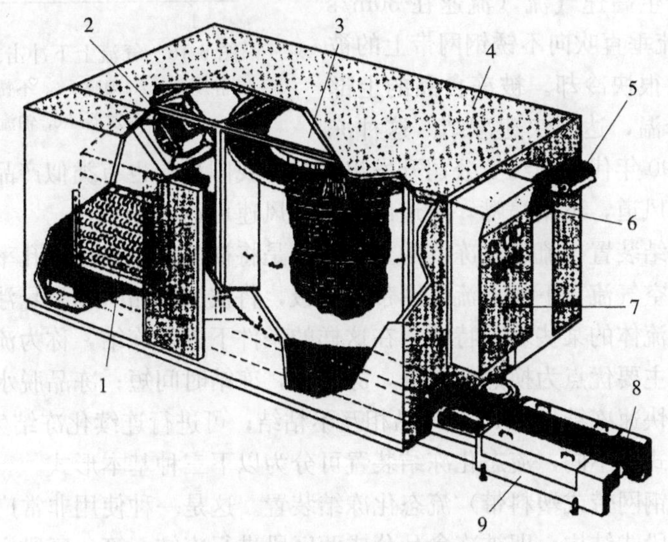

图 6-14　螺旋式冻结装置（单螺旋式结构）

1. 蒸发器　2. 轴流风机　3. 转筒　4. 隔热外壳　5. 出冻口
6. 变频调速装置　7. 电器控制箱　8. 进冻口　9. 传送带清洗器

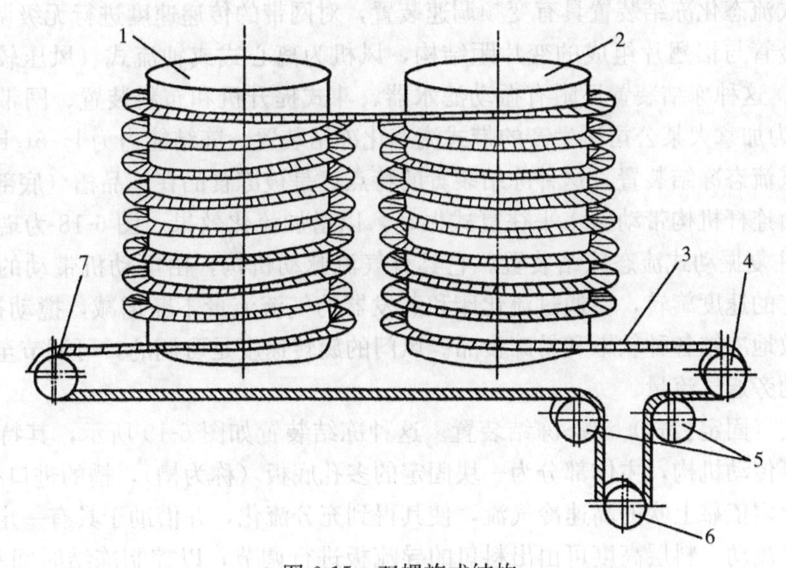

图 6-15　双螺旋式结构

1. 上升转筒　2. 下降转筒　3. 不锈钢网带（传送带）
4、7. 出冻链轮　5. 固定轮　6. 张紧轮

（3）气流上下冲击式冻结装置　气流上下冲击式冻结装置如图 6-16 所示。它是连续式隧道冻结装置的一种最新形式，因其在气流组织上的特点而得名。在这种冻结装置中，由空气冷却器吹出的高速冷空气，分别进入上、下两个静压箱。在静压箱内，气流速度降低，由动压转变为静压，并在出口处装有许多喷嘴，气流经喷嘴后，又产生高速气流（流速在 30m/s 左右）。此高速气流垂直吹向不锈钢网带上的被冻食品，使其表层很快冷却。被冻食品的上部和下部都能均匀降温，达到快速冻结。这种冻结装置是 20 世纪 90 年代美国约克公司开发出来的。我国目前也有类似产品，并且将静压箱出口处设计为条形风道，不用喷嘴，风道出口处的风速可达 15m/s。

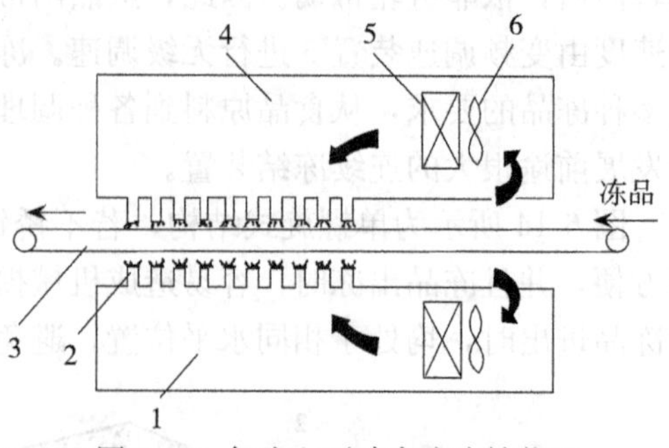

图 6-16　气流上下冲击式冻结装置
1、4. 静压箱　2. 喷嘴　3. 不锈钢网带（传送带）
5. 蒸发器　6. 轴流风机

（4）流态化冻结装置　流态化冻结的主要特点是将被冻食品放在开孔率较小的网带或多孔槽板上，高速冷空气流自下而上流过网带或槽板，将被冻食品吹起呈悬浮状态，使固态被冻食品具有类似于流体的某些表现特性。在这样的条件下进行冻结，称为流态化冻结。

流态化冻结的主要优点为换热效果好，冻结快，冻结时间短；冻品脱水损失少，冻品质量高；可实现单体快速冻结（IQF），冻品相互不粘结；可进行连续化冻结生产。

按机械传送方式的不同，流态化冻结装置可分为以下三种基本形式。

①带式（不锈钢网带或塑料带）流态化冻结装置。这是一种使用非常广泛的流态化冻结装置，大多采用两段式结构，即被冻食品分成两区段进行冻结。第一区段主要为食品表层冻结，使被冻食品进行快速冷却，将表层温度很快降到冻结点并冻结，使颗粒间或颗粒与转送带间呈离散状态，彼此互不粘结；第二区段为冻结段，将被冻食品冻结至热中心温度－15～－18℃。带式流态化冻结装置具有变频调速装置，对网带的传递速度进行无级调速。蒸发器多数为铝合金管与铝翅片组成的变片距结构，风机为离心式或轴流式（风压较大，一般在 490Pa 左右）。这种冻结装置还附有振动滤水器、斗式提升机和布料装置、网带清洗器等设备。图 6-17 为加拿大某公司所生产的带式流态化冻结装置。冻结能力为 l～5t/h。

②振动式流态冻结装置。这种冻结装置的特点，是被冻食品在冻品槽（底部为多孔不锈钢板）内，由连杆机构带动做水平往复式振动，以增加流化效果。图 6-18 为瑞典某公司生产的 MA 型往复振动式流态冻结装置。它具有气流脉动机构，由电动机带动的旋转式风门组成，按一定的速度旋转，使通过流化床和蒸发器的气流流量不断增减，搅动被冻食品层。从而可更有效地冻结各种软嫩和易碎食品。风门的旋转速度是可调的，可调节至各种被冻食品的最佳脉动旁通气流量。

③斜槽式（固定板式）流态冻结装置。这种冻结装置如图 6-19 所示，其特点是无传送带或振动筛等传动机构，主体部分为一块固定的多孔底板（称为槽），槽的进口稍高于出口，被冻食品在槽内依靠上吹的高速冷气流，使其得到充分流化，并借助于具有一定倾斜角的槽体，向出料口流动。料层高度可由出料口的导流板进行调节，以控制冻结时间和冻结能力，这种冻结装置具有构造简单、成本低、冻结快、流化质量好、冻品温度均匀等特点。在蒸发温度－40℃以下、垂直向上风速为 6～8m/s、冻品间风速为 1.5～5m/s 时，冻结时间为 5～

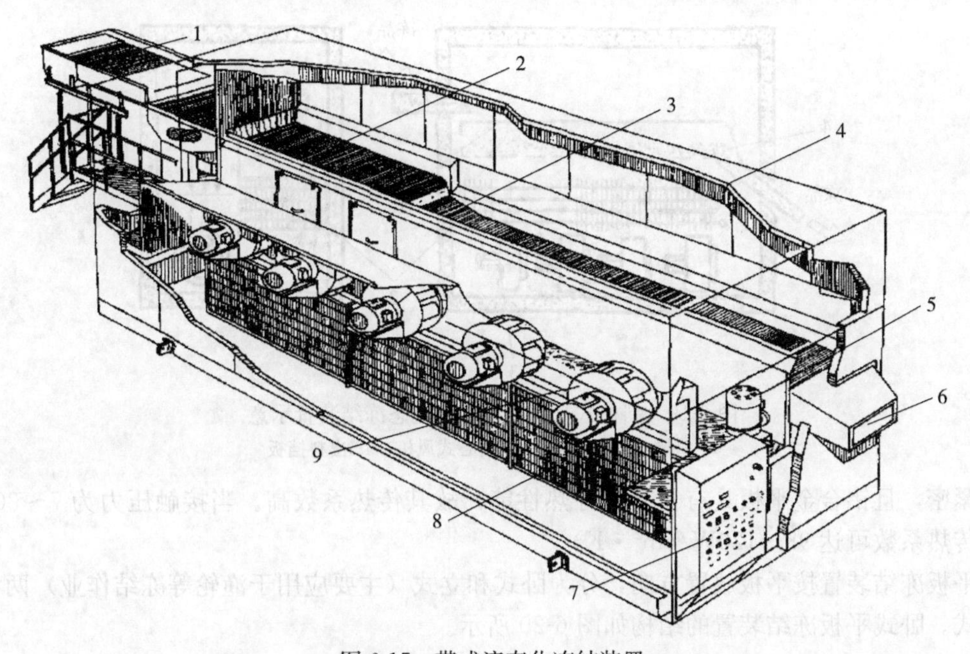

图 6-17　带式流态化冻结装置

1. 振动布料进冻口　2. 表层冻结段　3. 冻结段　4. 隔热箱体　5. 网带传动电动机
6. 出冻口　7. 电控柜及显示器　8. 蒸发器　9. 离心式风机

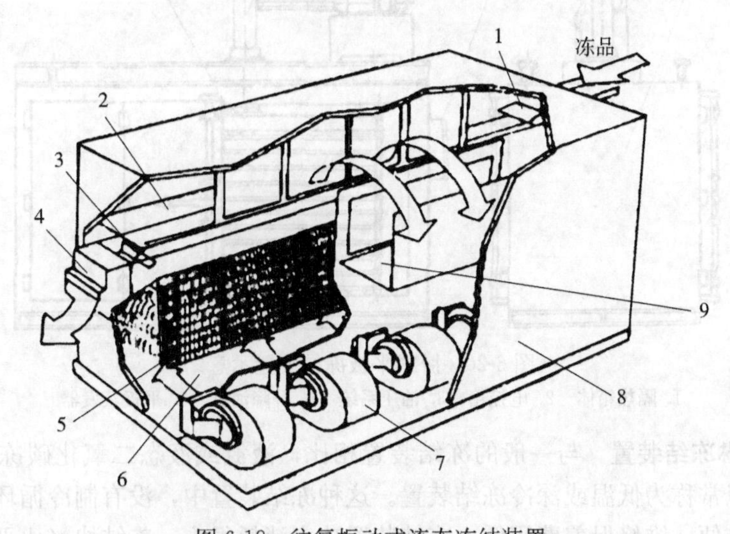

图 6-18　往复振动式流态冻结装置

1. 布料振动器　2. 冻品槽　3. 出料挡板　4. 出冻口　5. 蒸发器
6. 静压箱　7. 离心式风机　8. 隔热箱体　9. 观察台

10min。这种冻结装置的主要缺点是风机功率大，风压高（一般为 980～1370Pa），冻结能力较小。

2. 接触式冻结装置　平板冻结装置是接触式冻结方法中最典型的一种。它由多块铝合金为材料的平板蒸发器组成，平板内有制冷剂循环通道。平板进出口接头由耐压不锈钢软管连接。平板间距的变化由油压系统驱动进行调节，将被冻食品紧密压紧。由于食品与平板间

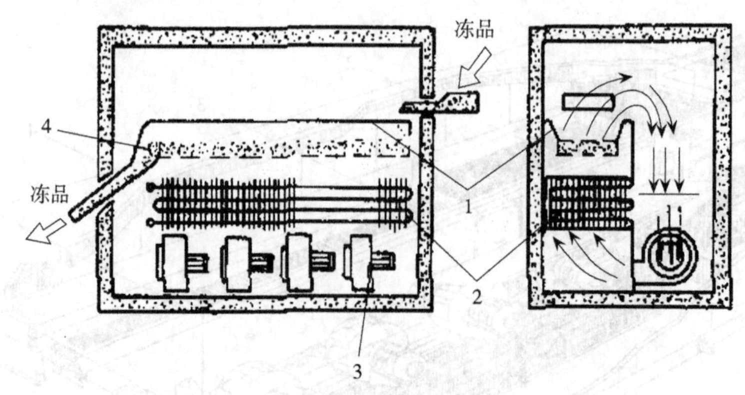

图 6-19　斜槽式（固定板式）流态冻结装置示意
1. 斜槽　2. 蒸发器　3. 离心式风机　4. 出料挡板

接触紧密，且铝合金平板具有良好的导热性能，故其传热系数高。当接触压力为 7～30kPa 时，传热系数可达 98～120W/(m^2·K)。

平板冻结装置按平板放置方向，分为卧式和立式（主要应用于渔轮等冻结作业）两种基本形式。卧式平板冻结装置的结构如图 6-20 所示。

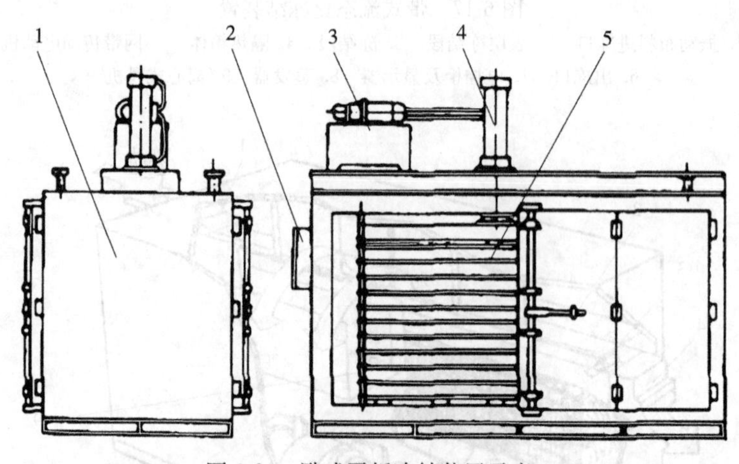

图 6-20　卧式平板冻结装置示意
1. 隔热箱体　2. 电控箱　3. 油压系统　4. 升降油缸　5. 平板蒸发器

3. 液氮喷淋冻结装置　与一般的冻结装置相比，液氮或液态二氧化碳冻结装置的冻结温度更低，所以常称为低温或深冷冻结装置。这种冻结装置中，没有制冷循环系统，冻结设备简单，操作方便，维修保养费用低，冻结装置功率消耗很小，冻结快（比平板冻结装置快 5～6 倍），冻品脱水损失少，冻品质量高。液氮喷淋冻结装置如图 6-21 所示。它由三个区段组成，即预冷段、液氮喷淋段和冻结均温段。液氮的汽化潜热为 198.9kJ/kg，比定压热容为 1.034kJ/(kg·K)，沸点为－195.8℃。从沸点到－20℃所吸收的总热量为 381kJ/kg，其中从－195.8℃的氮气升温至－20℃时，吸收的热量为 182kJ/kg，约与汽化潜热相等，这是液氮的一个特点。在实际应用时，这部分冷量不要浪费掉。液氮冻结装置的主要缺点是冻结成本高，比一般鼓风冻结装置高 4 倍左右，主要是因为液氮的成本较高。此外，液氮的消耗量大，对 50mm 厚的食品，经 10～30min 即可完成冻结。冻结后食品表面温度为－30℃，热中心温度达－20℃。一般1kg冻品液氮消耗量为0.9～2kg。

还有一种液氮喷淋与空气鼓风相结合的冻结装置，被冻食品先经液氮喷淋，使其表层很快冻结，这样可减少脱水损耗；然后再进入鼓风式冻结装置，完成产品冻结过程。这样的冻结装置，可使冻结能力增大，液氮的消耗量也可减少。

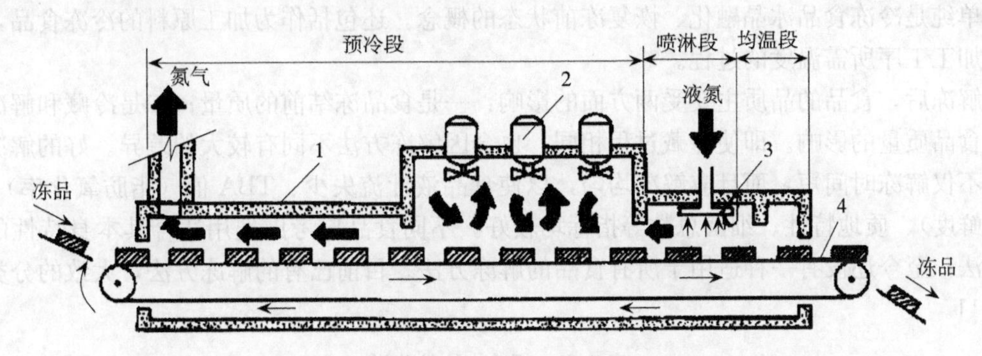

图6-21 液氮喷淋冻结装置示意

1. 隔热箱体 2. 轴流风机 3. 液氮喷嘴 4. 传送带

第四节 食品解冻方法与装置

冻结食品在消费或加工前必须解冻，解冻可分为半解冻（－3～－5℃）和完全解冻，视解冻后的用途来选择。冻结食品的解冻是将冻品中的冰结晶融化成水，力求恢复到原先未冻结前的状态。解冻是冻结的逆过程。作为食品加工原料的冻结品，通常只需要升温至半解冻状态。

解冻过程虽然是冻结过程的逆过程，但解冻过程的温度控制比冻结过程困难得多，也很难达到高的复温速率。这是因为在解冻过程中，样品的外层首先被融化，供热过程必须先通过这个已融化的液体层；而在冻结过程中，样品外层首先被冻结，吸热过程通过的是冻结层。表6-10列出冰和水的一些热物理性质的数据。由表可见，冰的比热容只有水的一半，热导率却为水的4倍，热扩散率为水的8.6倍。因此，冻结过程的传热条件要比融化过程好得多，在融化过程中，很难达到高的复温速率。此外，在冻结过程中，人们可以将库温降得很低，以增大与食品的温度差来加强传热，提高冻结速率。可在融化过程中，外界温度却受到食品的限制，否则将导致组织破坏。所以融化过程的热控制要比冻结过程更为困难。

表6-10 0℃水和冰的一些热物理性质

状态	密度/（kg/m^3）	比热容/［kJ/（kg·K）］	热导率/［W/（m·K）］	热扩散率/（m^2/s）
冰	917	2.120	2.24	11.5×10^{-7}
水	999.87	4.2177	0.561	1.33×10^{-7}

一、食品的解冻方法

解冻是食品冷加工后不可缺少的环节。由于冻品在自然条件下也会解冻，所以解冻这一环节往往不被人们重视。然而，要使冷冻食品经冻结、冷藏以后，尽可能地保持其原有的品质，就必须重视解冻这一环节。这对于需要大量冻品解冻后进行深加工的企业尤为重要。在解冻的终温方面，作为加工原料的冷冻肉和冷冻水产品，只要求其解冻后适宜下一加工工序（如分割）的需要即可。冻品的中心温度升至−5℃左右，即可满足上述要求。此时，冷冻食品内部接近中心的部位，冰晶仍然存在，尚未发生相变，但仍可以认为解冻已经完成。解冻已不单纯是冷冻食品冰晶融化、恢复冻前状态的概念。还包括作为加工原料的冷冻食品，升温到加工工序所需温度的过程。

解冻后，食品的品质主要受两方面的影响：一是食品冻结前的质量；二是冷藏和解冻过程对食品质量的影响。即使冷藏过程相同，也会因解冻方法不同有较大的差异。好的解冻方法，不仅解冻时间短，而且应解冻均匀，以使食品液汁流失少、TBA值（脂肪氧化率）、*K*值（鲜度）、质地特性、细菌总数等指标均较好。不同食品应考虑选用适合其本身特性的解冻方法，至今还没有一种适用于所有食品的解冻方法。目前已有的解冻方法，大致的分类见表6-11。

表6-11　解冻方法的分类

序号	空气解冻法	水解冻法	电解冻法	其他解冻法
1	静止空气解冻（低温微风型空气解冻）	静水浸渍解冻	红外辐射解冻	接触传热解冻
2	流动空气解冻	低温流水浸渍解冻	高频解冻	高压解冻
3	高湿度空气解冻	水喷淋解冻	微波解冻	
4	加压空气解冻	水浸渍和喷淋结合解冻	低频解冻	
5		水蒸气减压解冻	高压静电解冻	

此外，还有其他的分类方法。如按照解冻速度不同，可以分为慢速解冻、快速解冻；按照是否有热源，分为加热解冻、非热解冻，或称为外部加热解冻、内部加热解冻等。下面介绍几种典型解冻方法及相应的解冻装置。

二、食品的解冻装置

1. 空气解冻　这是以空气为传热介质的解冻方法，它又分为以下几种类型。

（1）静止空气解冻（低温微风型空气解冻）　它是将冷冻食品（如冻肉）放置在冷藏库（通常库温控制在4℃左右）内，利用低温空气的自然对流来解冻。一般冻牛胴体在这样的库内4～5d可以完全解冻。

（2）流动空气解冻　这是通过加快低温空气的流速来缩短解冻时间的方法。解冻一般也在冷藏库内进行，用0～5℃、相对湿度为90%左右的湿空气（可另加加湿器），利用冷风机使气体以1m/s左右的速度流过冻品，解冻时间一般为14～24h。可以全解冻也可以半解冻。图6-22为能控制温、湿度的流动空气解冻装置。

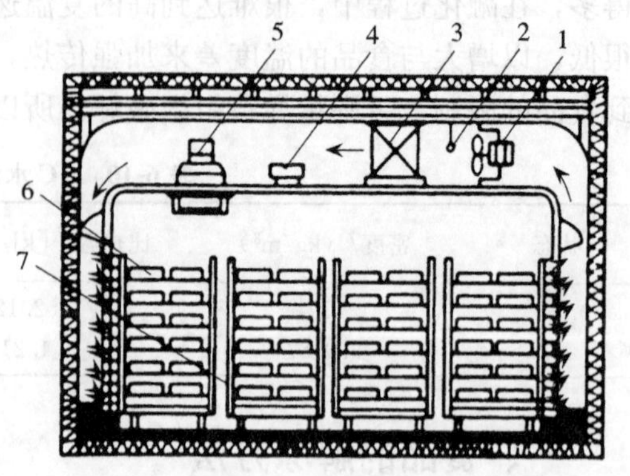

图6-22　低温加湿流动空气解冻装置
1. 风机　2. 杀菌灯　3. 冷风机　4. 加热器　5. 加湿器　6. 鱼块　7. 鱼车

(3) 高湿度空气解冻　这是利用高速、高湿的空气进行解冻的方法。该方式采用高效率的空气与水接触装置，让循环空气通过多层水膜，水温与室内空气温度相近，充分加湿，空气湿度可达98%以上，空气温度可在−3～20℃范围调节，并以2.5～3.0m/s的风速在室内循环。这种解冻方法，使解冻过程中的干耗大大减少，而且可以防止解冻后冻品色泽变差。图6-23所示是高湿度空气解冻装置，图6-24所示是这种装置的原理。在这种装置中，设有能逆转的气流调节器，可以定时改变冷风方向，以使解冻均匀，而且加湿装置还起一个清洁、净化室内循环空气的作用。解冻过程可以自动完成，只要事先设定解冻过程中温度变化程序（由冻品数量、种类、大小确定）即可。当被解冻品的中心温度达到所要求的温度后，可自动调节到冰温贮藏状态。

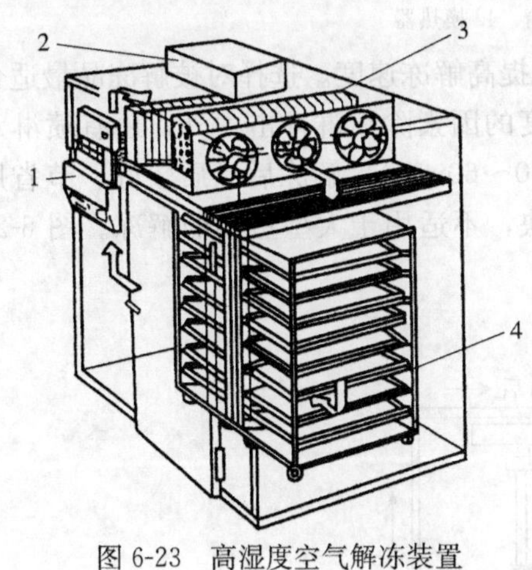

图6-23　高湿度空气解冻装置

1. 控制箱　2. 给水装置　3. 室内换热器　4. 手推车

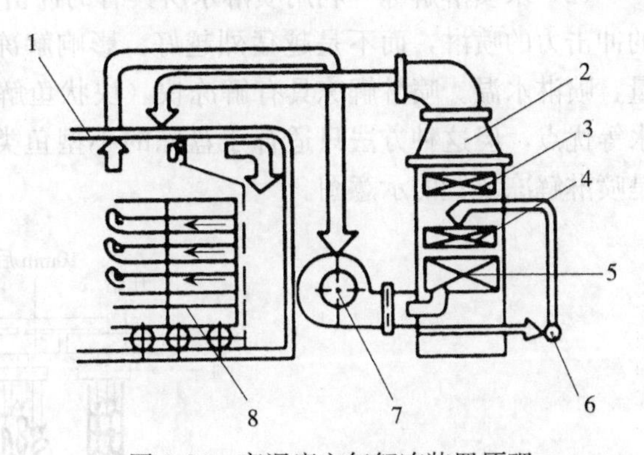

图6-24　高湿度空气解冻装置原理

1. 解冻室　2. 加湿塔　3. 空气净化器　4. 气液接触装置　5. 换热器　6. 泵　7. 风机　8. 手推车

(4) 加压空气解冻　铁制的筒形容器内，通入压缩空气，压力一般为0.2～0.3MPa，容器内温度为15～20℃，空气流速为1～1.5m/s。这种解冻方法的原理：由于压力升高，使冻品的冰点降低，冰的溶解热和比热容减小，而热导率增加。这样，在同样解冻介质温度条件下，它就易于融化，同时又在容器内槽以上流动空气，就将加压和流动空气组合起来，因压力和风速，使热交换表面的传热状态改善，使解冻速度得以提高。如对冷冻鱼糜，其解冻速度为室温（25℃）时的五倍。

2. 水解冻　这是以水为传热介质的解冻方法。它与空气相比，解冻快，无干耗。水解冻的分类如下。

(1) 水浸渍解冻　一种为低温流水解冻。将解冻品浸没于流动的低温水中，使其解冻。解冻时间由水温、水的流速决定。空载时，槽内水流速为0.25m/s，每隔5min，水流流向改变一次，水温由换热器保持一定的温度，一般保持在5～12℃。若用于冷冻水产品的解冻只需1～2h；若用18℃以下、流速为0.01m/s的水解冻，则需4h，图6-25是低温流水解冻装置，它是将多个水槽连在一起，每个槽的两端设有除鳞网，槽底一端装有螺旋桨，用以改变水流流向。根据解冻品的数量，确定槽的长短。

另一种为静水解冻。将解冻品浸没于静止水中进行解冻。其解冻速度与水温、解冻品量和水量有关。如将重20kg、厚15cm的冻肉（中心温度为−14.5℃）投入0.5m×0.5m×

1.10m 的水箱中，解冻时间约 15h。

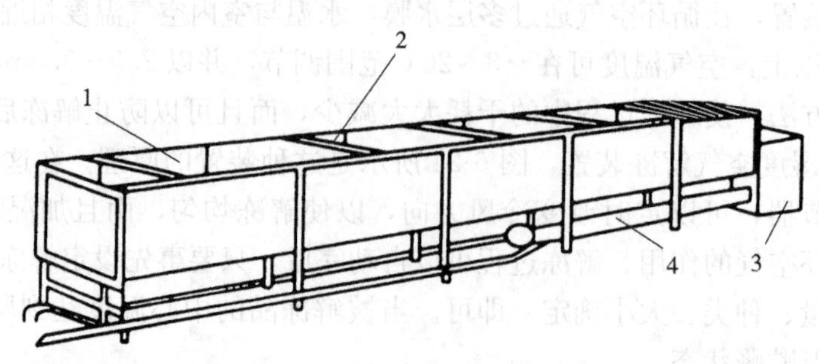

图 6-25　低温流水解冻装置

1. 水槽　2. 除鳞网　3. 控制箱　4. 换热器

（2）水喷淋解冻　利用喷淋水所具有的冲击力来提高解冻速度。选择对被解冻品最适合的冲击力的喷淋，而不是越猛烈越好。影响解冻速度的因素除喷淋冲击力外，还有喷淋水量、喷淋水温。喷淋解冻具有解冻快（块状鱼解冻 30～60min）、解冻后品质较好、节省用水等优点，但这种方法只适合于盘冻的小型鱼类冻块，不适用于大型鱼类的解冻。图 6-26 是喷淋解冻装置的示意图。

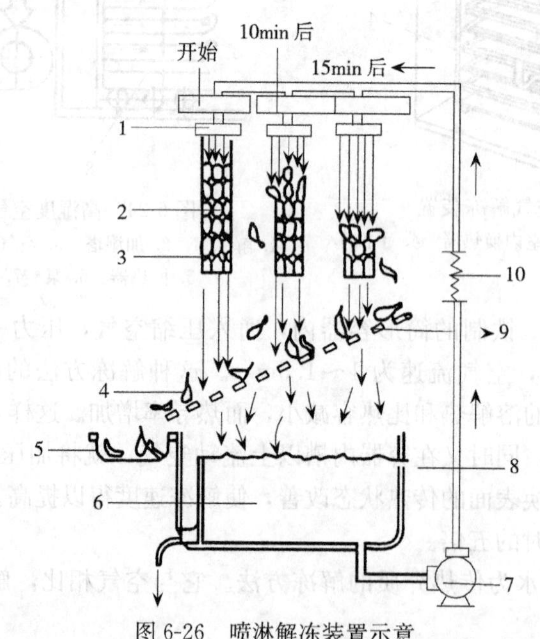

图 6-26　喷淋解冻装置示意

1. 喷淋器　2. 冻虾块　3. 冰　4. 虾　5. 移动盘
6. 水槽　7. 水泵　8. 进水口　9. 滑道　10. 加热器

（3）水浸渍和喷淋相结合的解冻　将水喷淋和浸渍两种解冻形式结合在一起，以提高解冻速度，提高解冻品的质量。图 6-27 为浸渍和喷淋组合解冻装置。鱼块由进料口进入传送带上的网篮，经喷淋再浸渍解冻，到出料口时，解冻已完成。

3. 水蒸气减压解冻　水蒸气减压解冻又称为真空解冻。在低压下，水在低温即会沸腾，产生的水蒸气遇到更低温度的冻品时，就会在其表面凝结成水珠，这个过程会放出凝结潜热。该热量被解冻品吸收，使其温度升高而解冻。这种解冻方法适用的品种多，解冻快，无

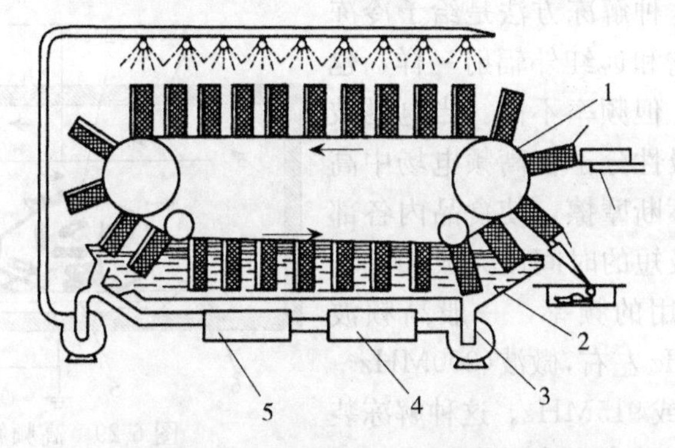

图 6-27　浸渍和喷淋组合解冻装置

1. 传送带　2. 水槽　3. 水泵　4. 过滤器　5. 加热器

解冻过热。图 6-28 是该种解冻装置示意图。该装置是圆筒状容器，一端是冻品进出的门，冻品放在小车上推入，容器顶上用水封式真空泵抽真空，底部盛水。当容器内压力为 2.3kPa 时，水在 20℃低温下即沸腾，产生的水蒸气在冻品表面凝结时，放出 2450kJ/kg 热量。当水温较低时产生的水蒸气的量就会减少，这时可以用水中浸没的蒸汽管进行加热。

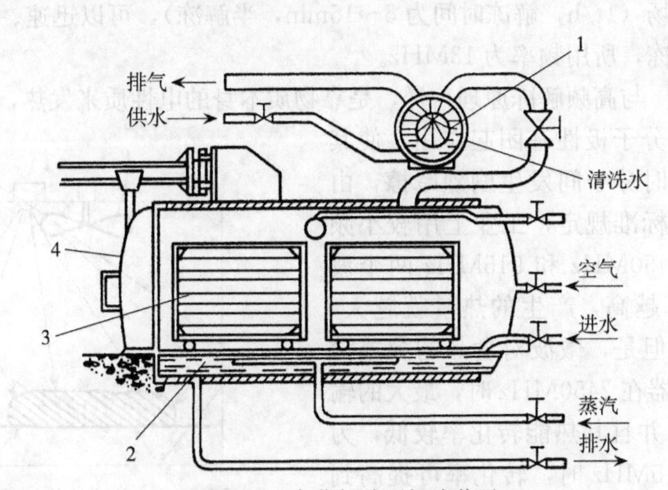

图 6-28　水蒸气减压解冻装置

1. 水封式真空泵　2. 水槽　3. 食品车　4. 食品出入门

4. 电解冻　以空气或水为传热介质进行解冻，是将热量通过传导、对流或辐射的方法，使食品升温，热量是从冷冻食品表面导入的，而电解冻属于内部加热。

电解冻种类很多，具有解冻快、解冻后品质下降少等优点。

（1）远红外解冻　这种解冻方法目前在肉制品解冻中已有一定的应用。构成物质的分子总以自己的固有频率在运动，当投射的红外辐射频率与分子固有频率相等时，物质就具有最大的吸收红外辐射的能力，要增大红外辐射穿透力，辐射能谱必须偏离冻品主吸收带，以非共振方式吸收辐射能。对冻品深层的加热，主要靠热传导方式。根据肉类食品红外吸收光谱的特点，投射到冻品表面波长 2～25m 的红外辐射，除少量在表面被反射外，其余全部被食品吸收，并使其中水分子振动，产生内部能量，促使冻品解冻。目前多用于家用远红外烤箱中食品解冻。

（2）高频解冻　这种解冻方法是给予冷冻品高频率的电磁波。它和远红外辐射一样，也是将电能转变为热能，但频率不同。当电磁波照射食品时，食品中极性分子在高频电场中高速反复振荡，分子间不断摩擦，使食品内各部位同时产生热量，在极短的时间内完成加热和解冻。电磁波加热使用的频率，一般高频波（1～50MHz）是10MHz左右，微波（300MHz～30GHz）是2450MHz或915MHz。这种解冻装置如图6-29所示。电磁波穿过食品表面内部照射时，随穿透深度加大，能量迅速衰减。穿透深度与电磁波频率成反比，所以高频波的穿透深度是微波的5～14倍，比微波解冻还要快；同时，因为高频解冻时，随冻品温度的上升，介电常数增加很快，高频电压渐渐难以作用于冻品，不会发生如微波解冻那样，使冻品局部过热的现象。－2～－3℃以上时，高频感应失去解冻作用，所以装置中设一冷却器，以控制环境温度。目前，国内外已有30kW左右的高频解冻设备投放市场（1t/h，解冻时间为5～15min，半解冻），可以迅速、大量地对冻肉或其他冻制品进行解冻，所用频率为13MHz。

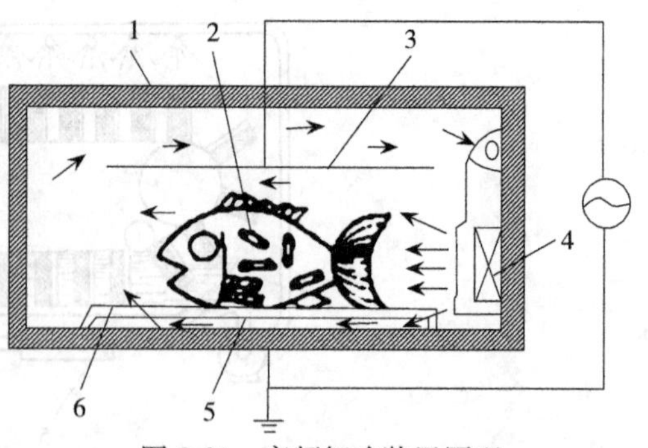

图6-29　高频解冻装置原理
1. 箱体　2. 冷冻品　3、5. 电极　4. 冷却器　6. 物台

（3）微波解冻　与高频解冻原理一样，是靠物质本身的电性质来发热，利用电磁波对冻品中的高分子和低分子极性基团起作用，使其发生高速振荡，同时分子间发生剧烈摩擦，由此产生热量。国家标准规定，工业上用较小频率的微波，只有2450MHz和915MHz两个波带。微波加热频率越高，产生的热量就越大，解冻也就越迅速。但是，微波对食品的穿透深度较小。微波发生器在2450MHz时，最大的输出功率只有6kW，并且其热能转化率较低，为50%～55%。在915MHz时，转化率可提高到85%，可实现30～60kW的输出功率。微波加热解冻装置如图6-30所示。

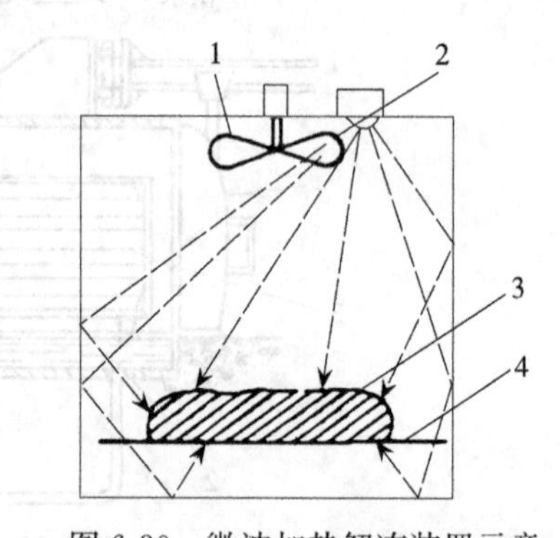

图6-30　微波加热解冻装置示意
1. 风机　2. 微波发生器　3. 被解冻品　4. 载物台

（4）低频解冻　又称欧姆加热解冻、电阻加热解冻。这种方法将冻品作为电阻，靠冻品的介电性质产生热量，所用电源为50～60Hz的交流电。示意图如图6-31所示。欧姆加热解冻是将电能转变为热能，通电使电流贯穿冻品容积时，将容积转化为热量。加热穿透深度不

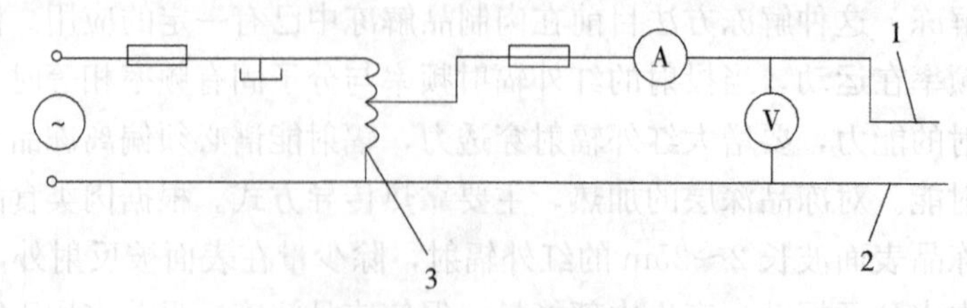

图6-31　低频解冻装置示意
1. 活动电极　2. 固定电极　3. 自耦变压器

受冻品厚度的影响。这与高频解冻、微波解冻不同，加热量由冻品的电导和解冻时间决定，低频解冻比空气和水解冻快2～3倍，但只能用于表面平滑的块状冻品解冻，冻品表面必须与上下电极紧密接触，否则解冻不均匀，并且易发生局部过热现象。

（5）高压静电解冻　高压静电（电压为5000～10 000V）强化解冻，是一种有开发应用前景的解冻新技术。据报道，日本已应用于肉类解冻。这种解冻方法是将冻品放置于高压电场中，电场设置在0～－3℃的低温环境中，以食品为负极，利用电场效应，使食品解冻。据报道，在环境温度－1～－3℃下，7kg金枪鱼解冻，从中心温度－20℃升至中心温度－4℃约需4h，且一个显著优点是内外解冻均匀。

5. 其他解冻方法

（1）接触加热解冻　这是将冷冻食品与传热性能优良的铝板紧密接触，铝制中空水平板中流动着温水，冻品夹在上下水平铝板间解冻。接触加热解冻装置的结构，与接触冻结装置相似，中空铝板与冻品接触的另一侧带有肋片，以增大传热面积，装置中还设有风机。该装置示意如图6-32所示。

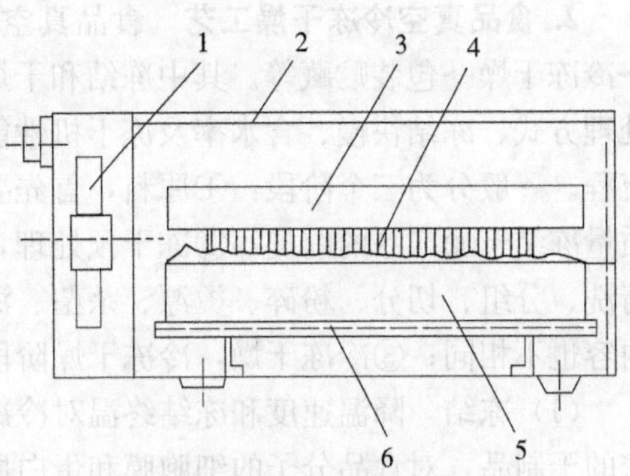

图6-32　接触加热解冻装置示意
1. 风机　2. 解冻室　3. 放热铝板（上）　4. 冻品　5. 放热铝板（下）　6. 液滴箱

（2）高压解冻　由水的固液平衡相图可知，存在一个高压低温水不冻区，加压200MPa，是水的最低冰点，小于该压力时，随着压力增大，冰点下降；反之则升高。对于高压冰，随温度降低（即对应平衡压力增高），高压冰的溶解热、比热容减小，热扩散率增大。与常压解冻不同的是，当对冻品加以高压时，原有的部分冰温度急剧下降，放出显热，转化为另一部分冰的溶解潜热，使其融化。该过程无需外界加入热量，所以降温迅速，同时使解冻温差增大。另外，由于高压冰融解热的减少、热扩散率的增大，使传热加快，而且压力可以瞬时均一传递到冻品内部，内外可同时快速解冻。高压解冻具有解冻快的优点，而且不会有加热解冻造成的食品热变性；高压还有杀菌作用，解冻后液汁流失少，色泽、硬度等指标均较好。有试验表明，对直径100mm、长200mm的冰块，在10℃的水中静置解冻，常压解冻需180min；加压120MPa和200MPa解冻只需20min和11.5min，可见高压解冻具有解冻快的特点。

第五节　食品真空冷冻干燥与装置

一、食品真空冷冻干燥的原理

食品真空冷冻干燥，简称冻干。一般是先将食品低温冻结，然后利用真空技术，将食品中的水分去除，使其干燥。

真空冷冻干燥技术起源于1811年，当时是用于生物材料的脱水。这种技术在食品加工中的应用，始于第二次世界大战期间。食品真空冷冻干燥工业虽然发展历史只有50多年，但发展很快，应用领域也越来越广。

1. 食品真空冷冻干燥原理　食品真空冷冻干燥时，首先将食品冻结，然后在高真空室内干燥。是一种低温、低压下具有移动相变边界的热质传输过程。冻结的方法一般有两种：自动法和预冻法。自动法是利用食品中水分蒸发时，吸收汽化潜热，促使食品温度下降，发生冻结。该种方法适用于对食品外观和形态要求不高的食品。预冻法是将食品先冻结，然后抽空干燥。通常的真空干燥，是将食品中的水分从液态转化成气态，冻结干燥则是从冰晶直接升华成水蒸气。

在冻结干燥过程中，单靠设备本身和外界的传热或辐射来获得热量，升华速度太低。为了提高干燥速度，在真空室内还装有加热系统。加热系统放出的热量，通过固体传导、辐射及内部气流的对流，传给食品，使其升温。加入的热量要恰当，既要保证一定的升华速度，又要防止食品中的冻结部分融化而降低产品质量。

2. 食品真空冷冻干燥工艺 食品真空冷冻干燥工艺流程大致如下；原料→冻干预处理→冷冻干燥→包装贮藏等。其中冻结和干燥两个过程是整个工艺的重点。由于食品种类、预处理方式、冻结快慢、含水率及冻干机性能等多种因素的影响，目前还没有一种通用的工艺流程。一般分为三个阶段：①原料，首先要选择优质的食品原料进行冻结干燥，这是获得高质量冻结干燥产品的前提；②冻干预处理，指冻结前对食品进行必要的物理、化学处理，如清洗、分组、切分、粉碎、烫漂、杀菌、添加抗氧化剂、浓缩等，食品原料不同，预处理的内容也不相同；③冷冻干燥，冷冻干燥阶段包括冻结、升华干燥和解吸干燥。

（1）冻结　降温速度和冻结终温对冷冻干燥速度有很大影响。快速冻结可以获得均匀致密的干制品，对食品分子的细胞膜和蛋白质破坏小。复水后食品弹性好、持水力强，但干燥过程中水蒸气有较大的扩散阻力。目前，冻结终温常选择比食品最大冻结浓度时的温度低5～10℃。表6-12列出的为部分果蔬食品最大冻结浓度时的温度。

表6-12　部分水果、蔬菜类食品最大冻结浓度时的温度

食品名称	最大冻结浓度时的温度/℃	食品名称	最大冻结浓度时的温度/℃
马铃薯	−12～−16	草莓	−33～−41
菜花	−25	苹果	−41
胡萝卜	−25.5	桃	−36.5
菠菜	−17	菠萝汁	−37.5
番茄	−41.5	苹果汁	−40.5
青豌豆	−27.5	柠檬汁	−43
甜玉米（漂烫）	−9.5	橘子汁	−37
香蕉	−35	白葡萄汁	−42.5

（2）升华干燥　又称为一次干燥，是利用升华的方法，去掉食品中的自由水。在这个阶段尽量使供给升华界面的热量，等于升华所需的热量，以保证食品冻结部分不融化，已干燥的部分不塌陷。

（3）解吸干燥　又称为二次干燥，是去除以吸附方式存在于食品中的结合水。因吸附的能量很大，所以在此阶段，必须提供足够的热量，同时又要保证食品不发生塌陷、焦化现象，并有合适的最终剩余水分，一般为2%～5%。

（4）包装贮藏　经过冷冻干燥的食品含水率很低，其多孔疏松结构极易吸湿和氧化，所以一定要进行包装。一般要求包装材料安全、无毒副作用、不吸湿、不透气、能遮光，有一定的机械强度，能满足机械充填、密封要求，并易于贮运和使用。经过包装的冷冻干燥食品，在条件允许的情况下，尽可能放置于低温环境中贮藏。如果贮藏温度偏高，极易出现结块、变色、塌陷等现象，从而影响贮藏期。

二、食品真空冷冻干燥装置

食品真空冷冻干燥设备是集真空、制冷、加热干燥、清洗消毒等多功能于一体的装置。

1. 食品真空冷冻干燥设备的分类

（1）间歇式真空冷冻干燥机　这种干燥机主要有两种形式：接触导热式和辐射传热式，如图 6-33 和图 6-34 所示。

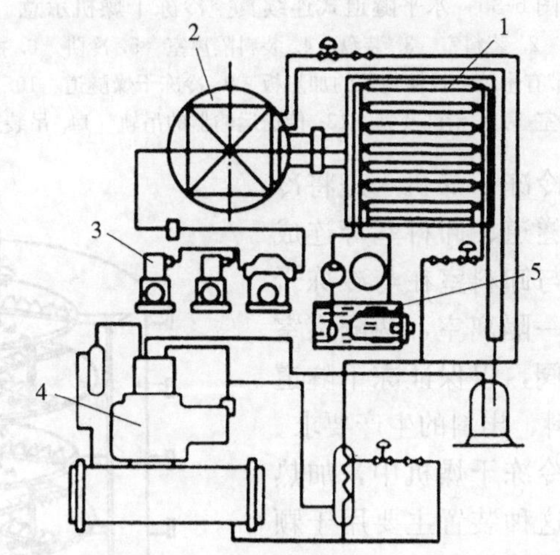

图 6-33　接触导热间歇式真空冷冻干燥机示意

1. 干燥箱　2. 冷阱　3. 真空系统　4. 制冷系统　5. 加热系统

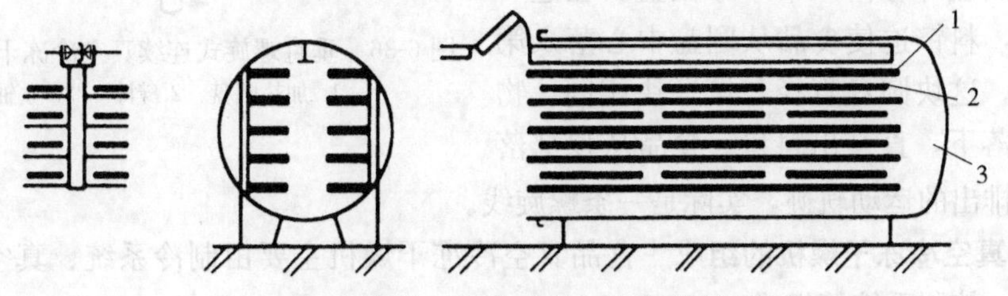

图 6-34　辐射传热间歇式真空冷冻干燥机示意

1. 加热板　2. 料盘和食品　3. 干燥箱

接触导热间歇式真空冷冻干燥机主要用于生物医药制剂、液体食品（如果汁）的生产。干燥箱内的多层搁板，既可以用来搁置被干燥的食品，也可以在食品预冻结时供冷和干燥时供热。它传热的主要方式是导热。

辐射传热间歇式真空冷冻干燥机，主要用于食品的冷冻干燥。干燥箱中也有多层加热板，但被干燥食品并不与之直接接触，而是盛在料盘中，用吊车（图 6-34）或小推车悬于上下两块加热板之间。热量是以辐射方式传递。

（2）连续式真空冷冻干燥机　目前较常见的连续式真空冷冻干燥机，主要有水平隧道式和垂直螺旋式两种，见图 6-35 和图 6-36。

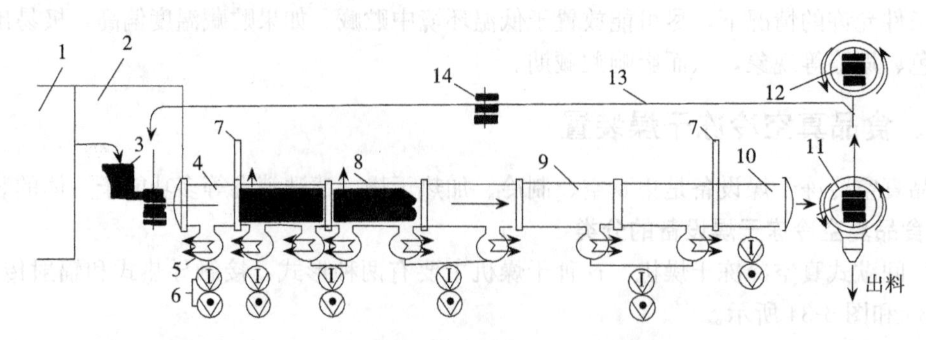

图 6-35　水平隧道式连续真空冷冻干燥机示意

1. 冷冻室　2. 装料室　3. 装盘　4. 装料隔离室　5. 冷阱　6. 抽气装置　7. 闸阀　8. 带有吊装、运输装置的加热板　9. 冷冻干燥隧道　10. 卸料隔离室　11. 卸料室　12. 清洗装置　13. 传送运输器的吊轨　14. 吊装运输器

水平隧道式连续真空冷冻干燥机，是将冷冻室、装料室、冷冻干燥隧道、卸料室等连成一线，水平布置。装料室与卸料室在与冷冻干燥隧道连接时，分别加设一隔离室，两隔离室与冻干隧道间又安装了闸阀，以保证冻干隧道中的真空度和满足连续进料、出料的生产要求。

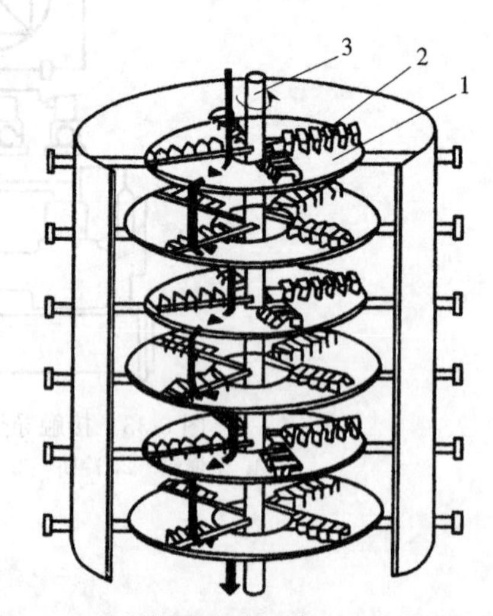

图 6-36　垂直螺旋式连续真空冷冻干燥机原理

1. 加热圆盘　2. 料铲　3. 立轴

垂直螺旋式连续真空冷冻干燥机中，加热圆盘大小错开垂直布置。这种装置主要用于颗粒状食品的冷冻干燥。已经冻结好的颗粒状食品，从上部落入顶部加热圆盘。干燥室中央立轴上装有带料铲的搅拌臂，立轴旋转时，料铲搅动食品从圆盘外缘落入下一小圆盘。在这一加热圆盘上，料铲迫使食品从圆盘中心落入第三块加热盘。这块圆盘直径与第一块相同，物料如此逐盘落下，直至出料口。食品从顶部落入，到底部排出的运动轨迹，实际是一条螺旋线。

2. 食品真空冷冻干燥机的组成　食品真空冷冻干燥机主要由制冷系统、真空系统、加热干燥系统、控制系统等组成。

（1）制冷系统　食品的预冻结可以在干燥箱外完成，也可在干燥箱内完成。对于在干燥箱内完成预冻结的真空冷冻设备，其制冷系统既要负担食品预冻结的冷负荷，又要负担捕捉水蒸气的冷阱的负荷。冷阱即制冷系统中的蒸发器。

在真空冷冻干燥中，冷阱应保持足够低的温度，以保证升华出来的水蒸气有足够的扩散动力，同时，防止水蒸气进入真空泵。冷阱表面应有适当的温度（一般为－40～－50℃）和足够的捕水面积。

（2）真空系统　在整个冷冻干燥过程中，真空系统工作时，主要用低温泵在低温表面上吸收气体分子，从而达到抽气目的，气体并不被排到外界。目前真空领域普遍采用闭路循环氦压缩机真空泵，常用 GTM 和 SALVY 低温泵。冷冻干燥的真空系统与普通的真空系统有所不同。冷冻干燥的真空系统不但要排除空气，而且还要不断地脱除升华出来的水蒸气，并有一定的抽除速度要求。

食品冷冻干燥设备中的真空系统有两种，一种是不带冷阱的水蒸气喷射真空系统，另一种是带有冷阱的油封式机械真空泵系统。为了避免因气载太大，泵易发热和大量气体吸收后，饱和而不能工作，一般配用前级泵把大量气体抽除，以便安全和可靠工作。

(3) 加热干燥系统　加热系统是为干燥提供热量，提高干燥的速度。加热方式有直接加热和间接加热两种。直接加热一般采用包绝缘矿物材料和金属保护套的电热丝；间接加热是利用各种热源，在干燥箱外部将载热介质首先加热，然后再用泵输送到干燥箱内的搁板上。加热热源可以用电、气、煤等，载热介质有水、矿物油、水蒸气、乙二醇的水溶液等。

除上述两种加热方式外，还有辐射加热板，利用红外辐射加热，以及用高频微波加热的加热板。

第六节　果蔬的气调与设备

一、果蔬的气调贮藏

1. 气调贮藏的原理　气调贮藏（controlled atmosphere），简称 C. A.，是指在特定气体环境中的冷藏方法。气调贮藏主要应用于果蔬的保鲜。果蔬的气调贮藏是目前果蔬贮藏最先进的方法之一，具有保鲜效果好、贮藏损失少、保鲜期长、对果蔬无任何污染的特点。

果蔬贮藏是活体贮藏。果蔬采摘后，仍保持着旺盛的生命活动，进行着各种生理活动，但已不能从母体和光合作用中得到物质和能量来补偿生理活动的消耗，只能消耗自身营养物质，从而引起果蔬质量、重量和形状的变化，使果蔬逐渐由成熟走向后熟和衰老。造成这些变化的主要因素是果蔬的呼吸作用、蒸发作用和微生物的作用。

低温贮藏可以减弱果蔬的呼吸作用，减少水分的蒸发，抑制微生物的生长繁殖，有利于果蔬的贮藏保鲜。但若辅以贮藏环境中气体成分的调节，则会有更好的效果。正常大气中氧的体积含量为 20.9%，二氧化碳的体积含量为 0.03%。气调贮藏是在低温贮藏的基础上，调节贮藏环境中氧、二氧化碳的含量，以及一些特殊气体（如乙烯、一氧化碳）的含量，以达到更好地贮藏果蔬的目的。如降低贮藏环境中氧的含量，可以有效地抑制果蔬的呼吸作用和微生物的生长繁殖，也间接影响其蒸发，并且可以延缓叶绿素的分解，对水果还有保硬效果。适当地提高二氧化碳的含量，可以减缓呼吸，对呼吸跃变型果蔬有推迟呼吸跃变启动的效应，同时二氧化碳是乙烯作用的竞争性抑制剂，提高贮藏环境中的二氧化碳含量，会使水果的内源乙烯合成速度减缓。乙烯是一种果蔬催熟剂，能激发呼吸强度上升，加快果蔬成熟过程的发展和完成，控制或减少乙烯含量，对推迟果蔬后熟是十分有利的。气调贮藏可以根据不同果蔬对乙烯的敏感程度，把贮藏环境中的乙烯含量控制在一定限度内。

2. 气调调节的方式　气调贮藏的关键之一，是调节和控制贮藏环境中的各种气体的含量，其中最常见的是降氧和升高二氧化碳。气体调节的方法很多，按调节方法和设备不同可以有不同的分类。

(1) 按调节方法分类

①自然降氧（modified atmosphere）。简称 M. A.，即靠果蔬自身的呼吸作用，来改变贮藏环境中的氧和二氧化碳的含量。其特点是工艺简单，不需要专门的气调设备，但降氧时间长，贮藏环境中的气体成分不能较快地达到一定的配比，影响果蔬气调效果。

②机械降氧。利用一些机械设备，如制氮机、真空泵等实现快速降氧，使果蔬短时间内进入气调环境，贮藏过程中，也易将气体成分调节和控制在相对稳定的状态。它又可以通过三种方法实现。

a. 充氮降氧。将制氮机产生的氮气，强制性地充入贮藏环境来置换空气，或在二氧化碳含量过高时，用以置换二氧化碳，以达到块速降氧和控制适量二氧化碳的目的。

b. 最佳气体成分置换。人为地将氧、二氧化碳、氮等气体，按最佳气体成分指标要求，配制成混合气体，向贮藏环境中充入。充入前，需先对贮藏环境抽真空。这种气调方式贮藏效果最好，但成本高。

c. 减压气调。通过真空泵将贮藏环境中一部分气体抽出，同时将外界空气减压加湿后输入。贮藏期间，抽气和输气装置连续运行，保证果蔬贮藏在一个低压环境中。它不同于常规改变气体成分的气调方式，因为它不是通过降低氧含量来形成低氧环境，而是靠降低气体密度来产生低氧环境。虽然降氧方式不同，但降氧效果是相同的，只要控制和调节贮藏环境的真空度，就可以得到不同的低氧含量，减压贮藏对设施的强度和密闭性要求较高。

（2）按不同气调设备分类

①塑料薄膜帐气调。这是一种利用塑料薄膜对氧和二氧化碳有不同渗透性和对水透过率低的原理，来实现气调和减少水分蒸发的贮藏方法。塑料薄膜一般选用 0.12mm 厚的无毒聚氯乙烯薄膜或 0.075～0.2mm 厚的聚乙烯薄膜。由于塑料薄膜对气体有选择性渗透，可使塑料帐内气体成分自然地形成气调贮藏状态。对需要快速降氧的薄膜帐，封帐后用机械降氧机快速实现气调条件。但需注意，因果蔬呼吸作用的存在，帐内二氧化碳含量会不断升高，所以应定期用专门仪器进行气体检测，以便及时调整气体配比。

②硅窗气调。这种气调方式是根据不同果蔬及贮藏要求的温湿度条件，选择面积不同的硅橡胶织物膜，适合于用聚乙烯或聚氯乙烯制作的贮藏帐上，作为气体交换的窗口，简称硅窗。硅橡胶织物膜是由聚甲基硅氧烷为基料，涂覆于织物上而成。它对氧和二氧化碳具有良好的透气性和适当的透气比，不但可以自动排出贮藏帐内的二氧化碳、乙烯和其他有害气体，防止贮藏果蔬中毒，而且还有适当的氧气透过率，避免果蔬发生无氧呼吸。选用合适的硅窗面积制作的塑料帐，其气体成分可自动恒定在氧含量 3%～5%、二氧化碳含量 3%～5%范围。

③催化燃烧降氧气调。这种气调方式采用催化燃烧降氧机，以工业汽油、液化石油气等为燃料，与从贮藏环境中引出的空气混合，进行催化燃烧反应，以液化石油气为例的反应式如下：

$$\underset{\text{液化石油气}}{C_4H_8}+\underset{\text{从贮藏环境引出的空气}}{\underline{6O_2+24N_2}}\xrightarrow[\text{催化反应}]{260\sim580℃}\underset{\text{水蒸气}}{4H_2O}+\underset{\text{生成气}}{\underline{4CO_2+24N_2}}$$

由反应式可见，空气中的氮气不参与反应，式中的水蒸气可通过冷凝的方法排除，反应后的无氧气体再返回贮藏环境中。如此循环，直至将贮藏环境中的含氧量降到要求值。但是，这种燃烧降氧的方法及果蔬的呼吸作用，会使贮藏环境中二氧化碳含量升高，这时可以结合使用二氧化碳脱除机降低二氧化碳含量，以免造成果蔬中毒。

④充氮气降氧气调。这种气调方法是从贮藏环境中用真空泵抽出空气，然后充入氮气。这样的抽气、充气过程交替进行，以使贮藏环境中氧气含量降到要求值。所用氮气可以有两个来源：一种利用制氮厂生产的氮气或液氮钢瓶充氮；另一种用碳分子筛制氮机制氮。后者一般用于大型气调库。

二、气调设备

1. 催化燃烧降氧机　这种机器利用燃烧作用，除去空气中的氧，达到降氧目的。其工作流程见图 6-37。催化燃烧可采用复方铬或铂为催化剂。以复方铬为例，机器开始工作时，首先由安装在催化燃烧反应器 1 内部的电热元件 2，把催化剂预热到起燃温度 260℃（铂为 320℃），然后将可燃气体（如丙烷）5 投入反应器，与用风机 4 从保鲜库抽出的气体相混合，在催化剂作用下无焰燃烧，放出的热量使催化反应的温度迅速上升。当温度升到 580℃（铂为 780℃）时，电热元件自动停止加热，以免破坏催化剂的活性，此时燃料也停止进入反应器；当温度回落至 580℃以下时，燃料再次进入，继续进行催化燃烧反应（降氧）。燃烧后的高温气体，通过换热器 3，与燃烧前的混合气体进行换热而被冷却，再进入水冷式冷却器 7，最后被送回气调库。

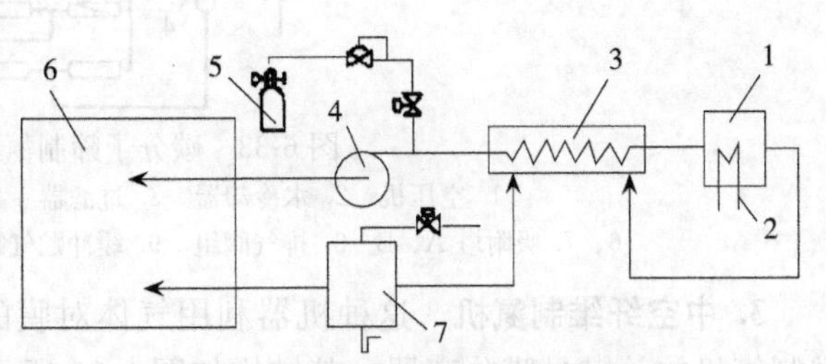

图 6-37　催化燃烧降氧机工艺流程

1. 催化燃烧反应器　2. 电热元件　3. 换热器　4. 风机　5. 可燃性气体　6. 气调保鲜库　7. 水冷式冷却器

催化燃烧降氧机工作时，需使用可燃气体，其易燃易爆性给运输、保管和使用带来不安全因素，并且在工作过程中，燃烧前后的气体既要加热又要冷却，能源和水资源消耗较大，因此燃烧式降氧机正逐渐被淘汰。

2. 碳分子筛制氮机　这种机器利用碳分子筛的吸附分离作用制氮。吸附分离过程中包含吸附、脱附两个过程。碳分子筛是用煤经精选、粉碎、成型、干燥、活化和热处理等工艺加工而成，具有超微孔的结晶结构。从平衡吸附角度看，碳分子筛对氧、氮有相近的吸附量。碳分子筛对氧、氮的吸附分离，实质上是利用气体分子在其中的扩散速度的差异来实现的。如在短时间内，直径较小的氧分子扩散速度比直径较大的氮分子扩散速度高 400 多倍，数分钟后，氧分子被分子筛大量吸附，吸附量达到 90%以上，而氮的吸附量仅为 5%，故只要选择最佳的吸附时间进行切换，使碳分子筛内部先吸附氧，得到富氮气体，当吸附过程达到平衡，则进行脱附，即用真空泵抽吸。一般设置双塔往复交替地吸附、脱附，源源不断地产出氮气。

碳分子筛制氮机的工艺流程见图6-39。其工作过程如下：大气或库内气体由空压机 1 的进口吸入，压缩后往水冷却器 2 冷却，过滤器 3 过滤掉水和油，往调压阀 4 将气体压力降至 0.3MPa，然后通过进气阀组 5，在吸附塔 A 或 B 进行吸附分离，碳分子筛将氧吸附，而富氮气体经排气阀组 8，进入缓冲贮气罐 9，再经调压阀 10 减压，送回气调库。同时，另一塔脱附，由真空泵 11 减压，吸附在碳分子筛上的氧气被脱附下来，排放到大气中。如此两塔交替工作，可连续获得低氧高氮气体，供给气调库降氧。

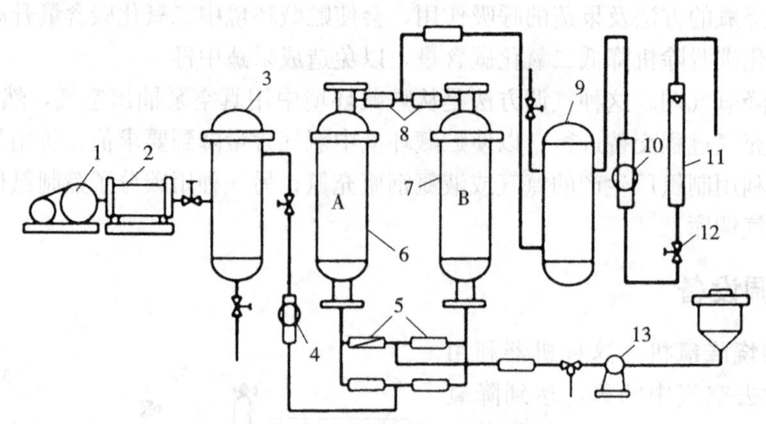

图 6-38　碳分子筛制氮机的工艺流程

1. 空压机　2. 水冷却器　3. 过滤器　4、10. 调压阀　5. 进气阀组
6、7. 吸附塔 A、B　8. 排气阀组　9. 缓冲贮气罐　11、13. 真空泵　12. 流量控制阀

3. 中空纤维制氮机　这种机器利用气体对膜的渗透系数不同，进行气体分离。中空纤维制氮机的关键是膜分离器，其结构如图 6-39 所示，它由耐压的钢壳和中空纤维管束组成，每根中空纤维管的管壁，即为起分离作用的膜，管壁厚约 100μm。其中位于管外表处的活性分离层只有几微米厚，余下的是疏松的多孔支撑层，每台膜分离器内的中空纤维管数多达数万根至数十万根。

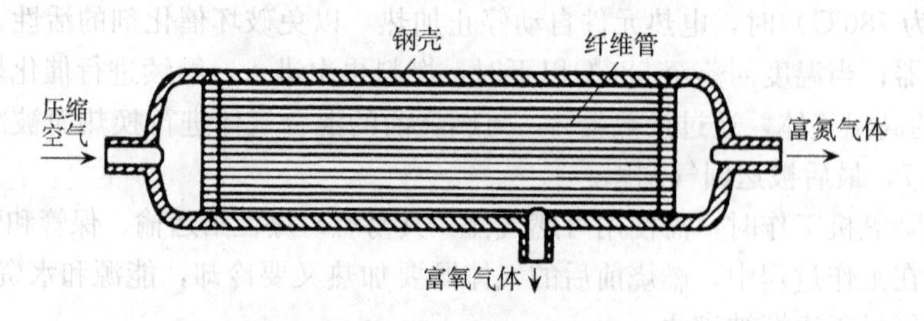

图 6-39　中空纤维膜分离器结构

不同种气体透过膜时，渗透速率有差异，把渗透系数大的气体称为“快气”，渗透系数小的气体称为“慢气”。压缩空气从一端进入中空纤维管，氧气（快气）从管内很快透过管壁，富集在管间隙和管与钢壳间隙内，由于两端的管间隙被树脂封死。富氧气体只能从中部的出口排出；氮气（慢气）则穿过中空纤维管，由另一端的富氮口输出，送回气调库。

中空纤维制氮机的工艺流程见图 6-40。其工作过程如下：空压机 1 将气调库内气体升压后，送入高效过滤器 2，滤去除水、油、杂质，以免中空纤维管堵塞影响分离效果；然后通过电加热器 3，其作用是保证膜良好渗透系数和分离系数所要求的温度，防止进入分离器的空气中残留的水分结露而影响分离效果。加热温度可以自动控制，由电加热

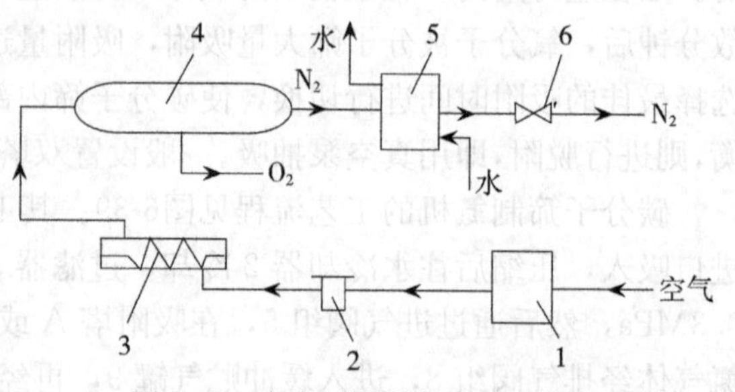

图 6-40　中空纤维制氮机工艺流程

1. 空压机　2. 高效过滤器　3. 电加热器
4. 中空纤维膜分离器　5. 冷却器　6. 恒压阀

器出来的压缩空气进入中空纤维膜分离器，出来的富氮气体经水冷却器5降温，最后经恒压阀6减压，返回气调库。膜分离器的钢壳外设一定厚度的隔热层，以保证其所需的工作温度和减少工作温度的波动。

4. 二氧化碳脱除机　气调贮藏过程中，由于果蔬呼吸作用等的影响，会使贮藏环境中二氧化碳含量升高，适量高的二氧化碳含量对果蔬有保护作用，但若二氧化碳含量过高，则会对果蔬产生伤害，造成贮藏损失。因此，脱除（洗涤）过量的二氧化碳，调节和控制好二氧化碳含量，对果蔬保鲜是十分重要的。

气调库（或帐）脱除二氧化碳的方法有多种，如使用消石灰吸收、水吸收、乙醇胺溶液吸收、碱溶液吸收（常用氢氧化钠溶液）、盐（如碳酸钾）溶液吸收，以及用二氧化碳脱除机脱除（吸附）。在此，仅介绍二氧化碳脱除机。

气调库用二氧化碳脱除机中，通常用活性炭作为吸附剂。活性炭具有多孔结构，吸附表面大。由于二氧化碳分子与吸附剂表面分子之间的吸引力，把二氧化碳气体分子吸附在吸附剂表面。吸附剂吸附一定量二氧化碳气体后，会达到饱和，失去吸附能力，就需进行解吸（再生）。气调贮藏二氧化碳脱除机所用活性炭，是一种经特殊浸渍处理过的活性炭，可以用空气在一般环境温度下再生，而且再生后滞留在多孔结构空隙中的氧气很少。为提高二氧化碳脱除速度，进行连续吸附，二氧化碳脱除机设有两个吸附罐。

二氧化碳脱除机工艺流程如图6-41所示。其工作过程如下：脱除运行时，离心式风机8抽出库内二氧化碳含量较高的气体，经阀门9、6进入吸附罐B，气体中的二氧化碳被活性炭吸附，吸附后二氧化碳含量低的气体经阀门3、10返回库内，这样就达到脱除目的。一般新鲜干净的活性炭经数分钟吸附后，即达到饱和或平衡状态。为了使活性炭重新获得吸附二氧化碳的能力，必须进行再生。B罐进行再生时，A罐进行吸附；B罐吸附时，则A罐进行再生。再生运行时，离心式风机5把库外新鲜空气（二氧化碳含量低于0.5%）通过阀门2送入A罐，由于空气中只含有微量的二氧化碳，被活性炭吸附的二氧化碳将释放到空气中，然后由阀门7排到大气中。经一段时间的脱附后，活性炭中只留下极微量的二氧化碳，重新获得了二氧化碳吸附能力。

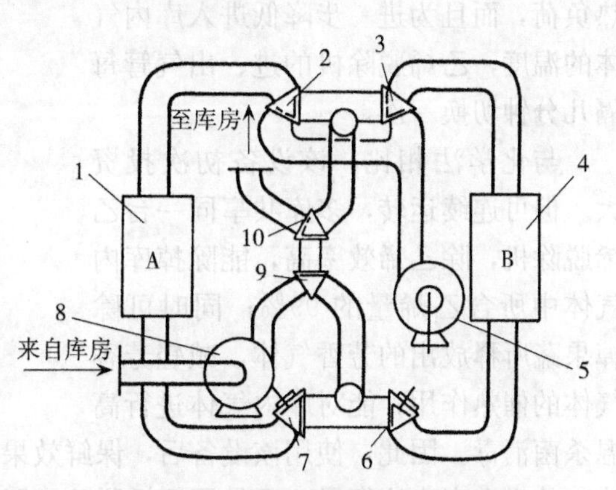

图6-41　二氧化碳脱除机工艺流程
1、4. 活性炭吸附罐A、B　2、3、6、7、9、10. 阀门
5. 离心式（再生用风机）　8.（吸附用）风机

5. 减压气调设备　减压贮藏的研究起步较晚，始于1957年，至今仅50多年的历史，尽管1975年出现了可供商用的减压贮藏设备，但未得到推广应用。作为一种特殊的气调贮藏方式，只有低氧效应，没有像常规气调贮藏中能保持适量二氧化碳的效果，存在着经济、技术和结构安全等多方面问题。这里仅提供减压气调贮藏库的工艺流程，如图6-42所示。

6. 乙烯脱除机　乙烯（C_2H_4）是一种能促进呼吸、加快后熟的植物激素，对采后贮藏的果蔬有催熟作用。气调库内存在乙烯是不可避免的，控制库内乙烯的含量，对保证果蔬贮藏质量十分重要，特别是那些对乙烯敏感的果蔬（如猕猴桃、番茄），应把贮藏环境中的乙烯彻底清除。

乙烯脱除的方法，过去一般采用化学方法，如用高锰酸钾氧化。化学法虽去除乙烯简单，但效率低。随着气调技术的发展，近年来已研制出高效除乙烯设备。该设备原理如图 6-43 所示，它是根据乙烯在催化剂和高温下与氧气发生反应，生成二氧化碳和水的原理制成的。

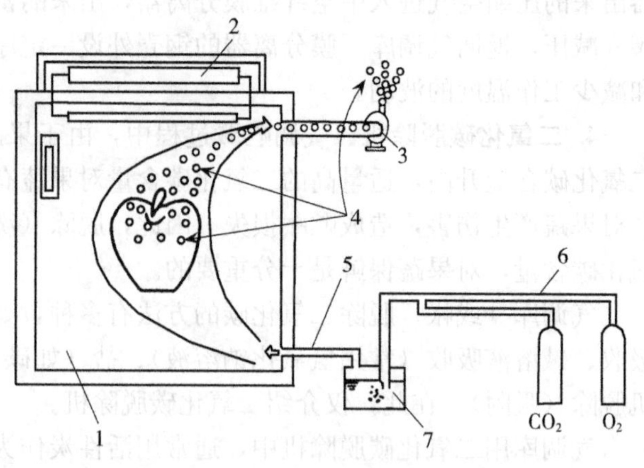

图 6-42 减压气调贮藏库的工艺流程

1. 气调保鲜库 2. 库房用冷却设备 3. 真空泵 4. 抽除乙烯（催熟）气体 5. 补充一定的水分 6. 补充一定的氧 7. 加湿器

该设备的关键是催化剂（特殊的活性银）的选择，以及一个从外到里能形成 15℃、80℃、150℃及 250℃温度梯度的变温度场电热装置。它使乙烯脱除机的进、出口温度不高于 15℃，而中心氧化反应温度达 250℃以上，这样既保证反应效果，又不给库房增加过多的热负荷，而且为进一步降低进入库内气体的温度，乙烯脱除机的进、出气管每隔几分钟切换一次。

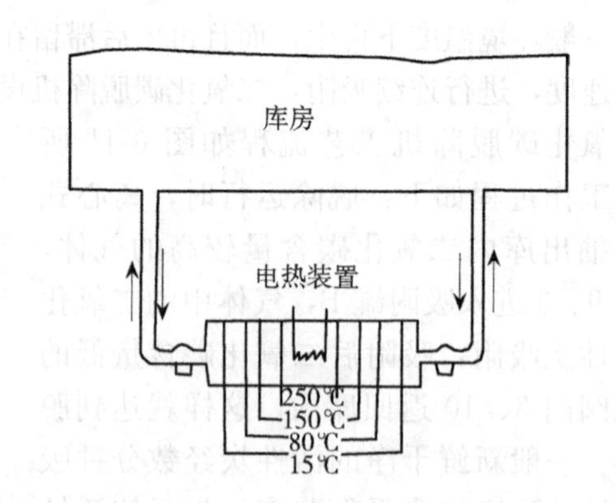

图 6-43 乙烯脱除机及其系统示意

与化学法相比，该设备初次投资大。但可连续运转，多库共享同一台乙烯脱除机，除乙烯效率高，能除掉库内气体中所含乙烯量的 99%；同时可除掉果蔬所释放出的芳香气体，减轻芳香气体的催熟作用；能对库内气体进行高温杀菌消毒。因此，使用该设备后，保鲜效果、保鲜期和减少果蔬贮藏损失等，均优于化学法，从投入产出比衡量，还是用乙烯脱除机脱除乙烯的经济效益好。

7. 温度控制及制冷设备 气调贮藏的贮藏期较长，设计制冷系统时必须考虑失重问题。为提高库内相对湿度并减少融霜次数，应使蒸发器与库内空气的传热温差尽可能小。

目前常用做法是用增大传热面积的方法来降低传热温差。此外，还可以使用乙二醇等载冷剂来进行间接冷却，因为载冷剂的蓄冷能力大，易于保持库温稳定，通过调节载冷剂流量就能方便地调节库内温度，简化了控制系统，便于融霜，避免机组频繁启动，降低制冷剂充灌量；以氨为制冷剂时，还不必担心氨泄漏对果蔬造成伤害。国内某气调库采用乙二醇载冷剂，库内温度与载冷剂温度之差仅为 2℃，国外甚至可以达到 1℃，这对于减少果蔬的干耗十分有利。

除了尽可能减小温差，库房内还应保证良好的空气循环，使库内温度场均匀，减小库内外压差和气体浓度的波动幅度。在国外，高质量的气调库内各点温差不大于 0.5℃，国内一般要求库内温度不均匀性为±0.5℃。文献推荐贮藏开始阶段，空气循环量应为每小时 30～50 倍库容积，达到设计库温后，再将循环量减半或更少（这与气调贮藏的热负荷特点也是一致的：初期热负荷大，进入稳定阶段则显著降低），这要求冷风机配备双速风机。

早期建造的气调库多为集中式制冷系统，500t 以下多用氟利昂直接膨胀式，也有氨重力供液系统，1000t 以上则多为氨泵供液系统。但随着风冷式氟利昂制冷压缩机组的快速发展，分散式制冷系统在新建库中得到了推广应用。虽然造价相对高一些，但无需设置机房，各库房相互独立，易于控制，对操作员工技术要求不高。

8. 加湿设备　除洋葱等少部分果蔬需要相对湿度较低（70%左右）的气调贮藏环境，大多数果蔬都要求相对湿度尽可能高，以水分不会凝结在果蔬上为限，一般为 90%～95%。为提高库内的相对湿度，除减小温差之外，一般还需要在冷风机旁设置加湿器，通过冷风机把水蒸气吹向室内。

气调库内不宜采用电加热蒸汽加湿器，因为它会增加库内热负荷，目前常用的有超声波加湿器和离心式加湿器。

超声波加湿器产生的超微粒子水可直接喷雾，扩散蒸发快，效果好，但对水质要求高，工程中可以在水路中加装水处理仪，并在水箱中加一定量的软化水剂和稳定剂来保证供水水质。离心式加湿器对水质要求不高，但容易产生水滴，效果不及前者。

9. 测试及控制设备　气调贮藏历史中，由于未能准确测控库内环境，尤其是气体成分而造成的损失比其他原因造成的损失要多，这就促使了各类气体测控设备的发展。目前，已经开发出从便携式气体测试仪到全套电脑测控系统在内的各类设备，并成功应用于商业气调贮藏中。前者主要用于随机检测，后者与自动取样系统、气调设备及制冷设备相结合，足以对包括气体成分在内的库内各项参数进行检测和自动控制。图 6-44 为某气调机房内的气体测控设备、活性炭 CO_2 脱除机、气体调节站、空气压缩机和膜分离制氮机。

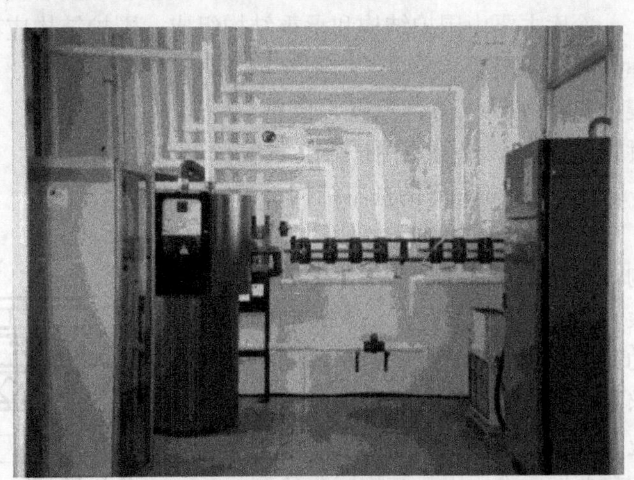

图 6-44　某气体库机房
（从左到右依次是气体测控设备、活性炭 CO_2 脱除机、气体调节站、空气压缩机和膜分离制氮机）

第七章 冷藏库

第一节 冷库的结构与分类

冷库要为食品冷却、冻结、贮存建立必要的温度、湿度、卫生等条件，在食品冷藏链中起着重要的作用。冷库应有合理的结构、良好的隔热，以保证食品贮存的质量。冷库隔热结构的防潮及地坪防冻，可以保证冷库长期可靠地使用。冷库内的清洁、杀菌及通风换气，保证了食品贮存的卫生品质。

一、冷库的结构

冷库主要由围护结构和承重结构组成。围护结构应有良好的隔热、防潮作用，还能承受库外风雨的侵袭。承重结构则起抗震及支撑外界风力、积雪、自重、货物及装卸设备重量的作用。图7-1所示为土建冷库的基本结构。

冷库的结构区别于一般建筑结构，在于其恒荷载和活荷载都较大，此外还有机械化运输和装卸的动荷载，同时隔热、密封，强度要求高。冷库结构要承受较大的温度应力，其结构连接时，应考虑结构的热变形，冷库隔热结构应避免产生“冷桥”，其地坪更应做好防冻胀处理。

1. 冷库地基与基础 地基与基础是两个不同的概念。冷库的地基是指承受全部荷载的土层。基础则指直接承受冷库建筑自重及其荷载，并将它们传递给地基的构筑物。图7-2为地基与基础的关系。冷库的稳定性和耐久性，在很大程度上取决于地基与基础的强度及耐久性。地基条件的好坏对基础的影响很大，地基的承载力及地下水位决定了基础方案。

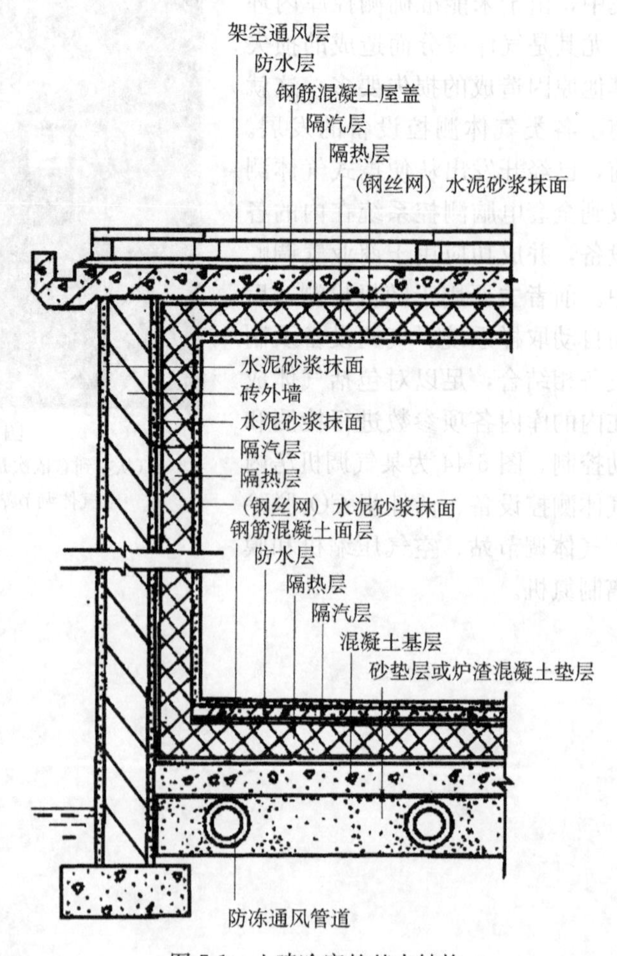

图7-1 土建冷库的基本结构

冷库地基选择应有较大的承载能力。地基应稳定，并不受地面、地下水的影响和低温冻胀，地基表面应与冷库载荷合力垂直。冷库地基通常有天然地基和人工地基两大类。天然地基具有足够强度，不需人工加固，有足够的厚度且稳定；人工地基用人工方法来提高承载能力，如土壤加固法、打桩法或以砂、石、混凝土等替换土壤而形成基础垫层。

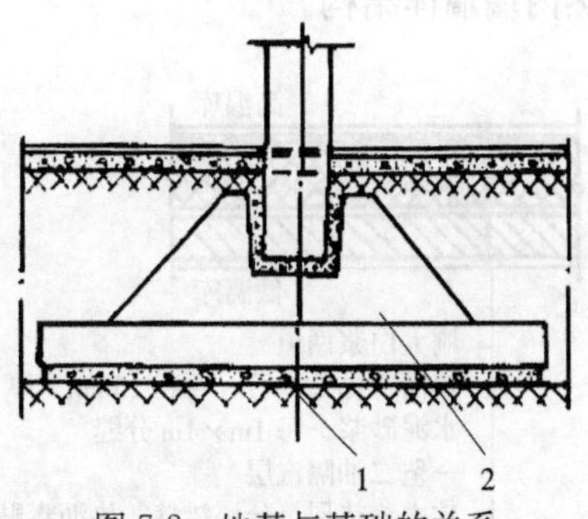

图 7-2　地基与基础的关系
1. 地基　2. 基础

冷库基础应有良好的抗潮湿、防冻的性能，应有足够的强度，以承受冷库的载重和地基的反力，并使冷库载重均匀地传到地基上，以免冷库建筑产生不均匀沉降、裂缝、倾斜。一般冷库采用柱基础较多。基础按构造分有单独基础、条形基础、板式基础和箱型基础；按施工方法分有装配式基础、半装配式基础和非装配式基础；按建筑材料分有砖基础、毛石基础、三合土基础、混凝土基础和钢筋混凝土基础。

2. 柱和梁　柱是库的主要承重构件，由于柱的受力情况较复杂，荷重又大，为满足强度的要求，普遍采用钢筋混凝土柱。冷库一般不用砖柱。冷库的柱子要少，柱网跨度要大，尽量采用小截面以少占空间，提高冷库的容积利用系数。冷库的柱网大多采用 6m×6m，大型冷库的柱网可采用 12m×6m 或 18m×6m。1000t 以上单层冷库库内净高一般不小于 6m；1000t 以下单层冷库为 4.8m，但目前有加大单层冷库层高的趋势，高的甚至达 7～8m；多层冷库不小于 4.8m 和 6m。冷库采用的梁有楼板梁、圈梁、基础梁、过梁等形式。有些梁可以预制，也可现场浇制。

3. 冷库墙体　冷库墙体是冷库建筑的重要组成部分。冷库外墙除隔绝风、雨侵袭，防止温度变化和太阳辐射等影响外，还应有较好的隔热、防潮性能。冷库外墙均为自承重结构，只承受自重和风力影响，不负担冷库其他荷载。

冷库外墙由围护墙体、防潮隔汽层、隔热层和内保护层等组成。围护墙体有砖墙、预制混凝土墙和现浇钢筋混凝土墙等。一般采用热惰性大、延迟时间长的砖外墙为多，其墙厚 240～370mm。为增强墙体稳定性，除设锚系梁外，可设不承载的砖垛。外墙面可用 1∶2水泥砂浆抹面。冷库防潮隔汽层为油毡，一般为二毡三油。隔热层可用块状、板状或松散隔热材料，如聚苯乙烯泡沫塑料、聚氨酯泡沫塑料、软木等。冷库内保护层多为插板墙或 20mm 厚 1∶2 钢丝网水泥砂浆抹面或彩钢板。图 7-3 为冷库外墙墙体结构。

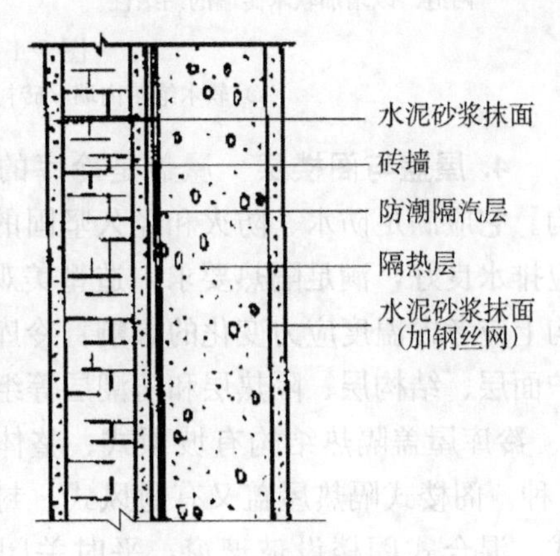

图 7-3　冷库外墙墙体结构

分间冷库中，设有冷库内墙，又名隔断墙，起分隔冷间的作用。冷库内墙有隔热、不隔热两种。不隔热的内墙用于两相邻冷间温差小于 5℃ 的场合，一般采用 240mm 或 120mm 厚的砖墙，两面水泥砂浆抹面（不隔热内墙不得破坏吊顶隔热）。隔热内墙多采用块状泡沫混凝土作衬墙，再做隔热和防潮，以水泥砂浆抹平，并应注意隔热层的连续性。隔热内墙的防潮隔汽层多设在墙壁热侧，亦可两侧均敷设。图 7-4 为冷库软木隔热内墙墙体结构。

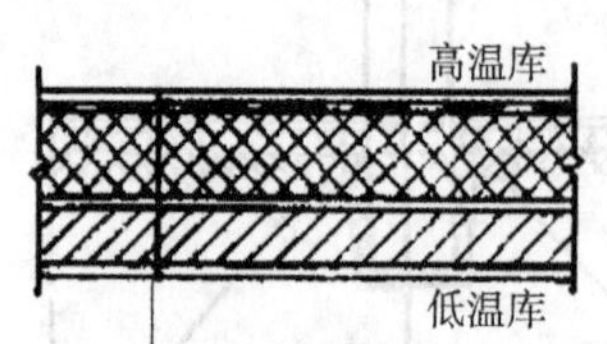

- 刷大白浆两道
- 热沥青黏瓜米石，再粉 15mm、厚 1∶2 水泥砂浆，每 1m×1m 分缝
- 一毡二油隔汽层
- 软木绝热层、分层错缝，热沥青贴
- 20mm 厚、1∶2.5 水泥砂浆抹灰，面刷冷底子油二道
- 120mm 厚砖墙，每 3m 加钢筋混凝土小柱用钢筋拉结
- 20mm 厚、1∶2 水泥砂浆抹灰
- 刷大白浆两道

(a)

注：1. 本构造方法是将软木贴于砖墙上，施工顺序先砌砖墙，后贴软木，而不能相反。

2. 油毡隔汽层设置在高温侧（见图示）。

3. 绝热材料可采用其他块状材料（如沥青膨胀珍珠岩、泡沫塑料等）。

4. 本隔墙用于分隔两个高温库时，因库温可能波动较大，绝热层的双侧都设置隔汽层。

5. 本图标明在贴软木前刷冷底子油两道，以增加软木砖墙的黏结性。

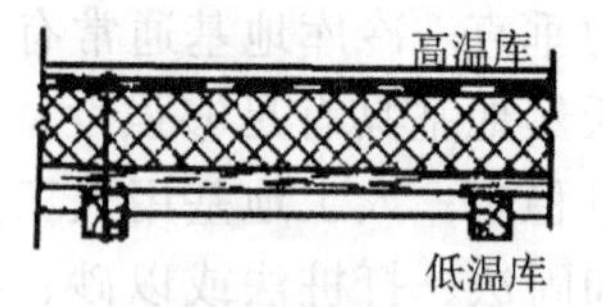

- 刷大白浆两道
- 热沥青黏瓜米石再粉 15mm 厚 1∶2 水泥砂将每 1m×1m 分缝
- 一毡二油隔汽层
- 软木绝热层、分层错缝，热沥青贴
- 20mm 厚木板，钉固于木龙骨上，面刷冷底子油二道
- 竖向木龙骨 60mm×100mm，中距 800mm 横向木龙骨 50mm×50mm，半距 1000mm
- 满刷桐油 2~3 道

(b)

注：1. 木搁栅的大小要按工程实际而定，本图用料及间距尺寸适用于 4m 左右高的内隔墙。

2. 油毡设置与库温有关，一般设在高温侧。

3. 木搁栅亦可包在软木墙内，但其缺点是搁栅处会因热阻不够，使投产使用后骨架处出现结露现象。

图 7-4　软木隔热内墙墙体结构

（a）软木绝热内墙（砖衬墙固定）（b）软木绝热内墙（木龙骨固定）

4. 屋盖与阁楼层　屋盖是冷库的水平外围结构。它应满足防水、防火和经久坚固的要求；屋面应排水良好，满足隔热要求，造型美观，另外，结构上应考虑温度应力变化的影响。冷库屋盖一般由护面层、结构层、隔热层和防潮层等组成，见图 7-5。冷库屋盖隔热结构有坡顶式、整体式、阁楼式 3 种。阁楼式隔热屋盖又有通风式、封闭式和混合式。混合式阁楼设玻璃窗，平时关闭，必要时开启，以实现通风换气。

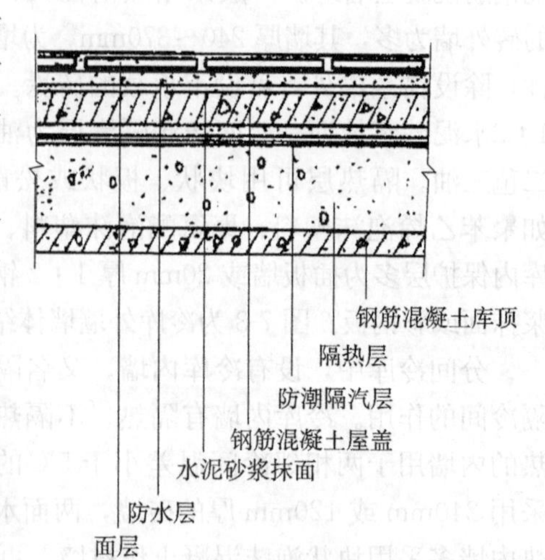

图 7-5　冷库屋盖结构

5. 楼板　楼板为水平承载结构。它将冷库沿垂直分隔为若干层，并将上部的竖向荷载（货物、设备等重量）及楼板本身的自重，通过梁或柱传给基础；楼板还对墙体起水平支撑的作用，楼板应有

足够的强度和刚度，一般采用钢筋混凝土现浇式楼板。隔热楼板的做法见图 7-6。

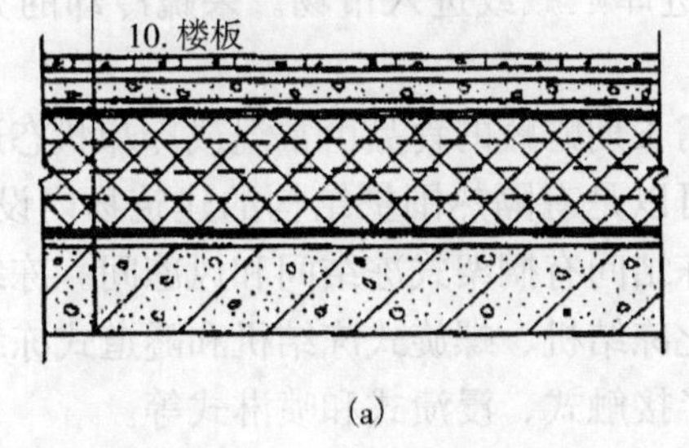

(a)

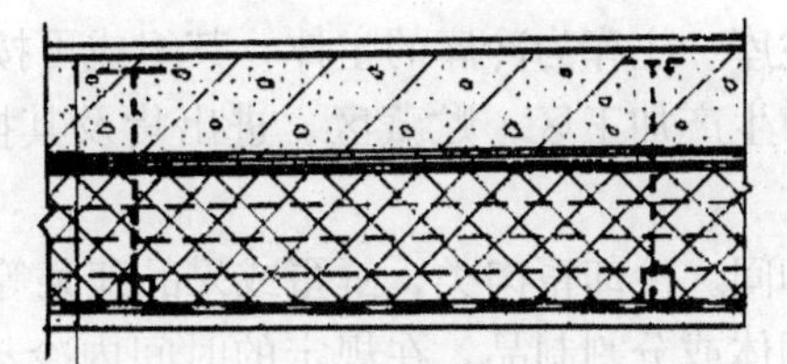

(b)

图 7-6　隔热楼板的做法
(a) 隔热材料在楼板上　(b) 隔热材料在楼板下

二、冷库的分类

冷库的分类方法很多，目前我国按冷库的实用性质和冷库的建设规模来分类。国外有根据建筑特点、防火等级或库温高低来进行分类的。

1. 冷库的类型　冷库的类型多样，详见表 7-1。各种冷库均有其自身结构、用途、制冷、调节等方面的特点。

表 7-1　冷库的基本类型

分类方式	类　型
按冷库的用途	原料冷库、生产性冷库、分配性冷库、中转性冷库、综合性冷库（含生产性和分配性双重作用）、与商品销售环节结合的各类商业用冷库（零售性冷库，包括冷藏柜、陈列柜）
按冷库的建筑结构	土建性冷库、装配式冷库
按冷库的库温范围和要求	高温库（冷却物冷藏间）、低温库（冻结物冷藏间）、超低温冷库（库温－45℃）、变温冷库
按冷加工能力	冷却库、冷却物冷藏库、冻结库、冻结物冷藏库、再冻库、解冻库、制冰间、贮冰库、气调库
按冷库容量	大型冷库（≥10 000t）、大中型冷库（5000～10 000t）、中小型冷库（1000～5000t）、小型冷库（<1000t）
按贮藏的商品	畜肉类冷库、蛋品冷库、水产品冷库、果蔬冷库、药物或生物制品冷库、冷饮品库，以及茶叶、粮食、皮革和花卉等冷库

注：以上各冷库的组成库房也称为冷间。

2. 冷库的组成 冷库是一建筑群，主要由主体建筑（主库）、其他生产设施及附属建筑组成。

（1）主库 主库为冷库的主体，其组成可按生产加工工艺的需要和商品冷加工工艺的要求划分，由生产加工区、贮藏区、进出货及其操作区组成。这三个区域可由以下基本内容组成。

①冷却间。冷却畜肉类、鲜蛋或果品蔬菜等产品的场所。畜肉类冷却间的功能是把屠宰加工后的胴体或分割制品，在规定的时间内冷却至0～4℃，然后贮存或直接供应市场；鲜蛋在低温贮藏前需进行冷却，以免放入后骤然遇冷，内容物收缩，空气中的微生物从蛋壳气孔侵入，使鲜蛋变坏；果蔬冷却间是把采摘和收获的果蔬整理后，迅速冷却降温，除去田间热，但要注意防止果蔬发生生理病害，然后进库贮藏或进入市场。果蔬冷却的方式有水冷式、风冷式、差压式和真空式冷却等。

②冻结间。用于食品冻结的场所，对于需长期贮藏的食品由常温或冷却状态迅速降温至中心温度－15～－18℃的冻结状态。冻结间可以是有隔热围护结构的建筑物内设冻结设备，也可以是带有隔热设施的冻结装置。常见的冻结间有搁架式冻结间和风冻间。冻结装置除了平板冻结机外，大多采用连续冻结，如流态化冻结机、螺旋式冻结机和隧道式冻结机、液氮冻结机等。其冻结方式有风冻式、接触式、半接触式、浸渍式和喷淋式等。

③制冰间和储冰库。制冰间消耗的冷量较大，应靠近设备间布置。制冰间的建筑不同于冷库，建筑物本身一般不需要隔热，但应有较好的采光、通风和排水条件，而制冰设备则需要隔热设施。如盐水制冰的制冰池，其四周和底部均需设隔热层，顶部要加木板盖。管冰机和颗粒冰机的蒸发器也应予以隔热。片冰机和板冰机的周围应设置隔热板。

④贮冰库。贮冰库又简称冰库，它的建筑一般和冷却物冷藏间相同。通常贮冰库的冷却系统接入－15℃的蒸发温度系统，以保持贮冰库－4（盐水制冰）～－10℃（快速制冰）的库温。贮冰库的围护结构应做隔热处理。贮冰库一般采用光滑排管作冷却管，内壁敷设竹料或木料护壁，以保护墙壁不受冰块的撞击。库内可设提冰和堆垛设备。

⑤原料暂存间。在速冻蔬菜厂、冷饮品厂和冷冻食品厂等，均设有原料暂存间。用于贮藏季节性大量到货的商品，或者生产加工中的原料和半成品等。原料暂存间根据需要，应设有冷却降温系统，维持其一定的低温存放环境。

⑥低温加工或包装间。根据食品卫生的要求，食品加工和包装一般需要在6～15℃室温的车间内进行。这样的车间必须设置冷却设备，并考虑操作人员对新鲜空气的要求。

⑦解冻间。解冻间一般用于冷冻食品加工厂。通过用空气、水或水蒸气减压，电解冻等方法，对冻结物原料进行加热，使其温度升至－2～0℃，以便于分割加工。

⑧冷却物冷藏间。又简称为高温库，根据用途不同，库温范围为－5～20℃。根据不同的商品及贮存期要求，确定相应的冷间温、湿度。冷却物冷藏间多用于贮存水果、蔬菜、鲜蛋，花卉、药品、贵重皮革、中药材，以及高档家具和衣物等商品。由于水果、蔬菜、鲜花等鲜活商品在贮藏过程中仍有呼吸作用，库内除保持合适的温湿度条件外，还要引进适量的新鲜空气，因此，须设有通风换气装置。

⑨冻结物冷藏间。又简称为低温库，其库温范围为－18～－35℃。一般肉类的冷冻贮藏温度为－18～－25℃，水产品贮藏温度为－20～－30℃，冰淇淋制品贮藏温度为－23～－30℃。某些特殊的水产品（如冻金枪鱼）要求更低的贮藏温度，达－45℃以下（所谓的超

低温冷藏间）。我国通常采用的冻结物冷藏间温度为－18～－30℃。

⑩穿堂。即冷库货物进出的通道，并起到联系各库（间）的交通枢纽、便于装卸周转的作用。穿堂按温度要求的不同，有低温、定温（也称中温）和常温三种。根据有利货物进出时的质量保证（完善的冷藏链）和冷库节能，以定温穿堂为宜，其温度范围为5～10℃。若有特殊要求，可为0℃左右，甚至更低。

⑪月台。供装卸货物之用。为适应装卸作业，有铁路月台、汽车月台和联系月台之分。大中型冷库的铁路月台，应视机械保温列车的长度或车辆节数而定，一般有128m、220m等不同长度，月台宽度和长度具体见表7-2，铁路月台应高于钢轨面1.1m。汽车月台的长度按冷库的类型、货物吞吐量和运输方式确定。汽车月台宽度一般按每1000t冷藏容量6～9m，宽度由货物周转量的大小、搬运方式不同而定，对于公称容积大于4500m³的冷库，月台宽度可取6～8m；公称容积小于或等于4500m³的冷库，月台宽度取4～6m。汽车月台的高度应高于路面0.9～1.4m，与进出最多的运输车辆高度一致，也可设置月台高低调节板。

表7-2　铁路月台宽度和长度

冷藏库规模	月台宽度/m	月台长度/m
大型冷藏库（≥10 000t）	9	220
大中型冷藏库（4500～10 000t）	7～9	220
中小型冷藏库（1500～4500t）	7	128

冷库月台可分为敞开式和封闭式。敞开式月台多为罩棚式，设有较大跨距的立柱，立柱中心至月台边缘1.2～1.5m。铁路月台边缘距铁路中心线的水平距离为1.75m。封闭式月台适用于汽车装卸，月台内一般维持定温穿堂的温度。它不仅供货物装卸，也可供理货或暂存。封闭式月台的装卸口一般设有电动滑升式隔热门、软性接头和月台高度调节板。封闭式月台在装卸货过程中，基本不受外界气温的影响，符合食品冷链的工艺要求，可较好地保证食品质量。这种新型结构的月台，目前一些新建大中型冷库采用较多。

⑫门斗。门斗一般设于冷库（间）内，在冷藏门的内侧。其作用是减少库内、外的热湿交换。门斗的形式有保温型和非保温型、固定式和非固定式。通常门斗与冷藏门配套的风幕和透明塑料门帘组合，可以有效地阻止库内、外热湿交换。

⑬楼梯、电梯间。多层冷库设置楼梯间和电梯间，作为货物垂直运输和人员上下之用。楼梯、电梯间应符合消防生产和安全要求，其大小和数量视货物吞吐量而定，位置以方便货物进出为准。冷库电梯的运输能力常用2t和3t型，其运输能力分别为13t/h和20t/h。

（2）生产设施　生产设施及为其配置的建筑物，均根据生产工艺的需要而确定。生产设施中与制冷有关的内容，除了上述主库的①～⑥之外，还有屠宰车间、理鱼间或整理间、工艺冷却水、快速冷却和冷冻去皮机等。

（3）附属建筑　冷库的附属建筑按冷库的功能及生产需要而配置其基本组成如下。

①主机房。主机房设有制冷压缩机或机组、中间冷却器和配用设施等。主机房一般有两个进出口。大小应考虑设备和人员方便进出。主机房大多设置在主库附近单独设置，也有将主机房布置在楼层，以提高土地的利用率。对于单层冷库，也有在每个库房外分设制冷机组，采用分散式制冷系统，不设集中供冷的机房。主机房门窗应向外开启，并有良好的采光、通风条件，主机房温度一般不低于12℃，通风设备采用防爆型，高寒地区冬季应采用

非明火采暖设备。

冷库主机房一般采用单层建筑，净高 4～6m。其操作维修通道应大于 1.5m 的宽度，宜做隔震、降噪声处理。另外，为了放置制冷辅助设备，通常在主机房相邻处设辅助设备间，水泵房因噪声较大，一般单独设立，其建筑结构要求随主机房。在小型冷库中，因机器设备不多，主机房和设备间可以合为一间。

②电控室和变、配电间。电控室内设有制冷压缩机和辅助动力设备的电气启动控制柜、制冷系统的操作控制柜，并可配以模拟图或数据采集系统，以及主、辅机运行操作流程和安全报警系统。自动化程度较高的冷库，主、辅机房内的电控室，可实现遥控指令操作或全自动控制。控制室内的噪声应不超过 70dB（A），冷库变、配电间一般靠近主机房，并有良好的通风条件和满足消防要求。变、配电间内的具体布置视电器工艺要求而定。

③其他辅助设施。充电间、发电机房、锅炉房、氨库（存放制冷剂用）、化验室、浴室、公室以及休息更衣室等，它们是冷库群体不可少的辅助设施。

冷库库房与辅助建筑的卫生防护距离、消防和防爆要求，均应符合 GB 50072—2001 冷库设计规范和国家现行的有关强制性标准的要求。

第二节　冷库热负荷计算

一、室内外设计参数的确定

1. 室外设计参数的确定　计算冷库热负荷所用的室外气象参数应采用“采暖通风和空气调节设计参数”。此外，还需注意一些选用原则。规定如下：

（1）冷间围护结构传入热量计算所用的室外计算温度，应采用夏季空气调节日平均温度。计算冷间围护结构最小总热绝缘系数时的室外空气相对湿度，应采用最热月月平均相对湿度。

（2）开门热量和冷间换气热量计算的室外温度，应采用夏季通风温度，室外相对湿度应采用夏季通风室外计算相对湿度。

（3）蒸发式冷凝器计算的湿球温度应采用夏季室外平均每年不保证 50h 的湿球温度。

（4）鲜蛋、水果、蔬菜及其包装材料的进货温度，以及计算水果、蔬菜冷却时的呼吸热量的初始温度，均按当地进货旺月的月平均温度计算。若无确切的生产旺月的月平均温度，可按夏季空气调节日平均温度乘以季节修正系数 n_1 采用。

表 7-3 列出了由《采暖通风与空气调节设计规范》规定的、若干城市的室外设计参数。

表 7-3　若干城市的室外设计参数

地名	气象台位置			大气压/Pa		室外计算干球温度/℃		夏季室外计算湿球温度	冬季室外计算相对湿度	室外平均风速/（m/s）	
	北纬	东经	海拔	冬季	夏季	冬季	夏季			冬季	夏季
哈尔滨	45°41′	126°37′	171.7	100 125	98 392	−29	30.3	23.4	74	3.8	3.5
长春	43°54′	125°13′	236.8	99 458	97 725	−26	30.5	24.2	68	4.2	3.5
沈阳	41°46′	123°26′	41.6	102 125	99 992	−22	31.4	25.4	64	3.1	2.9
大连	38°54′	121°38′	93.5	101 325	99 458	−14	28.4	25.0	58	5.8	4.3
西安	34°18′	108°56′	396.9	97 858	95 395	−8	35.2	26.0	67	1.8	2.2
北京	39°48′	116°28′	31.2	102 391	100 125	−12	33.2	26.4	45	2.8	1.9

（续）

地名	气象台位置			大气压/Pa		室外计算干球温度/℃		夏季室外计算湿球温度	冬季室外计算相对湿度	室外平均风速/（m/s）	
	北纬	东经	海拔	冬季	夏季	冬季	夏季			冬季	夏季
天津	39°06′	117°10′	3.3	102 658	100 525	−11	33.4	26.9	53	3.1	2.6
济南	36°41′	116°59′	51.6	101 991	99 858	−10	34.8	26.7	54	3.2	2.8
青岛	36°09′	120°25′	16.8	102 525	100 391	−9	29.0	26.0	64	5.7	4.9
上海	31°10′	121°26′	4.5	102 658	100 525	−4	34.0	28.2	75	3.1	3.2
杭州	30°19′	120°12′	7.2	102 525	100 258	−4	35.7	28.5	77	2.3	2.2
南昌	28°40′	115°58′	46.7	101 858	99 858	−3	35.6	27.9	74	3.8	2.7
福州	26°05′	119°17′	48.0	101 325	99 592	4	35.2	28.0	74	2.7	2.9
郑州	34°43′	113°39′	110.4	101 325	99 192	−7	35.6	27.4	60	3.4	2.6
武汉	30°38′	114°04′	23.3	102 391	100 125	−5	35.2	28.2	76	2.7	2.6
长沙	28°12′	113°04′	44.9	101 591	99 458	−3	35.8	27.7	81	2.8	2.6
广州	23°08′	113°19′	9.3	101 325	99 992	5	33.5	27.7	70	2.4	1.8
海口	20°02′	110°21′	14.1	101 591	100 258	10	34.5	27.9	85	3.4	2.8
桂林	25°20′	110°18′	166.7	100 258	98 525	0	33.9	27.0	71	3.2	1.5
南宁	22°49′	108°21′	72.2	101 191	99 592	5	34.2	27.5	75	1.8	1.6
成都	30°40′	104°04′	505.9	96 392	94 792	1	31.6	26.7	80	0.9	1.1
重庆	29°31′	106°29′	351.6	97 992	96 392	2	36.5	27.3	82	1.2	1.4
贵阳	26°35′	106°43′	1071.2	89 726	88 792	−3	30.0	23.0	78	2.2	2.0
昆明	25°01′	102°41′	1891.4	81 193	80 793	1	25.8	19.9	68	2.5	1.8
拉萨	29°42′	91°08′	3658.0	65 061	65 194	−8	22.8	13.5	28	2.2	1.8

2. 室内设计参数的确定 室内设计参数的确定即冷间设计温度和相对湿度，见表7-4。

表7-4 冷间设计温度和相对湿度

序号	冷间名称	室温/℃	相对湿度/%	适用食品范围
1	冷却间	0		水果、蔬菜、肉、蛋
2	冻结间	−18～−23， −23～−30		水果、蔬菜、肉、禽、兔、蛋、鱼、虾、冰淇淋、果汁等
3	冷却物冷藏间	0	80～95	冷却后的水果、蔬菜、肉、禽、兔、副产品、蛋、冰鲜鱼、冰鲜虾等
4	冻结物冷藏间	−18～−23	85～90	冻结的水果、蔬菜、肉、禽、兔、副产品、蛋、鱼、虾、冰淇淋、果汁等
5	贮冰间	−4～−6， −6～−10		盐水制冰的冰块 快速制冰的冰，如管冰、片冰等

注：冷却物冷藏间设计温度一般取0℃，食品实际贮藏时应按照其产地、品种、成熟度和降温时间等设定温度及相对湿度，具体食品冷藏条件可参见第六章第一节。

二、冷库容量的计算

冷库的冷却物冷藏间和冻结物冷藏间的容量总和，称为该冷库的总容量。冷库的容量有三种表示方法：①公称体积，为冷藏间或贮冰间的净面积（不扣除柱、门斗和制冷设备所占的面积）乘以房间净高而得；②冷库计算吨位，以代表性食品的计算密度、冷间的公称体积及其体积利用系数计算而得；③冷库实际吨位，按实际堆货的情况计算而得。

公称体积是较为科学的描述，与国际接轨的方法；计算吨位是国内常见的方法；实际吨位是具体贮藏的计算方法。下面介绍后两种计算方法。

1. 冷库计算吨位 冷却物冷藏间、冻结物冷藏间及贮冰间的容量（计算吨位）可按式（7-1）计算：

$$G=\frac{\sum V\rho\eta}{1000} \tag{7-1}$$

式中 G——冷库贮藏吨位（t）；

V——冷藏间、贮冰间的公称体积（m^3）；

η——冷藏间、贮冰间的体积利用系数，分别见表 7-5、表 7-6；

ρ——食品的计算密度（kg/m^3），见表 7-7；

1000——1t 换算成千克的数值（kg/t）。

表 7-5 冷藏间的体积利用系数

公称体积/m^3	体积利用系数
≤100	0.50（装配库）
101～500	0.45（装配库）
500～1000	0.40
1001～2000	0.50
2001～10 000	0.55
10 001～15 000	0.60
>15 000	0.62

注：1. 对于仅贮存冻结食品或冷却食品的冷库，表内公称体积为全部冷藏间公称体积之和；对于同时贮存冻结食品和冷却食品的冷库，表内公称体积分别为冻结物冷藏间或冷却物冷藏间各自的公称体积之和。

2. 蔬菜冷藏库的体积利用系数应按表内数值乘以 0.8 的修正系数。

表 7-6 贮冰间的体积利用系数

贮冰间净高/m	体积利用系数
≤4.50	0.40
4.51～5.00	0.50
5.01～6.00	0.60
>6.00	0.65

表 7-7 食品的计算密度（kg/m^3）

食品名称	密度	食品名称	密度
冻猪白条肉	400	纸箱冻兔（带骨）	500
冻牛白条肉	330	纸箱冻兔（去骨）	650
冻羊腔	250	木箱鲜鸡蛋	300
块装冻剔骨肉或副产品	600	篓装鲜鸡蛋	230
块装冻鱼	470	篓装鸭蛋	250
块装冻冰蛋	630	筐装新鲜水果	220（200～230）
冻猪油（冻动物油）	650	箱装新鲜水果	300（270～330）
罐冰蛋	600	托板式活动货担存菜	250
纸箱冻家禽	550	木杆搭固定货架存蔬菜（不包括架间距离）	220
盘冻鸡	350	篓装蔬菜	250（170～340）
盘冻鸭	450	机制冰	750
盘冻蛇	700	虾（盘装）	400
纸箱冻蛇	450	其他	按实际密度采用

2. 按实际堆货体积计算冷库实际吨位

$$G = \frac{\sum V\rho\eta}{1000} \qquad (7\text{-}2)$$

式中　G——冷库实际吨位（t）；

V——冷藏间、贮冰间的实际堆货体积（m^3）；

ρ——食品的计算密度（kg/m^3）；

η——冷藏间、贮冰间的体积利用系数，分别见表 7-5、表 7-6。

三、冷却设备负荷和机械负荷的计算

1. 冷间冷却设备负荷　应按式（7-3）计算：

$$\phi_s = \phi_1 + P\phi_2 + \phi_3 + \phi_4 + \phi_5 \qquad (7\text{-}3)$$

式中　ϕ_s——冷间冷却设备负荷（W）；

ϕ_1——围护结构热流量（W）；

ϕ_2——货物热流量（W）；

ϕ_3——通风换气热流量（W）；

ϕ_4——电动机运转热流量（W）；

ϕ_5——操作热流量（W）；

P——货物热流量系数，冷却间、冻结间和货物不经冷却而进入冷却物冷藏间的货物热流量系数 P 应取 1.3，其他冷间取 1。

2. 冷间机械负荷　应分别根据不同蒸发温度按式（7-4）计算：

$$\phi_j = (n_1\sum\phi_1 + n_2\sum\phi_2 + n_3\sum\phi_3 + n_4\sum\phi_4 + n_5\sum\phi_5)R \qquad (7\text{-}4)$$

式中　ϕ_j——机械负荷（W）；

n_1——围护结构热流量的季节修正系数，宜取 1；

n_2——货物热流量折减系数；

n_3——同期换气系数，宜取 0.5～1.0（同时最大换气量与全库每日总换气量的比数大时取大值）；

n_4——冷间用的电动机同期运转系数；

n_5——冷间同期操作系数；

R——制冷装置和管道等冷损耗补偿系数，直接冷却系统宜取 1.07，间接冷却系统宜取 1.12。

货物热流量折减系数 n_2 应根据冷间的性质确定。冷却物冷藏间宜取 0.3～0.6（参照表 7-5，冷藏间的公称体积为大值时取小值）；冻结物冷藏间宜取 0.5～0.8（参照表 7-5，冷藏间的公称体积为大值时取大值）；冷加工间和其他冷间应取 1。

冷间用电动机同期运转系数 n_4 和冷间同期操作系数 n_5 应按表 7-8 规定采用。

表 7-8　冷间用电动机同期运转系数 n_4 和冷间同期操作系数 n_5

冷间总间数	n_4 或 n_5	冷间总间数	n_4 或 n_5
1 2～4	1 0.5	≥5	0.4

注：1. 冷却间、冷却物冷藏间、冻结间 n_4 取 1；其他冷间按本表取值。
2. 冷间总间数应按同一蒸发温度且用途相同的冷间间数计算。

3. 各个冷间热负荷的计算

（1）围护结构热流量　应按式（7-5）计算：

$$\phi_1 = K_w A_w a(\theta_w - \theta_n) \tag{7-5}$$

式中　ϕ_1——围护结构热流量（W）；

K_w——围护结构的传热系数［W/（m^2·℃）］；

A_w——围护结构的传热面积（m^2）；

a——围护结构两侧温差修正系数，可按表 7-9 采用；

θ_w——围护结构外侧的计算温度（℃）；

θ_n——围护结构内侧的计算温度（℃）。

表 7-9　围护结构两侧温差修正系数

序号	围护结构部位	a
1	$D>4$ 的外墙 冻结间、冻结物冷藏间 冷却间、冷却物冷藏间、贮冰间	 1.05 1.10
2	$D>4$ 相邻有常温房间的外墙 冻结间、冻结物冷藏间、冷却间、冷却物冷藏间、贮冰间	1.00
3	$D>4$ 的冷间顶棚，其上为通风阁楼，屋面有隔热层或通风层 冻结间、冻结物冷藏间 冷却间、冷却物冷藏间、贮冰间	 1.15 1.20
4	$D>4$ 的冷间顶棚，其上为不通风阁楼，屋面有隔热层或通风层 冻结间、冻结物冷藏间 冷却间、冷却物冷藏间、贮冰间	 1.20 1.30
5	$D>4$ 的无阁楼屋面，屋面有通风层 冻结间、冻结物冷藏间 冷却间、冷却物冷藏间、贮冰间	 1.20 1.30
6	$D\leqslant4$ 的外墙：冻结物冷藏间	1.30
7	$D\leqslant4$ 的无阁楼屋面：冻结物冷藏间	1.60
8	半地下室外墙外侧为土壤时	0.20
9	冷间地面下无通风等加热设备时	0.20
10	冷间地面隔热层下有通风等加热设备时	0.60

围护结构的传热面积 A_w 计算应符合下列规定：

①屋面、地面和外墙的长、宽应自外墙外表面至外墙外表面、外墙外表面至内墙中或内墙中至内墙中计算（图 7-7 中的 l_1、l_2、l_3、l_4）。

②楼板和内墙长、宽度应自外墙内表面至外墙内表面、外墙内表面至内墙中或内墙中至内

墙中计算（图7-7中的l_5、l_6、l_7、l_8）。

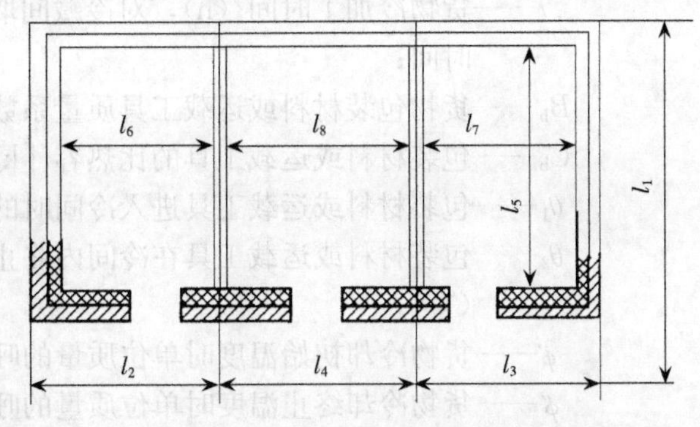

图7-7　屋面、地面、楼面、外墙和内墙长、宽度例图

③外墙的高度：地下室或地层，应自地坪的隔热层下表面至上层楼面计算（如图7-8中的h_1、h_2、h_3）；中间层应自该层楼面至上层楼面计算（如图7-8中的h_4、h_5）；顶层应自该层楼面至顶部隔热层上表面计算（图7-8中的h_6、h_7）。

④内墙的高度：地下室、地层和中间层，应自该层地面、楼面至上层楼面计算（图7-8中的h_8、h_9）；顶层应自该层楼面至顶部隔热层下表面计算（图7-8中的h_{10}、h_{11}）。

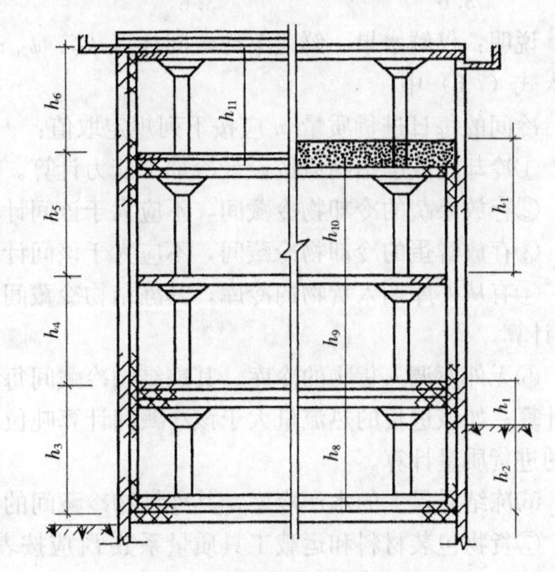

图7-8　外墙和内墙高度例图

围护结构外侧的计算温度应按下列规定取值：

①计算外墙、屋面和顶棚时，围护结构外侧的计算温度应按本节第一部分规定采用。

②计算内墙和楼面时，围护结构外侧的计算温度应取其邻室的室温。当邻室为冷却间或冻结间时，应取该类冷间空库保温温度。空库保温温度，冷却间应按10℃，冻结间按−10℃计算。

③冷间地面隔热层下设有加热装置时，其外侧温度按1～2℃计算；如地面下部无加热装置或地面隔热层下为自然通风架空层时，其外侧的计算温度应采用夏季空气调节日平均温度。

（2）货物热流量　应按式（7-6）计算：

$$\phi_2=\phi_{2a}+\phi_{2b}+\phi_{2c}+\phi_{2d}$$

$$=\frac{1}{3.6}\times\left[\frac{m(h_1-h_2)}{t}+mB_b\frac{C_b(\theta_1-\theta_2)}{t}\right]+\frac{m(\phi'+\phi'')}{2}+(m_z-m)\phi'' \tag{7-6}$$

式中　ϕ_2——货物热流量（W）；

ϕ_{2a}——食品热流量（W）；

ϕ_{2b}——包装材料和运载工具热流量（W）；

ϕ_{2c}——货物冷却时的呼吸热流量（W）；

ϕ_{2d}——货物冷藏时的呼吸热流量（W）；

m——冷间的每日进货质量（kg）；

h_1——货物进入冷间初始时的比焓（kJ/kg）；

h_2——货物在冷间内终止降温时的比焓（kJ/kg）；

t——货物冷加工时间（h），对冷藏间取24h，对冷却间、冻结间取设计冷加工时间；

B_b——货物包装材料或运载工具质量系数；

C_b——包装材料或运载工具的比热容［kJ/（kg·℃）］；

θ_1——包装材料或运载工具进入冷间时的温度（℃）；

θ_2——包装材料或运载工具在冷间内终止降温时的温度，宜为该冷间的设计温度（℃）；

ϕ'——货物冷却初始温度时单位质量的呼吸热流量（W/kg）；

ϕ''——货物冷却终止温度时单位质量的呼吸热流量（W/kg）；

m_z——冷却物冷藏间的冷藏质量（kg）；

$\frac{1}{3.6}$——1kJ/h 换算成 $\frac{1}{3.6}$ W 的值。

说明：仅鲜水果、鲜蔬菜冷藏间计算 ϕ_{2c}、ϕ_{2d}；如冻结过程中需加水，应把水的热流量加入式（7-6）中。

冷间的每日进货质量 m 应按下列规定取值：

①冷却间或冻结间应按设计冷加工能力计算。

②存放果蔬的冷却物冷藏间，不应大于该间计算吨位的8%计算。

③存放鲜蛋的冷却物冷藏间，不应大于该间计算吨位的5%计算。

④有从外库调入货物的冷库，其冻结物冷藏间每间每日进货质量应该按该间计算吨位的5%计算。

⑤无外库调入货物的冷库，其冻结物冷藏间每间每日进货质量一般宜按该库每日冻结质量计算；如该进货的热流量大于该冷藏间计算吨位5%计算的进货热流量，则可按上一条规定的进货质量计算。

⑥冻结质量大的水产冷库，其冻结物冷藏间的每日进货质量可按具体情况确定。

⑦货物包装材料和运载工具质量系数 B_b 应按表7-10规定取值。

表7-10　货物包装材料和运载工具质量系数 B_b

序号	食品类别	质量系数 B_b	
1	肉类 鱼类 冰蛋类	冷藏	0.1
		肉类冷却或冻结（猪单轨叉挡式）	0.1
		肉类冷却或冻结（猪双轨叉挡式）	0.3
		肉类、鱼类、冰蛋类（搁架式）	0.3
		肉类、鱼类、冰蛋类（吊笼式或架子式手推车）	0.6
2	鲜蛋类	0.25	
3	鲜水果	0.25	
4	鲜蔬菜	0.35	

包装材料或运载工具进入冷间时的温度应按下列规定取值：

①在本库进行包装的货物，其包装材料或运载工具温度的取值应按夏季空气调节日平均温度乘以生产旺月的温度修正系数，该系数按表7-11取值。

②自外库调入已包装的货物，其包装材料温度应为该货物进入冷间时的温度，其运载工

具温度应按本条①款“运载工具温度”计算。

表 7-11 包装材料或运载工具进入冷间的温度修正系数

进入冷间的月份	1	2	3	4	5	6	7	8	9	10	11	12
温度修正系数	0.10	0.15	0.33	0.53	0.72	0.86	1.00	1.00	0.83	0.62	0.41	0.20

货物进入冷间时的温度应按下列规定计算：

①未经冷却的鲜肉温度应按 35℃计算，已经冷却的鲜肉温度应按 4℃计算。

②从外库调入的冻结货物温度按－8～－10℃计算。

③无外库调入的冷库，进入冻结物冷藏间的货物温度按该冷库冻结间终止降温时或包冰衣后或包装后的货物温度计算。

④冰鲜鱼虾整理后的温度按 15℃计算。

⑤鲜鱼虾整理后进入冷加工间的温度，按整理鱼虾用水的水温计算。

⑥鲜蛋、水果、蔬菜的进货温度，按当地食品进入冷间生产旺月的月平均温度计算。

（3）通风换气热流量 应按式（7-7）计算：

$$\phi_3 = \phi_{3a} + \phi_{3b} = \frac{1}{3.6} \times \left[\frac{(h_w - h_n) n V_n \rho_n}{24} + 30 n_r \rho_n (h_w - h_n) \right] \quad (7\text{-}7)$$

式中 ϕ_3——通风换气热流量（W）；

ϕ_{3a}——冷间换气热流量（W）；

ϕ_{3b}——操作人员需要的新鲜空气热流量（W）；

h_w——冷间外空气的比焓（kJ/kg）；

h_n——冷间内空气的比焓（kJ/kg）；

n——每日换气次数，可采用 2～3 次；

V_n——冷间内净体积（m^3）；

ρ_n——冷间内空气密度（kg/m^3）；

24——1d 换算成 24h 的数值；

30——每个操作人员每小时需要的新鲜空气量（m^3/h）；

n_r——操作人员数量。

说明：本热量只存在于贮存有呼吸的食品的冷间；有操作人员长期停留的冷间如加工间、包装间等，应计算操作人员需要新鲜空气的热流量 ϕ_{3b}，其余冷间可不计算。

（4）电动机运转热流量 应按式（7-8）计算：

$$\phi_4 = 1000 \sum P_d \xi b \quad (7\text{-}8)$$

式中：ϕ_4——电动机运转热流量（W）；

P_d——电动机额定功率（kW）；

ξ——热转化系数，电动机在冷间内时应取 1，电动机在冷间外时应取 0.75；

b——电动机运转时间系数，对空气冷却器配用的电动机取 1，对冷间内其他设备配用的电动机可按实际情况取值，如按每昼夜操作 8h 计，则 $b=8/24$。

（5）操作热流量 应按式（7-9）计算：

$$\phi_5 = \phi_{5a} + \phi_{5b} + \phi_{5c} = \phi_d A_d + \frac{1}{3.6} \times \frac{n'_k n_k V_n (h_w - h_n) M \rho_n}{24} + \frac{3}{24} n_r \phi_r \quad (7\text{-}9)$$

式中 ϕ_5——操作热流量（W）；

ϕ_{5a}——照明热流量（W）；

ϕ_{5b}——每扇门的开门热流量（W）；

ϕ_{5c}——操作人员热流量（W）；

ϕ_d——每平方米地板面积照明热流量（W/m^2），冷却间、冻结间、冷藏间、贮冰间和冷间内穿堂可取 $2.3W/m^2$，操作人员长时间停留的加工间、包装间等可取 $4.7W/m^2$；

A_d——冷间地面面积（m^2）；

n'_k——门樘楼数量；

n_k——每日开门换气次数，可按图 7-9 取值，对需经常开门的冷间，每日开门换气次数可按实际情况采用；

V_n——冷间内净体积（m^3）；

h_w——冷间外空气的比焓（kJ/kg）；

h_n——冷间内空气的比焓（kJ/kg）；

M——空气幕效率修正系数，可取 0.5，如不设空气幕，应取 1；

ρ_n——冷间内空气的密度（kg/m^3）；

$\frac{3}{24}$——每日操作时间系数，按每日操作 3h 计算；

n_r——操作人员数量；

ϕ_r——每个操作人员产生的热流量（W），冷间设计温度高于或等于-5℃时，宜取 279W，冷间设计温度低于-5℃时，宜取 395W。

说明：冷却间、冻结间不计 ϕ_5 这项热流量。

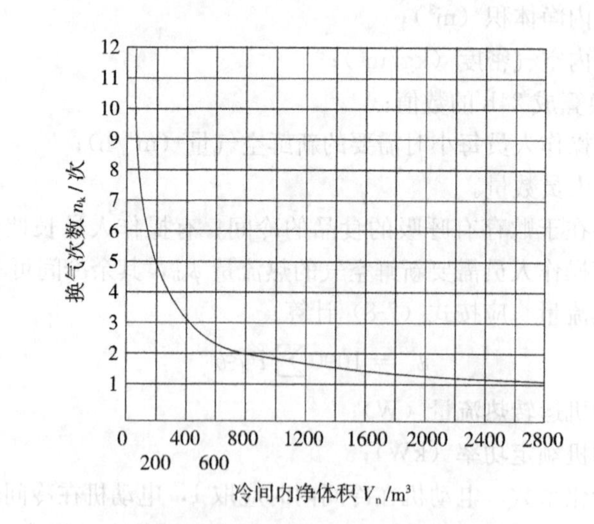

图 7-9 冷间开门换气次数图

四、各类冷间热负荷的经验数据表

1. 小型冷间热负荷的经验数据 表 7-12 中的冷藏库负荷的估算适合于公称容积在

3000m³以下的小型冷藏库而言。

表 7-12 小型冷藏库单位制冷负荷估算

序号	冷间名称	冷间温度/℃	单位制冷负荷/（W/t）	
			设备冷却负荷	机械负荷
一、肉、禽、水产品				
1	50t 以下冷藏间	−15～−18	195	160
2	50～100t 冷藏间		150	130
3	100～200t 冷藏间		120	95
4	200～300t 冷藏间		82	70
二、水果、蔬菜				
1	100t 以下冷藏间	0～2	260	230
2	100～300t 冷藏间		230	210
三、鲜蛋				
1	100t 以下冷藏间	0～2	140	110
2	100～300t 冷藏间		115	90

2. 大、中型冷间热负荷的经验数据

（1）肉类冷冻加工单位制冷负荷（表 7-13）

表 7-13 肉类冷冻加工单位制冷负荷估算

序号	冷间温度/℃	肉内降温情况		冷冻加工时间①/h	单位制冷负荷/（W/t）	
		入冷间时	出冷间时		冷却设备负荷④	机械负荷⑤
一、冷却加工						
1	−2	＋35	＋4	20	3000	2300
2	−7/−2②	＋35	＋4	11	5000	4000
3	−10	＋35	＋12	8	6200	5000
4	−10	＋35	＋10	3	13 000	10 000
二、冻结加工						
1	−23	＋4	−15	20	5300	4500
2	−23	＋12	−15	12	8200	6900
3	−23③	＋35	−15	20	7600	5800
4	−30	＋4	−15	11	9400	7500
5	−30	−10	−18	16	6700	5400

① 冷冻加工时间不包括肉类进、出冷间搬运的时间。

② 此处系指冷间温度先为−7℃，待肉体表面温度降到±0℃时，改用冷间−2℃继续降温。

③ 系一次冻结（不经过冷却）。

④ 本表中的冷却设备负荷，已包括食品冷加工的热量 Q_2 的负荷系数 P（即 $1.3Q_2$）的数值。

⑤本表内的机械负荷，已包括管道等冷损耗补偿系数 7%。

（2）冷藏间、制冰等单位制冷负荷（表 7-14）

表 7-14　冷藏间、制冰等单位制冷负荷估算

序号	冷间名称	冷间温度/℃	单位制冷负荷/（W/t）	
			冷却设备负荷	机械负荷
一、冷藏间				
1	一般冷却物冷藏间	±0、−2	88	70
2	250t 以下的冻结物冷藏间	−15、−18	82	70
3	500～1000t 冻结物冷藏间	−18	53	47
4	1000～3000t 单层库的冻结物冷藏间	−18、−20	41～47	30～35
5	1500～3500t 多层库的冻结物冷藏间	−18	41	30～35
6	4500～9000t 多层库的冻结物冷藏间	−18	30～35	24
7	10 000～20 000t 多层库的冻结物冷藏间	−18	28	21
二、制冰				
1	盐水制冰方式		机械负荷	7000
2	桶式快速制冰		机械负荷	7800
3	贮冰间		机械负荷	420W/t

第三节　冷库制冷系统

制冷系统的分类方法很多。按其用途分，有空气调节制冷系统、商业制冷系统、工业制冷系统。制冷系统的选定是设计制冷系统时极为重要的一项工作，必须依据工程建设的实际需要来选定合适的制冷系统，这时必须考虑到制冷系统所能达到的温度范围、制冷量的大小、当地能源供应条件、当地水源供应条件、对环境保护的要求、对振动强度的要求、对噪声高低的要求以及制冷机的适用范围，方可选定出合适的制冷系统。

当遇有两种以上制冷系统可选择时，则应对其技术、经济、环境保护和长远规划等方面进行综合分析对比后选定。

一、冷库制冷系统分类

（1）按使用的制冷剂分　分为氨制冷系统、卤代烃制冷系统及特殊制冷剂的制冷系统。

（2）按冷却方式分　分为直接冷却系统和间接冷却系统。在直、间接冷却系统中，根据冷间内空气流动情况，又分为直接盘管（或排管）冷却和直接吹风冷却，以及间接盘管（或排管）冷却和间接吹风冷却。

（3）按供冷方式分　分为集中供冷制冷系统和分散供冷制冷系统。

（4）按制冷剂供液方式分　分为直接膨胀供液制冷系统、重力供液制冷系统及液泵供液制冷系统。

冷库制冷中，传统冷库多用氨制冷剂，其单位制冷量大，制冷剂价廉，但对人体有危害，且易燃易爆，特别要注意安全操作。卤代烃制冷剂多用于中、小型冷库，该制冷剂对人体无害，不燃不爆，制冷系统简单，但价格高。管系多选用铜和铝合金等管材。20 世纪 80 年代后期，CFC 工质禁用后，卤代烃制冷剂的应用受到极大的限制，氨制冷剂的应用有逐

步扩大的趋势。

在冷库的制冷系统中，为保证食品的安全和管系的布置，以氨作制冷剂的间接制冷系统，在大、中型冷库中应用已非常普遍。经氨制冷剂冷却的低温盐水（载冷剂），通过载冷剂泵输送到各冷间的冷却盘管或冷间的冷风机，向冷间供冷。通常有两个制冷循环系统，即制冷剂（氨）制冷循环系统和载冷剂（盐水）循环系统。间接式氨制冷系统，制冷剂的蒸发温度较低，制冷机运行经济性较差。以卤代烃为制冷剂的中、小型土建冷库和装配式冷库，多为直接冷却式，其制冷系统较简单，工况调节方便。新型冷库均以R22为制冷剂，R12制冷剂已被禁用，新的替代制冷剂R134a、R404A等已被采用。近年来，不少中小型冷库，也有采用氨直接盘管冷却和氨直接吹风冷却的制冷系统。

以氨为制冷剂的大、中型冷库，均采用集中式制冷系统，其系统总投资较少，集中管理方便，冷间负荷调节方便，总能耗相对较低，但系统管路工艺设计、安装调试复杂，装置安全可靠性较差。采用氟利昂制冷剂R22、R404A等的中小型冷库采用分散式制冷系统，机组简单，使用、调试、安装方便，负荷调节灵活，更易于实现设备运行自动化。设备运行安全性好，但系统总投资较大。

蒸气压缩式制冷，是借助于制冷剂液体在低压条件下汽化吸热来实现制冷，故其供液方式便成为影响制冷效果好坏的关键。供液方式分为直接供液、重力供液和液泵供液三种，各有其特点和使用条件。

二、制冷系统的供冷方式

制冷系统的供冷方式是指向蒸发器供入制冷剂的方式。常见的方式有直接膨胀供液、重力供液与液泵供液三种形式。其中对于小型冻结装置一般采用直接膨胀供液，而大中型冻结装置则一般采用液泵供液。以下分别介绍这三种供液方式。

1. 直接膨胀供液 直接膨胀供液也叫直流供液，它是利用高压制冷剂的冷凝压力 p_k 与蒸发器内蒸发压力 p_0 之差作为动力，推动制冷剂液体直接经过节流机构，完成向蒸发器的供液，如图7-10所示。在这类系统中，多采用热力膨胀阀或毛细管作为节流机构，也可以采用电子膨胀阀。这种供液系统要求保证一定的冷凝压力来提高供液动力，冷凝压力过低会影响供液量。

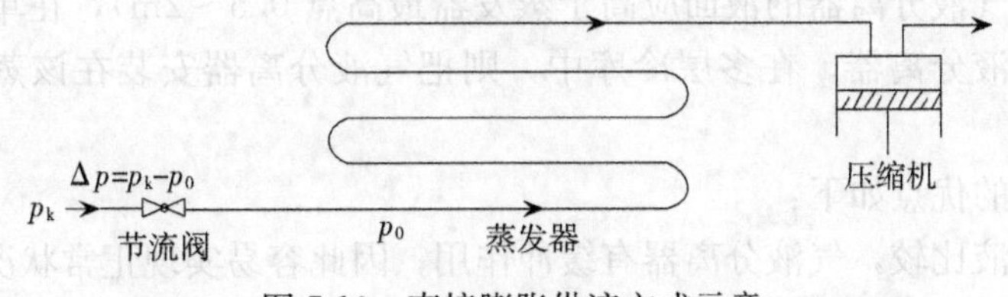

图7-10 直接膨胀供液方式示意

采用这种供液方式的制冷系统简单，低压部分不需要设置辅助设备即可运行，费用低，维护方便。但是，由于热负荷不断波动，膨胀阀的调节比较困难，采用手动节流装置时供液量难以控制。如果供液不足，蒸发器的后半部是过热气体，降低了蒸发面积的利用率。同时，压缩机吸气过热度增大，导致排气温度升高，使得压缩机的润滑条件恶化。如果供液过多，极易造成压缩机的湿冲程，不能保证制冷装置的安全运行。此外，在节流过程中产生的"闪发"气体，混同液体一起被送往蒸发器，使管道的流动阻力损失大大增加，也降低了蒸发器的使用效果。

由于氨的绝热压缩指数比较大，吸气过热度受到限制，所以采用氨制冷剂的制冷系统较少采用直接膨胀供液的方式。卤代烃的绝热压缩指数较小，允许有较大的吸气过热度，可以采用回热循环，保证压缩机不发生湿冲程，所以小型氟利昂制冷系统普遍采用直接膨胀的供液方式。如用于各种空调器、小型冷库及冰箱等装置中。

小型的卤代烃制冷系统采用的节流装置大多为热力膨胀阀，它以回气过热度来很好地自动调节供液量，是发挥直接供液方式优点的典型制冷系统。这种小型卤代烃制冷系统，制冷剂液体往往从蒸发器的上端进入，而氨制冷系统则往往从蒸发器的下端进入。

2. 重力供液 在节流机构之后，高于蒸发器的位置设置气液分离器，使节流后的低压液态制冷剂首先进入液体分离器，并控制分离器内一定的液位，利用该液位与蒸发器之间的高度差所形成的静液柱，作为向蒸发器供液的动力，即为重力供液方式，如图 7-11 所示。

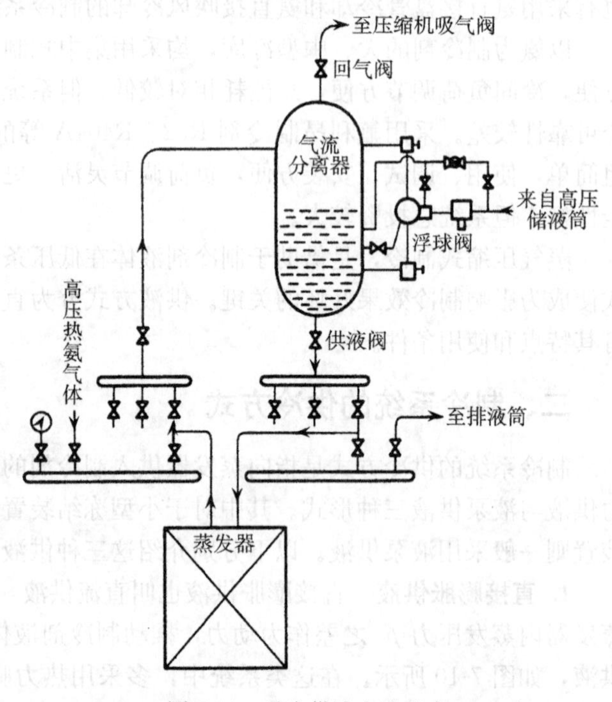

图 7-11 重力供液方式示意

高压制冷剂经过节流后进入气液分离器，节流过程中产生的闪发气体被分离，低压液态制冷剂积聚在分离器内并维持一定液面，在静液柱的推动下，液体不断供入蒸发器；在蒸发器内液体吸热汽化产生的湿蒸气，返回液体分离器，液体重新供入蒸发器，气体连同节流过程中产生的闪发气体一起被压缩机吸走。

这种供液方式多用在冷库制冷系统中。为了保证气液分离器对蒸发器的高差要求（一般气液分离器的液面应高于蒸发器最高点 0.5～2m），在单层冷库中需要加建阁楼，以安装气液分离器。在多层冷库中，则把气液分离器安装在该蒸发器的上一层楼板上。

这种供液方式的优点如下：

(1) 与直接供液比较，气液分离器有缓冲作用，因此容易实现正常状况的操作。

(2) 几组蒸发器并联由气液分离器供液，供液较均匀可靠。

(3) 节流后的闪发气体被分离出去，进入蒸发器的是纯液体，提高了热交换效果。

(4) 回气中夹带的液体被分离出去，不易产生湿冲程和液击。

氨重力供液制冷装置，只要能够保持气液分离器的液面稳定，就可以保证均匀供液，回气经过分离，改善了制冷压缩机的运转工况，比较容易操作，安全性得以提高。

重力供液的缺点如下：

(1) 低压制冷剂在蒸发器内是靠液柱重力为动力，其流动速度较低，因此制冷剂与管壁内表面的放热系数就小，对于排管蒸发器，排管内表面的润湿面积占总蒸发面积的百分比也小，所以蒸发器的总换热强度较低。

(2) 当几个蒸发器由同一个气液分离器供液时，如果蒸发器的进液管道长短不一，差距稍大，实现均匀供液就比较困难，管道过长的会形成较大的流动阻力，甚至有使制冷剂重新汽化的现象。

(3) 由于靠液柱为供液动力，较高的液柱相应地提高了蒸发温度。

(4) 当库房热负荷有剧烈变化时，这种供液方式仍无法避免压缩机产生湿冲程或液击。为了安全，有时不得不在压缩机吸气管上再装一只分离器，再次进行气液分离。

(5) 因为气液分离器要安装在高于蒸发器的位置，所以在库房上还得增建阁楼等建筑物，从而使造价提高。

3. 液泵供液 利用液泵的机械作用，向蒸发器输送低温制冷剂液体的制冷系统叫作液泵供液制冷系统，如图 7-12 所示。

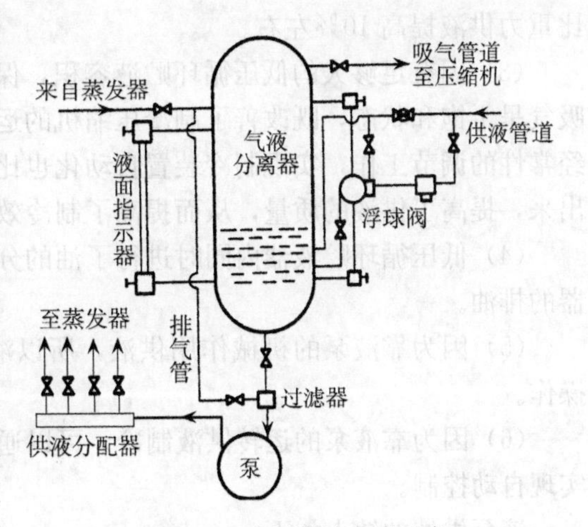

图 7-12 液泵供液方式示意

液泵供液制冷系统中，高压制冷剂液体节流后，进入具有一定贮液容积和一定气液分离容积的低压循环贮液器。所产生的闪发气体与液体进行分离。液体自贮液器下部的出液阀进入液泵，液泵将液体输送到各库房的蒸发器中。液泵的输液量一般为蒸发量的 3～6 倍。蒸发器中汽化的制冷剂先进入低压循环贮液器，经气液分离后，气体和供液时产生的闪发气体一同被压缩机吸走，分离下来的液体和相当于蒸发量的新补充液体，又被液泵输送到蒸发器进行再循环。

液泵的压力应足以克服制冷剂在供液管、蒸发器、回气管及阀门中的流动阻力和液位升高而造成的压力降，并留有一定的压力裕度，以便调节流量。

液泵供液有两种形式，一种为从蒸发器低部进入，从上端出来，简称为“下进上出”。在蒸发器并联使用时，容易实现供液均匀，充分发挥蒸发器的换热作用，对低压循环贮液器的安装位置没有严格限制。缺点是蒸发器内容纳制冷剂的量大，在蒸发器管组排数多、高度大时，蒸发器下部液体将承受较大的静压力，从而造成蒸发器上下蒸发压力有较大差别。在液泵停止供液后，蒸发器内仍存有大量的液体，势必继续降温，这使库房温度的控制不够灵敏准确，对实现自动控制是个不利因素。此外，进入蒸发器的油也不易排净。我国冷库大多采用“下进上出”的方式。

另一种是“上进下出”流向。其优点是液体自然下流，蒸发器内容纳制冷剂的量少，没有液柱压力损失，蒸发压力上下均匀，在液泵停止供液后，蒸发器内剩余液体全部返回低压循环贮液器，因此库温控制灵敏准确，对实现自动化是个有利的因素；同时，省却了排液过程，融霜操作更为简便，而且制冷剂自上而下地冲刷管壁，管壁内不会形成油膜，蒸发器下部也不会积油。其缺点是冷却表面液体润湿性较差，传热效果差，在并联支路多、阻力损失又大小不同的情况下，比较难以实现均匀供液；要求低压循环贮液器的容量较大，且安装位置要低于所有的蒸发器，使机房设备间的设计和建造复杂化。

液泵供液的优点如下：

（1）由于消耗泵的机械功，动力较强，可以向远距离和高层建筑供液，蒸发器的管道也可加长，而且换热均匀，结霜显示也均匀。

（2）蒸发器的换热效率高。因为以 3～6 倍的蒸发量强制液体进入蒸发器，蒸发器有着充分的润湿表面，可以发挥蒸发器全部面积的传热效能。由于流速较高，使得气流速度远大于液体流速，蒸发器内制冷剂形成"雾环状"流动，即吸热后的制冷剂蒸气及雾状液滴在管道中心流动，迫使液体贴附于管壁流动，从而加强了蒸发器内表面的换热强度。同时，因液体对管内壁的冲刷，蒸发器管壁不易形成油膜，底部也不易积存油污，大大提高了蒸发器的热传递。同样蒸发面积的蒸发器，液泵供液的冷却效果比直接膨胀供液提高 25%～30%，比重力供液提高 10%左右。

（3）因有足够大的低压循环贮液容积，保证了气液的分离，在正常液面控制下，压缩机吸气呈干饱和状态，既改善了制冷压缩机的运转工况，也保证了压缩机的安全运行，不需要经常性的调节工作，实现制冷装置自动化也比较容易；同时，因为将闪发气体从供液中分离出来，提高了供液的质量，从而提高了制冷效率。

（4）低压循环贮液器内同时进行了油的分离，减少了油进入蒸发器的数量；也便于蒸发器的排油。

（5）因为靠液泵的机械作用供液，所以液泵及供液分配阀等装置可集中在机房，便于操作。

（6）因为靠液泵的运转供液制冷，可以通过各种自控元件对液泵的运行进行监控，便于实现自动控制。

液泵供液的缺点如下：

（1）因为增加液泵的运行，所以增加电力的消耗，与直接膨胀供液和重力供液相比，增加了 1%～1.5%，也增加了操作和检修的工作量。

（2）因为蒸发器的回气是两相流体，回气管的管径要比重力供液的大一号，相应的阀门等也要大一号。此外，低压循环贮液器的容积远大于重力供液的气液分离器，所以，液泵供液制冷装置的投资比其他两种供液方式的要高。

（3）在库房热负荷突变情况下，或压缩机启动及上载过快时，会引起低压循环贮液器内液面的波动，如果节流机构中的浮球阀或电磁阀出现故障，或供液量跟不上，会造成液泵气蚀，或者吸入气体后造成液泵空转，这都会影响正常供液或损坏液泵。如果出现液位突然升高的现象，也会引起压缩机的湿冲程，甚至液击。

为了避免上述情况的发生，一般采取低压循环贮液器的液面比液泵进液管的液面高出 1.5m 以上，用以保证液泵吸入液面的高度和液体量。同时增设压差控制器以监督液泵的运行和进行保护。

第四节 装配式冷库

装配式冷库，又称组合式冷藏库，是由预制的夹芯隔热板拼装而成的冷藏库。目前，装配式冷库已成为冷库技术发展的重要特征。装配式冷库已有 60 多年的发展历史，近 30 年来，由于化学、冶金工业的迅速发展，出现了许多适用于冷库建筑的优质价廉的新材料，从而使冷库建筑走上了工厂化生产的道路，装配式冷库得到迅速发展。

一、装配式冷库的特点和结构

1. 特点 装配式冷库由预制的复合隔热板拼装而成，由于复合隔热板具有质量轻、较好的弹性、抗压和抗弯强度高、保温防潮性能好等优点，从而决定了装配式冷库具有以下特点：

（1）组合灵活，方便 装配式冷库的各种构件均按统一的标准模数在工厂成套生产，现场只需要连接组合库的隔热板，可根据场地条件和生产需要，拼装成不同的外形尺寸。

（2）抗震性能好 与一般的冷藏库相比，装配式冷库的质量大大减小，对基础的压力也大大减小，因而抗震性强。

（3）可拆装搬迁、长途运输 用复合隔热板制成的构件可运输到很远的地方安装，拆装、搬迁十分方便，损坏率低，并可再次安装。

（4）可成套供应 装配式冷库在工厂内批量生产，具有确定的型号和规格，制冷设备、电控元件等都已设计配置完整，用户可根据需要订购。

2. 结构 根据安装场地，可分为室内型和室外型两种。

室内型冷库容量较小，一般为 2～20t，安装条件要求不高，地下室、楼上、实验室等处都可安装。这种冷库大多数采用可拆装结构，顶、底、墙板之间用偏心钩连接或直接黏结装配。

室外型冷库容量一般大于 20t，为一独立建筑结构，具有基础、地坪、站台、机房等设施，库内净高在 3.5m 以上。各部分之间一般不用偏心钩连接。

根据结构承重方式，可分为内承重结构、外承重结构和自承重结构三种。内承重结构的冷库内侧设钢柱、钢梁，利用库内的钢框架支撑隔热板，安装制冷设备，并支撑屋顶防雨棚。外承重结构的冷库外侧设钢柱、钢梁，利用库外的钢框架支撑隔热板，安装制冷没备，并支撑屋顶防雨棚。自承重结构的冷库利用隔热板自身良好的机械强度，构成无框架结构，库体隔热板即用作隔热，又用作结构承重。

自承重结构多用于室内型，而室外型大多用外承重结构。

二、装配式冷库的平面布置

平面布置分室内型和室外型，两种布置各有其要求。

1. 室内型冷库的布置 冷库的布置应注意下列问题：

（1）应有合适的安装间隙，在需要进行安装操作的地方，冷库墙板外侧离墙的距离应大于或等于 400mm；不需要进行安装操作的地方，冷库墙板外侧离墙的距离应为 50～100mm，冷库地面隔热板底面应比室内地坪垫高 100～200mm；冷库顶面隔热板外侧离梁底需有大于或等于 400mm 的安装间隙；冷库门口侧离墙需有大于或等于 1200mm 的操作距离。

（2）应有良好的通信、采光条件。

（3）安装场地及附近场所应清洁，符合食品卫生要求。要远离易燃、易爆物品，避免异味气体进入冷库。

（4）冷库门的布置应便于冷藏货物的进出。

（5）库内地面应放置垫仓板，货物应堆放在垫仓板上。

（6）制冷设备的布置应考虑振动、噪声对周围场所的影响，也应考虑设备的操作维修、接管长度等。

（7）冷库的平面布置需根据预制板的宽度模数、高度模数，根据安装场地的实际条件，进行综合考虑。

2. 室外型冷库的布置 布置时除了食品卫生要求、安全要求、制冷设备布置要求与室内型冷库相同外，还应满足土建式冷库平面布置的一些要求。此外，还有以下几点要求：

（1）只设常温穿堂，不设高、低温穿堂。冷库门可设不隔热门斗和薄膜门帘，并设空气幕。

（2）门口设防撞柱，沿墙边设600～800mm高的防护栏。

（3）冻结间、冻结物冷藏间应设平衡窗。

（4）朝阳的墙面应采取遮阳措施，避免阳光直射。

（5）轻型防雨棚下应设防热辐射措施，并应考虑顶棚通风。

（6）机房、设备间也可采用预制板装配而成，与冷库成为一体。

（7）冷库的平面布置造型基本上与室内型相同。

三、装配式冷库的安装方法

冷库的安装分室内型和室外型，室内型装配比较简单，室外型较复杂，有些还需对预制板进行再加工制作，使其满足安装要求。

1. 室内型 采用偏心钩和螺栓连接的冷库，不论是室内型还是室外型，均可按下列步骤进行安装，即只要根据装配式冷库制造厂的安装说明书进行安装即可。装配的顺序如下：

（1）先做好冷库的垫座地坪（要求用水平仪校平）。

（2）根据冷库外形尺寸，画好安装线，然后装配底板（底座和预制隔热板）。

（3）安装墙板时需先装好一个转角板，然后依次安装。

（4）安装顶板时，从一边依次安装。

（5）安装门和空气幕。

（6）安装制冷设备、照明灯、控制元件等。

2. 室外型 如果预制板是采用偏心钩和螺栓连接，其安装程序与室内型相同。如果预制板采用其他方法连接，安装程序如下：

（1）先做好冷库的基础和地坪（隔热底板以下）。

（2）按冷库平面尺寸放线，做好外框架和隔热墙板的固定用撑板。

（3）安装墙板预制板。先安装一个转角板，然后依次进行。

（4）做好顶板吊架，安装顶板。

（5）用聚氨酯现场发泡，浇注顶板的预留浇注缝。

（6）安装地坪隔热板，用聚氨酯现场发泡浇注底板的预留浇注缝。

（7）安装隔墙板。

（8）用钢筋混凝土浇筑库内地坪（整筑层80～100mm）。

（9）安装冷库门框、门、空气幕。

（10）安装库内制冷设备、照明灯、控制元件等。

3. 板缝密封 板缝密封做得好与坏，对冷库的质量影响很大，如果材料使用不当，或安装施工密封做得不好，必定会增大冷库的冷耗，严重时会造成隔热板外侧严重结水或库板内结冰。板缝的密封材料应无毒、无臭，耐老化，耐低温，有良好的弹性和隔热、防潮性能。国内目前常用的密封材料有聚氨酯软泡沫塑料、聚乙烯软泡沫塑料、硅橡胶、聚氨酯预聚体、丙烯酸密封胶。装配时还要用到一些构件，如角铝、工字铝、连接板、螺栓等。

4. 现场接缝的浇注 在垂直板缝的情况下，浇注的接缝要受很大的压力，沿接缝增加浇注孔可控制聚氨酯的浇注，一般 1.2m 设置一个 ϕ10mm 浇注孔，浇注后用一个塑料塞塞住，加固件与预制板面的连接一般采用拉铆钉，中距为 200mm。

5. 管道设备隔热层的现场浇注 制冷管道和设备的隔热大部分用聚氨酯现场浇注。管道隔热前先涂防锈漆，在铝合金外壳与管子间放扇形聚氨酯隔热块以保持间距，在外壳上每隔一定距离留有浇注孔，浇毕后用塑料塞塞住。

6. 对冷库装配的整体要求 库体连接要牢固，连接机构不得有漏连、虚连现象，其拉力不得低于 1471.5N；库体板涂层要均匀、光滑、色调一致，无流痕，无泡孔，无皱裂和剥落现象；库体要平整，接缝处板间错位不大于 2mm，板与板之间的接缝应均匀、严密、可靠。

下面以小型装配式冷库为例，说明具体的安装方法。冷库外形和板块关系分别如图 7-13、图 7-14 所示。

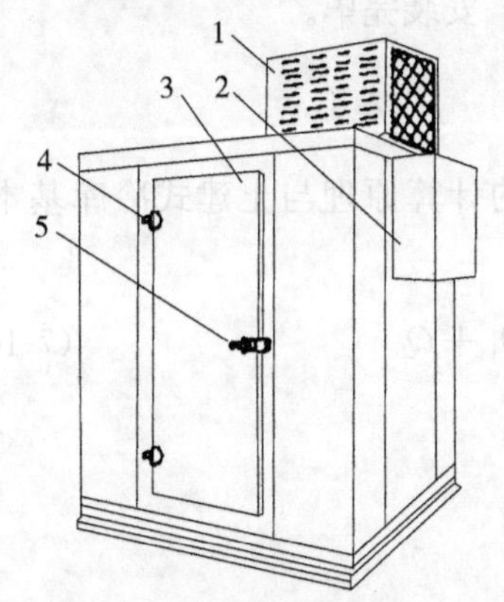

图 7-13 小型装配式冷库外形
1. 制冷机组 2. 控制箱 3. 门 4. 门铰链 5. 把手

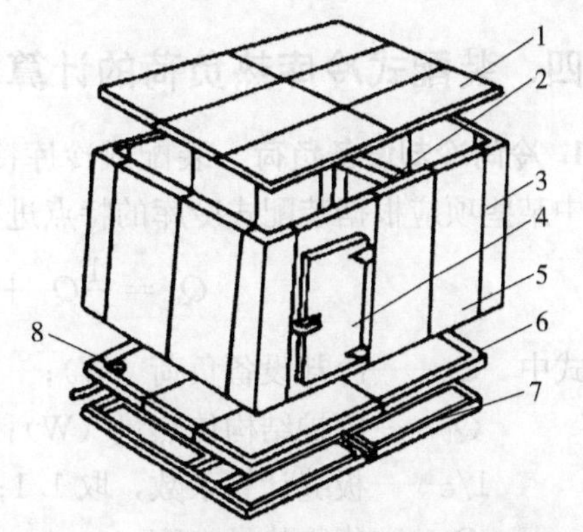

图 7-14 可拆卸的小型装配式冷库库板
1. 顶板 2. 过梁 3. 角板 4. 门及门框组合 5. 立板 6. 底板 7. 底托 8. 地漏组件

(1) 位置选择 安装地点应无阳光直射，远离热源；应避免振动较大、粉尘较多或有腐蚀性气体的环境；应能就近供电及排放化霜水。房顶要高于机组 0.5m 以上，冷库四周距墙大于 0.5m。

(2) 底架的安装 底架应按对应容积的底架装配示意图，在选择好的位置上将底架用螺栓连接牢固，并使之保持水平。

(3) 排水系统的装配 排水系统由地漏、橡胶塞、垫圈、下水管、卡子组成。装配时首先把地漏装入地板的预留孔，用螺母锁紧，把下水道套在地漏接口上，用卡子紧固。

(4) 组装地板 板块要轻拿轻放，注意安装位置和方向。第一块地板应是带水管的地板，把排水管从底架方孔中伸出，其他地板依次安装；两块地板之间要对正、贴紧、平整，用内六角扳手插入钩盒孔，顺时针方向锁紧，使板块之间连接牢固。

（5）组装墙板　第一块组装板是角板，使角板下部凸槽对正地板凹槽，然后拧紧挂钩，不得漏挂、虚挂。然后安装其他墙板，最后一块应是角板。墙板全部安装完毕后，在确定安装机组位置的墙板上方，按机组尺寸要求，用手锯开两个凹形豁口，以备机组安装用。

（6）装配过梁　过梁是用来支撑顶板的，安装时将支架插入墙板上部的聚氨酯中，对好预留孔位置，用螺钉紧固，然后装配过梁，把过梁水平放置在两相应的支架上，用螺栓连接，待顶板装配调整后紧固。

（7）组装顶板　顶板安装顺序同步骤（4）、（5）。注意17m²以上冷库顶板装好后，如与过梁有间隙，可用垫片进行调整，使两者贴紧为宜，预留机组下部件的一块顶板。

（8）安装制冷机组　制冷机组是由冷凝器、压缩机、蒸发器等整体连接的钢结构，安装时需将机组整体水平托起，使机组机架进入墙板预开好的凹槽豁口，然后将上道顶板安装工序的机组下部顶留板块插入机组底部并装好，在机组底盘与顶板支架之间加入垫，使之固定平稳。

（9）安装附件　感温测头一般在冷库内中部上方为宜。库灯安装在门框上部的预留位置上。库内温度显示器可根据用户的需求供货。制冷系统控制装置安装在预定位置上，在蒸发器下部排水管上装好化霜水管。

（10）整理　库内墙板支架接触部位的间隙，需要有橡胶密封条封堵或使用快干密封胶封堵，这样可减少冷损失。最后用干净软布擦一遍库壁，安装完毕。

四、装配式冷库热负荷的计算

1. 冷间冷却设备负荷　装配式冷库冷却设备负荷的计算原理与土建式冷库基本相同，但其中某些项应根据装配式冷库的特点进行修正。

$$Q_q = \frac{1}{\varepsilon}Q_1 + PQ_2 + Q_3 + Q_4 + Q_5 \tag{7-10}$$

式中　Q_q——冷却设备负荷（W）；

Q_1——围护结构传热量（W）；

$1/\varepsilon$——板缝计算系数，取1.1；

Q_2——货物热量（W）；

Q_3、Q_4——通风换气热量和电动机热负荷（W）；

Q_5——操作热量（W）；

P——负荷系数，冷却间和冻结间取1.3，其他冷间取1。

对于室内型装配式冷库，食品均为短期贮藏，通风换气热量可以省略：

$$Q_q = \frac{1}{\varepsilon}Q_1 + PQ_2 + Q_4 + Q_5 \tag{7-11}$$

室内型冷库可以不考虑太阳辐射，因此Q_1可按式（7-12）计算：

$$Q_1 = KF(32 - T_n) \tag{7-12}$$

式中　K——围护结构的传热系数［W/(m²·K)］；

F——围护结构的传热面积（m²）；

T_n——库内的计算温度（℃）。

对于室外型装配式冷库，Q_1按式（7-13）计算：

$$Q_1 = KF\alpha(T_w - T_n) \quad (7\text{-}13)$$

式中　α——温差修正系数，对于围护结构的外侧加设通风空气层，外墙 $\alpha=1.3$，屋顶 $\alpha=1.6$，对于外侧不加设通风空气层，外墙 $\alpha=1.53$，屋顶 $\alpha=1.87$；

T_w——室外计算温度（℃）；

T_n——室内温度（℃）。

2. 机械负荷　对于室内型装配式冷库，由于进出货频繁，进货温度较高，导致了冷负荷变化较大。在负荷计算中对各项热量可不进行折减或修正，并把制冷装置和管道等冷损耗补偿系数取为 1.1。因此制冷压缩机的负荷可按式（7-14）进行计算：

$$Q_j = 1.1\left(\frac{1}{\varepsilon}Q_1 + PQ_2 + Q_4\right) \quad (7\text{-}14)$$

3. 室内型装配式冷库冷负荷的估算

（1）库房冷却设备所需的传热面积可按冷库建筑净面积进行估算。采用光管式蒸发排管时，冷库建筑面积与蒸发器传热面积之比可取为 1∶（1.1～1.3）；采用冷风机时，其比值为 1∶（1.5～2.0）。

（2）制冷压缩机的冷负荷可按冷库公称容积进行计算，公称容积较小时，单位公称容积所需的冷负荷就较大，其变化曲线见图 7-15（a）、（b）。

（3）另一种估算方法是将表 7-12 的冷负荷再乘以 1.2 的修正系数。

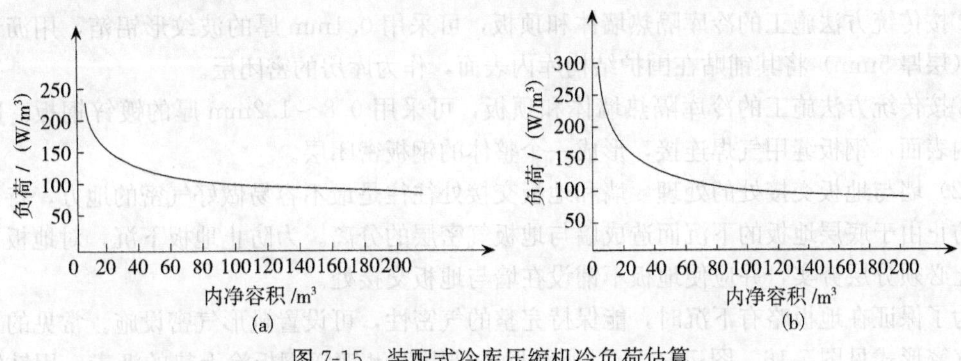

图 7-15　装配式冷库压缩机冷负荷估算

（a）−5～5℃　（b）−15～−18℃

第五节　气调冷库

果蔬气调贮藏就是调整果蔬贮藏环境中气体成分的冷藏方法。它是指冷藏、降低贮藏环境中氧气的含量、增加二氧化碳浓度的综合贮藏方法。而气调冷库是在传统的高温冷藏库基础上发展起来的，它既有冷藏库所具有的“冷藏”功能，又有冷藏库所没有的“调气”功能，但是气调冷库并非普通高温库与气调设备的简单叠加。与一般高温库相比，气调冷库在方案设计、热负荷计算、土建气密性设计等方面都有自己的特点和注意事项，若不注意这些差别，就无法设计并最终建造合格、低能耗的气调冷库。

一、气调冷库建筑特点

气密性是气调冷库在建筑要求上有别于冷藏库的一个最主要的特点。如果库体密封不好，库内就不能保持所要求的低氧、高二氧化碳的气体组分，也就达不到气调保鲜的目的。也就是说，气调冷库不仅要求围护结构隔热，减少与外界的热量交换，而且要求围护结构密闭，减少与外界的气体交换。在满足气调贮藏条件的前提下，气密程度并非越高越好。由于气调库围护结构的表面积很大，还要安装气密门，通过各种制冷、气调、水电管线，建筑物日久会沉降，另外，温度波动会引起库内外压力差发生变化，使得气密层不可避免地存在薄弱环节，很难达到绝对的气密。另一方面，也没有必要达到绝对的气密。以果蔬气调贮藏为例，由于果蔬的呼吸作用会消耗库内的 O_2，使 O_2 浓度持续降低。如果库房绝对气密，就必须及时通入新鲜空气来维持贮藏所需要的 O_2 浓度，防止果蔬进行无氧呼吸。在实际操作中，只要果蔬的耗氧量大于或等于围护结构的渗入氧量，即可认为气密程度符合要求。

由于冷库建筑方式的不同，其库体的密封处理方法也不同，但对气密性要求是相同的。库体的密封技术措施主要包括下列几个方面。

1. 土建式气调冷库的库体密封处理

（1）墙体板和顶板的处理　对于通常所用的冷库隔热结构，只起到隔热防潮作用，达不到气调冷库的气密性要求，因此，在满足隔热防潮作用的基础上，再采取特殊的密封措施。通常采取的措施有下列三种：

①冷库的隔热墙体和顶板全部用聚氨酯现场喷涂发泡。这种方法施工可以做到无缝隙，喷涂的聚氨酯泡沫既可作为隔热防潮层，又可用作气体密闭层，可以达到理想的气密效果。

②按传统方法施工的冷库隔热墙体和顶板，可采用 0.1mm 厚的波纹形铝箔，用沥青玛蹄脂（层厚 5mm）将其铺贴在围护结构库内表面，作为库房的密闭层。

③按传统方法施工的冷库隔热墙体和顶板，可采用 0.8～1.2mm 厚的镀锌钢板，固定在库内表面，钢板缝用气焊连接，形成一个整体的钢板密闭层。

（2）墙与地板交接处的处理　墙和地板交接处往往是最不容易做好气密的地方，特别要注意防止由于底层地板的下沉而造成墙与地板气密层的分离。为防止地板下沉，对地板下的回填土必须分层夯实，并应使地板不铺设在墙与地板交接处。

为了保证在地板略有下沉时，能保持完整的气密性，可设置靴形气密设施。常见的三种靴形气密形式见图 7-16。图 7-16（a）所示形式是用28＃镀锌钢板涂上热的沥青，用钻钉将其固定在地板上；图 7-16（b）所示形式是在墙与地板气密层交接处用铝箔树脂薄板和软质玛蹄脂形成一条“可伸缩带”，沿着库房四周用外包玛蹄脂密封，把铝箔树脂固定在墙上，聚氨酯发泡时，将其全部盖住，这种形式既可以用作面层也可以用作底层地板的气密；图 7-16（c）所示形式是在墙和地板交接处采用氯丁橡胶板，在墙的隔热层施工前将其粘接在

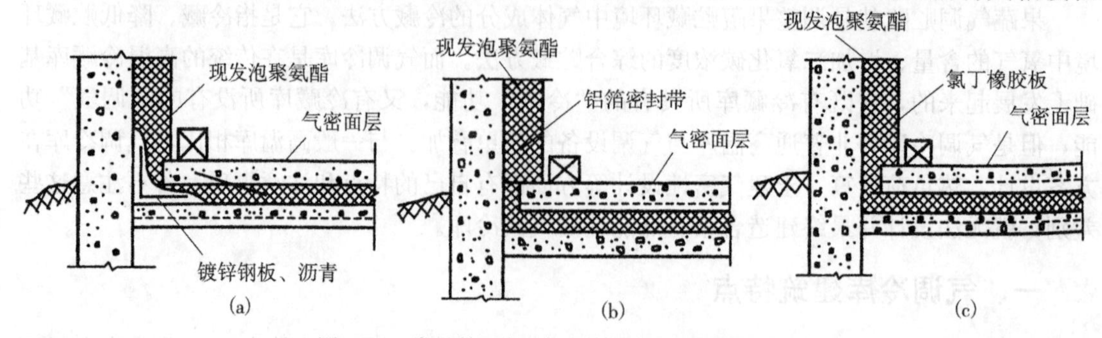

图 7-16　常见的地板-墙三种气密层的施工方法

墙和地板上。

目前，大部分已采用墙和地板连续地进行现场聚氨酯发泡来代替金属靴和地板气密层的做法，见图 7-17。

2. 装配式气调冷库的库体密封处理　对于装配式气调冷库，由于所使用的聚氨酯或聚苯乙烯夹芯板本身就具有良好的防潮、隔气及隔热性能，所以关键在于处理好夹芯板接缝处的密封，即主要对墙板与地板交接处、墙板与顶板交接处、板与板之间的拼缝进行密封处理。在围护结构的墙角、内外墙交接处、墙与顶板交接处，夹芯板的连接形式应采用“湿”法连接。即在夹芯板接缝处，现场压注发泡填充密实，然后在库房内侧的接缝表面，涂上密封胶，平整地铺设一层无纺布，使库体的围护结构连成一个没有间断的气密隔热整体。此外，应尽量选择单块面积大的夹芯板，尤其是顶板，以减少接缝，并尽量减少在板上穿孔吊装、固定，可将吊点设置在板接缝上，以减少漏气点。具体也可以参照如下方法施工。

(1) 墙板与地板交接处的处理　地坪隔热层四周离墙板留出 50～100mm 间隙，用聚氨酯现场发泡，墙板与库内地坪四周的缝隙用铝箔玛蹄脂密封，见图 7-18，或采用图 7-19 所示的气密层施工方法。

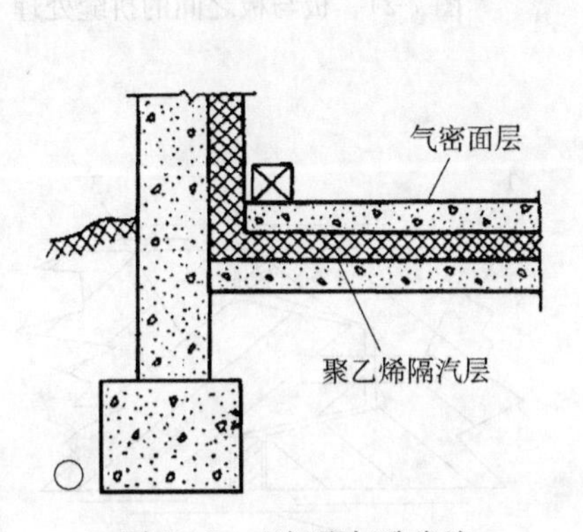

图 7-17　现场聚氨酯发泡

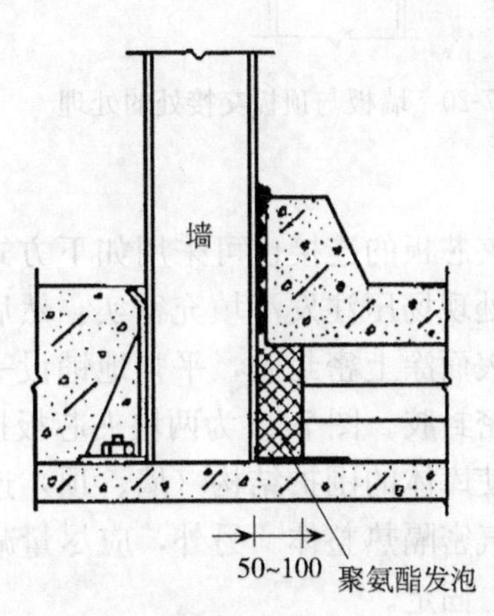

图 7-18　装配式气调冷库墙板与地板交接处

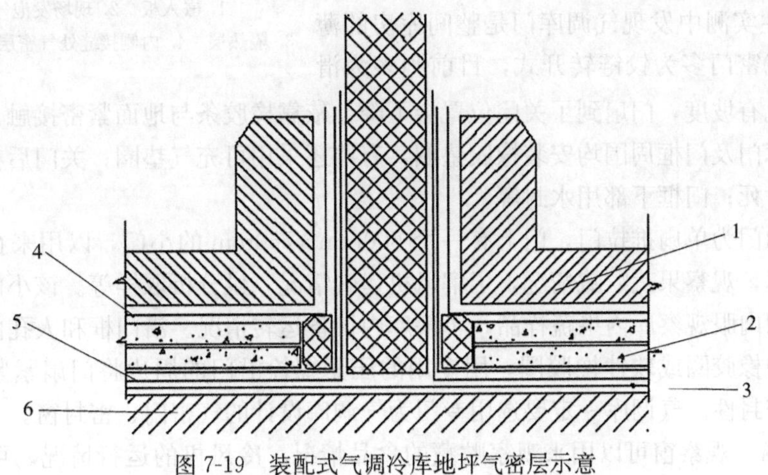

图 7-19　装配式气调冷库地坪气密层示意

1. 面层　2. 隔热层　3. 防潮层　4、5. 气密层　6. 基础板

（2）墙板与顶板交接处的处理　顶板与墙板拼接时，留出 50mm 宽的预留槽，顶板全部定位后，用聚氨酯现场发泡填满预留槽，然后用 0.7mm 镀锌涂塑钢板封面，专用密封胶密封，见图 7-20。

（3）板与板之间的拼缝处理　板缝的处理根据预制板的结构各不相同，但其原则是要达到密封效果，因此，要求所使用的密封胶必须气密性好，板缝中应填饱满，能采用聚氨酯现场发泡的地方尽量采用。板缝的内外表面还可用铝箔不干胶粘贴密封，见图 7-21。

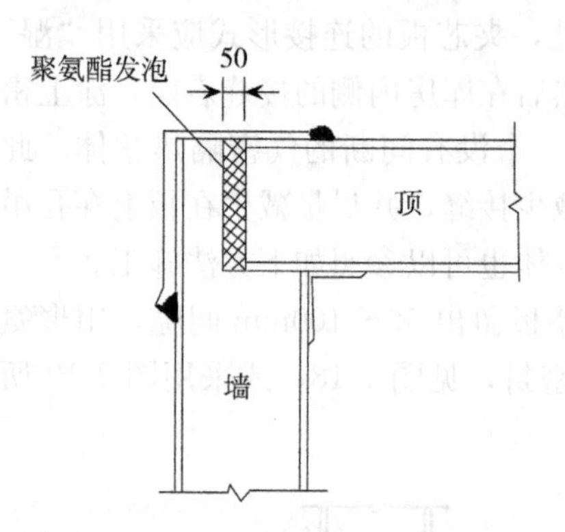

图 7-20　墙板与顶板交接处的处理

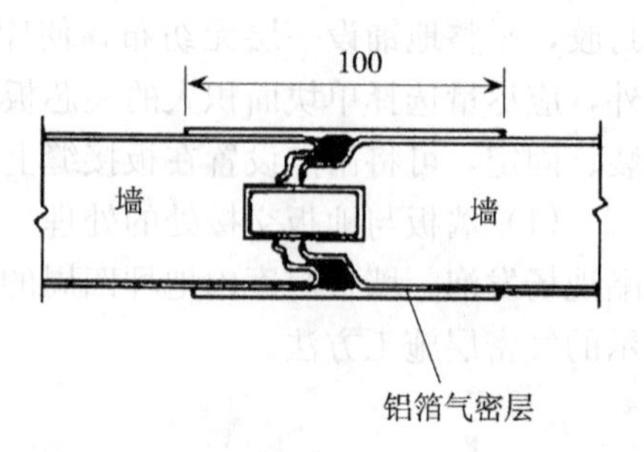

图 7-21　板与板之间的拼缝处理

夹芯板的连接也可采用如下方式，即在夹芯板接缝处现场压注发泡填充密实，然后在库房内侧的接缝表面涂上密封胶，平整地铺设一层无纺布，再涂上密封胶。图 7-22 为两块夹芯板接缝处的密封做法。使库体的围护结构（墙、顶）连成一个没有间断的气密隔热整体。另外，应尽量减少在板上穿孔吊装、固定。

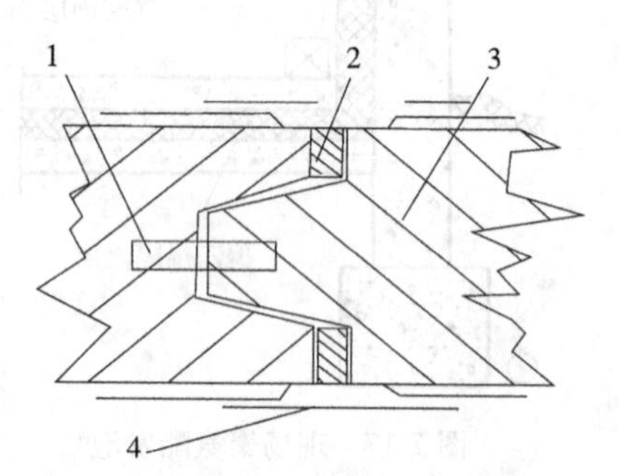

图 7-22　两块夹芯板接缝处的密封做法
1. 嵌入板　2. 现场发泡气密材料
3. 隔热层　4. 内侧接缝处气密层（胶＋无纺布）

3. 气调库门　气调库门与库体之间也应保证密封。而一般的冷库隔热门是达不到气密要求的。在气调库气密性实测中发现气调库门是整间库房的薄弱点。早期气密门多为铰链转开式，目前则多为滑移门，其吊轨有坡度，门扇到了关闭位置会下降，依靠橡胶条与地面紧密接触。其余的气密做法有：在库门及门框周围均安装橡胶垫圈，有些还采用可充气垫圈；关门后在门框四周用封泥或胶带封死；门框下部用水封等。

气调库的门为单扇推拉门，门上有一个 600mm ×760mm 的小门，以用来在果蔬贮藏期间供人进入库，观察果蔬贮藏情况，了解风机运转情况，供分析取样等。该小门上一般设观察窗，便于用肉眼观察库内果蔬样品，了解库内设备运转情况。沿门框和人孔门扇周边贴有一圈可充气的橡胶圈或软性橡胶圈，用专用的压紧螺栓沿门的周边将门扇紧紧地压在门框上，以增加密封性。气调库一定要选用专门为气调库设计的气密门、密封窗。

4. 观察窗　观察窗可以用来观察贮藏的食品情况、冷风机的运行情况。可在蒸发器的出风口处安装一个塑料风标，有助于确定气流通过盘管的程度。还可以观察冷风机冲霜周期的长短和冲霜效果。当维修人员进入库内检修时，还可用作安全监护。贮藏期间，需要对果蔬的状态及制冷、加湿设备的运转情况进行观察。如打开库门，势必影响库内环境，故每间库房均应安装观察窗。

观察窗一般为 500cm×500cm 双层玻璃真空透明窗，也有便于扩大视野的 ϕ500cm 半球形窗，边缘应有防结雾电热丝。一般用聚丙烯制作成拱形，可以扩大观察视线，见图 7-23。我国通常将其设置在靠技术走廊的气调库外墙上，如无技术走廊，可设置扶梯登高观察。另外，也有在气调库门上设置观察窗或可开启式观察门的做法，欧洲有些气调库的观察窗设置在天花板上。

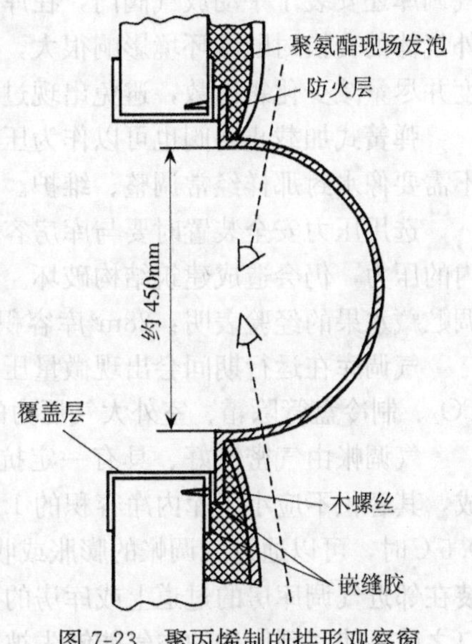

图 7-23 聚丙烯制的拱形观察窗（可观察库内全景）

5. 压力安全装置 压力安全装置可以防止库内产生过大的正压和负压，使建筑结构及其气密层免遭破坏。在 CO_2 脱除机阀门失灵时和碳分子筛制氮机运行期间，如果没有压力安全装置或者压力安全装置的通气口没有打开，气调库的建筑结构就会遭到破坏。

水封型（图 7-24）压力安全装置（安全阀）是一种结构简单、工作可靠、标有刻度的存水弯，它应该安装在气流干扰较小并且便于观察的地方，可以将库内外温度波动时库体承受的正压或负压限制在预定范围内。一旦超出该范围，阀内的水会被压入或压出库房，实现库内外气体的窜流，从而减小库体所受压力。在使用中要防止水的冻结和蒸发，必须定期进行加水。气调贮藏要求库内温度波动±0.5℃，经计算知，两侧压差

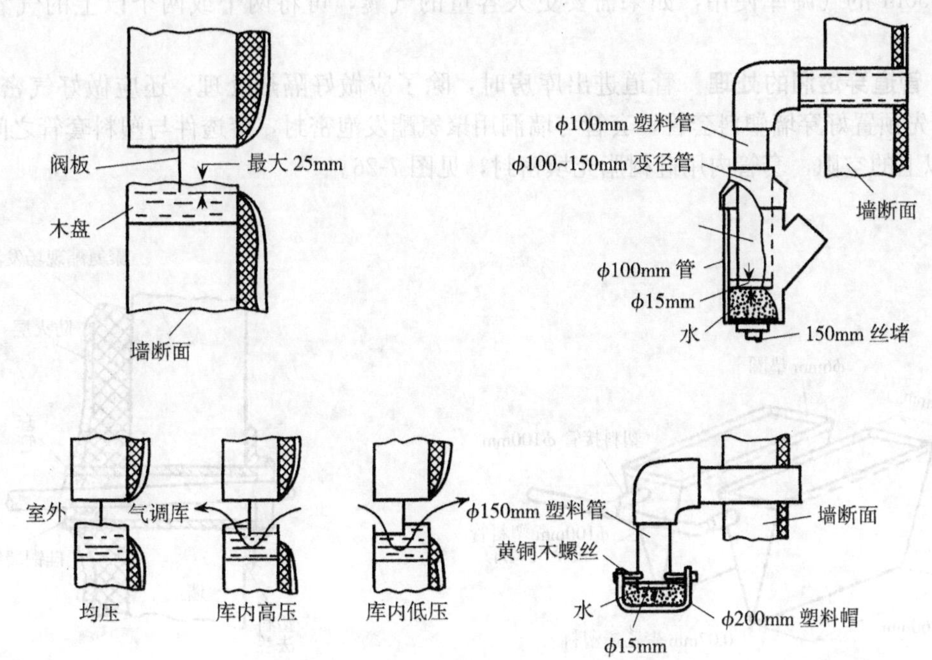

图 7-24 气调库压力安全装置

最高可达 183Pa (18.7mmH_2O)。根据这一要求，同时为了减少通过安全阀的气体窜流次数，国内将拟保持的库内外压差定为 196Pa (20mmH_2O)，国外为 245Pa (25mmH_2O)。当然，气体窜流会使库内气体浓度难以稳定，尤其是超低氧（ULO）贮藏中的O_2浓度。有些气调库还安装了手动放气阀门，在库内外压差过大时打开，以便进行放气或进气。显然库内外气体的交换对贮藏环境影响很大，且浪费能源。为了减少这种现象，要求提高温度控制精度并尽量减少化霜次数，避免出现过大的压差。

弹簧式加载止回阀也可以作为压力保护装置，该阀在 245Pa (25mmH_2O) 压差下动作，不需要像水封那样经常调整、维护。

选用压力安全装置时要与库房容积成比例，如果水封的横断面积过小，不能及时释放库内的压力，仍会造成建筑结构破坏。对于使用碳分子筛和CO_2脱除机的气调库尤为重要。气调贮藏水果的经验表明：28m^3库容积，压力安全装置的敞口面积为 6.45cm^2。

气调库在运行期间会出现微量压力失衡。引起微量压力变化的原因有CO_2脱除机脱除了CO_2、制冷盘管除霜、室外大气压力的变化、冷风机周期性的开停等。

气调帐由气密性好、具有一定抗拉强度的柔性材料（如橡胶布或塑料复合布）制作而成，其容积不应小于库内净容积的 1.5%。当库内温度在设计库温上下稍有波动但尚未达到 0.5℃时，可以通过气调帐的膨胀或收缩来消除或缓解压差对围护结构的作用力。气调帐吊装在邻近气调库房的过道上或库房的顶上。一般推荐将气调帐的进出气口设置在冷风机出风口之前，使回到库房的空气能够先被冷却，避免使库内温度升高。

气调帐可以降低气调库出现的微量压力失衡，用一根 ϕ100mm 聚氯乙烯管将气囊与库房连接起来（图 7-25）。该管从蒸发器的后上角处伸入库 600～900mm，使管口处在无压区，气囊对来自库房正的和负的两种压力变化都能适应。

气调帐用厚约 0.07mm 的聚乙烯薄膜塑料制作，其尺寸见图 7-25。一般一个气囊可供 560～850m^3的气调库使用，如果需要更大容量的气囊，可将两个或两个以上的气囊集中使用。

6. 管道穿透洞的处理 管道进出库房时，除了应做好隔热处理，还应做好气密处理。通常是先预置好穿墙塑料套管，套管与墙洞用聚氨酯发泡密封，穿透件与塑料套管之间应有 6mm 以上的空隙，套管内用硅树脂充填密封，见图 7-26。

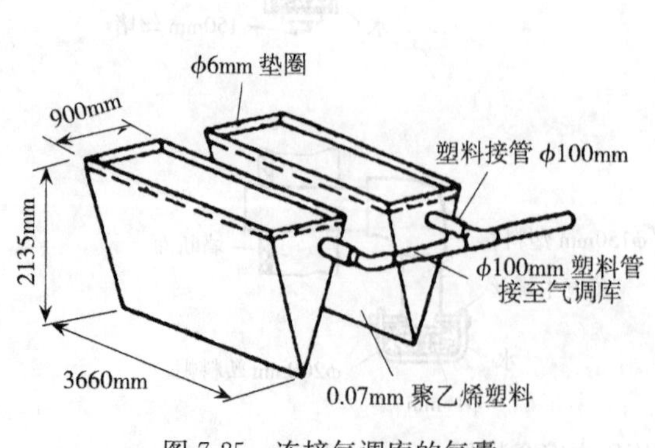

图 7-25 连接气调库的气囊

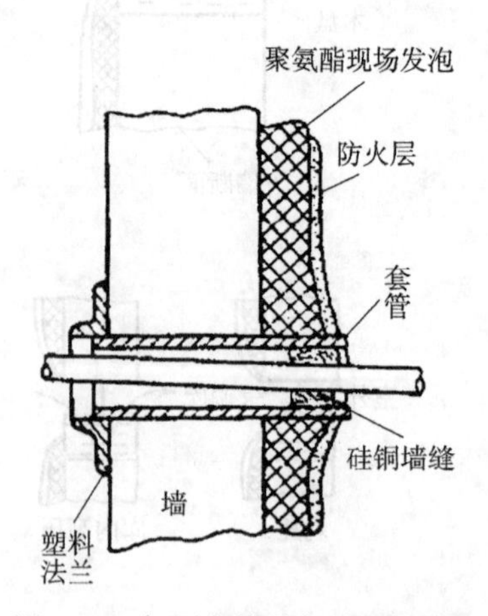

图 7-26 气调库管道穿透洞的处理

7. 压力测试要求　气调库的气密性，可由气调贮藏货物的要求来确定。由于各国气调库设计水平、施工质量、使用方式等的不同，国际上还没有气调库气密性的统一标准。

在GB 50274—98《制冷机、空气分离设备安装工程施工及检验规范》中，有关组合（气调）冷库一节中规定："气调冷库在库体安装后，应进行库体气密性试验，试验应符合下列要求：启动鼓风机，当库内压力达到100Pa（10mmH_2O）后停机，并开始计时，当试验到10min时库内压力应大于50Pa（5mmH_2O）"，即半压降时间为10min。砌筑式土建库的密封试验也应按此标准执行。

气调库的气密性也可以用气密系数表示：

$$p'=pe^{-\xi t} \tag{7-15}$$

式中　p'——t时间后库内压力（Pa）；

p——库内的压力，即库内限压（Pa）；

t——时间（min）；

ξ——气密系数。

将式（7-15）变形为对数表达式，则

$$\xi=\frac{2.3026}{t}\lg\frac{p}{p'} \tag{7-16}$$

将实测的p、p'、t代入式（7-16）即可求出气密系数ξ。该值越小，气密性越高。与我国现有半压降时间行业标准相对应，以气密系数$\xi\leqslant0.07$为合格。

对于一间新建的气调库，为了确定其气密程度，必须进行压力测试。试验前封住所有的敞口（门、检修门、通气口、压力安全装置通气口、套管、穿透件、管线等），将库房加压到一定值（100Pa），然后注意压力随时间的变化，每隔一定时间读一次压力表上的数值，根据读数绘出时间压力曲线，线的斜率表示压力降的速度，也代表了库房的气密程度。气密较好的库房，压力下降得比较缓慢。

二、气调冷库的方案设计

当计划兴建一个气调库时，确定其建筑规模，即确定库容量是至关重要的。除了根据货源、市场需要、投资效益和今后发展确定库容量外，在决策时还必须考虑到果蔬生产的特点和气调贮藏的要求。果蔬生产的季节性强，收获期集中。气调贮藏对果蔬质量的要求高，入库的速度要求高。如果总贮藏量确定得过小，就会影响经营的规模和效益，而且使气调设备的利用率低，但若总贮藏量确定得过大，也会带来一些问题，如建成以后库房的利用率低、总投资增加等。根据经验，一般将总贮藏量控制在500～3 000t。

总贮藏量确定后，下一步就是在总贮藏量和实际情况的基础上，确定气调间的大小和间数。一个气调库为满足不同品种和不同产地果蔬的贮藏要求，至少应划分为2～3间，但不宜超过10间。气调间的大小也要适中，过小虽对提高进货速度有利，但会使库房的利用率降低，而且不利于机械化堆装；容量过大，使果蔬进货时间拉长而影响贮藏效果。在确定气调间的容量时，可以从以下方面考虑：入库期间果蔬的日进货量、库的堆装、运输方式和建筑材料规格等。根据国内外常规做法，一般单间气调库的容量定在100～300t。对特种果蔬，如荔枝、龙眼、冬枣、樱桃等，宜布置几间20～30t小型气调间，便于果蔬批进批出。

三、气调冷库的操作管理

气调贮藏的试验研究始于19世纪初，至今已有200多年的历史，而大规模的商业应用，是近几十年的事。气调库就是气调贮藏技术发展到一定阶段的产物，是商业化、工业化气调贮藏的象征和标志。

气调库不仅在贮藏条件、建筑结构和设备配置等方面不同于果蔬冷却物冷藏间，而且在操作管理上，也有自己的特殊要求。操作管理上任一环节出现差错，都将影响气调贮藏的整体优势和最终贮藏效果，甚至还会关系到气调库的建筑结构和操作人员人身的安全。

1. 果蔬贮藏的生产管理 这包括果蔬贮前、贮中、贮后全过程管理。

（1）果蔬贮前的生产管理 贮前生产管理是气调贮藏的首要环节。入库果藏质量好坏，直接影响到气调贮藏的效果。具体包括：果蔬成熟度的判定和选择最佳采摘期，尽快使采摘后的果蔬进入气调状况。减少采后延误，注重采收方法，重视果蔬的装卸、运输、入库前的挑选、库中堆码等环节，以及入库前应将库房、气调贮藏用标准箱进行消毒等。

在保证入库果蔬质量的前提下，入库越快越好。单个气调间的入库速度，一般控制在3～5d，最长不超过一周。装满后关门降温。

（2）果蔬贮中的生产管理 贮中是指入库后到出库前的阶段。这个阶段生产管理的主要工作，是按气调贮藏要求，调节、控制好库内的温、湿度和气体成分，并搞好贮藏果蔬的质量监测工作。具体要求如下：

①贮藏条件的调节和控制。包括库房预冷和果蔬预冷。预冷降温时，应注意保持库内外压力的平衡，只能关门降温，不可封库降温，否则可能因库内温度的升高（空库降温后因集中进货使库温升高）或降低（随冷却设备运行，库温回落），在围护结构两侧产生压差，对结构安全构成威胁。封库气调，应在货温基本稳定在最适贮藏温度后进行，且降氧应尽可能快。

②气调状态稳定期的管理。是指从降氧结束到出库前的管理。这个阶段的主要任务，是维持贮藏参数的基本稳定。按气调贮藏技术的要求，温度波动范围应控制在±0.5℃以内，氧气、二氧化碳含量的变化也应在±0.5%以内，乙烯含量在允许值以下，相对湿度应为90%～95%。

气调库贮藏的食品一般整进整出，食品贮藏期长，封库后除取样外很少开门，在贮藏的过程中也不需通风换气，外界热湿空气进入少，冷风机抽走的水分基本来自食品，若库中的相对湿度过低，食品的干耗就严重，从而极大地影响食品的品质，使气调贮藏的优势无法体现出来。所以，气调库中湿度控制也是相当重要的。

当气调库内的相对湿度低于规定值时，应用加湿装置增加库内的相对湿度。库内加湿可以用喷水雾化处理。

③贮藏中的质量管理。包括经常从库门和技术走廊上的观察窗进行观察、取样检测。从果蔬入库到出库，始终做好果蔬的质量监测是十分重要的，千万不要片面地认为，只要保证贮藏参数基本稳定，果蔬的贮藏质量就可保证。

（3）果蔬贮后的生产管理 包括出库期间的管理，确定何时出库。气调库的经营方式以批发为主，每次的出货量最好不少于单间气调库的贮藏量，尽量打开一间，销售一间。果蔬要出货时，要事先做好开库前的准备工作。为减少低氧对工作人员的危害，在出库前要提早

24h 解除气密状态，停止气调设备的运行，通过自然换气，使气调库内气体恢复到大气成分。当库门开启后，要十分小心，在确定库内空气为安全值前，不允许工作人员进入。出库后的挑选、分级、包装、发运过程，注意快、轻，尽量避免延误和损失，上货架后要跟踪质量监测。

2. 设备和库房管理

（1）果蔬入库贮藏前　每年果蔬入库前，都要对所有气调库进行气密性检测和维护。气密性标准可采用：当库内压力由 100Pa 降到 50Pa 时，所需时间不低于 10min。

（2）果蔬贮藏中　要对制冷、气调设备、气体测量仪等进行检查与试运行。操作人员应经常巡视机房和库房，检查和了解设备的运行状况和库内参数的变化，做好设备运转记录和库内温湿度、气体成分变化记录。了解安全阀内液柱变化、库内外压差情况，并根据巡视结果进行调节。

（3）果蔬全部出库后　停止所有设备运行，对库房结构、制冷、气调设备进行全面检查和维护，包括查看围护结构、温湿度传感器探头是否完好、机器易损件是否需更换、库存零配件的清点和购置等。

3. 气调库的安全运行　由于气调库的建筑、设备的特殊性，气调库的安全管理也是十分重要的工作。

（1）库房围护结构的安全管理　气调库是一种对气密性有特殊要求的建筑物，库内外温度的变化，以及在气调设备的运行中，都可能引起库房围护结构两侧压差变化。压差值超过一定限度，就会破坏围护结构，这点不可因气调库设置了安全阀和调气袋就掉以轻心。

（2）人身安全管理　要求气调库的操作、管理人员，一定要掌握安全知识。气调库内气体不能维持人的生命，不可像出入冷藏库那样贸然进入气调库。必须熟练掌握呼吸装置的使用。

为了更好地保证人身安全，必须制定下列管理措施，以防止发生人身伤亡事故。

①在每扇气调库的气密门上，书写醒目的危险标志：“危险！库内缺氧，未戴氧气罩者严禁入内！”封库后，气密门及其小门应加锁，防止闲杂人员误入。

②需进入气调库维修设备或检查贮藏质量时，需两人同行，均戴好呼吸装置后，一人入库，一人在观察窗外观察，严禁两人同时入库作业。

③至少准备两套完好的呼吸装置，并定期检查其可靠性。

④开展经常性的安全教育，使所有的操作管理人员树立强烈的安全意识。

第六节　冷库配套设施

冷库的配套设施主要有冷库门、门帘及货物装卸设施等。

一、冷库门

冷库门是冷藏库重要的组成部分之一。其主要功能是在最大限度地降低冷量损失的基础上，允许货物自由方便地贮存和进出，同时保证工作人员的安全出入。

1. 冷库门的基本要求

（1）具有良好的隔热性能、气密性能，减少冷量损失。门扇与门框的密封性要好，门扇与门框之间要用压缩性大、隔热性能好、密封性强的特制橡胶密封圈密封。

(2) 轻便、启闭灵活，有一定的强度，除门扇本身要用高强质轻的材料制作外，其门锁、门轴、铰链等也要灵活轻便。

(3) 设有防冻结或防结露设施，如在冷库门、框与门密封面接触部位，设置电热装置等。

(4) 坚固、耐用和防冲撞。有动力装卸设备的冷库库门、在门洞两旁应增设1.2m高的金属防护栏或防护板。

(5) 设置应急安全灯及操作人员被误锁库房内的呼救信号设备和自开设备。电动、气动和液压自动门应设误闭关保护。

(6) 门洞尺寸应满足使用要求，方便装卸作业，同时又减少开门时外界热量和湿气的侵入。根据库房贮存货物和运输方式的不同，门洞尺寸可参见表7-15。另外，当经常有小件盒装冷冻食品或饮品进出时，往往在冷库大门上再开设一个小门，方便使用并可节能。

(7) 能有效地防止产生“冷桥”。其冷间进出门口地坪除防止“冷桥”产生外，还应能承受装卸设备作业的重量。

表7-15　常用门洞净尺寸（mm）

货物进出方式		净宽×净高	备　注
人工搬运	人、货同门进出	900×2000	
	冰块进出	(600～800)×(500～700)	开在冷库底部、大门旁侧
	冰淇淋或冻盘进出	(货物宽＋100)×(货物高＋100)	开在大门中间、进货高度
小车运输	冷藏间进出货	1200×2000	
	双车进出的冻结间	2000×2200	
叉车运输	常规进出货	1600×2500，1800×2500	
	大批量集中进出货	3000×3000	
吊笼或动物半胴体吊轨输送		1200×2600	
通风换气用		400×400	

2. 冷库门的分类及特点　冷库门可按冷间的性质分类，分为高温库冷库门、低温库冷库门和气调库冷库门等。常用的分类方式，是以冷库门的结构和开启形式及冷库门的启闭动力等来分类。见表7-16。

表7-16　冷库门的基本分类

冷库门启闭动力	嵌入式平开门	外贴式				
		平开门	平移门	滑升门		
				垂直式	弧型式	折叠式
手动门	√	√	√	√	√	√
电动门		√	√	√	√	
气动门			√	√	√	
液压门			√			

注：1. 冷库门均有单扇和双扇两种形式。

2. 气调库冷库门因有气密性要求，属特殊冷库门，未列表内。

嵌入式冷库门密封性好，不易变形，但构造比较复杂，制作精度要求高，一旦变形则容易结冰，不易维修，且只有平开一种开门形式。

外贴式冷库门外形简单，开启形式多，适用范围广，防冻防露设施安装简单，且库门本身操作维修方便，对于相同门洞的门扇尺寸，较嵌入式大。目前除了用于冰块、冰淇淋等货进出的小型冷库门仍采用嵌入式冷库门外，外贴式冷库门的应用已十分广泛。

关于电动、气动和液压三种形式的冷库门，均作为自动型冷库门，各有其优缺点，但相对而言，电动冷库门安装更简单方便。

3. 冷库门的典型结构

（1）平开手动冷库门

①外贴式平开手动冷库门。该冷库门以 SLM 型为代表，通常有左开和右开两种，开启角度有 180°、135°和 90°三种，装有防冻电加热器，并镶嵌耐低温的高强度 e 型橡胶密封条。SLM 型手动冷库门的基本结构及尺寸见图 7-27 和表 7-17。

选用这种冷库门时，其门扇框架结构分木框架和玻璃钢框架。门面板又分 A、B、C 三种，分别为金属板包面、不锈钢包面、防锈铝板包面。但木框架结构门一律为 B 或 C 全包面。

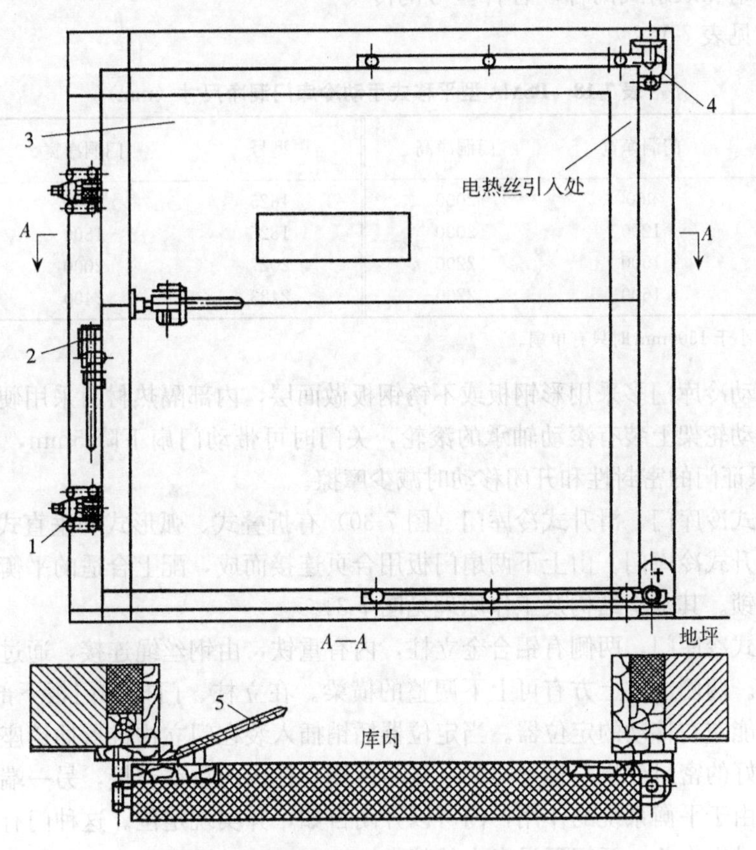

图 7-27　平开式手动冷库门（SLM 型）

1. 压紧定位装置　2. 外部门拉手　3. 门扇　4. 铰链及提升滑轮　5. 内部门推手

表 7-17 手动冷库门类型和结构尺寸（mm）

库门名称	适用条件	门洞净尺寸（宽×高）	门扇规格（宽×高）	墙体洞口（宽×高）
小型库门	冰库、小型冷库	900×2000	1050×2050	1200×2150
中型库门	通行手推车	1200×2000	1350×2050	1500×2150
大型库门	电瓶铲车	1500×2200	1650×2250	1800×2350
冻结间库门	吊运轨道	1200×2500	大门扇 1350×2050，小门扇 420×490	1500×2650

②嵌入式平开手动冷库。嵌入式平开手动门可分单扇嵌入式和双扇嵌入式两种。其特点是门扇四边设有Z形接口，嵌入门框相应的接口内，并有软密封条和相应的密封面，见图 7-28，且密封性能良好。这种手动门在传统的小型冷库中广泛使用。其缺点是一旦门扇或门框变形，会造成密封破坏，维修较困难。

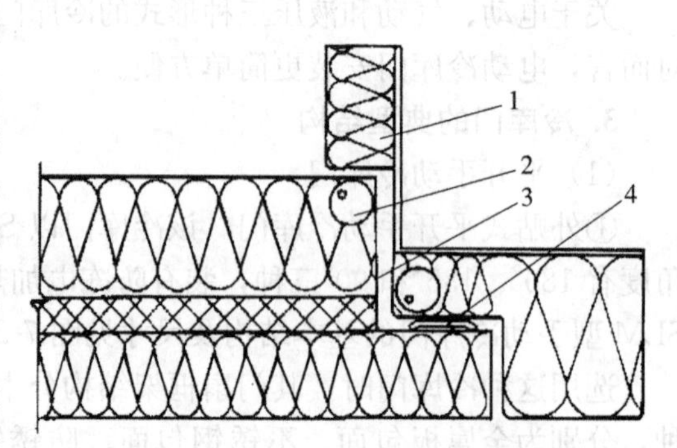

图 7-28 嵌入式平开手动门局部结构

1. 门框 2. 隔热材料 3. 门扇 4. 密封

（2）平移式手动冷库门 平移式手动冷库门借助门扇上下滑轮横向开启或关闭，并有压紧机构实现密封，其基本结构见图 7-29。这种冷库门亦有单扇和双扇式两种。各种型号的冷库门洞净尺寸见表 7-18。

表 7-18 PSMA 型平移式手动冷库门洞净尺寸（mm）

型号	门洞净宽	门洞净高	型号	门洞净宽	门洞净高
0920	900	2000	1625	1600	2500
1220	1200	2000	1825	1800	2500
1522	1500	2200	2027	2000	2700
1622	1600	2200	2433	2400	3300

注：门洞净宽小于 1500mm 时只有单扇。

平移式手动冷库门多采用彩钢板或不锈钢板做面层，内部隔热材料采用硬质聚氨酯泡沫塑料。门的滑动轮架上装有滚动轴承的滚轮，关门时可带动门扇下降 5mm，向门框方向压紧 5mm，以保证门的密封性和开闭移动时减少摩擦。

（3）滑升式冷库门 滑升式冷库门（图 7-30）有折叠式、弧形式和垂直式三种。

①折叠滑升式冷库门。由上下两扇门板用合页连接而成，配上合适的平衡系统，能自由开闭，并能自锁。其基本结构及工作原理见图 7-31。

手动折叠式冷库门，两侧有铝合金立柱，内有重铁，由钢丝绳连接，通过立柱顶部的滑车与门板相连。两侧立柱上方有可上下调整的横梁。在立柱、门框和门板下部装有密封条，在门中央装有能左右移动的定位器。当定位器插销插入装在门立柱锥形插销座时，密封条被压紧，起到良好的密封效果。钢丝绳的一端与两侧立柱内的重铁连接，另一端与下门板上的调节块固定。由于平衡系统的作用，门可以开闭自如，并实现定位。这种门有开闭不占用通道，方便铲车进出作业，开闭平滑省力的特点。

②弧形滑升式冷库门。这种门适用于中小型冷库，低温配送中心或车库等需要保温、防

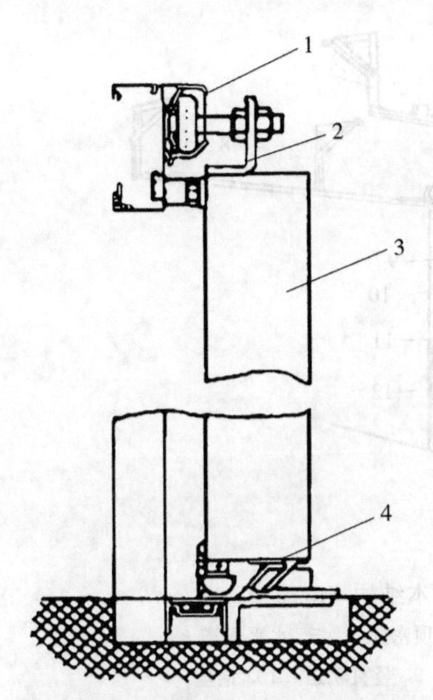

图 7-29　平移式手动冷库门结构

1. 上滑轮　2. 门扇吊挂装置　3. 门扇　4. 下滑道及限位

图 7-30　防撞门封和滑升门

尘的工作场所。较典型的滑升门有HSM型，其结构如图7-32所示，开启可采用手动或电动机带动。

滑升门多采用聚苯乙烯或聚氨酯泡沫塑料隔热，以彩钢板或不锈钢板为面板。门板两端装有特殊滑轮，在成型的轨道上，凭借平衡机构的弹簧扭力平衡门板的自重，可手动将整扇门上下移动，或停留在工作高度的位置上。门板顶部和底部装有密封条。各块门板之间以及和墙面之间也装有密封条。另外，在门板底部还装有安全开关，以保证安全作业和工作人员的安全。这种弧形滑动门既可以手动也可以电动。门板的宽度和高度，可根据使用要求选定，其厚度约为45mm。电动开闭式滑升门的启闭速度为0.2～0.3m/s，电动机功率为120W左右。

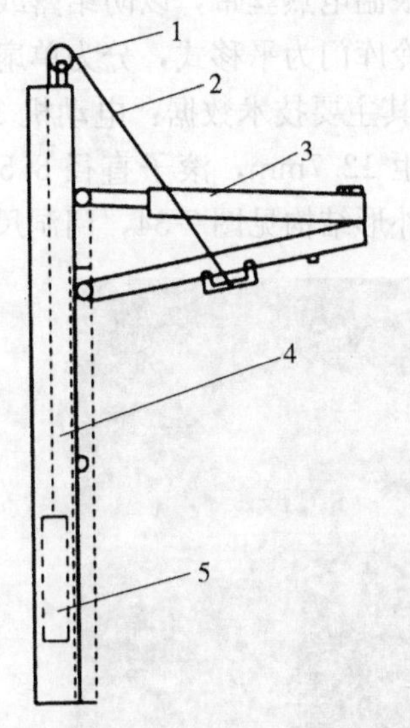

图 7-31　手动折叠式冷库门结构及开闭原理

1. 滑车　2. 钢丝索　3. 门板　4. 门柱　5. 重铁

③垂直滑升式冷库门。其作用、构造、动作原理和适用场所等基本上与手动弧形滑升门相同。但因其是垂直滑升，故门板不需要多块，一般两块即可。

（4）电动式冷库门　电动式冷库就门扇的基本制作、门板板面及隔热材料与手动式冷库门相同，只是由电动机通过链条或齿条传动开启、关闭冷库门。但在结构上，必须考虑门开

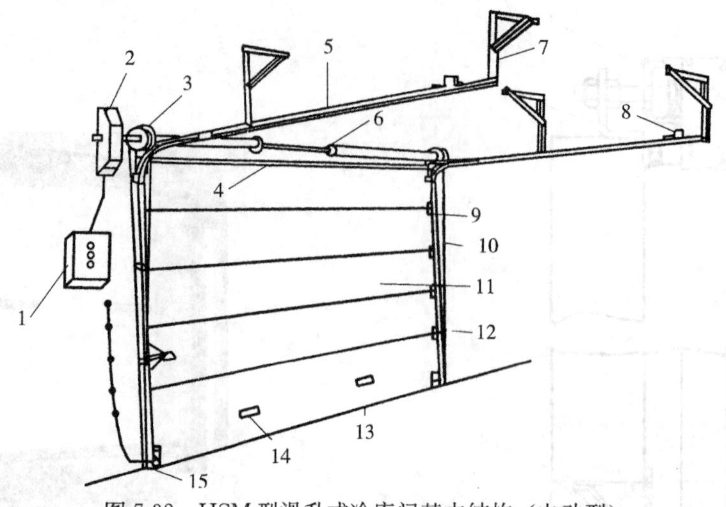

图 7-32 HSM 型滑升式冷库门基本结构（电动型）

1. 电控箱 2. 减速器 3. 钢丝转轮 4. 顶密封条 5. 水平管道
6. 平衡机构 7. 挂脚减速器 8. 防撞架 9. 竖直轨道 10. 钢丝
11. 门板 12. 滚轮 13. 底密封条 14. 手动启、闭拉手 15. 拉门绳

关和卸锁脱险装置，防止误关门而引起事故，并设有安全运行与操作设施。电动式冷库门，当发生停电或故障时，可采用手动启、闭，又在门内侧装有卸锁脱险装置，门扇与门框密封处还装有自限温电热丝带，以防结露或冻结。

电动式冷库门为平移式，分为单扇和双扇。冷库选用的电动式平移冷库门有 PDM 型和 PDMA 型。其主要技术数据：电动机 380V、50Hz、0.4kW、1380r/min；减速器比 50∶1；传动链条节距 12.7mm，滚子直径 8.5mm；开启速度 0.2m/s。单扇门的结构如图 7-33 所示，双扇门外形结构见图 7-34，门洞尺寸见表 7-19。

图 7-33 PDM 单扇平移式电动冷库门结构

图 7-34 双扇平移式电动冷库门结构

表 7-19 单扇和双扇电动式冷库门的门洞尺寸（mm）

	型号	0920	1220	1522	1622	1625	1825	2027	2433
单扇门	门洞净宽	900	1200	1500	1600	1600	1800	2000	2400
	门洞净高	2000	2000	2200	2200	2500	2500	2700	3300

(续)

	型号	1622	1625	1825	1827	2027	2033	2433	2733
双扇门	门洞净宽	1600	1600	1800	1800	2000	2000	2400	2700
	门洞净高	2200	2500	2500	2700	2700	3300	3300	3300

(5) 冷库自由门　冷库自由门和塑料门帘，用于冷库生产车间等场所的保温、防尘、防虫和卫生设施。自由门与前面的冷库门不同，但因具有保温性能，是一种较为经济实用的门，常用于冷库配套的生产车间等场所。自由门分硬性和软性两种类型。硬性自由门分带视窗和两段式两种，软性自由门又分透明式、卷帘式和上下滑移式等。常用的PVC门帘虽不是门，但也起到自由门的作用。图7-35为快速卷帘门，它一般由PVC或聚酯制成，靠快速卷动将门打开或关闭。这种门在使用十分频繁的场合是很常见的。它们一般靠三相电动机驱动，可以通过感应线圈或红外探测器进行自动控制，使门的打开控制在最小。

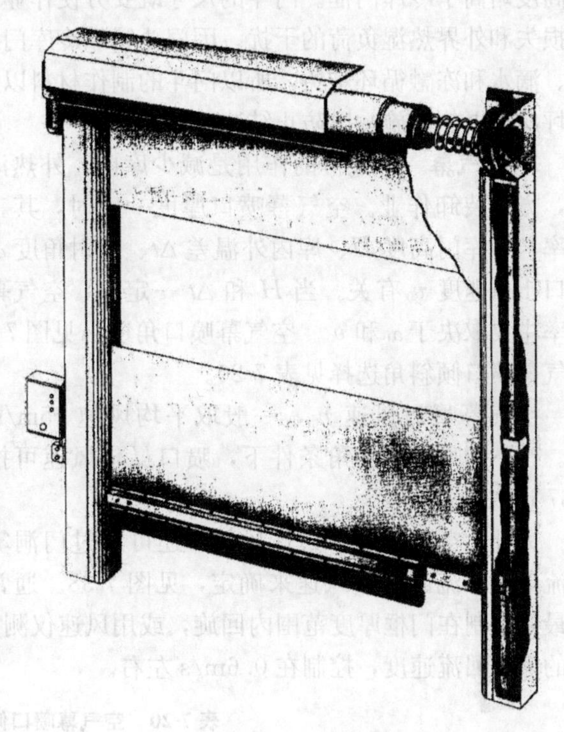

图7-35　快速卷帘门

自由门平时为常闭，当人员、小车或叉车通过时自由开启，通过后，即自行恢复到关闭状态。通常硬性自由门带有防撞板，用于小车行进时直接轻撞开门。当然，它也可以通过感应线圈或红外探测器进行自动控制，使门打开的时间控制在最短。

二、冷库开门防冷量损失的设施

冷库门开启后，必然造成一定的冷量损失及外界热湿负荷侵入。如夏季冷藏库开门后，即使是几分钟，也会造成冷库冷量损失，外界热量、水蒸气进入库门，甚至造成库内温度很快回升，门入口处顶板结露滴水，地面由此结冰，进而对冷库建筑、商品质量和进出运输带来损害。

减少冷库开门冷量损失，防止外界热湿负荷进入的基本措施：在冷库门内侧设门斗和门帘；在冷库门上方设置空气幕；设置定温穿堂和封闭式站台，并在站台装卸口设置保温滑开门、站台高度调节板、密闭软接头等。

1. 门帘和门斗　冷库门帘一般挂在库门内侧，紧贴冷库门。冷库早期多使用棉门帘，因其笨重、不卫生、阻挡视线，既不安全又易损坏，近年已被PVC软塑料透明门帘所取代。PVC塑料门帘由相互搭接的条状PVC塑料条组成。PVC塑料条有宽、窄之分，又有耐低温和常温之分，可按使用要求选择。这类塑料有无色透明、淡蓝色和黄色半透明等多种。通常黄色门帘用于需要防飞虫的场合。另外，除上述条状门帘外，还有一种卷帘式上下滑移式门帘。它通过弹簧式卷筒，松放软性卷帘，适时上下滑动，阻挡和隔断冷库门内外的热、湿交换。

门斗设在冷库门斗的内侧，其宽度和深度约为3m，与冷库门的宽度、铲车长度相配套，其高度略高于冷库门框。门斗的尺寸既要方便作业，又要少占库容。门斗可以有效地减少冷量损失和外界热湿负荷的干扰。因门斗紧靠冷库门，是冷库内外热、湿交换的主要场所，结霜、滴水和冻融循环难免，所以门斗的制作材料以简易、轻质和容易更换为宜。另外，门斗地坪应设电热设施，以防止结冰。

2. 空气幕 空气幕的作用是减少库内、外热湿交换，方便装卸作业。空气幕喷口厚度一定时，其工作效率与冷库门高度 H、库内外温差 Δt、喷射角度 α_0 和喷口出风速度 v_0 有关。当 H 和 Δt 一定时，空气幕的效率主要取决于 α_0 和 v_0。空气幕喷口角度 α_0 见图 7-36。空气幕喷口倾斜角选择见表 7-20。

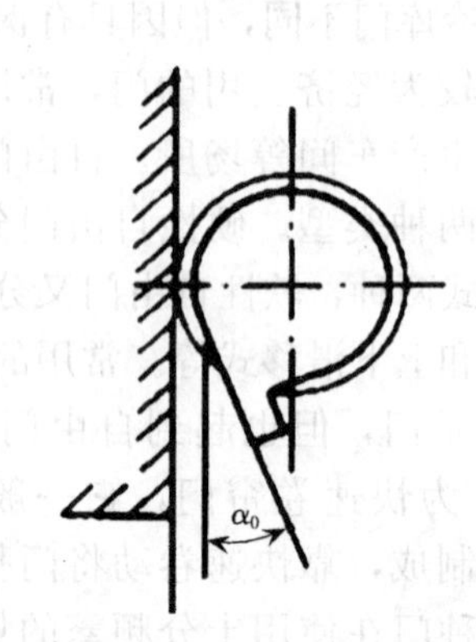

图 7-36 空气幕喷口角度

空气幕喷口风速 v_0，一般取平均风速 15m/s 左右。在不同喷口倾斜角条件下，喷口最佳风速可按图 7-37 选取。

另外，空气幕风口最佳风速，还可通过门洞雾气回流最小回流区及其风速来确定，见图 7-38。通常雾气最好限制在门框厚度范围内回旋，或用风速仪测定距门框边 400mm，距地面 100mm 处 A 点的雾气回流速度，控制在 0.6m/s 左右。

表 7-20 空气幕喷口倾斜角选用

门洞净高/m	库内外温差/℃	喷口倾斜角 α_0/(°)
2 左右	15～30	15
	30～45	20
	45～60	25
2.3～2.5	15～35	15
	35～60	20

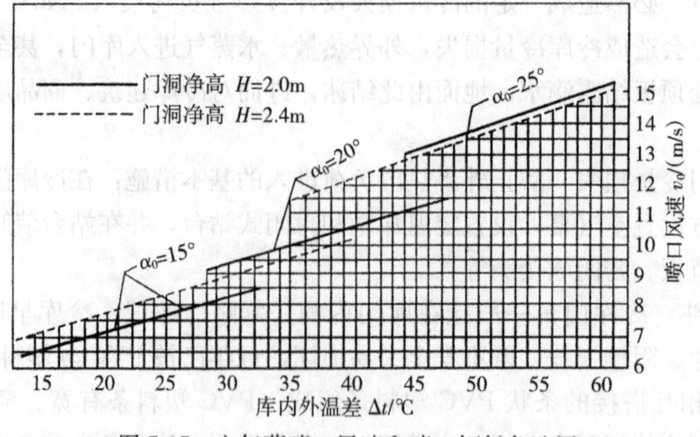

图 7-37 空气幕喷口风速和喷口倾斜角选用

冷库用空气幕的基本形式有轴流式空气幕和贯流式空气幕两种。贯流式应用较广泛。

3. 货物进出货装卸口设施　冷库进出货作业时，要保持冷藏链不会“断链”，在装卸口设置保温滑升门、月台高度调节板、车辆限制器和密闭接头等是必要的。图 7-39 所示是这些设施的组合。

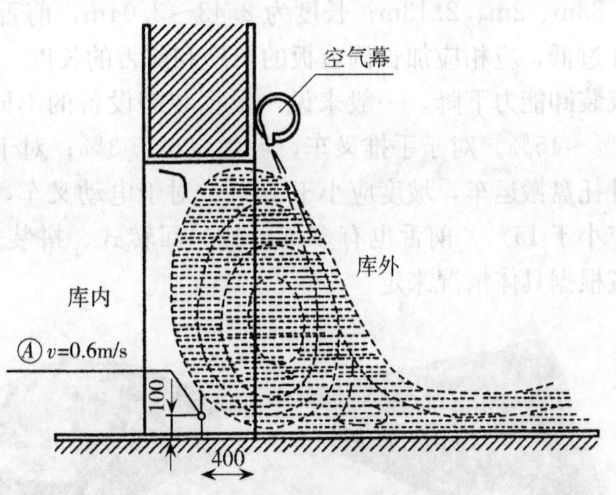

图 7-38　空气幕雾气回流情况示意

图 7-39　装卸口设施组合

1. 保温滑升门　2. 冷库月台　3. 充气套式密封设施
4. 冷藏车　5. 月台高度调节板

保温滑升门可以用不锈钢或铝材制成，在其中充填隔热材料，使其传热系数控制在 $0.2 \sim 0.4W/(m^2 \cdot K)$，在视线高度上需要设置双层玻璃；月台高度调节板包括钢性平板和前舌，由此可以在平台和车辆之间形成桥连，不用时，该板面与装卸平台地板保持平齐，高度调节板可以采用机械或液压控制。总之要保证在装卸过程中，高度调节平板能随车辆的车厢板的升高或降低而变化，此外，对于不平衡的侧斜式车辆，还应具有微调补偿功能。车辆限制器一般为液压式，安装在加固的高度调节台的前缘墙体上，钩在车辆后部的安全杆上，是车辆与装卸平台之间的机械联动装置，当车辆限制器与车辆接触时，能够承受136 000N 的压力。密闭接头有泡沫塑料密封、充气套式密封和泡沫塑料密封与顶部充气套式密封结合等多种形式，密闭接头的两条密封条之间的宽度固定为车辆的最小宽度，而高度是可调节的，对于制冷装卸平台还需要设置防雨顶棚，见图 7-40。

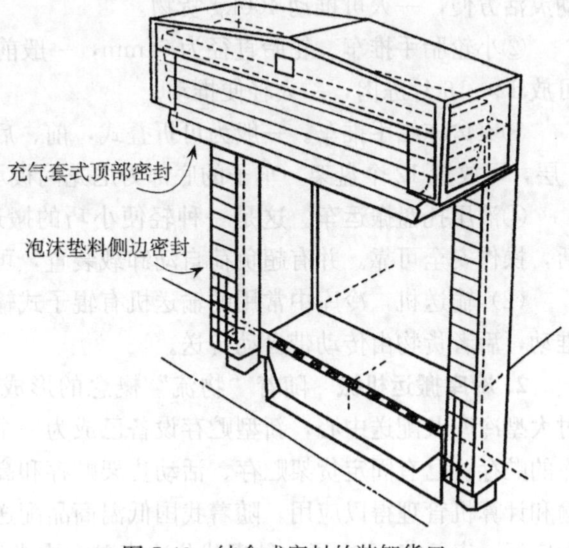

图 7-40　结合式密封的装卸货口

4. 站台高度调节板　站台高度调节板的主要作用是将封闭式站台和冷藏车连成一个整体，方便叉车的机械化门对门作业。现在常见的调节板有机械式、液压式和气袋式等，如图 7-41 所示。为保证叉车操作安全和较高的装卸速度，调节板的宽度不应太窄，其标准宽度为

1.83m、2m、2.13m；长度为2.43～3.04m，前舌的长度一般为400mm。如果站台高度设计过低，应相应加长调节板的长度和前舌的长度。但在标准长度下延长调节板的长度将会造成装卸能力下降。一般来说，根据装卸设备的不同，理想的调节板长度应使得最大坡度为3%～15%。对于手推叉车，坡度应小于3%；对于平台堆垛车，坡度应小于7%；对于低起升托盘搬运车，坡度应小于10%；对于电动叉车，坡度应小于10%；对于汽油叉车，坡度应小于15%。前舌也有多种形式：回转式、拼装式和滑动式。具体采用何种形式的前舌，应根据具体情况来定。

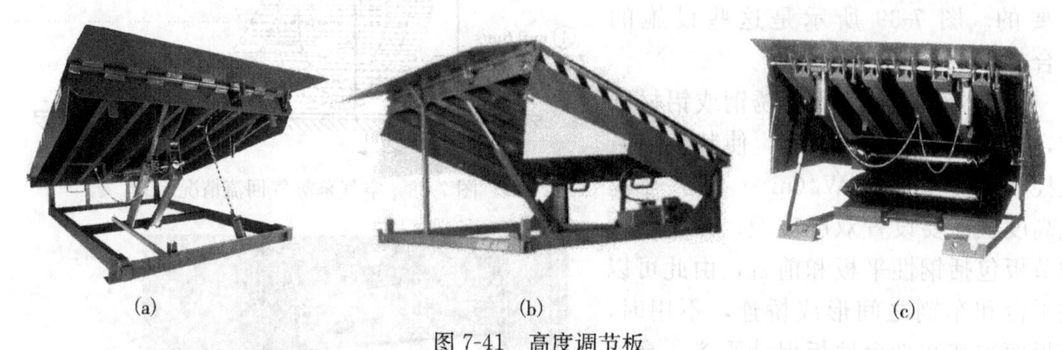

(a) (b) (c)

图7-41 高度调节板

(a) 机械式高度调节板 (b) 液压式高度调节板 (c) 气袋式高度调节板

三、库内运输和贮存设施

库内运输和贮存设施的选择必须考虑最大的空间利用率和最小的操作费用。

1. 手推车和输送机

(1) 手推车 这是冷库或配送中心常用的搬运工具之一。一般要求装卸方便，承载量大，灵活轻便。常用的手推车有尼龙轮手推车、小轮胎手推车、家禽冻结手推车和液压托盘搬运车等。

①尼龙轮手推车。前、后轮直径分别为200mm和150mm，采用滚珠轴承的尼龙轮，推动灵活方便，一人可推动400kg货物。

②小轮胎手推车。轮胎直径为64mm，一般前轮为充气轮胎，后轮为硬质橡皮轮。每车可放12～16片冻肉，一人轻便推动。

③家禽冻结手推车。一般为可折叠式，前、后橡皮轮直径为250mm和200mm，通常为6层，可放置12个盘架，车子的底部为尼龙网板承载货重。

④液压托盘搬运车。这是一种轻便小巧的搬运车，采用高强度聚氨酯轮，控制机构灵活，操作安全可靠。并有超负荷自动卸载装置，可有效保护车架等主要部件。

(2) 输送机 冷库中常用的输送机有辊子式输送机和电动带式输送机。前者货物由人力推动，后者货物由传动带自动传送。

2. 冷库搬运机械 随着“物流”概念的形成和应用，现代化的物流仓库已受到重视。对大型冷库及配送中心，新型贮存设备已成为一个企业经济工作的关键设施。国内外先进冷库的贮存，已有固定货架贮存、活动货架贮存和高货架立体自动贮存等多种形式，机械化运输和计算机管理得以应用。随着我国低温商品配送中心的兴起，托盘货架贮存设备的应用更为广泛。表7-21列出了七种现代化冷库贮存中常用的搬运机械。

表 7-21 现代化冷库贮存中常用的几种搬运机械

序号	名 称	图 例	结构、应用特点	备 注
1	平衡重式叉车		采用大轮胎，稳定性好，可适用于室外和适当斜坡上作业，其作业通道的宽度为 4m	适用于多种贮存货架
2	前移式起重叉车		设有举重门架、货叉，能进入货架中进行作业，所需通道宽度仅为平衡重式叉车的 2/3，能灵活地在平坦的窄道中操作	适用于多种贮存货架
3	伸臂式起重叉车		由具有伸缩功能的货叉、上下滑动的门架及撑脚组成，其货架可深入深贮式货架中存取货物，并具有良好的稳定性	适用双重深贮型或电控移动型货架
4	巷道特高起重铲车		一般称为“塔楼”式叉车。因搬运托盘不需在通道中转向，故通道比托盘宽度稍宽即可。通常提升高度可达 14m，沿导轨存取货物极为迅速，货物流动量大	适用于巷道型货架
5	电控堆垛型起重机		当货架高度超过 14m 时尤为适用。它是在移动货架的塔架上装配伸缩性的货叉，通常每一条通道配置一台起重机，但当货物流量较低时，也可转轨而用于多条通道。其控制方式为手动、半自动和全自动操作	适用于巷道形式自动贮存型货架

（续）

序号	名称	图例	结构、应用特点	备注
6	升降拣货型铲车		该铲车有一升降平台，能将操作人员提升到所有的货架面，在一个托盘或一个货格中，对某一商品小批量选取。其移动方式同巷道特高起重铲车	适用于巷道形式自动贮存型货架
7	轻便拣货型起重车		是一种轻便型电动堆垛起重机，可人工操作达 10m 高度。它一般固定装置在构架上，故运行操作安全，方便“拣寻”	适用于巷道形式自动贮存型货架

3. 冷库托盘货架贮存系统　托盘货架贮存系统是影响冷库物流功能的重要因素，每一冷库按其经营特点、要求、物流种类不同，可选择不同的托盘货架贮存系统。表 7-22 列出了 8 种典型贮存系统货架的特点和应用。图 7-42 是其中 4 种类型的货架贮存系统示意图。

托盘货架贮存系统在国外冷库中已广为应用。但目前在我国应用还不多。随着经济的发展和配送中心及低温物流技术不断提高，先进、合理的托盘货架贮存系统将得到广泛应用。

表 7-22　几种典型托盘货架贮存系统的特点及应用

贮存系统货架名称	结构及使用特点	备注
标准型托盘货架	结构简单，安装方便，投资少，适用于不同的搬运机械。该货架每块托盘可单独存入、移动，货物流通量大，装卸迅速，货架强度大，能有效利用库房上层空间，但货架通道面积大，贮存密度较低	参见图 7-42（a）
双重深贮型货架	贮存深度双倍于标准型，贮存密度较大，库房利用率较高，但需用特殊搬运叉车进行作业。贮存高度一般不超过 6～8m	
巷道型货架	一般货架较高。巷道铲车可在高达 14m 的高度下作业，其贮存密度大。因货架较高，要求其强度较高，并有严格的结构安装，以保证正常作业和货架本身的安全、稳定。新型货架可采用电脑自动定位控制对高层货架托盘作用	参见图 7-42（b）
自动存取型货架	货架高度可达 30m，可手动、半自动和全自动控制进行作业。适用于不同品种的货物，应用电脑控制受理进出货，有长期效益，但一次性投资较大，设计策划要求高	
电控移动型货架	每组货架均可电力驱动，单独在轨道上移动，一条通道可解决多组货架作业，货架高达 12m。该货架库房利用率高，不需要专门搬运机械，生产成本较低，要求配备遥控装置	参见图 7-42（c）
叉车驶入型货架	叉车可以在整体货架中作业，作业效率高，库房贮存密度大。货架高达10m，生产成本较低，适用于品种单一、数量较大的货物存取	

（续）

贮存系统货架名称	结构及使用特点	备　注
托盘自滑动型货架	存货时托盘从货架斜坡高端进入滑道，通过导向轮向下滑逐个存放。取货时从货架斜坡低端取出，其后托盘逐一下滑待取。适用大批量单一品种贮存，库房利用率较高，但设计安装技术要求高	参见图 7-42（d）
后推型货架	结构类同托盘自滑动型货架，设有倾斜可伸缩的轨道货架，托盘均在同方向存取，适用于自动存取系统，库房空间利用率很高，货损少。但要求操作人员谨慎小心操作	

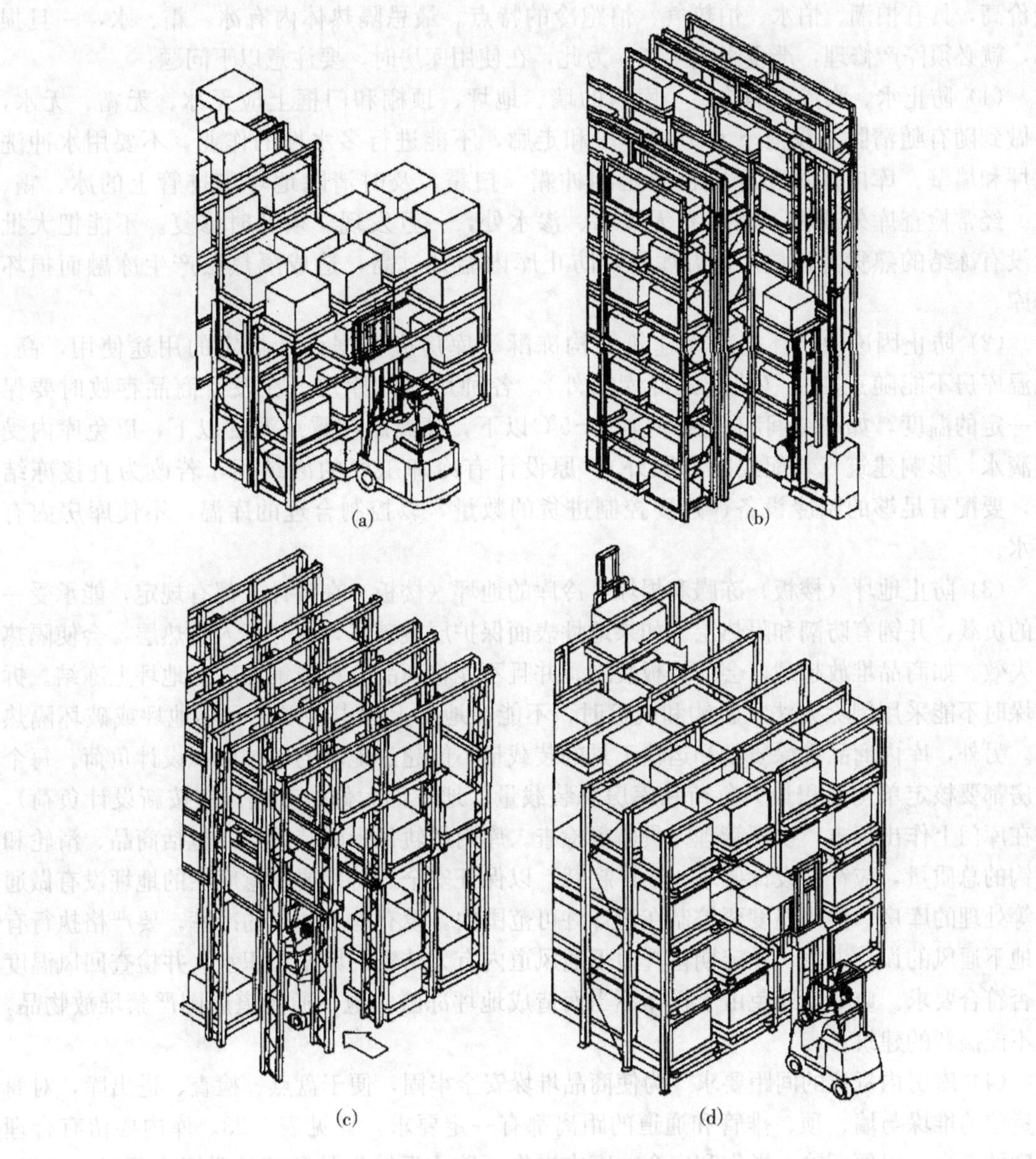

图 7-42　货架贮存系统

（a）标准型　（b）巷道型　（c）叉车驶入型　（d）托盘自滑动型

第七节　冷库的管理与节能

冷库是保证新鲜易腐食品长期供应市场、调节食品供应随季节变化而产生的不平衡、提高人民生活水平所不可缺少的。搞好库房的管理工作对保证冷藏食品的质量和提高企业的经济效益非常重要。

一、冷库的操作管理

1. 正确使用冷库，保证安全生产　冷库是用隔热材料建筑的低温密闭库房，结构复杂、造价高，具有怕潮、怕水、怕热气、怕跑冷的特点。最忌隔热体内有冰、霜、水，一旦损坏，就必须停产修理，严重影响生产。为此，在使用库房时，要注意以下问题：

（1）防止水、汽渗入隔热层　库内的墙、地坪、顶棚和门框上应无冰、无霜、无水，要做到随有随清除。没有下水道的库房和走廊，不能进行多水性的作业，不要用水冲洗地坪和墙壁。库内排管和冷风机要定期冲霜、扫霜，及时清除地坪和排管上的冰、霜、水。经常检查库外顶棚、墙壁有无漏水、渗水处，一旦发现，须及时修复。不能把大批量没有冻结的熟货直接放入低温库房，防止库内温升过高，造成隔热层产生冻融而损坏冷库。

（2）防止因冻融循环把冷库建筑结构冻酥　库房应根据设计规定的用途使用，高、低温库房不能随意变更（装配式冷库除外）。各种用途的库房，在没有商品存放时要保持一定的温度，如冻结间和低温库应在－5℃以下，高温库在露点温度以下，以免库内受潮滴水，影响建筑（装配式冷库除外）。原设计有冷却工序的冻结间，若改为直接冻结间，要配有足够的制冷设备，还要控制进货的数量，以控制合理的库温，不使库房内有滴水。

（3）防止地坪（楼板）冻臌和损坏　冷库的地坪（楼板）在设计上都有规定，能承受一定的负载，并铺有防潮和隔热层。如果地坪表面保护层被破坏，水分流入隔热层，会使隔热层失效。如商品堆放超载，会使楼板裂缝。并且不能将商品直接散铺在库房地坪上冻结。拆货垛时不能采用倒垛方法。脱钩和脱盘时，不能在地坪上摔击，以免砸坏地坪或破坏隔热层。另外，库内商品堆垛质量和运输工具的装载量不能超过地坪的单位面积设计负荷。每个库房都要核定单位面积最大负荷和库房总装载量（地坪如大修、改建，应按新设计负荷），并在库门上作出标志，以便管理人员监督检查。库内吊轨每米的装载量，包括商品、滑轮和挂钩的总质量，应符合设计要求，不许超载，以保证安全。特别要注意底层的地坪没有做通风等处理的库房，使用温度要控制在设计许可范围内。设有地下通风的冷库，要严格执行有关地下通风的设计说明，并定期检查地下通风道内有无结霜、堵塞和积水，并检查回风温度是否符合要求。应尽量避免由于操作不当而造成地坪冻臌。地下通风道周围严禁堆放物品，更不能搞新的建筑。

（4）库房内货位的间距要求　为使商品堆垛安全牢固，便于盘点、检查、进出库，对商品货位的堆垛与墙、顶、排管和通道的距离都有一定要求，详见表 7-23。库内要留有合理宽度的走道，以便运输、操作和安全。库内操作要防止运输工具和商品碰撞冷藏门、柱子、墙壁、排管、制冷系统的管道和电梯门等。

表 7-23　商品货位的堆垛与墙、顶、排管和通道的距离要求

建筑物名称	货物应保持的距离/mm	建筑物名称	货物应保持的距离/mm
高温库顶棚	≥300	低温库顶棚	≥200
顶排管	≥300	墙	≥200
墙排管	≥400	风道底部	≥200
冷风机周围	≥1 500	手推车通道	≥1 000
铲车通道	≥1 200		

（5）冷库门要经常进行检查　如发现变形，密封条损坏，电热器损坏，要及时修复。当冷库门被冻死拉不开时，应先接通电热器，然后开门，不可硬拉。

（6）及时清除结冰和积水　冷库门口是冷热气流交换最剧烈的地方。地坪上容易结冰、积水，应及时清除。

（7）库内排管扫霜　库内排管扫霜时，严禁用钢件等硬物敲击排管。

2. 加强管理工作，确保商品质量　提高和改进冷加工工艺，保证合理的冷藏温度，是确保商品质量的重要一环。食品在冷藏间如保管不善，易发生腐烂、干耗、冻结烧、脂肪氧化、脱色、变色、变味等现象。为此，要求有合理的冷加工工艺和合理的贮藏温度、湿度、风速等。

在正常生产情况下，冻结物冷藏库的温度应控制在设计温度±1℃的范围内。冷却物冷藏库的温度应控制在设计温度±0.5℃的范围内。货物在出库过程中，冻结物冷藏库的温升不超过 4℃，冷却物冷藏库的温升不超过 3℃。进入冻结物冷藏库的冻结货物温度应不高于冷藏库温度 3℃。例如，冷藏库温度为－18℃，则货物温度应在－15℃以下。

商品在贮藏时，要按品种、等级和用途，分批分垛位贮藏，并按垛位编号，填制卡片悬挂于货位的明显地方。要有商品保管账目，正确记载库存货物的品种、数量、等级、质量、包装以及进出的动态变化，还要定期核对账目，出库一批清理一批，做到账货相符。要正确掌握商品贮藏安全期限，执行先进先出的制度。定期或不定期地进行商品质量检查，如发现商品有霉烂、变质等现象，应立即处理。有些商品，如家禽、鱼类和副产品在冷藏时，要求表面包冰衣。如长期冷藏的商品，可在垛位表面喷水进行养护，但要防止水滴在地坪、墙和冷却设备上。冻肉在码垛后，可用防水布或席子覆盖，在走廊边或靠近冷藏门处的商品尤应覆盖好，要求喷水结成 3mm 厚的冰衣。在热流大的时候，冰衣易融化，要注意保持一定的厚度。

二、冷库库房的卫生管理

食品进行冷加工，并不能改善和提高食品的质量，仅是通过低温处理来抑制微生物的活动，达到较长时间贮藏的目的。因此，在冷库使用中，冷库的卫生管理是一项重要工作。要严格执行国家颁发的卫生条例，尽可能减少微生物污染食品的机会，以保证食品质量，延长保藏期限。

1. 冷库的卫生和消毒

（1）冷库的环境卫生　食品进出冷库时，都需要与外界接触，如果环境卫生不良，就会增加微生物污染食品的机会，因而冷库周围的环境卫生是十分重要的。冷库四周不应有污水和垃圾，冷库周围的场地和走道应经常清扫，定期消毒。垃圾箱和厕所应离库房有一定距

离，并保持清洁。运输货物用的车辆在装货前应进行清洗、消毒。

(2) 库房和工具设施的卫生与消毒　冷库的库房是进行食品冷加工和长期存放食品的地方。库房的卫生管理工作是整个冷库卫生管理的中心环节。在库房内，由于相对湿度较高，霉菌较细菌繁殖得更快些，并极易侵害食品，因此，库房应进行不定期的消毒工作。运货用的手推车以及其他载货设备也能成为微生物污染食品的媒介，也应经常进行清洗和消毒。库内冷藏的食品，不论是否有包装，都要堆放在垫木上。垫木应刨光，并经常保持清洁。垫木、小车以及其他设备，要定期在库外冲洗、消毒。可先用热水冲洗，并用2%浓度的碱水(50℃)除油污，然后用含有效氧0.3%～0.4%的漂白粉溶液消毒。加工用的一切设备，如铁盘、挂钩、工作台等，在使用前后都应用清水冲洗干净，必要时还应用热碱水消毒。

冷库内的走道和楼梯要经常清扫，特别在出入库时，对地坪上的碎肉等残留物要及时清扫，以免污染环境。

2. 消毒剂和消毒方法

(1) 抗霉剂　冷库用的抗霉剂有很多种，常与粉刷材料混合在一起进行粉刷。例如：①氟化钠法，在白陶土中加入1.5%的氟化钠（或氟化铁）或2.5%的氟化胺，配成水溶液粉刷墙壁。②羟基联苯酚钠法，当发霉严重时，在正温的库房内，可用2%的羟基联苯酚钠溶液刷墙，或用同等浓度的药剂溶液配成刷白混合剂进行粉刷。消毒后，地坪要洗刷并干燥通风后，库房才能降温使用。用这种方法消毒，不可与漂白粉交替或混合使用，以免墙面呈现褐红色。③硫酸铜法，将硫酸铜2份和钾明矾1份混合，取此1份混合物加9份水在木桶中溶解，粉刷时再加7份石灰；用2%过氧酚钠盐水与石灰水混合粉刷。

(2) 消毒剂　库房内消毒有以下几种方法：

①漂白粉消毒。漂白粉可配制成含有效氯0.3%～0.4%的水溶液(1L水中加入含16%～20%有效氧的漂白粉20g)，在库内喷洒消毒，或与石灰混合，粉刷墙面。配制时，先将漂白粉与少量水混合制成浓浆，然后加水至必要的浓度。

在低温库房进行消毒时，为了加强效果，可用热水配制溶液(30～40℃)。用漂白粉与碳酸钠混合液进行消毒，效果较好。配制方法是，在30L热水中溶解3.5kg碳酸钠，在70L水中溶解2.5kg含25%有效氯的漂白粉。将漂白粉溶液澄清后，再倒入碳酸钠溶液。使用时，加两倍水稀释。用石灰粉刷时，应加入未经稀释的消毒剂。

②次氯酸钠消毒。可用2%～4%的次氯酸钠溶液，加入2%碳酸钠，在低温库内喷洒，然后将门关闭。

③乳酸消毒。每立方米库房空间需用3～5mL粗制乳酸，每分乳酸再加1～2份清水，放在瓷盘内，置于酒精灯上加热，再关门几小时消毒。

(3) 消毒和粉刷方法　库房在消毒粉刷前，应将库内食品全部搬出，并清除地坪、墙和顶板上的污秽，发现有霉菌的地方，应仔细用刮刀或刷子清除。在低温库内，要清除墙顶和排管上的冰霜。必要时需将库温升至正温。库房内刷白，每平方米消毒表面所消耗的混合剂约为300mL，在正温库房可用排笔涂刷，负温时可用细喷浆器喷洒，有时会出现一层薄溶液冻结层，经1～3d以后，表面会逐步变干。

冷库内消毒的效果，根据霉菌孢子的减少来评定。因此，在消毒前后均要做测定和记录。消毒后，每平方厘米表面上不得多于一个霉菌孢子。

(4) 紫外线消毒　一般用于冰棍车间模子等设备和工作服的消毒。不仅操作简单，节约费用，而且效果良好。每立方米空间装置功率为 1W 的紫外线光灯，每天平均照射 3h，即可对空气起到消毒作用。

3. 冷库工作人员的个人卫生 冷库工作人员经常接触多种食品，如不注意卫生，本身患有传染病，就会成为微生物和病原菌的传播者。对冷库工作人员的个人卫生应有严格的要求。冷库作业人员要勤理发，勤洗澡，勤洗工作服，工作前后要洗手，经常保持个人卫生。同时必须定期检查身体，如发现患传染病者，应立即进行治疗并调换岗位，未痊愈时，不能进入库房与食品接触。

库房工作人员不应将工作服穿到食堂、厕所和冷库以外的场所。

三、食品冷加工过程中的卫生管理

1. 食品冷加工的卫生要求 食品入库冷加工之前，必须进行严格的质量检查，不卫生的和有腐败变质迹象的食品，如次鲜肉和变质肉均不能进行冷加工和入库。食品冷藏时，应按食品的不同种类和不同的冷加工最终温度而分别存放。如果冷藏间大而某种食品数量少，单独存放不经济时，也可考虑不同种类的食品混合存放，但应以不互相串味为原则。具有强烈气味的食品如鱼、葱、蒜、乳酪等和贮藏温度不一致的食品，严格禁止混存在一个冷藏间内。

对冷藏中的食品，应经常进行质量检查，如发现有软化、霉烂、腐败变质和异味感染等情况时，应及时采取措施，分别加以处理，以免影响其他食品，造成更大的损失。

正温库的食品全部取出后，库房应通风换气，利用风机排除库内的混浊空气，换入过滤后的新鲜空气。

2. 除异味 库房中发生异味一般是由于贮藏了具有强烈气味或腐烂变质的食品。这种异味能影响其他食品的风味，降低质量。

臭氧具有清除异味的性能。臭氧是三个原子的氧，用臭氧发生器在高电压下产生，其性质极不稳定，在常态下即还原为两个原子的氧，并放出初生态氧（O）。初生态氧性质极活泼，化合作用很强，具有强氧化剂的作用。因而利用臭氧不仅可以清除异味，而且浓度达到一定程度时，还具有较好的消毒作用。利用臭氧除异味和消毒，不仅适用于空库，对于装满食品的库房也很适宜。臭氧处理的效能取决于它的浓度，浓度越大，氧化反应也就越快。由于臭氧是一种强氧化剂，长时间呼吸浓度很高的臭氧对人体有害。因此，臭氧处理时，操作人员最好不要留在库内，待处理后两小时再进入。利用臭氧处理空库时，浓度可达 $40mg/m^3$。对有食品的库，浓度则依食品的种类而定。鱼类和干酪为 $1\sim2mg/m^3$，蛋类为 $3kg/m^3$。如果库内存有含脂肪较多的食品，则不应采用臭氧处理，以免脂肪氧化变质。

此外，用甲醛水溶液（即福尔马林溶液）或 5%～10%的醋酸与 5%～20%的漂白粉水溶液，也具有良好的除异味和消毒作用。这种办法目前在生产中广泛采用。

3. 灭鼠 鼠类对食品贮藏的危害性极大，它在冷库内不但糟蹋食品，而且散布传染性病菌，同时还能破坏冷库的隔热结构，损坏建筑物。因此，消灭鼠类对保护冷库建筑结构和保证食品质量有着重要意义。鼠类进入库房的途径很多，可以由附近地区潜入，也可以随有包装的食品一起进入冷库。冷库的灭鼠工作应着重放在预防鼠类进入。例如，在食品入库前，对有外包装的食品应进行严格检查，凡不需带包装入库的食品尽量去掉包装。建筑冷库时，要考虑在墙壁下部放置细密的铁丝网，以免鼠类穿通墙壁潜入库内。发现鼠洞要及时堵塞。

消灭鼠类的方法很多，可用机械捕捉、毒性饵料诱捕、气体灭鼠等方法。用二氧化碳气体灭鼠效果较好。由于这种气体对食品无毒，用其灭鼠时，不需将库内食品搬出。在库房降温的情况下，将气体通入库内，将门紧闭即可灭鼠。二氧化碳灭鼠的效果取决于气体的浓度和用量，如在1m^{3}的空间内，用浓度为25%的二氧化碳0.7kg，或用浓度为35%的二氧化碳0.5kg，一昼夜即可彻底消灭鼠类。二氧化碳对人有窒息作用，可造成死亡。操作人员必须戴氧气呼吸器才能入库充气和检查。在进行通风换气降低二氧化碳浓度后，才可恢复正常进库。

用药饵毒鼠，要注意及时消除死鼠。一般是用敌鼠钠盐作毒饵，效果较好。具体配方是：面粉100g、猪油20g、敌鼠钠盐0.05g，水适量。先将敌鼠钠盐用热水溶化后倒入面粉，再将猪油倒入混匀，活好，压成0.5～1cm的薄饼，烙好后，切成边长2cm左右的小方块，作为毒饵。

四、冷库运行中的节能技术

1. 准确及时调节制冷系统 制冷系统在实际运行中，由于工况条件是不断变化的，只有依靠冷库管理人员的精心操作并准确地调节制冷设备的运行，才能使制冷系统始终处在最理想的工作状态，达到高效节能的效果。

2. 合理利用库房，节能减耗 冷藏间的耗电量是按冷藏间的耗冷量来计算的，通常包括两部分：一是货物冷却和冷藏时的耗冷量；二是冷藏间本身（即围护结构）及操作管理的耗冷量。节约用电的关键在于冷藏间的利用率，利用率低的冷藏间耗冷多，耗电也就多。在实际操作中，由于压缩机所配备的电动机功率是按该机制冷能力选定的，也就是库房的耗冷量小于制冷机的制冷能力。冷库在淡季运行时，由于冷藏间存放的货物较少，压缩机运转是“大马拉小车”，浪费电能。因此，在淡季时可将几个冷藏间内的货物按贮藏温度及时并库，以减少能耗。

3. 冷库蒸发温度的合理调节与蒸发器的及时除霜 一般而言，冷库蒸发温度每提高1℃，可节能2%～2.5%。因此，在能够满足产品制冷工艺的前提下，可通过调整供液量，尽量提高蒸发温度。

由于冷库门频繁开启和货物冷冻过程中失水，库内空气相对湿度较高，冷库空气流动至蒸发器时，空气被干燥冷却的同时导致蒸发器结霜。霜层会严重阻碍蒸发器与空气传热，从而降低整个系统制冷效率，增加冷库能耗，因此冷库应定时进行除霜。霜层的热阻一般比钢管的热阻大得多，当霜层厚度大于10mm时，其传热效率下降30%以上。当管壁的内外温差为10℃、库温在−18℃时，排管蒸发器的制冷系统运行一个月后，其传热系数K大约只有原来的70%。冷风机结霜特别严重时，不但热阻增大，而且空气的流动阻力增加，严重时将无法送风，所以要适时对蒸发器的表面进行除霜处理。在大中型冷库的制冷系统中，一般不采用能耗高的电热融霜方式，而小型氟利昂制冷系统为简化管路，可采用电热融霜方式，但是应根据霜层融化所需的热量配置适宜的电热功率。

延长结霜周期、减少融霜次数，也可实现节能。抑制霜层增长和减小蒸发器回风口空气相对湿度可延长结霜周期。

4. 蒸发器定期放油，冷凝器及时除垢和放空气，确保良好热交换效果 压缩机缸壁上的润滑油在运转时会受到高温制冷剂的影响而汽化成油雾，和制冷剂气体一起进入制冷系统，来到蒸发器。对于采用不与润滑油互溶的制冷剂的制冷系统，油会附着在管壁上形成油膜，油膜具有很大的热阻，将增大传热热阻，大大降低传热系数。资料显示，当蒸发器盘管内有 0.1mm 厚的油膜时，为保持设定的温度要求，蒸发温度就要下降 2.5℃，耗电量增加10%以上；而对于采用与润滑油互溶的制冷剂的制冷系统，由于油的溶解，造成制冷剂的实际蒸发温度高于蒸发压力对应的饱和温度，提高制冷温度，减小制冷量。

当冷凝器内的水管壁结垢达 1.5mm 时，冷凝温度就要比原来的温度上升 2.8℃，耗电量增加 9.7%；当制冷系统中混有不凝结气体，其分压力值达到 0.196MPa 时，耗电量将增加约 18%。

5. 冷库内照明系统的节能 冷库照明应在安全、合理的基础上，从节能和环保的角度出发，根据冷库间的面积、高度及库房温度等综合考虑。冷库内的照明一般集中在工作区域。应在保证操作人员安全的情况下做到及时关灯，以减少库房的热负荷及电能消耗。同时要尽量采用高效、低耗、耐压的照明灯具，以减少灯具的更换频率。LED 照明系统具有环保省电、光照度均匀、低温时发光效率良好及供电效率高的优势，是一种极有前景的新型光源，也是今后冷库内照明系统的发展方向。

6. 合理利用夜间开机降低运行成本

（1）合理利用峰谷电运行 我国工业用电高峰时期和低谷时期电价存在很大差异，冷库利用谷电进行蓄冷消减高峰时期制冷负荷，既节约运行成本，又减缓电网系统供电压力，达到节约能源的目的。冷库建设目的是保持货物高质量、高营养和延长产品货架期，若利用削峰填谷技术无法实现上述目标，削峰填谷将毫无意义。

因而，在不影响被冷物冷藏质量的前提下，冷库可以利用夜间“谷价”运行，减少白天制冷压缩机的运行时间，避开白天用电高峰期。目前我国主要省市制订的分时电价制度峰谷电价比为（3～4）：1，所以可利用蓄冷装置或调整开机时间，提高“谷电”使用率，降低运行成本。

（2）合理利用昼夜温差运行 我国地域辽阔，不少地区昼夜温差较大。通常海洋性气候地区昼夜温差为 6～10℃，大陆性气候地区昼夜温差可达 10～15℃。夜间环境温度低，可根据产品贮藏特性调整延长夜间开机时间，由于冷凝温度相对较低，有利于冷库的节能。

7. 节能新技术在冷库中的应用

（1）变频调速技术 随着科学技术发展，变频调速因其节能、高效、减噪、可靠等优点，广泛应用到工业控制的各个领域，变频调速技术在冷库节能应用领域潜力巨大，可应用在压缩机、冷风机、冷库大门等设备改造中。有研究表明，风机设备变频节能效果可以做到节能 20%～50%，而且库内温度越低，使用变频风机节能效果更显著。

压缩机系统以冷库最大制冷负荷工况设计，但大多数时间冷库在部分负荷下运行，压缩机全开无疑造成能源浪费，应用变频压缩机能有效解决这一问题。例如，应用变频压缩机的封闭环控制能够削减冷库温差，与开关控制相比约节能 30%。变频压缩机可以匹配库内逐时冷负荷，调节其转速，避免“大马拉小车”现象出现。目前，变频压缩机多用于暖通空调行业，在冷库中并未获得广泛使用，项目初投资过高；节能效果不足以收回额外投资；缺少相关控制策略和运行维护经验。这些可能是制约冷库应用变频压缩机的瓶颈。伴随变频调速技术运行参数的优化、控制策略的完善、投资成本的降低，将逐渐突显这一技术的经济优势，变频调速技术在冷库应用中将具有毋庸置疑的广阔发展前景。

（2）液化天然气（liquefied natural gas，LNG）冷能在冷库中的应用　我国是天然气进口大国，其中一半左右进口天然气是以液化形式运输至我国，供给用户之前，LNG在气化站进行加热加压气化过程将释放大量冷量，气化站常采用的方法是将冷量排放至空气或海水中，既污染环境又浪费资源。LNG冷能可用于发电、低温空分、冷库、液化二氧化碳、低温养殖、低温破碎、冷冻干燥、汽车冷藏。LNG气化站往往设立在港区，而港区也是冷库集中区域，将LNG冷能应用到冷库，不仅可获得良好的投资收益，而且能实现节能减排。

LNG大气压力下的蒸发温度约是－162℃，大多数冷库库温为－30～0℃，一般换热设备难以实现如此巨大的传热温差，因此必须考虑使用中间冷媒吸收LNG气化冷量。例如，有研究者对冷库应用LNG冷能系统工艺流程进行了设计，采用浓度60%的乙二醇水溶液作为中间冷媒进行蓄冷，既缩小了设备传热温差又解决了LNG气化站产出冷量和冷库用冷不匹配的问题。或使用二氧化碳作为冷媒回收LNG气化冷量，用于食品冷加工。

第八节　我国冷藏库的现状及发展趋势

我国每年易腐食品的生产量高达10亿t，其中相当部分必须依靠冷链物流保存，以保持其新鲜度和质量，因而作为冷链物流的主要环节——冷藏库，历年来都有发展。全国已从新中国成立初的约3万t库容量发展至今约1800万t，但人均占有冷藏库容积和发达国家相比仍有不小差距，每年腐败损耗量十分惊人。

进入21世纪以来，尤其在加入WTO后，我国冷藏库建设有了新的发展，国家“十一五”发展规划对发展现代服务业和节能环保提出了新的要求，今后我国冷藏库建设应坚持科学发展观，与国际接轨，按现代物流的要求，以确保食品安全为准则，重视节能和环保，以使我国的冷藏业得到可持续发展。

一、我国冷藏库建设的现状

1. 冷库容量持续增长　1955年我国建造了第一座贮藏肉制品的冷库，1968年建成第一座贮藏水果冷库，1978年建成第一座气调库。从20世纪70年代起，各地冷库容量增长较快，根据我国仓储协会冷藏库分会统计数据显示，2006年全国冷库总容积约为3800万m^3，2009年上升为6137万m^3，2011年底增至7111万m^3。以上海为例，2014年底上海冷库总容量为5 631 100m^3，按照上海常住人口2300万计算，人均占有冷库0.175m^3，而美国2008年冷库容量为7074万m^3（国际冷藏库协会统计数据），按照其2008年常住人口3.04亿计算，美国人均占有冷库0.233m^3，他们是上海人均冷库占有量的1.33倍。若以2011年全国13.7亿人均计算，美国是中国人均冷库占有量的4.48倍。

2. 冷藏库功能与管理体制　在计划经济年代，冷藏库主要是按产权所属系统和贮存商品的种类划分管理。改革开放以来，外资、港台商和民营企业进入冷藏行业，尤其在浙江、山东、福建、广东等省已占有相当比例，现已形成多种经济成分共存的格局。从20世纪90年代中期起，一部分冷藏库的服务功能开始面向市场，逐步向社会公共冷藏库过渡。即从计划经济时期的“旺吞淡吐”的“蓄水池”逐步向“冷链物流配送中心”方向发展。

3. 建造方式的变化　我国现有的冷藏库中，建于20世纪七八十年代的多层土建式冷藏库占大多数，以上海市为例，若按容量计算，土建式冷库要占全市冷藏库总容量的82.41%；若按座数统计，土建式要占总座数的86.13%。但90年代起新建的冷库，绝大多数已采用单层、高货位的预制装配式夹心板的做法，现场安装迅速，大大缩短了建库周期。

4. 制冷新技术、新设备得到了广泛应用

（1）制冷设备逐步更新换代　开启型活塞式制冷压缩机一统天下的局面已得到了改变，由于螺杆式压缩机具有运行可靠、能效比高、易损件少和操作调节方便等优点，它正逐步替代活塞式压缩机，占据着越来越大的市场份额。以节电、节水为主要特点的蒸发式冷凝器正在逐步推广应用。从20世纪70年代末起，多数冷库采用强制空气循环的冷风机替代传统的自然对流降温方式的顶、墙冷却排管。

（2）食品冻结技术的快速进步　随着我国食品结构和包装形式的变革，特别是小包装冷冻食品业的快速发展，食品冻结方式有了重大变革。从20世纪五六十年代起广为采用的间歇、慢速的库房式和搁架式冻结间已改为采用快速、连续式冻结装置（隧道式、螺旋式、流态化等）为主。

冻结室的温度已从－33～－35℃降至－40～－42℃，因而提高了冻结速度和冻品的质量。

（3）制冷系统与供液方式逐趋多样化　以往，大中型冷库基本上都是采用集中式的液泵强制循环供液系统，近年来，对多种蒸发温度要求的食品冷藏库，分散式的直接膨胀系统由于具有系统简单、施工周期短、易于自控等优点也得到了广泛应用。

（4）制冷剂　目前我国的大中型冷藏库大多采用氨（R717）或R22为制冷剂，小型冷藏库则多采用R22。然而，因R22属HCFC类制冷剂，由于其消耗臭氧潜能值ODP≠0，其温室效应潜能值GWP＝1700，所以它不是一种长期理想的制冷剂，最终将被淘汰。而R404A的ODP＝0，而且其标准沸点比R22低，可以实现低达－45℃的蒸发温度。

（5）冷库制冷系统的自控技术应用　大中型冷库基本上都实现了对库温、制冷系统压力、设备运行状态等的实时显示和自动记录，并设有较完善的安全保护装置。

5. 专业性冷藏库有了一定的发展　从20世纪80年代中期起，除了传统的冷却物冷藏库、冻结物冷藏库以外，我国各省市陆续兴建一批专业性冷藏库，如变温库（多用途冷库）、气调库、立体自动化冷库、超低温冷库、粮食冷库、生物制品冷库和化工原料冷库等，这对于完善我国现代冷藏技术体系起了促进作用。

二、我国冷库与国际先进水平的差距

1. 冷藏库的功能与经营观念　我国多数冷藏企业还没有真正认识到应从单纯“仓储型”向“物流配送服务型”角色转换的必要性和迫切性。而欧美的许多冷库按低温物流配送角度进行设计，而且正逐步发展成为社会公用设施。

2. 冷藏设施　我国现有冷库中，属20世纪七八十年代建造的比例很高，硬件设施和管理方式难以符合现代物流配送中心的要求。而发达国家冷库的制冷设备更注重提高效率和自控水平。发达国家冷库制冷系统中主机以螺杆式制冷压缩机为主，并实现能量自动调节；冷凝器均配置高效蒸发式冷凝器，并根据热负荷控制运行台数；库内蒸发器以冷风机为主，自动融霜，并降低蒸发器与库房库温之间温差（美国低温冷藏库库温与蒸发温度温差约6.5℃）；冷库设计和操作注意节水节电，充分利用系统排气余热；随着货物包装化的提高，库内货架逐渐普及。

3. 冷库容量的表示方法的差异 随着冷藏库贮藏商品的多样性，设计文件中冷藏库容量应按冷库设计规范标注公称容积，不能以吨位标注，以免引起不必要的麻烦。公称体积是较为科学的描述，与国际接轨的方法；计算吨位是国内常见的方法；实际吨位是具体贮藏的计算方法。

4. 仓储信息化管理 发达国家对于进出冷库的货物进行了信息化管理，如采用条形代码技术。条形代码是一种微型数据文件，将符合转换为可读的数据在信息传输系统中，使冷库企业获得较好的客户服务水平，提高了仓库操作效率与正确率，推动仓库货位周转，从而实现无纸化仓库。即对仓库的进货、出货、计数、结算、开单全部自动化操作，确保仓库操作高效、精确，对客户的服务时间可以节省 50%，订货完率从 92%增加到 99.9%，送货准时率从 90%提高到 99%。

5. 注重食品安全 发达国家的冷藏物流公司十分注重食品安全，实现全流程（即从进货验收、入库、仓储管理、流通加工、分拣理货、出货暂存、运输配送）严格控制温度与品质管理。

6. 封闭型月台与卷帘门 冷库进出货作业时，要保持冷藏链不会“断链”，应将月台设计为封闭型，在装卸口设置卷帘门、月台高度调节板和密闭接头。封闭站台、降温穿堂一般宽 12～15m，高 5～6m，室温为 5～10℃，站台门为保温手拉卷帘门配液压升降台。

三、我国冷藏库建设未来发展趋势

1. 功能将拓展 大部分新建的冷藏库其功能将从“低温仓储”型向“冷链物流配送”型发展，而且面向社会的公共冷藏库，或称为第三方低温物流中心将快速增长。当然其设施应按低温配送中心的要求进行建造。例如，库房温度带将较宽，以适应多品种商品的贮存。一般应拓宽至－25～20℃；建造封闭式站台、并设有电动滑升式冷藏门、防撞柔性密封口、站台高度调节装置（升降平台），以实现“门对门”式装卸作业。

2. 布局将调整 城市的物流发展规划调整现有冷藏库布局，构建各地区新的食品冷链物流配送体系。今后在城市建造冷链物流配送中心，都将离开市中心城区，并按城市的物流发展规划和道路网络，建在有便利、快捷的运输设施（公路、铁路、水运）地区。

3. 更注重环保和节能 冷藏库建设要走可持续发展道路，必将更注重两大问题：环境保护和能源效率。要采取切实措施在制冷系统中淘汰 CFCS，限制 HCFCS 和改用 HFCS 及扩大使用氨、CO_2 等作为制冷工质。国家“十一五”规划提出：单位 GDP 能源消耗要比“十一五”期末降低 20%。国际制冷学会（IIR）要求：在未来的 20 年内，应“使每个制冷设备耗能减少 30%～50%”。然而我国冷藏企业耗电的现状与发达国家相比还有一定差距。努力降低制冷能耗是我们每个企业提高市场竞争力和走向可持续发展道路的必然选择。因而，今后在这方面必将是技术革新的关注热点。

4. 实施规范管理 食品安全已成为我国食品冷链物流发展必须遵循的重要原则。为了确保食品质量，现在强调从食品生产者到消费者之间流通的所有环节，即从原料产地、生产加工、低温贮藏、冷藏运输到零售的各个环节，都应保持适度的低温状态。

上海市经济委员会组织有关行业协会编制上海市地方标准：“食品冷链物流技术与管理规范”已于 2007 年 5 月经上海市质量技术监督局组织会审通过，并于 2007 年 10 月起在上海市实施。这是我国第一个关于冷链物流规范管理的地方标准。我们期望不久的将来，国家有关部门能组织力量编制出食品冷链规范的国家标准。确保食品“从田间到餐桌”的全程安全应成为全社会的共识。

5. 行业协会将发挥更大的作用　在市场经济形势下，由于原有行政管理体制的变革，冷藏库协会将进一步发挥“服务企业、规范行业、发展产业”的作用。如，参与、协调各地区冷藏库的规划布局、选址和设计方案研讨；受政府或企业的委托，组织或参与编制冷链物流的技术与管理规范、标准；行业信息统计、发布；代表行业与政府有关部门沟通、协调冷冻加工与冷藏收费标准；组织企业与海内外同行进行冷藏技术与冷库管理的交流与合作，特别是加强与 IARW/WFLO/IRTA 的交流，借鉴国外发达国家的经验，推动我国冷链物流业的发展；组织人才培训。

第八章　冷藏运输与冷藏柜

冷藏运输是指将易腐食品在低温下从一个地方完好地输送到另一个地方的专门技术。合理的冷藏运输对食品的有效利用、食品资源的开发、发展食品贸易具有重要的意义。

冷藏运输是冷藏链中必不可少的一个环节，由冷藏运输设备来完成。冷藏运输设备是指本身能形成并维持一定的低温环境，并能运输低温食品的设施及装置，根据运输方式分为陆上冷藏运输（公路冷藏运输、铁路冷藏运输）、冷藏集装箱、船舶冷藏运输和航空冷藏运输。

冷藏柜是冷藏链中最后一个环节。

合格的冷藏运输设备必须满足以下技术要求：

（1）具有良好的制冷、通风及必要的加热设备，以保证食品运输条件。

（2）运输冷冻、冷却食品的车、箱体应具有良好的隔热性能，以减少外界环境对运输过程条件的“干扰”。例如，对冷藏车和集装箱的车、箱体要求传热系数不大于 0.35W/(m^2·K)。

（3）冷藏运输的车、船、箱等，应具有一定的通风换气设备，并配备一定的装卸器具，以实现食品合理装卸，保证良好的贮运环境。

（4）冷藏运输设备应配有可靠、准确且方便操作的检测、监视、记录设备，并进行故障预报和事故报警。

（5）冷藏运输设备应具有承重大、有效容积大、自重轻的特点，以及具有良好的适用性。食品冷藏链中的运输设备，主要是公路冷藏汽车、铁路冷藏（保温）车、冷藏船（舱）、冷藏集装箱，以及相应的转运、贮存、换装等设施。

第一节　食品的陆上冷藏运输

陆上冷藏运输分为铁路冷藏运输和公路冷藏运输。

一、铁路冷藏（保温）车

在食品冷藏运输中，铁路冷藏车具有运输量大、速度快的特点，它在食品冷藏运输中占有重要地位。良好的铁路冷藏车应具有良好的隔热性能，并设有制冷、通风和加热装置。它能适应铁路沿线和各个地区的气候条件变化，保持车内食品必要的贮运条件，在要求的时间完成食品运送任务。这是我国食品冷藏运输的主要承担者。

1. 铁路冷藏车的分类　铁路冷藏车的主要类型：

（1）加冰冷藏车—利用冰或冰盐作为冷源，以保证食品冷藏贮运条件。

（2）机械冷藏车—装有机械制冷机，为食品冷藏贮运提供冷源。

（3）冷冻板式冷藏车—以一定凝固点的共晶液为冷源，保证车内食品冷藏贮存条件。

（4）无冷源保温车—具有良好的隔热、气密性能，保证在一定时间内食品的运送条件。

(5) 液氮和干冰冷藏车—车内设有液氮或干冰喷洒设备，将液氮或干冰喷洒在食品表面，以冷却食品，保证运输条件。

上述几种冷藏车中，使用最为广泛的是机械冷藏车和加冰冷藏车，因为在我国铁路冷藏运输中的拥有量最大。冷冻板式冷藏车、液氮或干冰冷藏车仍在试用阶段。

2. 加冰铁路冷藏车　加冰铁路冷藏车具有一般铁路棚车相似的车体结构，但设有车壁、车顶，以及地板隔热、防潮结构，装有气密性好的车门。我国铁路典型的加冰保温车有B11、B8、B6B等型号。其车壁用厚170mm、车顶用厚196mm的聚苯乙烯或聚氨酯泡沫塑料隔热防潮，地板采用玻璃棉及油毡复合结构隔热防潮，还设有较强的承载地板和镀锌铁皮防水及离水格栅等设施，见图8-1。

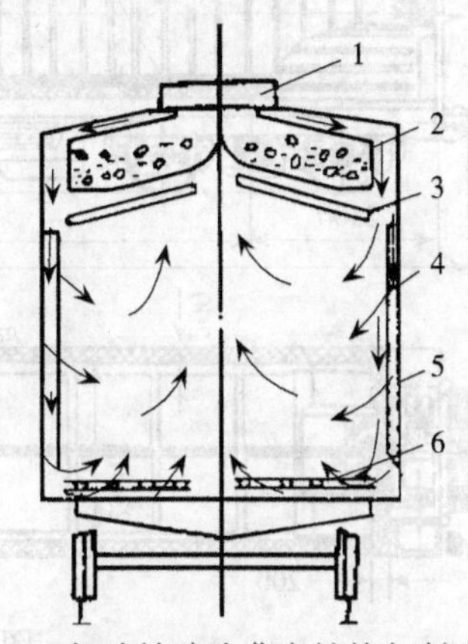

图8-1　加冰铁路冷藏车结构与制冷原理

1. 加冰盖　2. 冰箱　3. 空气循环挡板　4. 通风槽　5. 车体　6. 离水格栅

加冰铁路冷藏车是以冰或冰盐作为冷源，利用冰或冰盐混合物的融解热，使车内温度降低，冷藏车内获得0℃及0℃以下的低温。由于冰的融解温度为0℃，所以以纯冰作冷源的加冰保温车，只能运送贮运温度在0℃以上的食品——蔬菜、水果、鲜蛋之类。然而当采用冰盐混合物作冷源时，由于在冰上加盐，盐吸收水而形成水溶液，并与未融冰形成两相（冰、水）混合物。因为盐水溶液的冰点低于0℃，则使两相混合物中的冰亦在低于0℃以下融解。试验证明，混合物的融解温度最低可降到－21.2℃（加NaCl时）。所以，在冰内适当加盐后，将使加冰铁路冷藏车内获得－4～－8℃或更低的温度。此时，可以适应鱼、肉等的冷藏运输条件。

加冰铁路冷藏车，一般在车顶装有6～7只马鞍形贮冰箱，2～3只为一组。为增加换热，冰箱侧面、底面设有散热片。每组冰箱设有两个排水器，分左右布置，以不断清除融解后的水或盐水溶液，并保持冰箱内具有一定高度的盐水水位。加冰铁路冷藏车车内，在冰箱下面装有防水板，冷气靠自然对流在车内循环，使车内降温，并得到均匀的气流分布。

加冰铁路冷藏车结构简单，造价低，冰和盐的冷源价廉易购，但车内温度波动较大，温度调节困难，使用局限性较大。而且行车沿途需要加冰、加盐，影响列车速度，融化的冰盐水不断溢流排放，腐蚀钢轨、桥梁等，近年已为机械冷藏车等逐步替代。

3. 铁路机械冷藏车　铁路机械冷藏车是以机械式制冷装置为冷源的冷藏车，它是目前铁路冷藏运输中的主要工具之一。铁路机械冷藏车具有制冷快、温度调节范围大、车内温度分布均匀和运送迅速等特点。在运输易腐食品时，工况要求是：对未预冷的果蔬，能从25～30℃冷却到4～6℃；在0～6℃的温度下运送冷却物；在－6～－12℃的温度下运送冻结物；在11～13℃的温度下运送香蕉等货物。机械铁路冷藏车适应性强，能实现制冷、加热、通风换气，以及融霜的自动化。新型机械冷藏车还设有温度自动检测、记录和安全报警装置。见图8-2。

(1) 铁路机械冷藏车的结构特点

①铁路机械冷藏车一般以车组出现，以国产B19型五节式机械冷藏车为例，它由一辆发电乘务车和四辆货物车组成，发电乘务车连挂在车组中间，其后为两辆货物车，形成二加

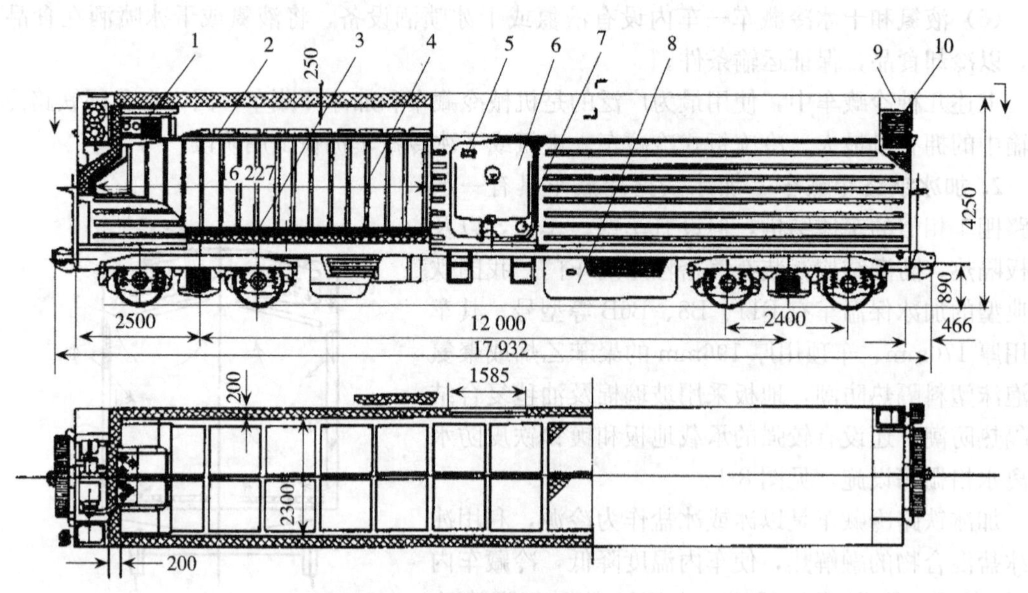

图 8-2　铁路机械冷藏车典型结构

1. 制冷机组　2. 车顶通风风道　3. 地板离水格栅　4. 垂直气流格墙　5. 车门排气口　6. 车门　7. 车门温度计　8. 独立柴油发电机组　9. 制冷机组外壳　10. 冷凝器通风格栅

一加二的形式，各货物车还可以任意换位以及调头连接。

②每辆货物车设有两套相同的制冷加热机组，两套机组互相独立，并且设置在车辆两端的上部；每套制冷加热机组主要由制冷压缩冷凝机组、蒸发器与电加热器、循环风机组及配电柜三部分组成；它们组装在同一机架上，便于修造时的整体吊装。由于蒸发器、电加热器和循环风机置于货物间内，而压缩冷凝机组和配电柜放置在车外，为保证车端的隔热性能，在端墙的开口处，做了隔热密封处理即采用填装的聚苯硬质泡沫塑料的玻璃钢柜，玻璃钢柜框外还设有两道橡胶密封条。两套机组可以单独工作，也可以同时工作；每套机组可由各自的配电柜控制，也可由发电乘务车上的总配电柜集中控制。

③发电乘务车长20m，车上有机器间、配电间、工作室及生活间等。机器间内装有两台各自为64kW的柴油发电机组，向四辆货物车供电；机器间内还装有一台5kW的小型柴油发电机组，供生活照明用电。配电间设总配电柜与生活配电柜各一台。工作室与生活间中，工作和生活所需的物品一应俱全。

铁路机械冷藏车组的燃料、冷冻机油及制冷剂等的储备量，应能满足离开配属车辆段15d作业的要求。

（2）铁路机械冷藏车制冷系统在各工况时的工作过程　铁路机械冷藏车制冷系统工作时，分为制冷和融霜两种工况。

①在外气温度较高的条件下，运输冷却或冻结货物时，制冷系统正常工作是处于制冷工况。制冷系统的压缩机工作，将吸入的制冷剂低压蒸气压缩成高压蒸气送入肋片管式冷凝器，在冷凝器中，制冷剂蒸气被冷凝成液体流入贮液器，然后经干燥过滤器及外平衡式热力膨胀阀进入蒸发器。在蒸发器中，制冷剂吸收车内空气的热量蒸发汽化，再由压缩机吸入，如此不断循环。在车内，通过蒸发器而冷却后的空气，用循环风机实现强制循环，使车内温度降低。

②在制冷工况时，蒸发器表面通常是带霜工作的，随着蒸发器的霜层增厚，其换热能力逐渐降低，车内降温减慢，这时，由于压缩机的吸气压力较低，功率消耗也较小，因此，根据车内降温速率和压缩机负荷变化即可决定制冷系统是否需要转入融霜工况。

制冷工况转入融霜工况是手动切换的。融霜工况时，融霜电磁阀打开，同时，制冷供液电磁阀关闭，使高温高压的制冷剂蒸气直接经融霜电磁阀进入蒸发器，使蒸发器表面温度升高，霜层融化，并脱落在蒸发器下面的盛水盘内。水盘内有三根功率为0.75kW的管式电热元件，冰霜融化后，沿排水管排出车外。融霜是利用融霜时间继电器来定时控制的，每次融霜时间设定为40min。融霜结束后，制冷系统自动转入制冷工况。自压缩机排出的高温高压的制冷剂蒸气直接进入蒸发器融霜的方法称为热气融霜。这种只需在系统中增加融霜回路，即可融霜，使用简单方便。

4. 铁路冷冻板冷藏车　冷冻板冷藏车是在一辆隔热车体内安装冷冻板。冷冻板内充注一定量的低温共晶溶液，当共晶溶液充冷冻结后，即贮存冷量，并在不断融解过程中吸收热量，实现制冷。铁路冷冻板车的冷冻板装在车顶或车墙壁。充冷时可以地面充冷，也可以自带制冷机充冷；低温共晶溶液可以在冷冻板内反复冻结、融化循环使用。

冷冻板冷藏车制造成本低，运行费用也小，目前我国铁路部门正对其进行开发研究。

5. 铁路液氮冷藏车　液氮冷藏车是在具有隔热车体的冷藏车上，装设液氮贮罐，利用罐中的液氮通过喷淋装置喷射出来，突变到常温常压状态，并汽化吸热，造成对周围环境的降温。氮气在标准大气压下－196℃液化，因此在液氮汽化时便产生－196℃的汽化温度，并吸收199.2kJ/kg的汽化热而实现制冷。液氮制冷过程吸收的汽化热和温度升高吸收的热量之和，即为液氮的制冷量，其值为385.2～418.7kJ/kg。液氮冷藏车兼有制冷和气调的作用，能较好地保持易腐食品的品质，在国外已有较大的发展，我国也已开始研制。

二、公路冷藏汽车

公路冷藏汽车具有使用灵活、建造投资少、操作管理与调度方便的特点，它是食品冷藏链中重要的、不可缺少的运输工具之一。它既可以单独进行易腐食品的短途运输，也可以配合铁路冷藏车、水路冷藏船进行短途转运。

1. 冷藏汽车的分类　冷藏汽车实际上称作冷藏保温汽车，它有冷藏汽车和保温汽车两大类。保温汽车是指具有隔热车厢、适用于食品短途保温运输的汽车。冷藏汽车是指具有隔热车厢、并设有制冷装置的汽车。冷藏汽车可以按以下方式分类。

（1）按制冷装置的制冷方式分类　分为机械冷藏汽车、冷冻板冷藏汽车、液氮冷藏汽车、干冰冷藏汽车和冰冷冷藏汽车等。其中机械冷藏汽车是冷藏汽车中的主型车。

（2）按专用设备的功能分类　据《关于易腐货物的国际运输及使用的专用设备的国际协议》（简称ATP），冷藏汽车可作如下分类：

①按隔热车体总传热系数可分为普通隔热型［0.4W/（m²·K）$<K\leqslant$0.7 W/（m²·K）］和强化隔热型［$K\leqslant$0.4 W/（m²·K）］。我国标准为A类［$K\leqslant$0.4 W/（m²·K）］和B类［0.4$<K\leqslant$0.6 W/（m²·K）］。

②机械冷藏汽车按外温（t_w）为30℃时，车内温度（t_n）可持续保持的温度范围分为A级（t_n＝0～12℃之间任意给定）、B级（t_n＝－10～12℃之间任意给定）、C级（t_n＝－20～12℃之间任意给定）、D级（t_n能达到≤2℃）、E级（t_n达到≤－10℃）和F级（t_n能达到

≤－20℃）。

③非机械式冷藏汽车按外温 t_w 为30℃时，车内温度 t_n 可持续保持的温度范围分为A级（t_n 能达到≤7℃）、B级（t_n 能达到≤－10℃）、C级（t_n 能达到≤－20℃）。

④装有加热装置的冷藏汽车，按车内温度可升至12℃以上，维持某一温度12h，其允许的外温条件分为A级（允许外界平均温度为－10℃）和B级（允许外界平均温度为－20℃）。

2. 机械冷藏汽车 机械冷藏汽车车内装蒸气压缩式制冷机组，采用直接吹风冷却，车内温度实现自动控制，很适合短、中、长途或特殊冷藏货物的运输。

图8-3所示为机械冷藏汽车基本结构及制冷系统。该冷藏汽车属分装机组式，由汽车发动机通过传动带带动制冷压缩机，通过管路与车顶的冷凝器和车内的蒸发器及有关阀件组成制冷循环系统，向车内供冷。制冷机的工作和车厢内的温度，由驾驶员直接通过控制盒操作。这种由发动机直接驱动的汽车制冷装置，适用于中小型冷藏汽车，其结构比较简单，使用灵活。由于分装式制冷机组管路长，接头多，在振动条件下容易松动，制冷剂泄漏的可能性大，设备故障较多，所以对大中型冷藏汽车，更适合采用机组式制冷装置。

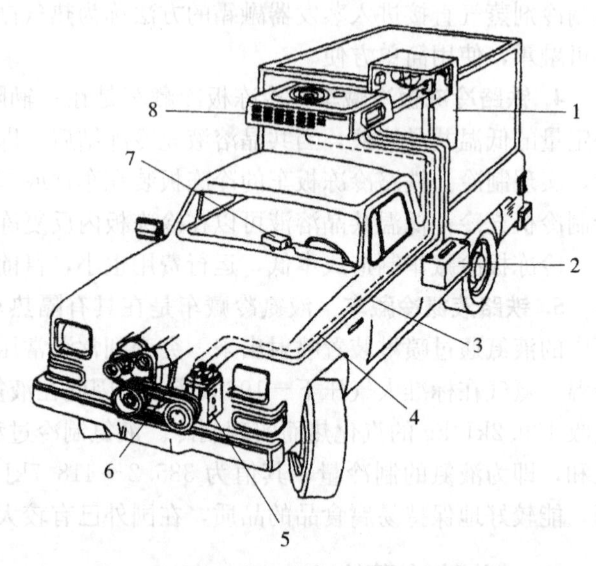

图8-3 机械冷藏汽车基本结构及制冷系统

1. 冷风机 2. 蓄电池箱 3. 制冷管路 4. 电气线路 5. 制冷压缩机 6. 传动带 7. 控制盒 8. 风冷式冷凝器

大中型机械冷藏汽车可采用半封闭或全封闭式制冷压缩机及风冷冷凝机组。制冷剂选用R22、R502或R500。冷藏车使用温度可以在较大范围内调节，而且可在驾驶室内进行全部操作控制，并得到温度记录、显示数据或异常警报声光信号。

3. 液氮冷藏汽车 液氮冷藏汽车主要由汽车底盘、隔热车厢和液氮制冷装置构成。液氮冷藏车与液氮冷藏火车一样，是利用液氮汽化吸热的原理，使液氮从－196℃汽化并升温到－20℃左右，吸收车厢内的热量，实现制冷并达到给定的低温。这种制冷方式的制冷剂是一次性使用的，或称消耗性的。常用的制冷剂除了液氮以外，还可以是干冰等。

图8-4所示为国外生产的一种液氮冷藏汽车结构。安装在驾驶室内的温度控制器，用来调节车内温度。电控调节阀为一低温电磁阀，接收温度控制器的信号，控制液氮喷淋系统的开、关。紧急关闭阀的作用是在打开车厢门时关闭喷淋系统，停止喷淋，可以自动，也可手动控制。如紧急关闭阀与车门联动，开车门时此阀关闭，停止液氮喷淋，以保证装卸作业人员的安全。

系统中的温度控制箱由温度控制器和温度显示仪表组成。氮气控制箱由液氮充灌装置、控制阀、各压力表、安全阀和液面计等组成。液氮喷淋装置由液氮喷淋管、供液氮自动调节阀、压力调节阀、蒸发器和液氮喷淋自动停止阀等组成。安全通气窗为靠磁力贴合在车厢外

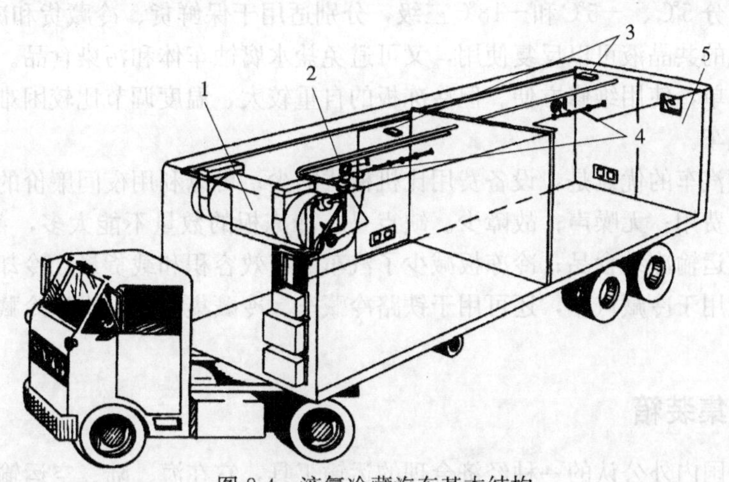

图 8-4　液氮冷藏汽车基本结构

1. 液氮罐　2. 液氮喷嘴　3. 门开关　4. 安全开关　5. 安全通气窗

壁的单向开启窗。液氮汽化后体积膨胀约 650 倍，因此货间压力会迅速上升，当压力超过规定值时，安全通气窗自动打开，排出车厢内过多的气体。

液氮制冷操作过程：调节温度控制器到货物冷藏给定温度。当厢内温度高于给定温度时，温度传感元件的信号经温度控制器传给供液氮自动调节阀，使之开启。液氮从容器内流出，经自动调节阀流入液氮喷淋管，液氮即喷入车厢，并汽化吸热，使车厢内降温。若厢内温度降到给定温度时，温度传感元件发出信号，经温度控制器传给液氮自动调节阀，使之关闭。这种两位控制可维持车内一定的温度范围。

液氮冷藏汽车的优点是：装置简单，初投资少；降温很快，可较好地保持食品的质量；无噪声；与机械制冷装置比较，质量大大减小。缺点是：液氮成本较高；运输途中液氮补给困难，长途运输时必须装备大的液氮容器，减少了有效载货量。

4. 冷冻板冷藏汽车　冷冻板冷藏汽车与铁路冷冻板冷藏汽车一样，也是利用冷冻板中充注的低共晶溶液蓄冷和放冷，实现冷藏汽车的降温。冷冻板厚 50～150mm，外表面是钢板壳体，其内腔充注蓄冷用的低共晶溶液，内装有充冷用的盘管，即制冷蒸发器。制冷剂在蒸发盘管内汽化时，使低共晶溶液冻结，对冷冻板“充冷”。当冷冻板装入汽车车厢后，冻结的共晶体即不断吸热，进行“放冷”，使车内降温，并维持与共晶溶液凝固点相当的冷藏温度。在冷冻板内，低共晶体吸热全部融化后，可再一次充冷，以备下一次使用。图 8-5 所示为冷冻板冷藏汽车结构。

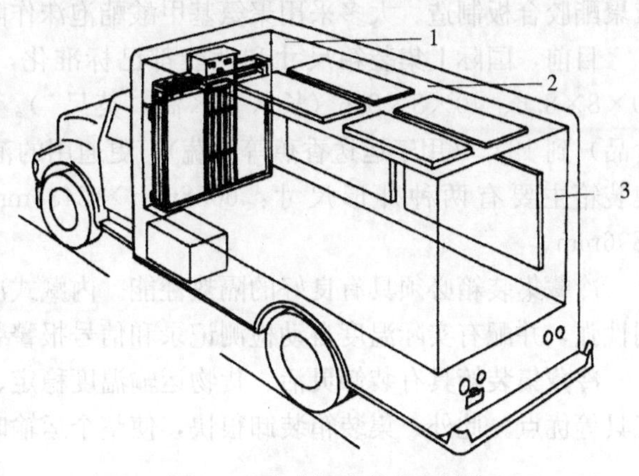

图 8-5　冷冻板冷藏汽车结构

1. 前壁　2. 厢顶　3. 侧壁

冷冻板冷藏汽车充冷用的制冷装置，均为蒸气压缩式制冷装置，又多以 R22、R502 为制冷剂。冷冻板内充注的共晶溶液可根据冷藏温度要求选择。所选择的低共晶溶液的冰点，应比车厢内货物冷藏温度低 8～10℃。通常，冷冻板冷藏汽车的冷藏温度分5℃、－5℃和－18℃三级，分别适用于保鲜货、冷藏货和冻结货的运输。冷冻板冷藏汽车的共晶液可以反复使用，又可避免盐水腐蚀车体和污染食品。与机械冷藏汽车相比，结构简单，使用维修方便。但冷冻板的自重较大，温度调节比较困难，其应用范围不及机械冷藏汽车。

冷冻板冷藏汽车的优点是：设备费用比机械式的少；可以利用夜间廉价的电力为冷冻板蓄冷，降低运输费用；无噪声；故障少。缺点是：冷冻板的数量不能太多，蓄冷能力有限，不适于超长距离运输冻结食品；冷冻板减少了汽车的有效容积和载货量；冷却慢。

冷冻板不仅用于冷藏汽车，还可用于铁路冷藏车、冷藏集装箱、小型冷藏库和食品冷藏柜等。

三、冷藏集装箱

集装箱已是国内外公认的一种经济合理的运输工具，它在海、陆、空运输中占有重要的地位和作用。冷藏集装箱技术和冷藏集装箱运输更具有特殊的意义。大力发展集装箱运输是我国交通运输的既定技术政策。

冷藏集装箱是具有良好隔热、气密，且能维持一定低温要求，适用于各类易腐食品的运送、贮存的特殊集装箱。

1. 冷藏集装箱的基本类型 冷藏集装箱主要有以下几种类型：

（1）保温集装箱 具有良好的隔热结构，无制冷装置的保温箱。

（2）外置式冷藏集装箱 无制冷装置，隔热结构良好，箱端头有软管连接器，可与船上或陆上供冷站的制冷装置连接，使船上或供冷站制冷系统的冷气在集装箱内循环。

（3）内藏式冷藏集装箱 设有制冷装置，由船上或陆上电网供电，或自备发动机使制冷装置运行，向集装箱供冷。

（4）液氮和干冰冷藏集装箱 利用液氮和干冰直接膨胀实现制冷。

（5）冷冻板冷藏集装箱 利用冷冻板低共晶液贮冷剂贮冷、供冷的集装箱。

（6）气调冷藏集装箱 利用控制箱内空气中O_2、N_2、CO_2等含量，抑制果蔬的呼吸作用，并把箱温度降至贮藏温度，使食品在近休眠状态下运输的集装箱。

冷藏集装箱采用镀锌钢结构，箱内壁、底板、顶板和门由金属复合板、铝板、不锈钢板或聚酯胶合板制造。大多采用聚氨基甲酸酯泡沫作隔热材料。

目前，国际上集装箱尺寸和性能都已标准化，标准集装箱基本上分三类：20×8×8、20×8×8.6、40×8×8.6（长×宽×高，英尺*）。使用温度范围为－30℃（用于运送冻结食品）到12℃（用于运送香蕉等果蔬），更通用的范围是－30～20℃。我国目前生产的冷藏集装箱主要有两种外形尺寸：6058mm×2438mm×2591mm 和12 192 mm×2438mm×2896mm。

冷藏集装箱必须具有良好的隔热性能。内藏式冷藏集装箱的制冷装置必须稳定可靠，通用性强，并配有实际温度自动检测记录和信号报警装置。

冷藏集装箱具有装卸灵活、货物运输温度稳定、货物污染少、损失低、适用于多种运载工具等优点。此外，集装箱装卸很快，使整个运输时间明显缩短，降低了运输费用。

* 英尺为非法定计量单位，1英尺＝0.3048m。

按照运输方式冷藏集装箱可分为海运和陆运两种，船舶冷藏集装箱是用于专门运送冷冻货和冷藏货的集装箱。它们的外形尺寸没有很大差别，但陆地运输的特殊要求又使两者有着一些差异。如海运冷藏集装箱的制冷机组用电是由船上统一供给，不需自备发电机，因此机组结构简单、体积小、造价低，但当其卸船后，就得靠码头供电才能继续制冷，如要转入陆路运输，就必须增设发电机组，国际上常规做法是采用插入式发电机组。

2. 冷藏集装箱使用的主要特点

(1) 冷藏集装箱可用于多种交通运输工具进行联运，中间无需货物换装，而且货物可不间断地保持在所要求的低温状态。

(2) 对国内和国际间的"冷链"运输，可以从产地到销售点，实现"国到国"直达运输，为保证各类食品的新鲜度提供了最佳贮运条件。

(3) 冷藏集装箱在一定条件下，可以当作活动式冷库使用，以调节市场供应，给营销者带来良好的经济效益。

(4) 冷藏集装箱使用中可以整箱吊装，装卸效率高，运输费用相对较低。

(5) 冷藏集装箱装载容积利用率高，营运调度灵活，使用经济性强。

(6) 新型冷藏集装箱结构和技术性能更合理先进，有广泛的适用性。

第二节　食品的海上冷藏运输

冷藏船主要用于渔业，尤其是远洋渔业。远洋渔业的作业时间很长，有的长达半年以上，必须用冷藏船将捕捞物及时冷冻加工和冷藏。此外，由海路运输易腐食品也必须用冷藏船。

海上冷藏运输包括海上渔船、商业冷藏船、海上运输船的冷藏货舱和船舶伙食冷库。此外还包括海洋工程船舶的制冷及液化天然气的贮运槽船等。

渔业冷藏船通常与海上捕捞船组成船队。船上制冷装置为本船和船队其他船舶的渔获物进行冷却、冷冻加工和贮存。商业冷藏船作为食品冷藏链中的一个环节，完成各种水产品或其他冷藏食品的转运，保证运输期间食品必要的运送条件。运输船上的冷藏货舱，主要担负进出口食品的贮运。船舶伙食冷库为船员提供各类冷藏的食品，满足船舶航行期间船员生活的必需。此外，各类船舶制冷装置还为船员生产出在船上生活所需的冷饮和冷食。

一、冷藏船的分类

冷藏船可分为三种：冷冻母船、冷冻运输船和冷冻渔船。冷冻母船是万吨以上的大型船，它配备冷却、冻结装置，可进行冷藏运输。冷冻渔船一般是指备有低温装置的远洋捕鱼船或船队中较大型的船。冷冻运输船包括集装箱船，它的隔热保温要求很严格，温度波动不超过±5℃。冷藏运输船又有四种基本类型：

(1) 专业冷藏舱　其主要用于城市之间或城市所属区域范围冷藏运输易腐食品。用于渔船船队，收集和贮运渔获物的冷藏船及渔晶加工母船亦属此类。

(2) 商业冷藏舱　即一般什货船设置的冷藏货舱。该船的通用性强，其冷藏货舱主要用于运输冷藏货，但也可用于装运非冷藏货。

(3) 冷藏集装箱运输船　这类船上设有专门制冷装置与送、回风设备，为外置式冷藏集装箱供冷。

（4）特殊货物冷藏运输船　其典型货物冷藏运输船有液化天然气运输船、化学品或危险品运输船等。

海上冷藏运输的特点：①具有隔热结构良好且气密的冷藏舱船体结构，必须通过隔热性能试验鉴定或满足平均传热系数不超过规范定值的要求。其传热系数一般为 0.4～0.7W/(m²·K)；②具有足够的制冷量且运行可靠的制冷装置与设备，以满足在各种条件下为货物的冷却或冷冻提供制冷量；③船舶冷藏舱结构上应适应货物装卸及堆码要求，设有舱高 2.0～2.5m 的冷舱 2～3 层，并在保证气密或启、闭灵活的条件下，选择大舱口及舱口盖；④船舶冷藏的制冷系统有良好的自动控制，保证制冷装置的正常工作，为冷藏货物提供一定的温湿度和通风换气条件；⑤船舶冷藏的制冷系统及其自动控制器、阀件技术等比陆用要求更高，如性能稳定性、使用可靠性、运行安全性、工作抗振性和抗倾斜性等。

二、冷藏船用制冷装置

冷藏船上一般都装有制冷装置，船舱隔热保温。图 8-6 为船用制冷装置布局示意。船上条件与陆用制冷设备的工作条件大不相同，因此船用制冷装置的设计、制造和安装，需要具备专门的实际经验。在设计过程中，一般应注意以下几个方面的问题：

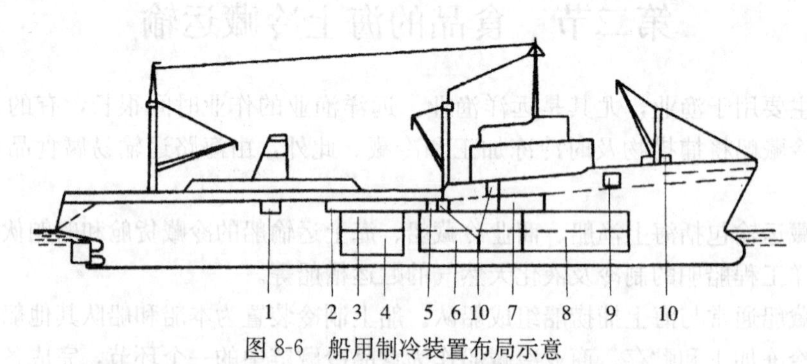

图 8-6　船用制冷装置布局示意

1. 平板冻结装置　2. 带式冻结装置　3. 中心控制室　4. 机房　5. 大鱼冻结装置　6、8. 货舱　7. 空气冷却器室　9. 厨房制冷装置　10. 空调中心

（1）船上的机房较狭小，所以制冷装置要尽可能紧凑，但又要为修理留下空间。考虑到生产的经济性和在船上安装的快速性问题，为了适应船上快速安装的要求，已越来越多地采用系列化组装部件，其中包括若干特殊结构。

（2）设计船用制冷装置时，要注意船舶的摆动问题。在长时间横倾达 15°和纵倾达 5°的情况下，制冷装置必须能保持工作正常。

（3）与海水接触的部件，如冷凝器、泵及水管等，必须由耐海水腐蚀的材料制成。

（4）船下水后，环境温度变化较大，对于高速行驶的冷藏船，水温可能每几个小时就发生较大变化，而冷凝温度也要相应地改变，船用制冷装置需按最高冷凝温度设计。

（5）环境温度的变化还会引起渗入冷却货舱内的热量的变化，因此必须控制制冷装置的负荷波动，所以，船用制冷装置上一般都装有自动能量调节器，以保持货舱温度恒定不变。

（6）运输过程中，为了确保制冷装置连续工作，必须装备备用机器和机组。

（7）船用制冷压缩机的结构与陆用的并无多大差别，但由于负荷波动强烈，压缩机必须具有良好的可调性能。因此，螺杆式压缩机特别适于船上使用。

船用制冷设备与陆用设备有以下主要不同：

①制冷设备应具有更高的使用安全可靠性，较高的耐压、抗湿、抗振性及耐冲击性。

②具有一定的抗倾性能，在航行时能抗风浪波及在一定的倾斜条件下能保证压缩机正常润滑、安全工作。

③船用制冷装置的用材应有较好的抗腐蚀性能。

④船用制冷装置的安装、连接应具有更高的气密性及运行可靠性。

⑤船用制冷装置选用的制冷剂应不燃、不爆、无毒，对人体无刺激，不影响健康。

⑥船用制冷装置应具有更好的适应性，安全控制、运行调节及监视、记录系统更加完备。

船用制冷设备及备用机的主要要求应以我国“钢质海船入级与建造规范”，渔船应以我国“钢质海洋渔船建造规范”为依据，所有设备配套件均应经船舶检验部门检验并认可后，方能装船。

三、船舶冷藏货舱

我国海上冷藏运输任务主要由冷藏货船承担。为了适应运输的要求，提高船舶的通用性，海上冷藏运输大部分由设置冷藏货舱的一般杂货船完成，其吨位从几百吨到千吨以上。冷藏货轮既可用于装冷藏货，也可用于装载杂货。

冷藏船所采用的制冷装置有氨制冷装置和氟利昂制冷装置。专业冷藏船和渔船以氨制冷机为主，而一般冷藏船或冷藏货舱多采用氟利昂制冷机。制冷压缩机目前仍以活塞式为多。冷却方式有盘管冷却和吹风冷却两种。采用氟利昂制冷剂时，较多选用吹风冷却。冷藏船的供冷方式有干式直接供液、重力供液、氨泵供液及满液式直接供液等。

冷藏货舱按冷却方式分有两种，即直接冷却和间接冷却。

直接冷却中，制冷剂在冷却盘管内并直接吸收冷藏舱内的热量。其热量的传递是依靠舱内空气的对流作用。直接冷却按照空气的对流情况，又有直接盘管冷却和直接吹风冷却两种，前者舱内空气为自然对流，后者为强迫对流。强迫对流冷却的冷却效率高，舱内降温快，温湿度分布均匀，易于实现自动融霜。但其能耗较大，运行费高，货物干耗大，结构亦较复杂。

间接冷却中，制冷剂在盐水冷却器内先冷却盐水即载冷剂，然后通过盐水循环泵，把低温盐水送至冷藏舱内的冷却盘管，实现冷藏舱的降温。冷藏舱的降温是通过盐水吸热，相对制冷剂而言它是间接获得热量。间接冷却根据其空气对流特点，亦有间接吹风冷却和间接盘管冷却之分，其特点类同于直接吹风冷却和直接盘管冷却。

第三节　食品的航空冷藏运输

一、航空冷藏运输的特点

航空冷藏运输是现代冷链中的组成部分，是市场贸易国际化的产物。航空运输是所有运输方式中最快的一种。但是运量小，运价高，往往只用于急需物品、珍贵食品、生化制品、药品、苗种、观赏鱼、花卉、军需物品等的运输。航空冷藏运输作为航空运输的一种方式，具有以下特点：

1. 运输快 飞机作为现代运行最快的交通工具，是冷藏运输中的理想选择，特别适用于远距离的快速运输。然而飞机往往只能运行于机场与机场之间，冷藏货物的进出机场还要有其他方式的冷藏运输来配合。因此，航空冷藏运输一般是综合性的，采用冷藏集装箱，通过汽车、列车、船舶、飞机等联合连续运输，被称作“横跨”集装箱运输，不需要开箱倒货，实现“门到门”快速不间断冷环境下的高质量运输。据资料介绍，这种“横跨”运输费用在美国港口内已经降低到1/30，港口停留时间从7d降到了15h。

2. 冰藏集装箱 航空冷藏运输是通过装载冷藏集装箱进行的。除了使用标准的集装箱外，小尺寸集装箱和一些专门行业非国际标准的小型冷藏集装箱更适合于航空运输，因为它们既可以减少起重装卸的困难，又可以提高机舱的利用率，对空运的前后衔接都带来方便。

3. 液氮、干冰 由于飞机上动力电源困难、制冷能力有限，不能向冷藏集装箱提供电源或冷源，因此空运集装箱的冷却方式一般采用液氮和干冰。在航程不太远、飞行时间不太长的情况下，可以采取对货物适当预冷后，保冷运输。由于飞机飞行的高空温度低，飞行时间又短，货物的品质能够较好地保持。

二、航空冷藏运输的发展前景

随着国民经济的发展和人民生活水平的提高，航空冷藏运输得到了快速的发展。随着冷藏运输工具、冷藏技术的发展和普及程度的提高，以及冷藏集装箱联运组织系统的完善，“横跨”集装箱运输的费用大幅下降，运输时间大大缩短。在时间和食物的鲜度就是金钱的今天，人们对航空冷藏运输的需求量越来越大。高级宾馆的生鲜山珍海味、特种水产养殖的苗种、跨国的花卉业、观赏鱼等，经常采用航空冷藏运输的方式，因此，航空冷藏运输无疑是一项很有发展前途的行业。

第四节　食品冷藏陈列柜

在超市或零售商店中，用于陈列、销售食品和其他商品的存放设备，均称为陈列柜。

一、商用冷冻冷藏柜的分类

1. 陈列柜的分类 由于超市中销售的食品种类繁多，而且各种食品的暂存、陈列的最佳温度也有所不同，因此必须选择合适的陈列柜。

陈列柜的形式主要有以下几种：

（1）按销售方式分　可分为开启式、封闭式、半封闭式及组合式。

（2）按压缩机放置方式分　可分为内藏式、分体式。内藏式是指压缩机组与陈列柜设计为一体，一般将压缩机组放置在陈列柜的下部。这样便于安装，有利于改变店铺内的布局。但使用台数多时，由于冷凝器排气热的影响会使店内环境恶化，降低陈列柜自身性能。

分体式是指压缩机组与陈列柜分离放置，可以实现用一台压缩机带多台冷柜。由于压缩机组安装在室外，从而有效地防止了排气热的不良影响，保证了店内良好的购物环境，但这需要电气安装和配管施工，使用台数少时，会增加初期投资。

现在商家为了向顾客提供整洁、舒适、清新的购物空间，大都采用分体式陈列柜。

（3）按使用温度分　可分为冷藏式、冷冻式、温热式。见表 8-1。

表 8-1　按温度分类的陈列柜种类

分　类	温度/℃	贮存食品
冷藏式	−2～2	冰鲜鱼、冰鲜肉
	2～8	乳制品、饮料、熟食、豆制品
	5～10	水果、蔬菜
冷冻式	−18～−20	冷冻食品
	−20～−25	冰淇淋
温热式	55～65	烤肉等
	70～90	馒头、包子等蒸品

（4）按结构分　可分为岛式、货架式、平式、组合式、拉门式、后补式。

（5）按外形分　可分为卧式敞开式、卧式封闭式、多层立式封闭式、多层立式敞开式等。其中卧式敞开式和多层立式敞开式陈列柜在超市中的应用较广。

（6）从布置形式上分　可分为陈列柜可分为多段式、半多段式、平型式。多段式陈列柜的高度在 1930mm 以上，黄金段陈列面积大，柜内设有照明，购物方式属于单边购物。一般沿超市墙壁四周布置，可增加整个卖场的亮度和魅力。

半多段式陈列柜的高度分为 1250mm、1350mm、1650mm 等几种，它减轻了多段式陈列柜给顾客带来的压迫感。1250mm、1350mm 的半多段式陈列柜一般用于加工间前，能使顾客非常容易地看到陈列柜里的商品在带有玻璃窗的加工间里加工的全过程，增加顾客的购买欲望。1650mm 的半多段式陈列柜可以沿墙壁四周布置，也可以在店铺需要生鲜区域较大的情况下通过岛式陈列增加生鲜区的面积。

平型陈列柜中，可四面购物，多用于店铺中央位置，而单边购物的则沿墙布置或放置在加工间前。

（7）按外观造型分　又可分为欧美风格柜和亚洲风格柜。欧美风格的陈列柜体积大，高度高，给人以粗犷豪放的感觉；亚洲风格的陈列柜主要以日本开发生产的为主，结构紧凑，节能省电，商品易看、易选。

陈列柜的分类，见表 8-2。

表 8-2　陈列柜的分类

项　目	分类名	分类主要特征	销售形式
尺寸	大型	长 1800mm 以上或总容积 500L 以上	大型自选商店用
	小型	未达到上述数据	专门店或小型商店用
陈列级数	多级型	商品陈列部有若干级	大型自选商店用
	平面型	商品陈列部为一级	主要供面对面销售用
	复合型	多级型和平面型的复合形式	大型自选商店用
销售方式	自选型	消费者直接取商品	大型商店用
	柜台式	店员取商品传给消费者	专用店或大型商店用

（续）

项　目	分类名	分类主要特征	销售形式
陈列部结构	开式	商品陈列部敞开，取商品容易	大型自选商店用
	闭式	商品陈列部有玻璃或绝热材料的盖或门	专门店或大型商店用
制冷机组	分体式	制冷机组另外设置，需要现场安装	
	内置式	制冷机组藏在陈列柜内，不需现场安装	专门店或小型商店用

2. 岛式陈列柜、开式陈列柜和闭式陈列柜　岛式陈列柜是指在柜的四周都可取货的陈列柜。一般情况下，它放置在超市食品部的中间部位，像一个岛屿，故称为岛式陈列柜。多数岛柜的四周设围栏玻璃，使顾客无论从哪个位置都能看清商品。岛式陈列柜的结构简图如图 8-7 所示。

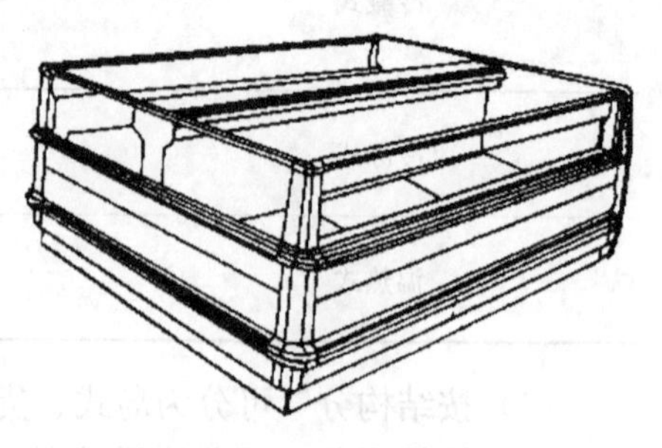

图 8-7　岛式陈列柜

在通常的使用条件下，取货部位敞开，顾客能自由地接触柜内食品的陈列柜叫开式陈列柜，见图 8-8。开式陈列柜的前部或上部是敞开的，这样能方便顾客选取柜内食品，尤其在客流量较大、顾客频繁取用柜内食品的场合。开启式陈列柜能提供随意、轻松的购物环境，促进商品销售。一般在开口部靠风幕，将柜内食品与外界隔绝。图 8-7 所示的岛式陈列柜也属开式陈列柜。

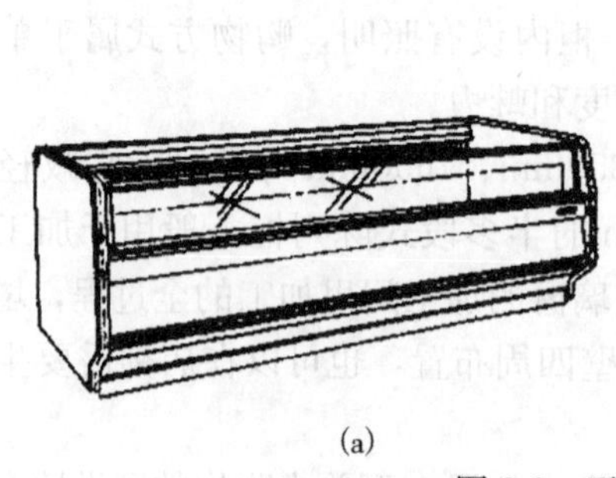

(a)

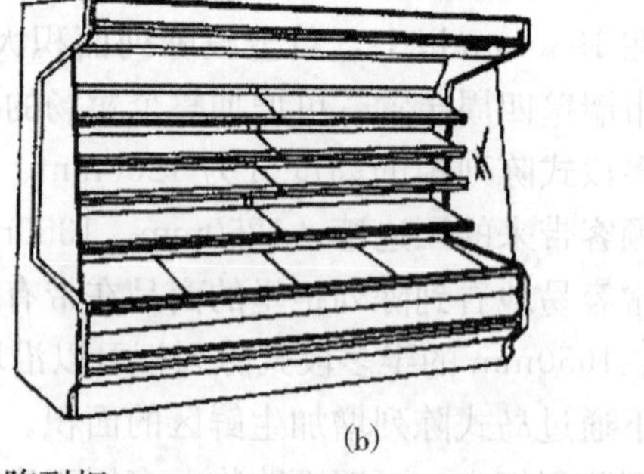

(b)

图 8-8　开式陈列柜
(a) 平式　(b) 货架式

在通常的使用条件下，取货部位以门或盖关闭的陈列柜叫闭式陈列柜。闭式陈列柜四周全封闭，一般在前部或上部有进明（有机）玻璃门。闭式陈列柜内的食品与外界隔离，冷藏条件良好，故适用于陈列对储藏温度条件要求较高、对温度波动较敏感的食品，如奶油蛋糕、寿司等，或者对存放环境的卫生要求较为严格的食品，如熟食。此外，闭式陈列柜的制冷性能受环境影响较小，效率较高，能耗较低，适用于客流量较小的商铺，如便民连锁店、便利店。闭式陈列柜对食品同时起陈列和储藏的双重作用，见图 8-9。

图 8-9　闭式陈列柜

二、商用冷冻冷藏柜的制冷系统

陈列柜的制冷机组按压缩机种类不同可以分为闭式和半封闭式压缩机两种。封闭式压缩机的制冷机组一般使用在内藏式陈列柜中，因其体积较小，可以放入陈列柜底部空间；而半封闭式压缩机的制冷机组，一般使用在分体式陈列柜中，因为半封闭式压缩机体积较大，结构也较复杂，所以放置在机房内。此外，冷凝器又有水冷和风冷之分。风冷冷凝器又有强制通风式和自然对流式两种。一般陈列柜采用强制通风式冷凝器，冷却效果较好。

制冷机组又有单台压缩机和多台压缩机并联两种形式。单台压缩机组就是指一台压缩机、一个冷凝器的机组，设备较简单，适用于陈列柜数量较少、负荷较小的场合。多台压缩机机组是指几台压缩机并联，共用一个冷凝器，适用于陈列柜数量较多的大、中型超市。采用多台压缩机机组的组合，当制冷能力随季节变化而变化时，可以通过改变运行的压缩机台数来实现节能运转，使系统运行的可靠性也得到提高，当其中一台压缩机出现故障需检修时，只要将它与其他压缩机连接的阀门关闭即可，不会影响其他压缩机正常运转，也不妨碍店内陈列柜制冷。

三、商用冷冻冷藏柜内温度的控制

陈列柜内温度一般采用恒温控制器控制，使柜内温度在设定的范围内变化。控制方法一般有以下两种方式。

1. 温控器直接控制压缩机的停止和运转　这种方法常用于内藏式陈列柜，对于采用回转式压缩机的陈列柜，温控器还同时控制供液电磁阀的开和关。该控制方式的优点：①控制系统简单；②直接控制压缩机，能及时反映柜内温度的变化。但系统存在以下不足：①因温控器本身有一个启闭的温差，这个温差控制压缩机的运转间隔时间，当温控器的温度波幅较小时，压缩机会频繁启动；②当系统中制冷剂充注量较多、压缩机停机时，制冷剂还在流动，必须在低压侧设置气液分离器，以防止压缩机液击。

2. 供液控制法　当一台压缩机同时对几台陈列柜供液时，由于各陈列柜的温度不同，不能用各柜的温控器直接控制同一台压缩机，这时应采用由温控器直接控制供液电磁阀的开、闭，而压缩机的工作状态则由低压控制器控制。其工作过程如下：温控器感受柜内温度的变化，当某一陈列柜内的温度低于设定值时，温控器断开，控制电磁阀同时关闭，蒸发器停止供液，处于不制冷状态；此时压缩机仍然工作，为其他陈列柜供液制冷。当所有陈列柜的供液电磁阀都关闭后，压缩机的供液回路（高压侧）被切断，但回气侧仍然工作，使低压压力不断下降，下降至低压控制器的设定值时，开关动作，使压缩机停机。

该控制系统的优点：①当供液电磁阀关闭时，压缩机继续运转一段时间，使蒸发器内的制冷剂回收，可防止再次开机时液击；②一台压缩机可对不同使用温度的蒸发器供液。但因陈列柜柜温不仅受温控器控制，也要受低压压力控制器的控制。在设定压缩机低压控制器的设定值时，必须考虑陈列柜的使用环境、蒸发温度等因素。

四、食品在商用冷冻冷藏柜中存放的要求

陈列柜存放食品有以下要求：

（1）应注意各种陈列柜不同的使用温度。冷冻食品不能存放在冷藏柜中；饮料等冷藏食品不可放在冷冻柜中，以免结冰爆裂。

（2）陈列柜中的商品应尽快售出，不宜长时间冷藏，应根据先存先销的原则摆放。据国外有关资料报道，冷冻食品陈列时间不超过3周，冷藏食品陈列时间不超过3～10d。

（3）陈列柜不具备冻结食品的能力，不能将高于柜温的食品放入陈列柜，以免引起陈列柜温度升高，影响存放食品的质量。

（4）食品之间应留一定的空隙，以利于冷风循环。

（5）不同的食品应用隔离网篮分开或隔开较大空位，以便销售。

（6）柜内食品放置不得超过负载界限线（货架柜不得超出货架外），否则会影响风幕和冷风循环。

（7）出风口和回风口附近不得堆放食品。

（8）为保持食品的鲜度和节约能耗，在商店暂不营业或当陈列柜周围环境恶化，如温湿度较高时，要盖上夜间盖板。

此外，柜内食品的包装必须良好，否则极易污损柜内部件，甚至引起故障。

五、陈列柜的节电措施

陈列柜的节能措施有以下几个方面：

1. 定时融霜 由于陈列柜外部的温度、湿度条件很容易造成陈列柜内部的蒸发器表面结霜，使蒸发器传热不良，压缩机运行时间延长，能耗增加。定时融霜可以化去蒸发器表面的霜，保证蒸发器具有良好的传热性能，节省能源。

2. 选用高效压缩机和冷凝器 高效压缩机能节省能源，或者将压缩机与冷凝器组成一个机组，靠冷凝风扇来冷却压缩机的电机，达到节能的目的。也有将冷凝器的风扇靠压力开关控制，当冷凝压力低于设定值时，风扇自动停转，实现节能目的。

3. 多台压缩机连接 多台压缩机并联的制冷机组，当制冷能力随着季节而变化时，可通过改变压缩机运行的台数实现节能运转。因为，如果采用单台压缩机的制冷机组，夏季满负荷运转可能运转良好，但是在冬季低负荷时，压缩机能量富裕，容易发生制冷剂启闭频繁的现象，这对于压缩机是很不利的。而采用多台压缩机并联的机组就可以避免这种情况。

4. 采用双层或多层风幕 设置风幕能有效地减少陈列柜的热负荷，节约能量。

5. 使用夜间罩 商店在晚上停止营业时，在陈列柜上盖夜间罩，是防止冷气外逸的一种节能措施。使用夜间罩可以确保柜内冷气循环，保持柜内温度，减少冷耗，节约能源。

第五节　家用电冰箱

一、家用冰箱的分类

根据GB/T 8059.1—1995《家用制冷器具　冷藏箱》、GB/T 8059.2—1995《家用制冷器具　冷藏冷冻箱》和GB/T 8059.3—1995《家用制冷器具　冷冻箱》，家用电冰箱的命名方法如下：

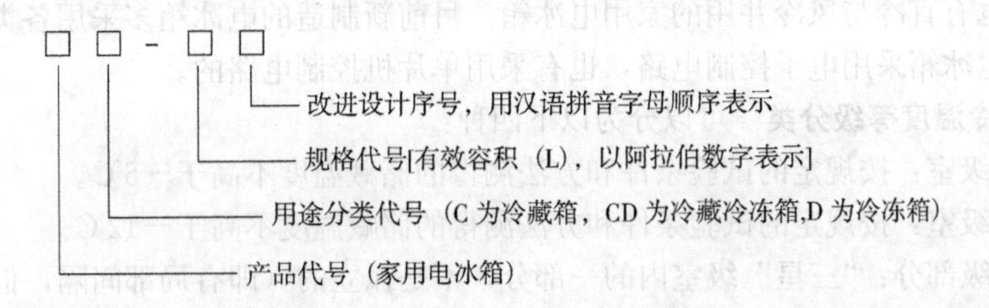

例如，BD-160A 表示第一次改进设计的 160L 家用冷冻箱，BCD-202A 表示第一次改进设计的 202L 家用冷藏冷冻箱，BCD-180B 表示第二次改进设计的 180L 家用冷藏冷冻箱。

冷藏箱：箱内大部分空间的温度保持在 0～8℃，用于冷藏非结冻物品（在食品冷藏工艺中称为冷却冷藏）；箱内用蒸发器围绕成一个小空间，其温度保持在－6℃以下，可以冻结少量食品（慢速冻结）。冷藏箱容积一般比较小，在 180L 以下。例如单门家用电冰箱。

冷冻箱：其箱内温度保持在 0～18℃以下，适用于储存较多冻结食品的家庭，多为卧式。在食品冷藏工艺中称为慢速冻结和低温冷藏。

冷藏冷冻箱：冷藏冷冻箱实际上是冷冻箱与冷藏箱的组合体，冷冻室温度保持在－12℃或－18℃以下；冷藏室温度保持在 0～8℃。例如两门、三门或多门家用电冰箱，其容积一般为 150～280L。

根据不同的分类方法，家用电冰箱有如下几种：

1. 按照箱内空气冷却方式分类　家用电冰箱可以分为直冷式和风冷式两类。

（1）直冷式电冰箱　所谓直冷式电冰箱，是指箱内部分空气先被蒸发器冷却，空气温度变低，密度变大，靠自重向下流动，箱内另一部分空气温度较高，密度小，则由下向上流动，去蒸发器进行热交换。空气在对流过程中，冷热之间也不断进行热交换。如此不断地循环，电冰箱内的空气温度就不断下降，直至达到要求（设定温度）。空气在流动过程中，不断从储存物（例如食品）中吸收热量并带到蒸发器再放出，因而储存物的温度就降低了，达到低温冷藏或冷冻的目的。

双门直冷式电冰箱具有以下优点：冷冻室与冷藏室分开，两部分空气不沟通，食品不易串味和相互污染；结构简单，制造方便，价格低；食品在不包装时，干耗小（食品内水分损失小），有利于保证食品的质量；若食品与蒸发器直接接触，降温快；不用风机，可以节省这部分电能等。但也存有以下缺点：冷冻室容易结冰霜、需要经常清空食品进行融霜；靠空气自然对流，箱内温度不均匀；构造布置性能差等。

（2）风冷式电冰箱（俗称无霜电冰箱）　在电冰箱内胆后面设风道，蒸发器的后面设轴流风扇并与风道送风口相通，风道通往各冷冻室和冷藏室并设立风门，风门开启度由该室温度控制，各室空气吸收食品热量从回风口进入风道，经风道进入蒸发器放出热量后再被送去各室，如此不断循环，使食品降温。空气的循环是靠风扇的动力，风扇送出的风是冷风，因此称为风冷式家用电冰箱。由于霜只结在蒸发器表面，而冷冻室和冷藏室内无霜，所以有人又称其为无霜电冰箱。

双门风冷型电冰箱具有以下优点：由于冷空气强制循环，降温快，温度均匀；化霜方便，化霜时温度波动小；构造布置方便，容易实现自动控制。

但也存有以下缺点：结构较复杂，价格较高；食品未包装时干耗大，食品包装时降温则慢；零部件多，制造较繁；冷空气强制循环，门缝防跑冷要求严等。

市场上也有直冷与风冷并用的家用电冰箱。目前新制造的电冰箱多采用各类自动控制电路，如东芝电冰箱采用电子控制电路，也有采用单片机控制电路的。

2. 按制冷温度等级分类 可以分为以下四种：

“一星”级室：按规定的试验条件和方法测得的储藏温度不高于－6℃。

“二星”级室：按规定的试验条件和方法测得的储藏温度不高于－12℃。

“二星”级部分：“三星”级室内的一部分，不是孤立的（即有局部间隔，但没有自己单独使用的门或盖），该部分按规定条件测得的储藏温度不高于－12℃。

“三星”级室：按规定的试验条件和方法测得的储藏温度不高于－18℃。在某些情况下该间室内允许有“二星”级部分。

3. 按适应环境温度的不同分类 又可将家用电冰箱分为以下三种（环境相对湿度不大于90%）：

SN（亚温带型）、N（温带型）：10～32℃。

ST（亚热带型）：10～38℃。

T（热带型）：10～43℃。

除此而外，还可以按外形式样分为单门、双门及多门家用电冰箱；按制冷方法分为蒸气压缩式制冷、吸收式制冷及半导体制冷（热电式制冷）家用电冰箱；按放置方法分为立式、卧式、台式、嵌入式及壁挂式家用电冰箱等。

二、家用冰箱的合理选择

市场上家用冰箱种类繁多，款式各异，尺寸及外观各有不同，选择冰箱首先要确定现在及将来家庭对冰箱的需要，然后将各类冰箱进行比较。具体而言，可以从以下几方面考虑：

1. 类型 市场上家用冰箱的结构形式有单门、双门和三门冰箱等，箱门的多少，表示箱内可以分隔成几个不同温度范围的空间，功能也更多。

（1）单门冰箱 外形尺寸及箱内容积一般较小，冷冻贮藏室也较小，但它耗电省、噪声低、价格低，适合一些小家庭使用。

（2）双门冰箱 一般为冷冻冷藏箱。制冷方式有直冷式和间冷式。直冷式冰箱箱内温度不均匀，冷冻室会结霜，但能耗较小；间冷式冰箱箱内温度均匀，对食品保存有益，能自动除霜，除霜时不必取出食品，使用方便，但耗电要比直冷式大15%左右，且价格较高。

（3）三门冰箱 和双门冰箱区别不大，也就是将双门冰箱的果菜盒发展成独立的冷藏室，容积较大，功能更为齐全，但价格较高。

（4）多门冰箱 除有冷冻、冷藏和果菜室外，还有－3～0℃的冰温室，是为了保持食品的生鲜风味而设，售价和日耗电费均较高。

2. 容积 有效容积是冰箱的重要指标，由于存放食品时留有很大的空隙，因此实际存放食品的容积比有效容积要小得多。一般存放容积仅为有效容积的30%左右。冰箱容积大小应视家庭人口多少和生活方式进行选择。根据目前我国的一般生活水平和冰箱使用的实际状况，以人均占有40～50L的有效容积较为合适，家庭人数少，可以取上限，家庭人数多，可以取下限。从电冰箱的使用价值和功能开发的角度看，冰箱容积尽可能选大一些好。当前国外冰箱有向大型化发展的趋势，这是食品多样化、购买方式和家庭主妇生活方式改变的结果。

3. 冷冻室标志　冰箱的冷冻室用来贮藏速冻食品，并以星（*）的多少来表示贮藏室温度及贮藏期。“*”表示冷冻室温度为－6℃以下，速冻食品可贮藏1周；“* *”表示冷冻室温度为－12℃以下，速冻食品可贮藏1个月；“* * *”表示冷冻室温度为－18℃以下，速冻食品可以贮藏3个月；“*（* * *）”表示冷冻室温度为－18℃以下，除速冻食品可贮藏3个月以上外，可以速冻新鲜食品。24h可速冻食品的数量，由生产厂家标注在铭牌上。用户可以挑选所需的冷冻室。

4. 耗电量　这是考核冰箱性能优劣的综合指标，不仅与设计有关，而且与制造工艺、使用情况等有关。购买时要注意生产厂家标注的气候类型、星级标志、输入功率、容积、24h耗电量等项目。日耗电量，单门冰箱一般为0.6～0.8kW·h，双门冰箱一般为1.0～1.2kW·h。

5. 噪声　噪声大会影响居室的安静，主要声源是压缩机。标准规定250L以下的冰箱噪声应不大于52dB。

6. 外观　箱体外形美观，漆膜光洁，颜色与其他家具要协调。

7. 售后服务　任何冰箱都可能出现故障，因此能否保修，是否设有维修点，以及在维修中能否提供尽可能多的方便，也是选择冰箱时应考虑的因素之一。

三、家用冰箱的节电措施

家用冰箱的耗电量在家用电器中占主要地位，所以冰箱的节电是广大用户十分关心的问题，冰箱节电可以从以下几方面入手：

1. 放置冰箱的环境温度宜低　环境温度对冰箱耗电量的影响很大，环境温度越高，耗电量越大。如环境温度有10℃的变化，可使耗电量有40%～50%的差异。应将冰箱避开热源和阳光直射的地方。

2. 冰箱四周留有充分空间　冰箱在制冷过程中，不断地将箱内热量和压缩机做功转换的热量散发到周围环境中，箱体外部的散热条件直接影响到冰箱的制冷效果和压缩机的运行时间。离墙5cm要比10cm的耗电量增加5%。所以冰箱应放在通风良好处。冰箱后部和两侧离墙壁必须有10cm间距，顶部的空隙大于30cm。

3. 减少冰箱的开门次数和延续时间　冰箱的热交换60%以上是通过箱门进行的。如果箱门开一次时间为10s，那么冰箱压缩机就要多运转10min左右，耗电也必然增加。此外，进入箱内的热空气不但使冰箱热负荷增加，温度回升，压缩机多运转，而且还会使蒸发器霜层增厚。

4. 合理确定冰箱内的使用温度　冷藏室和冷冻室的温度，应根据贮存食品的种类、贮存时间合理调整。冰箱内温度调得越低，耗电量就越大。以200L冰箱为例，环境温度在32℃左右，如果使冷藏室温度保持在5℃，则月耗电量约50kW·h，如将冷藏室温度调整到3℃，则月耗电量要增加18%左右。一般我们在保证食品质量的前提下，将温控器的调节旋钮尽量调整在相对较弱的制冷挡，适当提高箱温以节能。

5. 贮存食品的品种和数量应适当　放入冰箱的食品温度要低。比热容和潜热高的食品热负荷大，耗电量大；贮存食品量多，耗电也高，但这并不是说冰箱中食品放得越少就越省电；热的食品放入冰箱，会使箱内温度上升，要使其恢复到正常温度就会多耗电，所以食品应冷却到常温后再放入，贮存的量要适当。

6. 及时融霜 蒸发器表面霜层厚度超过5mm，其传热效率会明显降低。当霜层厚度超过10mm时，其传热效率会降低40%。为了达到箱内要求的低温，压缩机启动次数和运行时间均会增加，耗电也会增加。

在冰箱的节电中常存在这么一种误解，认为冰箱中贮藏的食品越少越省电。其实这种认识有片面性。冰箱都有一定的热容量，当食品过少时，冰箱热容量就明显减少，这样冰箱首次开机时间的确可减少，但停机时间也将明显缩短，因为食品被冷却后释放出来的冷量同样减少，即食品少，蓄冷的能力也下降。这样以后的制冷过程中，开机和停机的比例是空载冰箱将逐渐高于满载冰箱。因此，有些人在冷冻室里放些冰块来蓄冷，可以达到节电的目的。

第九章　工业制冰

第一节　人造冰的制取分类

一、冰的分类

冰在食品保鲜中用途十分广泛，食品冷加工生产中需要用冰，渔轮出海捕鱼需要用冰，鲜货长途运输需要用冰，医疗、生活、科研等都需要用冰。

一般而言，自然界的水在0℃时，就会结成冰，称之为天然冰；通常以人工制冷方法制成的冰，称为人造冰或机制冰。

冰在各行业的用途广泛，所以其种类、形状也多。冰的分类和制冰方式见表9-1、表9-2。

表9-1　冰的分类

分类方式	冰的名称	冰的制取特点或形式
按用途分	工农业用冰	用普通自来水或纯净海水冻结成的冰
	食用冰	用经过消毒的食用水制成的冰
按冰的形状分	块冰	冻成的冰外形呈块（桶）状
	管冰	制成的冰外形呈管段形状，管段呈圆柱形中间透空
	片冰	制成的冰外形呈薄片状，厚度约为3mm，小于5mm的冰为片冰
	板冰	厚度为5～10mm的平板形或圆弧形冰
	冰晶冰	在冷盐水中结晶形成的冰
	颗粒冰	有圆形、方形、异形、雪花和鳞形等各种花色形状的冰
	冰霜（泥冰）	霜和细小冰的混合物
按冰的颜色分	白冰	水结成冰时，冰体中含有空气，使冰体不透明呈乳白色，如桶式块冰
	透明冰	在白冰的生产过程中，增加“吹气”和“抽芯水”工艺所制得的冰
	彩色冰	在食用生产过程中，增加食用色素所制得的冰
按冰中有无添加剂分	无味冰	以符合卫生条件的水，不加任何处理而制得的冰
	咸味冰	含有一定盐分的冰
	调味冰	在食用冰中含有适量调味品的冰，一般用于冷饮
	防腐冰	在水中加入消毒剂、防腐剂制成的冰，一般用于冰鲜鱼货

表9-2　制冰方式的分类

分类方式	冰的名称及制冰方式	冰的制取特点或形式
按获取方式分	天然冰	江、河、海水中的天然冰
	人造冰	各种人工制冷方式获得的冰
按制冷原理分	直接蒸发制冷	各类快速制冰方式
	间接蒸发制冷	桶式盐水制冰装置

（续）

分类方式	冰的名称及制冰方式	冰的制取特点或形式
按制冰速度分	快速制冰 慢速制冰	片冰机、管冰机等 桶式盐水制冰装置
按使用对象分	工农业制冰 商业制冰 家庭制冰	工农业生产过程用冰，如建筑施工、冶炼等用冰 餐饮业和冷饮品商店使用 家庭小型制冰机
按出冰方式分	连续制冰 间歇制冰	片冰机、结晶冰机等 板冰机、管冰机等

二、冰的物理性质

冰是一种透明的六方晶系的晶体结构，根据冰形成的条件不同，其形状和透明度各有不同。水在静止状态结成的冰，其结晶呈针状，坐标轴垂直于水面。

纯净的水在正常的大气压下，冷却到0℃就会结冰。

温度如果继续下降，冰晶周围的水会由液体全部转化成冰，从而形成冰块；如果温度再下降，则冰块的温度就会下降。但是水中含有杂质，水的结冰点就会下降；压力增加，水的结冰点同样会下降。冰的融点即为水的冰点。如果在615标准大气压（60MPa）下，冰的融点为－5℃；当压力高达20000标准大气压（1961.33MPa）时，冰的融点就会高于0℃。

冰的融解热为331.6～335.7kJ/kg，通常取335 kJ/kg。冰从固体变成液体的水所需的热量称为融解潜热，即1kg的冰需要吸收334.94kJ的热量，才能完全变成水。同样0℃时质量为1kg的水，要全部结成0℃的冰，也需要被吸收334.94kJ的热量，称为结冰潜热。冰的热力学性质见表9-3。

表9-3 冰的热力学性质

温度/℃	热焓/（kJ/kg）	潜热/（kJ/kg）	比熵/［kJ/（kg·K）］
0（水）	0.00	2500.78	0.0000
0（冰）	−333.56	2834.34	−1.2209
−5	−343.99	2835.59	−1.2594
−10	−354.20	2836.59	−1.2983
−15	−369.29	2837.39	−1.3368
−20	−374.17	2838.06	−1.3754
−25	−383.85	2838.52	−1.4139
−30	−393.39	2838.82	−1.4528
−35	−402.69	2838.86	−1.4913
−40	−411.81	2838.73	−1.5303
−45	−420.77	2838.44	−1.5692
−50	−429.57	2838.02	−1.6081

冰的密度与其温度、冰形成时的环境压力、冰中有否空气泡和水的纯度有关。

水结成冰后，密度减少，体积增大。在常压下，一般取冰密度$\rho=917kg/m^3$，因而结成的冰体积将会增大9%左右。冰的物理性质见表9-4。

表 9-4 冰的物理性质

温度/℃（℉）	密度/（kg/m³）	比熵/［kJ/（kg·K）］	线膨胀系数
0（32）	916.79	333.46	
−6.7（20）	916.79		
−17.8（0）	919.35		
−28.9（−20）	920.95		
15.56（60）			28.2×10^{-6}

冰的比热容 c［kJ/(kg·K)］与冰的温度有关，其关系式为

$$c = 2.165 - 0.0264T \tag{9-1}$$

式中 T——冰的热力学温度（K）。

一般在使用上，冰的温度从0℃到−20℃时，其平均比热容取2.1 kJ/(kg·K)，而水的比热容为4.2kJ/(kg·K)，仅为水的一半。

冰的热导率与其温度有关，随着温度的降低而增加，见表9-5。通常温度在−20℃以上的冰，取其平均热导率 $\lambda = 8.4$ W/(m·K)，为水的4倍。

表 9-5 冰的热导率

温度 t/℃	0	−50	−100
热导率 λ/［W/（m·K）］	2.24	2.78	3.47

冰的抗压强度与温度有关，随着温度降低其强度增加，见表9-6。

表 9-6 冰的抗压强度

温度 t/℃	0	−10	−20
抗压强度 σ/MPa	1.5	3.0	5.0

冰的导温系数在0℃时为0.004 19 m²/h。

三、透明冰

纯水冰是无色透明晶体，然而水在大气环境中常有空气溶于其中，一般水温在20℃时，水的饱和溶解空气量约为24mg/L，0℃时为36mg/L，水中溶解空气量随着水温升高而减少，沸水中很少溶有空气。若水在结冰过程中，其中溶解的空气不能及时排出，则无数微小的空气泡被包围在透明的冰晶体中，形成不同方向光的折射面，致使透明晶体变成不透明的乳白色，即所谓白冰；若在冰的形成过程中将水中所溶的空气排除掉，则制取的冰中不含气泡，结成的冰是透明的晶体，即透明冰。

在冰的形成过程中，若水被不断地搅动，或者在结冰表面流动，或者尽量降低结冰的速度，或者冷开水，此时水中所溶的空气可被排除掉，即可制得透明冰。

用水生产透明冰，只要在现有生产标准条件的基础上，往未冻结的冰桶中吹入干净的压缩空气，在结冰过程中，就会把水中所含的空气泡去掉，形成冰晶结实、均匀的透明冰。

1. 低压制透明冰 压力约0.25MPa大气压的空气沿着直径为8cm的管子进入每一冰桶，管子是插在冰桶中心3/4深度处。用橡皮管把这些管子和主空气管连接起来，而在冰块中心处的水冻结之前把管子拿出。也有用穿孔管形成的，这种管子是在水完全冻结之后拿出(预先用蒸汽把管子加热)。

2. 高压制透明冰　压力为1.7～2.4MPa大气压的冷而干燥的空气沿着直径6cm的管子送入冰桶。

管子是焊接在冰桶加强筋或冰桶角上，管口伸入桶底中心，管子在水冻结后并不取出，这样就使制冰工人看管工作更为方便。

送入每只冰桶的空气，对于质量为100～200kg的大冰块约0.4m³/h。

这两种方法要求伸入冰桶的管子清洁无污物，而且送入冰桶的空气必须去除水分。方法可用外套—蛇管式二重减湿器。

蛇管上预冷后，送入空气管子形成雪衣，当停止一只减湿器的工作时，就会融化，水往下流。

3. 消毒透明冰的制取方法　在水中加入次氯酸盐的浓溶液，所结的冰就是消毒冰。在渔业生产中消毒冰对于增加渔获物的保藏期有很大意义。水冻结后所留氯的平均浓度为50～80mg/L。氯制剂的杀菌作用是最后能使细菌细胞中有机物质被氧化，水解所生的氧则是作用的根源。

现在用作消毒剂的还有硝酸盐、抗坏血酸和过氧化氢等。水中的次氯酸钙等所做成的消毒冰有一个缺点：无论在水本身的冻结过程中还是以后冰的保藏中，氯都会很快散失。例如，氯在冰中的最初含量为180mg/kg，等到4d后，轧成碎冰时只有11mg/kg。

第二节　盐水间接冷却制冰设备

盐水制冰虽然存在占地面积大、耗用金属材料多、辅助设备多、维修费用高等缺点，但是制成的冰易于码垛储存，便于滑运输送，而且制冰系统稳定可靠，操作方便，是一种实用、便宜的制冰方法。因此，在用冰量大的渔业生产、化工染料生产等场合中得到广泛运用。盐水间接冷却制冰装置如图9-1所示。盐水制冰制冷、供水原理如图9-2所示。

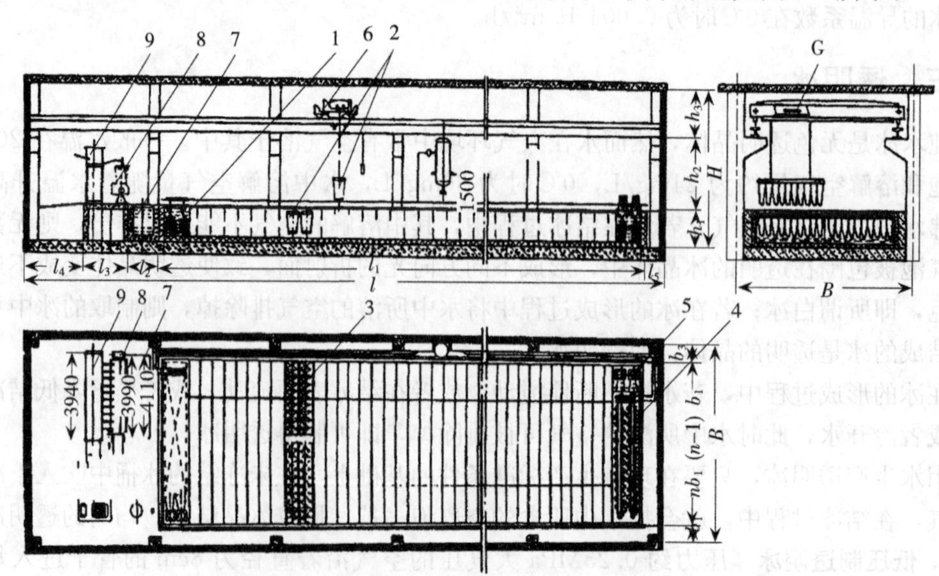

图9-1　盐水间接冷却制冰装置

1. 制冰池　2. 冰桶　3. 冰桶架　4. 蒸发器　5. 搅拌器

6. 吊冰行车　7. 融冰槽　8. 倒冰架　9. 加冰器　G. 吊冰行车

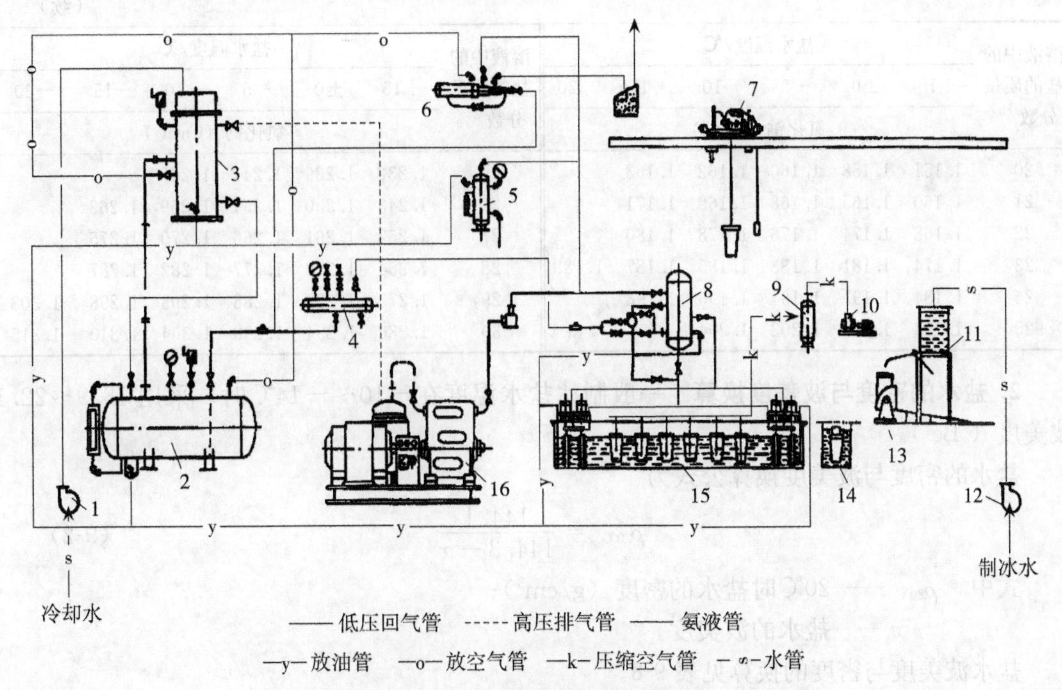

图 9-2　盐水制冰制冷、供水原理

1. 冷却水泵　2. 贮氨器　3. 冷凝器　4. 调节站　5. 集油器　6. 空气分离器　7. 吊冰设备　8. 氨液分离器　9. 空气罐　10. 罗茨鼓风机　11. 冰桶加水器　12. 加水泵　13. 倒冰架　14. 融冰槽　15. 制冰池　16. 氨压缩机

一、盐水制冰对盐水的要求

盐水制冰的优点是制冰方法简单，制冰量稳定，冰块不易脆裂，整体性较好（工艺上已日趋完善）；缺点是设备庞大，用钢量大，还需配备一定量的辅助设备。

盐水制冰设备所采用的盐水，一般为氯化钠（NaCl）溶液，或氯化钙（$CaCl_2$）溶液。

1. 氯化钠与氯化钙溶液的密度　氯化钠与氯化钙溶液的密度，见表 9-7。

表 9-7　氯化钠与氯化钙溶液的密度（$\times 10^3$ kg/m^3）

溶液中的盐的质量分数/%	盐水温度/℃ 氯化钠（NaCl） +15	±0	−5	−10	−15	−20	溶液中的盐的质量分数/%	盐水温度/℃ 氯化钙（$CaCl_2$） +15	±0	−5	−10	−15	−20
10	1.075	1.078	1.079				15	1.132	1.137	1.140			
11	1.082	1.086	1.087				16	1.142	1.147	1.150			
12	1.089	1.093	1.095				17	1.151	1.157	1.160			
13	1.098	1.101	1.102				18	1.161	1.167	1.170			
14	1.103	1.108	1.110				19	1.171	1.177	1.180			
15	1.111	1.116	1.117	1.119			20	1.181	1.187	1.190			
16	1.119	1.124	1.125	1.125			21	1.191	1.197	1.201	1.205		
17	1.127	1.133	1.134	1.135			22	1.201	1.207	1.211	1.215		
18	1.134	1.141	1.142	1.144			23	1.211	1.218	1.222	1.226		
19	1.141	1.147	1.148	1.149	1.151		24	1.222	1.228	1.233	1.237		

（续）

溶液中的盐的质量分数/%	盐水温度/℃ +15	±0	−5	−10	−15	−20	溶液中的盐的质量分数/%	盐水温度/℃ +15	±0	−5	−10	−15	−20
	氯化钠（NaCl）							氯化钙（$CaCl_2$）					
20	1.151	1.158	1.160	1.162	1.163		25	1.232	1.239	1.244	1.248		
21	1.160	1.165	1.168	1.169	1.171		26	1.243	1.250	1.254	1.259	1.263	
22	1.168	1.174	1.176	1.178	1.180		27	1.252	1.261	1.266	1.270	1.275	
23	1.174	1.181	1.183	1.185	1.187	1.188	28	1.264	1.272	1.277	1.282	1.287	
24	1.184	1.191	1.194	1.196	1.198		29	1.275	1.283	1.288	1.293	1.298	1.303
25	1.193	1.199	1.202	1.204			30	1.286	1.294	1.298	1.304	1.310	1.315

2. 盐水的密度与波美度换算 一般制冰盐水温度在−10～−14℃时，采用18.9～22.1波美度（°Be′）。

盐水的密度与波美度换算公式为

$$\rho_{20℃} = \frac{144.1}{144.3 - x} \tag{9-2}$$

式中 $\rho_{20℃}$——20℃时盐水的密度（g/cm^3）；

x——盐水的波美度。

盐水波美度与密度的换算见表9-8。

表9-8 盐水波美度与密度（g/cm^3）的换算

波美度	密度	波美度	密度	波美度	密度	波美度	密度
1	1.007	11	1.083	21	1.171	31	1.274
2	1.014	12	1.091	22	1.180	32	1.285
3	1.022	13	1.100	23	1.190	33	1.297
4	1.029	14	1.108	24	1.200	34	1.308
5	1.036	15	1.116	25	1.210	35	1.320
6	1.045	16	1.125	26	1.220	36	1.332
7	1.052	17	1.134	27	1.231	37	1.345
8	1.060	18	1.142	28	1.241	38	1.357
9	1.067	19	1.152	29	1.252	39	1.370
10	1.075	20	1.162	30	1.263	40	1.383

3. 盐水的温度 盐的浓度取决于要求的盐水工作温度，其凝固点一般应比制冷剂的蒸发温度低6～8℃。氯化钠（NaCl）仅运用于−16℃以上的蒸发温度，氯化钙（$CaCl_2$）则可在−50℃以上的蒸发温度时采用（盐水的浓度与温度的关系见第二章）。

4. 适用场合 氯化钠溶液多用于冰池、食品冻结装置，如鱼类或肉类副产品的冻结装置；氯化钙溶液的共晶温度比氯化钠溶液低得多，但不能与食品接触。

二、盐水中防腐措施

当浓度为0%～5%时，氯化钙（$CaCl_2$）盐水对钢的腐蚀性达最高值；浓度增加，腐蚀性反而减小。盐水对冰池中的金属材料的腐蚀一般很强烈，必须采取措施，减少腐蚀。加防腐剂防腐是一种实用、简单的方法。冰池中加防腐剂可增加盐水浓度和pH，使之控制盐水对金属腐蚀峰值，减少对金属的腐蚀。防腐剂的另一个作用是与金属直接发生反应，使金属表层产生一种保护膜，直接减轻盐水对金属的腐蚀。

钢板在18℃、20%的氯化钙溶液中，其腐蚀率为每年0.11～0.55mm。如果冰池进水使池内浓度下降，又有其他原因（如漏氨等情况），则一块8mm厚的钢板将使用不到70年（最大值，还不能考虑其他复杂情况）。

盐水对金属有不同程度的腐蚀性，为减少盐水对金属腐蚀，盐水的pH宜控制在7～9，以略带碱性为好；其波美度为18～24。

敞开式盐水池的盐水经常与空气相接触，吸收空气中的二氧化碳（CO_2）后，会变为酸性，加剧对金属的腐蚀作用；吸收空气中的水分后，盐水浓度会降低，这不仅会使盐水的凝固点升高、蓄冷量减少，而且还会加剧盐水对金属的腐蚀作用。为此，在生产管理中，应经常对盐水的浓度或密度、pH进行检查，使之保持最佳数值，以有利于生产。

若盐水的pH大于9，往往是由于氯化钙原来的碱性过大，或者是氨漏入盐水中所致。氨渗进盐水中，生成氯化铵（NH_4Cl_2），加速盐水对金属的腐蚀，也是不利的方面。

为了降低盐水对金属的腐蚀作用，一般可向盐水中渗入防腐剂。

目前盐水常用的防腐剂是重铬酸钠（$Na_2Cr_2O_7$）和氢氧化钠（NaOH）的混合物，质量比为100∶27。

表9-9 防腐剂与氯化钙（$CaCl_2$）和氯化钠（NaCl）之比

氯化钙（$CaCl_2$）溶液		氯化钠（NaCl）溶液	
盐水密度/（$\times10^3$kg/m^3）	100kg氯化钙（73%纯度）应用重铬酸钠/kg	盐水密度/（$\times10^3$kg/m^3）	100kg氯化钠应用重铬酸钠/kg
1.160	0.695	1.118	1.79
1.169	0.655	1.126	1.67
1.179	0.621	1.134	1.57
1.188	0.587	1.142	1.47
1.198	0.556	1.150	1.39
1.208	0.528	1.158	1.32
1.218	0.502	1.166	1.24
1.229	0.478	1.175	1.18
1.239	0.455		
1.250	0.453		

1. 重铬酸钠（$Na_2Cr_2O_7$）添加法

（1）氯化钙（$CaCl_2$）盐水　应经常保持其在15℃时的密度为1.19×10^3kg/m^3，即波美度23。

每立方米应加1.6kg重铬酸钠（$Na_2Cr_2O_7$），如盐水仍呈中性，则需按重铬酸钠（$Na_2Cr_2O_7$）质量的27%加添氢氧化钠（NaOH）。

（2）氯化钠（NaCl）盐水　应经常保持其密度为1.17×10^3kg/m^{3}左右，即波美度21。

每立方米应加3.2kg重铬酸钠（$Na_2Cr_2O_7$）和5.4kg氢氧化钠（NaOH）。盐水应保持弱碱性，以pH=8.5为最佳。酚酞试剂呈玫瑰色为宜。

2. 制冰池盐水检查及调整办法

（1）食盐水的浓度标准　规定食盐水的浓度标准最高不高于波美度21.1；最低不低于

19波美度。

（2）盐水温度标准　为防止冷气管表面盐水冻结及制冰池地坪过冷冻膨，盐水温度不能低于−14.2℃。

（3）盐水酸碱度标准　盐水应经常维持在弱碱性即pH为7.5～8.5。

（4）盐水加防腐剂标准　为减轻冰池、冰桶等腐蚀程度，规定第一次每立方米盐水中须加“红矾钠”（重铬酸钠）3.2kg；以后每隔一年加“红矾钠”一次，加入量为第一次的1/2。加“红矾钠”后，须测定盐水的酸碱度，使其维持在标准值。

（5）检查及调整时间　盐水的浓度、酸碱度，每月应至少检查、调整一次，应将每次检查、调整前后结果，记录在制冷机车间的日报表上，各制冰间本身应留底记录，以备有关部门检查及参考。

检查调整方法：

①密度用比重计测定，加盐注意清洁，加入冰池，必须过滤，以免杂物、泥沙混入盐水。加盐一次不能太少，逐步溶解加入。

②酸碱度用酸碱试纸测定，如酸碱度（pH）低于7.5时（7以下为酸性）应加“烧碱”（氢氧化钠）。加“烧碱”时，应戴橡皮手套，禁止与皮肤直接接触，如“烧碱”是块状固体，应先敲碎再行加入。

③加“红矾钠”每年一次，一般在冰池大修后。加入时应戴口罩、橡皮手套，禁止与皮肤接触，缓缓加入，以免中毒。

三、制冰热负荷与设备设计计算

盐水制冰的冷负荷计算与设备选用，对制冰厂（车间）设计有指导作用。为此，在每一个初投入之前，设计工程师都必须认真、仔细地考虑到每一个细节，计算每一个数据、尺寸，使制冰厂（车间）能达到最少投入、最大产出的最佳效益。

1. 制冰池设计计算

（1）制冰厂（车间）的生产率

$$m=P/(365-n) \tag{9-3}$$

式中　m——制冰厂（车间）的生产率（t/d）；

P——该制冰厂（车间）一年内冰的总生产量（或指定生产量，t）；

n——一年内工厂停工修理天数（d）。

制冰厂一年的用冰量是不均衡的，通常6～9月是冷藏运输、渔业、工业用冰最多的季节，其余月份的用冰则相对较少，甚至不需加冰。

因此，按照上式确定的制冰厂生产率，必须配有相应大小的贮冰间，以便在用冰较少的季节，把冰给贮存起来，以弥补大量加冰季节之不足。否则，用冰较少的季节，生产的冰无处贮存，制冰厂势必停工，而热季大量用冰时，生产的冰量不够使用，致使不能保证易腐货物的保存。

贮冰间是生产、销售冰的时间缓冲设备、装置。

通常，制冰厂（车间）的生产率制约着贮冰间容量的大小，一般贮冰间应有2～3个月的产冰量，比较合理。

（2）贮冰间（冰库）容积和底面积的计算

①贮冰间的容积。

$$V = \frac{P_{冰}}{r}\delta \tag{9-4}$$

式中 V——贮冰间的容积（m^3）；

$P_{冰}$——设计的贮冰间容量（t）；

r——冰块的单位容积质量（t/m^3）；

δ——贮冰间的充满系数，计算时一般取 0.8 为宜。

②贮冰间的底面积。

$$S_{地} = \frac{V}{H} \tag{9-5}$$

式中 $S_{地}$——贮冰间地板面积（m^2）；

V——贮冰间的容积（m^3）；

H——贮冰间高度，为冰块堆放高度加上冰块之间的距离和蒸发器的安装高度等（m）；总高度根据库内搬运冰块的方式不同，一般为 5～10m，但高的也有取层高 16m 的（单层）。

（3）冰的冻结时间

$$t = \frac{A\delta}{t_y}(\delta + B) \tag{9-6}$$

式中 t——冻结时间（h）；

t_y——制冰池内盐水平均温度（℃），计算时一般取－10～－14℃；

δ——冰块上端断面尺寸较小的边长（m）；

A、B——与冰块横断面边长比有关的系数，参见表 9-10。

表 9-10　冰块横断面边长比有关的系数

系数	边的比例					
	1	1.25	1.5	2.0	2.5	4.0
A	3120	3690	4060	4540	4830	5320
B	0.036	0.031	0.028	0.026	0.0245	0.023

（4）冰桶数计算

$$n = \frac{m(t_{冻} + t_0) \times 1000}{24 \times g} = 41.5\frac{m}{g}(t_{冻} + t_0) \tag{9-7}$$

式中 n——需要的冰桶数量（个）；

m——制冰厂的生产率（t/d）；

g——冰块质量（kg）；

$t_{冻}$——水在冰桶内冻结的延续时间（h）；

t_0——由冰池提出、脱冰、注水、冰桶放入冰池等作业所用的时间（h），计算时可取 0.1～0.15h。

（5）冰块选型和周期作业生产率　冰块的质量必须预先选定，选定后可按表 9-11 中数据确定适当尺寸的冰桶。

表 9-11 常用冰桶规格

冰块质量/kg	冰桶尺寸/mm			壁厚/mm	桶重/kg
	上部	下部	高		
25	260×130	230×110	1100	1.5	12
35	342×115	313×123	1100	2.5	16.5
50	380×190	340×160	1100	1.5	17.2
100	500×250	466×216	1175	2.0	34
125	550×275	522×247	1175	2.0	38.6

知道冰块的质量、冰桶的数量和制冰厂（车间）的生产率，并把制冰厂的昼夜生产率换算成周期作业生产率，从而进一步设计制冰池。

$$P_{周} = \frac{t_{冻} + t_0}{24} m \tag{9-8}$$

式中 $P_{周}$——制冰厂的周期作业生产率。

2. 制冰热负荷的计算 制冰热量包括下列五个方面：

（1）制冰池围护结构传热

$$Q_1 = \sum FK(t_n - t_y) \tag{9-9}$$

式中 Q_1——制冰池围护结构传热量（kW）；

F——制冰池底、壁、顶的面积（m^2）；

K——制冰池的传热系数［W/（$m^2 \cdot K$）］，底、壁采用 K=0.5W/（$m^2 \cdot K$），顶面采用 K=2.0W/（$m^2 \cdot K$）；

t_n——制冰间的空气温度（℃），取15～20℃；

t_y——制冰池内盐水温度（℃）。

（2）冰桶内原料水的冷却、结冰和冰在降温过程中放出的热量

$$Q_2 = \frac{1000}{24} \times G[c_1(t_s - 0) + L + c_2(0 - t_b)] \tag{9-10}$$

式中 Q_2——冰桶内原料水的冷却、结冰和冰在降温过程中的热量（kW）；

G——制冰能力（t/d）；

t_s——原料水温度（℃）；

L——水的潜热（kJ/kg）；

c_1——水的比热容［kJ/（kg·K）］；

c_2——水的比热容［kJ/（kg·K）］；

t_b——冰的终温（℃），一般比盐水温度高出2℃。

（3）冷却冰桶、冰桶架的热量

$$Q_3 = \frac{1000}{24} \times GWc(t_s - t_y)\frac{1}{g} + n_1 w_1 c \tag{9-11}$$

式中 Q_3——冷却冰桶、冰桶架所需热量（kW）；

G——制冰能力（t/d）；

W——每只冰桶的质量（kg），可查表 9-11；

t_s——原料水温度（℃）；

t_y——盐水温度（℃），设计取值−10℃；

g——冰块质量（kg）；

n_1——冰桶架数（只）；

w_1——每个冰桶架质量（kg）；

c——金属比热容［kJ/（kg・K）］，取 0.42kJ/（kg・K）。

（4）盐水搅拌器运转时热当量

$$Q_4 = 860 \times N_z \tag{9-12}$$

式中　Q_4——盐水搅拌器运转时热量（kW）；

N_z——搅拌器功率（kW）。

（5）融冰损耗

$$Q_5 = \frac{900 \times F_b \delta Q_1}{g} \tag{9-13}$$

式中　Q_5——融冰损耗（kW）；

900——冰的密度（kg/m^3）；

F_b——冰块表面积（m^2）；

δ——冰块融化层厚度（m），取 0.002m。

制冰总热负荷为　　$$Q = (Q_1 + Q_2 + Q_3 + Q_4 + Q_5)R \tag{9-14}$$

式中　Q——制冰总热负荷（kW）；

R——管路损耗系数，取 1.12～1.15。

为了简化计算，在实际设计中，如果水温在 25～30℃范围内，制冰总热负荷可采用经验计算公式：

$$Q = 7000 \times G \tag{9-15}$$

式中　7000——制取每吨冰每小时的热负荷（W/t）；

G——制冰能力（t）。

四、盐水蒸发器冷却面积计算

1. 确定蒸发器的形式　蒸发器的选择和计算主要是确定蒸发器的传热面积，选择合适的蒸发器及计算盐水（冷媒水、淡水）的循环量。

蒸发器形式选择的原则：冰池以盐水做载冷剂时，一般可采用直立管式、双头螺旋管或 V 形管式等几种蒸发器。

蒸发器一般装在盐水池内置于隔板的一侧或两侧，被盐水全部浸没，由于隔板的导流作用，在搅拌器的推动下，盐水在池内环流时，都经过蒸发器，盐水与蒸发器进行热交换。

贮冰间的蒸发器一般采用顶排管。

2. 蒸发器传热面积的计算

$$F = \frac{Q_0}{q_f} = \frac{Q_0}{K\Delta t_m} \tag{9-16}$$

式中　Q_0——蒸发器换热量，即设计工况下的制冷量（kW）；

K——蒸发器的传热系数，［W/（m^2・℃）］；

q_f——蒸发器的单位热负荷（W/m^2）；

Δt_m——蒸发器中制冷剂与载冷剂之间的对数平均温差（℃）。

$$\Delta t_m = \frac{t'_1 - t'_2}{2.3 \times \lg \frac{t'_1 - t_0}{t'_2 - t_0}} \tag{9-17}$$

式中 t'_1——载冷剂进蒸发器的温度（℃）；

t'_2——载冷剂出蒸发器的温度（℃）；

t_0——蒸发温度（℃）。

上述的传热系数和单位热负荷的数值与蒸发器的结构形式及制冷剂的种类有关，其具体数值可参见表 4-7。

五、搅拌器流量

盐水搅拌器流量按式（9-18）计算：

$$L = w_y f \tag{9-18}$$

式中 L——盐水搅拌器流量（m^3/s）；

w_y——盐水流速（m/s），蒸发器管间取小于 0.7m/s，冰桶之间取 0.5m/s；

f——蒸发器槽内管间盐水流经的截面积（m^2）。

盐水搅拌器流量首先应满足蒸发器槽内管间流速不小于 0.7m/s 的要求，以提高蒸发器的制冷效率；同时注意合理组织盐水的流向和布置冰桶，尽可能提高盐水在冰桶之间的流速，并考虑力求每一个冰桶的冻结时间基本一致。

六、配制盐水及调整措施

为了配制盐水，首先要决定蒸发管、其他管路、辅助设备和制冰池的容积。在开式系统中，盐水的浓度相当于比其规定工作温度还低5℃的冻结温度。在闭式系统中，为了防止蒸发器管子中的盐水可能发生的冻结，盐水浓度就应该相当于比氨蒸发的工作温度还低 8℃的冻结温度。

目前，在制冰行业中，大多数采用盐水制冰。而盐水常用氯化钠来配制（氯化钙常用于冷饮槽），这里提供一个计算配制的方法和公式：

$$G_s = V_s \gamma_s \xi_s \times 1000 \tag{9-19}$$

式中 G_s——总的加盐量（kg）；

V_s——盐水的容积（m^3）；

γ_s——盐水的密度（kg/L）；

ξ_s——盐水溶液中的百分比浓度。

$$V_s = V - (V_1 + V_2) \tag{9-20}$$

式中 V——制冰池容积（m^3）；

V_1——制冰桶容积（m^3）；

V_2——制冰池内蒸发器的容积（m^3）；

$$V_2 = \frac{Fd}{4} \times 1.1 \tag{9-21}$$

式中 F——蒸发器蒸发面积（m^2），一般每天产 1t 冰需配 $2.5 \sim 4m^2$ 的蒸发面积；

d——蒸发器管外径（m）；

1.1——为考虑回气管、供液管、放油管的容积，一般为蒸发器管的 10%。

表 9-12 列出了 NaCl 溶液和 $CaCl_2$ 溶液的性质。

表 9-12 NaCl 溶液和 $CaCl_2$ 溶液的性质

条 件		密度 γ_s/(kg/L)	波美度	质量浓度 ξ_s/%
NaCl 溶液	盐水温度−9～−10℃，	1.16～1.17	20.0～21.2	21.2～22.4
$CaCl_2$溶液	蒸发温度−15℃	1.18～1.20	22.1～24.1	19.9～21.9

七、制冰池大小的设计和计算

1. 制冰池平面尺寸的确定 制冰池的大小一般是根据蒸发器、所使用的冰桶数量、两端盐水必需流通断面所占用面积和搅拌器设置位置占用平面决定其平面，参见图 9-2。

由图 9-2 可知，要将盐水制冰池平面大小确定下来，首先必须设定冰块的大小（制冰桶尺寸）和冰桶的数量。经过合理的布置，列出长度方向有几个冰桶，宽度方向有几个冰桶。然后以冰桶架为主或作为一个单位划定小区域。最后结合制冰池盖的长度、宽度，组合成如图 9-1 所示的有若干小区域的冰桶区。

制冰池长度方向由两端的盐水流通宽度加上冰桶区的长度组成。

制冰池的宽度由冰桶架长度、冰桶架放置余量、蒸发器安置宽度这主要三个部分组合而成。

2. 制冰池高度的确定 由图 9-1 看出，制冰池高度由制冰池盖板厚度、冰桶架搁置高度、冰桶高度、盐水流动空间组成，但其中起决定作用的因素是冰桶。

八、制冰间尺寸的计算

1. 制冰间长度（L）的计算

$$L = l_1 + l_2 + l_3 + l_4 + l_5 \tag{9-22}$$

式中 L——制冰间的长度（m）；

l_1——制冰池长度（m）；

l_2——融冰槽宽度（参照冰桶架尺寸，m）；

l_3——倒冰架宽度（m）；

l_4——滑冰道水平投影长度（m），约取冰桶高度的 2 倍；

l_5——由墙壁到制冰池的距离（m），约为 1m。

2. 制冰间宽度（B）的计算

$$B = nb + (n-1)b_1 + 2b_2 \tag{9-23}$$

式中 B——制冰间宽度（m）；

n——横向制冰池的宽度（m）；

b——一个制冰池的宽度（m）；

b_1——相邻两个制冰池之间的距离（m）；

b_2——制冰池与制冰间墙壁之间的距离（m）。

3. 制冰间高度（H）的计算 制冰间高度应等于制冰池高度 h_1、由制冰池内取出冰桶所需的高度 h_2、安装起重机所需的高度 h_3 三者之和。其中 h_2 可取冰桶高度的 1.5 倍。由此制冰间总高度为

$$H = h_1 + h_2 + h_3 \quad (9\text{-}24)$$

根据以往生产经验，对中型制冰室，平均日产每吨冰占地面积为 $4 \sim 5m^2$。

九、贮冰间的设计要求

贮冰间的温度：根据冰的种类和制冰原料水的不同，设计的贮冰间的温度也不同。

盐水制冰：淡水冰块 $t_n = -4℃$；

快速制冰：淡水冰块 $t_n = -8℃$；

淡水片冰 $t_n = -12℃$；

海水片冰 $t_n = -20℃$。

贮冰间的冷却设备的设置要求：贮冰间的建筑净高在 6m 以下的可不设墙排管，但顶排管必须分散满铺；贮冰间的建筑净高在 6m 或高于 6m 时，应设墙排管和顶排管，墙排管的安装高度宜在堆冰高度以上；墙排管和顶排管不得采用翅片管。

十、滑板、滑道

滑板、滑道是制冰生产厂内，帮助冰从生产场地运送到需要地方的专门生产辅助设施。滑冰道是滑板、滑道的总称。

滑冰道具有一定的坡度，冰块在其内靠自重滑行，实现冰块的输送。这种输送方式的特点是不需要消耗动力，利用冰块的位能来克服冰块与滑冰道之间的摩擦阻力，所以滑冰道的起点和终点要求保持一定的高差，该高差的大小取决于滑冰道的长度和道面滑动摩擦阻力。

滑冰道的设计主要考虑其坡度、构造尺寸和主要材料的选择。滑冰道设计建议尺寸见表 9-13。

滑冰道的各段坡度是变化的，这主要是根据起始段要给冰块以加速度，中间段要使冰块等速滑行，终了段要制动减速，避免碰撞，使冰块平稳地到达目的地。

表 9-13　滑冰道尺寸

项目 / 规格		冰桶尺寸/mm			冰块高/mm	滑道情况								
						直行滑道				螺旋形滑道				
		上口内净	下口内净	外高		坡度/%			滑道内净宽/mm	坡度/%			建议外径内净/mm
						始	中	终		始	中	终	
桶冰/kg	50	400×200	375×175	900	800	15	5	0	250	15	7.4	7.4	3000～3500
	100	500×250	475×225	1120	1000	12	4.5	0	300	12	7.0	7.0	3200～4000
	125	560×280	535×255	1190	1080	10	4	0	340	10	6.5	6.5	4000～4500

注：①滑道的起止系指起步和接近轧冰机的一小段距离，但对螺旋形滑道来说，国内多用在冰池出冰和冰库进冰的垂直运输，根据现在使用情况，终点坡度同中间坡度。②螺旋形滑道、转弯滑道等，需注意滑道的滑轨外侧要比内侧高一些。

滑冰道的土建结构形式很多，有木结构、钢筋混凝土结构和钢结构等。

滑冰道的钢结构主要由角钢、扁钢和钢管等材料做构架，辅以竹片、钢管做道面，并在道面两侧做防护结构，以免发生冰块滑落或撞墙等意外。

第三节　直接冷却制冰设备

一、桶式快速制冰机

桶式快速制冰法在 1970 年左右就有应用，如国产的设备 AJB-15/24，具有快速、高效和自动操作的优点。

1. AJB-15/24 桶式快速制冰机 国产 AJB-15/24 桶式快速制冰机，产冰能力 15t/d，其产冰速度约 110min 循环出冰一次，24h 内出冰 13 次，共 15t。AJB-15/24 桶式快速制冰机的原理如图 9-3 所示。

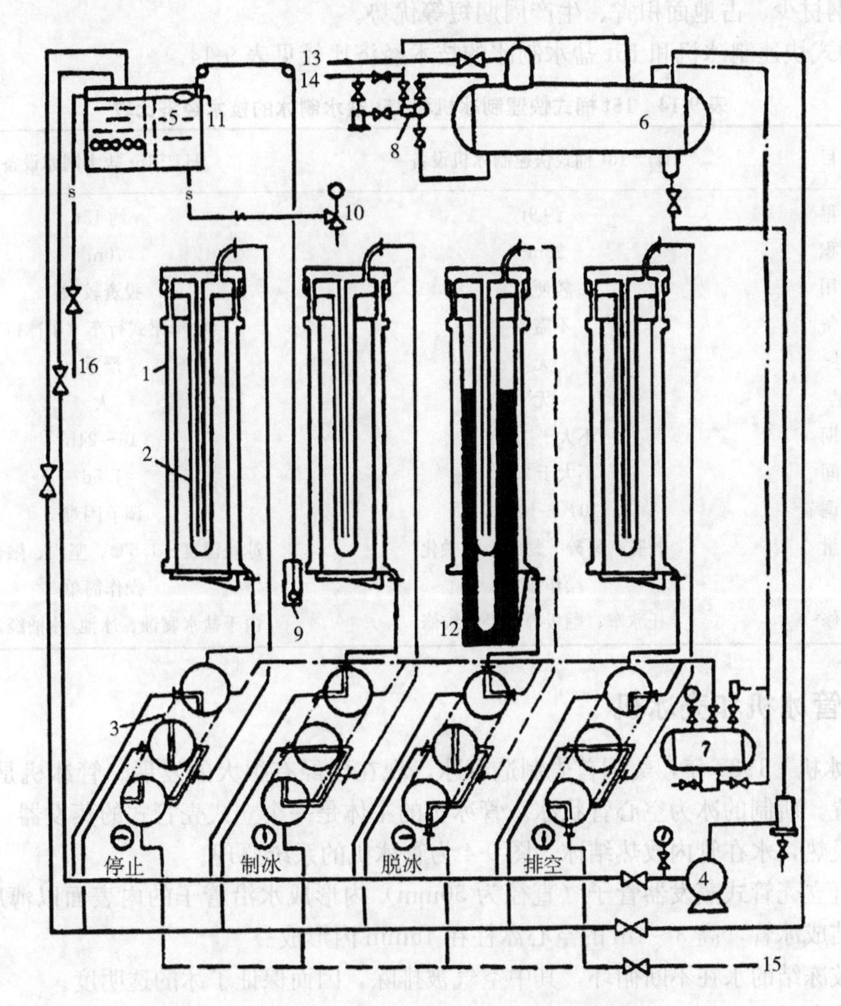

图 9-3 AJB-15/24 桶式快速制冰机原理

1. 冰桶 2. 指状蒸发器 3. 多路阀 4. 氨泵 5. 预冷器水箱 6. 氨液分离器 7. 排液桶 8. 浮球阀 9. 水位计 10. 拉线给水阀 11. 溢水管 12. 冰块 13. 吸入管 14. 供液管 15. 热氨管 16. 上水管

冰块的尺寸：上部断面 172mm×268mm，下部断面 198mm×288mm，长 1180mm。内有 11 孔，重 50kg/块。

生产条件：氨蒸发温度－15～－16℃；给水温度＋25℃；预冷后水温＋6～＋10℃；制冷量 8.7～10.5kW；冰块温度－11℃。

2. 制冰原理 原料水加进合上底盖的冰桶之后，制冷剂由氨泵送入冰桶夹层和冰桶中心指状套管蒸发器，蒸发制冷；冰即沿桶壁和指状蒸发器逐渐形成，最后全部结成一体；然后以热制冷剂脱冰。

冰块近似于正方柱体（略有锥度，下大上小），中心有数个指状蒸发器残孔。

由于桶内水是静止的，且结冰快（每个生产周期约 2.5h）；冰温较低（−10～−11℃）；所以冰块内许多细小气泡，冰块密度较小，质地较脆，容易融化。

这类冰在贮存、堆放、搬运时的损耗和使用效果，都不如盐水间接冷却制造的冰块。但它也有耗钢材少、占地面积省、生产周期短等优势。

15t 桶式快速制冰机和 15t 盐水制冰的技术经济比较见表 9-14。

表 9-14　15t 桶式快速制冰机和 15t 盐水制冰的技术经济比较

比较项目	日产 15t 桶式快速制冰机设备	日产 15t 盐水制冰设备
设备质量	约 9t	约 15t
占地面积	23m^2	70m^2
土建费用	较便宜	投资较大
起重设备	不需要	3t 单梁式行车（吊冰机）
腐蚀性	无	严重
耗盐量	无	大
冻结周期	不大于 1.8h	16～24h
启动时间	不大于 2.5h	1.5d
冰块产量调节	20%～100%	调节困难
冰块质量	较脆、易碎、易断、易融化	冰块温度−1.5℃、坚固、融化较慢
操作	操作频繁	操作简单
设备维修	托冰车、翻板等项经常维修	由于盐水腐蚀、冰池/冰桶经常维修

二、管冰机和壳冰机

1. 管冰机　1937 年，美国首先制造管冰，现在已经有很大的发展。管冰机是一种间歇式制冰装置。所制的冰为空心管状冰。管冰机的主体是一个立式壳管式的蒸发器，制冷剂在管外汽化吸热，水在管内放热结冰。图 9-4 为管冰机的系统原理。

冰在直立壳管式蒸发器管子（直径为 50mm）内形成水沿管子的内表面以薄层状流动，并逐渐冻结成冰管，高 3～4m 的空心冰柱在 15min 内形成。

由于被冻结的水在不断循环，其中空气被排除，因而保证了冰的透明度。

冰冻结完后，以热氨脱冰，冰因重力作用而下降，落入旋转刀部位，被切成具有一定长度的冰柱，最后排出机体。调节切冰器转速，可以得到不同长度的管冰。

管冰机结构紧凑，占地面积小，生产成本低，制冷效率高，节能效果好，安装周期短，操作方便。每一套管冰机可以由一个或多个制冰器组成，通过不同的制冰器组合，可以得到各种产冰能力。管冰机的制冰水温不能超过 40℃。

同样吨位生产量的情况下，管冰机比盐水冷却制冰池占地面积少 3/4，消耗电力少 1/2 左右。管冰冰块透明，质地透明，管冰大小适中，使用小型碎冰机，且冰粒不易黏结，安装迅速，所以使用范围也较广。

2. 壳冰机　壳冰机也是一种间歇式制冰装置，工作原理类似于管冰机，只是没有切冰机。所制的冰为弧形的壳状冰。壳冰机的主体是一个双层的不锈钢立式蒸发管，制冰器由多个双层圆锥管组成。图 9-5 为壳冰机的整机系统图。

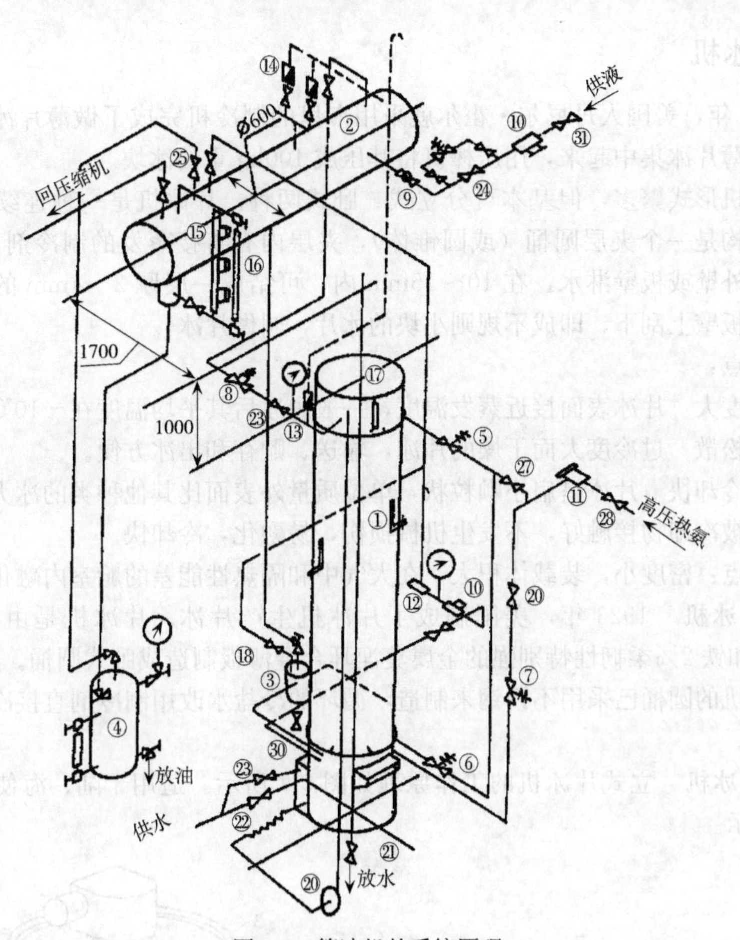

图 9-4 管冰机的系统原理

1. 制冰器 2. 贮液桶 3. 集气阀 4. 集油器 5. 上加热阀 6. 下加热阀 7. 底部加热阀 8. 主阀 9. 节流阀 10. 氨液过滤器 11. 氨气过滤器 12. 节流阀 13. 压力表 14. 安全阀 15、17. 浮球液位控制器 16. 液位器 18、19、25、26、27、28、31. 截止阀 20. 水泵 21. 放水阀 22、23. 供水阀 24. 供液旁通阀

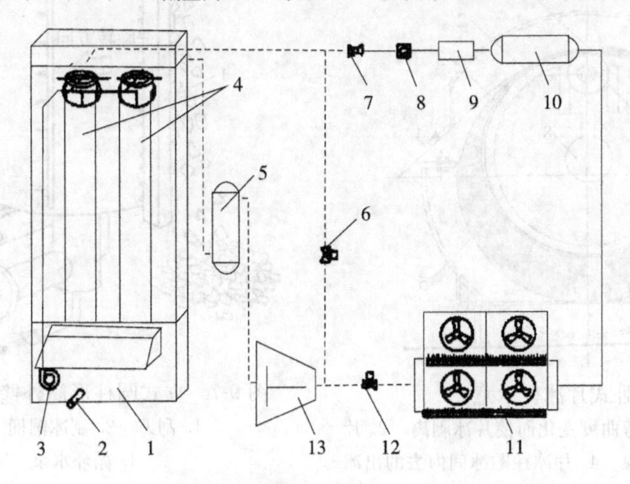

图 9-5 整体式壳冰机系统图

1. 壳体 2. 进水管 3. 水泵 4. 制冰器 5. 气液分离器 6、12. 电磁阀 7. 节流阀 8. 视液镜 9. 干燥过滤器 10. 贮液器 11. 冷凝器 13. 制冷压缩器

三、片冰机

早在1877年，美国人丹尼尔·霍尔就采用卡里的制冷机完成了做薄片冰的制冰机，并把制造出来的薄片冰集中起来，用压榨机将其压成100kg重的冰块。

这类制冰机形式繁多，但基本可分立式、卧式两种。片冰机是一种连续式快速制冰装置。其基本结构是一个夹层圆桶（或圆锥体），夹层内有直接蒸发的制冷剂，起冷却作用。向筒的内壁、外壁或板壁淋水，在10～15min内，可结成一层厚2～4mm的薄冰；借助刮冰刀把薄冰从板壁上刮下，即成不规则小块的冰片，叫做片冰。

片冰的优点：

（1）过冷度大　片冰表面接近蒸发温度，一般脱冰后其平均温度在－10℃左右。

（2）干燥松散　过冷度大而干燥的片冰，输送、贮存和出冰方便。

（3）冰鲜冷却快　片冰呈扁小颗粒状，单位质量外表面比其他种类的冰大得多，所以冰鲜过程中，与被冷却物接触好，不发生机械损伤，易融化，冷却快。

片冰的缺点：密度小，装载体积大，在大气中和隔热性能差的舱室内融化快。

1. 卧式片冰机　1923年，美国制成了片冰机生产片冰。片冰机是由含镍68%、铜28%、锰2%和铁2%柔韧性特别强的金属莫涅耳合金薄板制造成卧式圆桶。参见图9-6。

现在片冰机的圆桶已采用不锈钢来制造，循环的冷盐水改用制冷剂直接冷却，使圆桶外的原料水结冰。

2. 立式片冰机　立式片冰机的工作原理如图9-7所示。适用于陆、海使用的立式制冰机如图9-8所示。

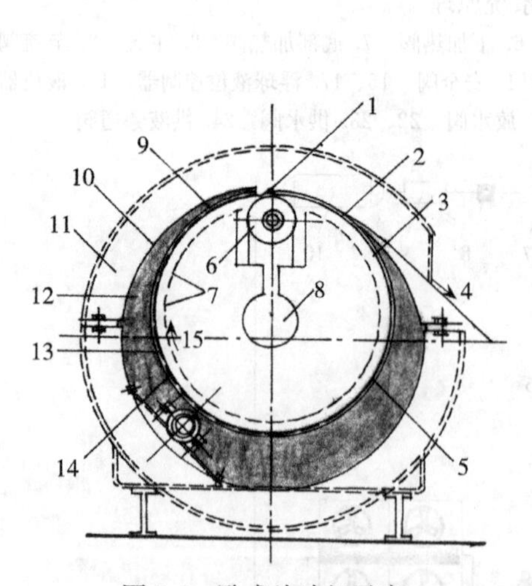

图9-6　卧式片冰机示意

1. 结冰桶壳在此处产生弯曲度变化而使片冰剥离　2. 片冰滑出的板　3. 薄的冰膜　4. 片冰往贮冰间内去的出冰方向　5. 结冰桶　6. 滚轮　7. 盐水喷射口　8. 空心的中心管　9. 水面　10. 铁制的外壳　11. 隔热材料　12. 盐水筒　13. 厚的冰层　14. 齿轮圈条　15. 结冰桶回转方向

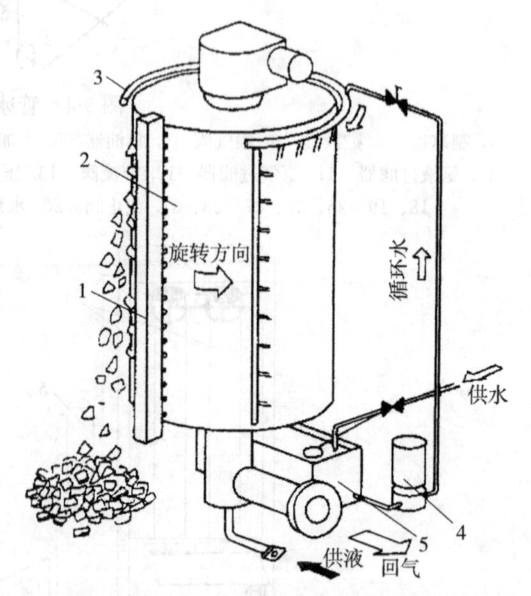

图9-7　立式圆柱形筒外壁淋水转刀式片冰机

1. 刮刀　2. 制冰圆桶　3. 喷淋水管　4. 循环水泵　5. 水箱

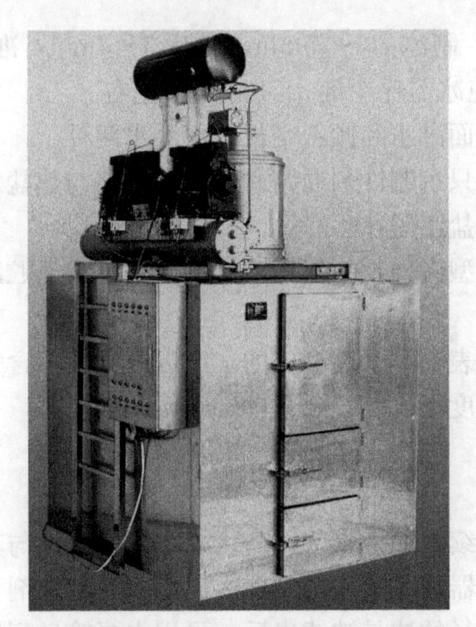

图 9-8　适用于陆、海使用的立式制冰机

四、板冰机

板冰机是一种快速制冰装置，其优点相近于片冰机。板冰是在设有制冷剂循环通路的冷却平板表面淋水冻结而成厚 15mm 左右的平板状冰层，板上冰层以热制冷剂或电加热的盐水融冰，并靠重力使冰下落时，被轧成碎冰（进口的板冰机自带碎冰装置），形成不规则（大约 40mm×40mm）碎冰块，故称为板冰。

板冰机多为陆用，也可为船用。陆用原料水为淡水，制冷剂蒸发温度为－18℃；船用原料水为海水，蒸发温度为－23℃。立式板冰机示意如图 9-9 所示。板冰机工作周期为

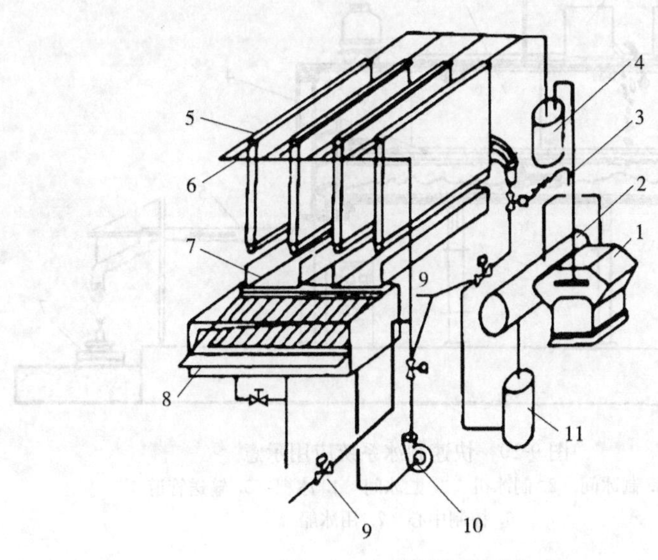

图 9-9　立式板冰机示意

1. 压缩机　2. 冷凝器　3. 热力膨胀阀　4. 气体分离器　5. 平板制冰机　6. 淋水管　7. 水槽　8. 存水池　9. 电磁阀　10. 水泵　11. 贮液器

30min，其中启动 1～2min，制冰 20～25min，脱冰 3～4min，准备 0.5min。板冰厚度可在 5～25mm 范围内调整。每吨冰需耗冷量 31 400kJ/h 左右。

板冰机的结构有平板两面淋水和倾斜平板单面淋水两种。

平板中制冷剂通路分为只有制冷剂通路和制冷剂通路与热盐水通路交替排列两种。前者用热制冷剂脱冰，后者用热盐水脱冰。

板冰机体积较大，除小型者外，一般板冰机的下部都装配贮冰间，以便板冰碎块靠重力落入贮冰间。

由于板冰是在冷却平板表面淋水而形成的，所以板冰中不含空气，呈透明状态，冰坚硬密实；厚度大于片冰，过冷度更大。

五、冰晶冰制冰机

冰晶冰制冰机是一种连续式的海水（或盐水）制冰装置。与其他制冰机的区别在于其制冰器为一个卧式壳管式蒸发器，海水在蒸发器内流动，受制冷剂直接汽化制冷，流动的海水中形成细小的冰晶，一定直径的冰晶被滤出后，可用水泵输送到用冰点。

这种制冰装置一般用于船舶或在海边所用，不需淡水，十分便于渔船应用，可免除靠岸加冰的麻烦，渔船的捕鱼周期也可不受加冰量的限制。

从上述情况可以看出，大规模的陆上制冰生产，还是以盐水间接冷却制冰法为主，管冰、微粒冰等制冰法以中等规模为宜；而在船上运用则以片冰、板冰为主。

上述这些快速制冰装置，除了机电一体化外的制冰机外，往往还配套贮冰系统。贮冰系统中，制冰机生产的冰直接进入冰库。冰库中可配套冰耙系统，通过称重、螺旋输送或气力输送系统，把设定需要量的冰直接送至用冰点。图 9-10 所示为快速制冰系统应用示意。

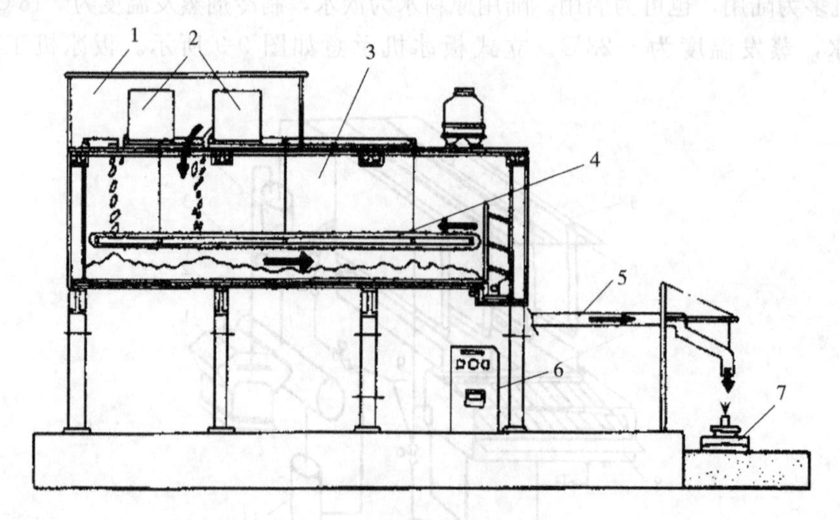

图 9-10 快速制冰系统应用示意

1. 制冰间 2. 制冰机 3. 贮冰间 4. 冰耙 5. 输送管道 6. 控制中心 7. 用冰船

第十章　食品冷藏链与食品安全

民以食为天，食以鲜为先。如何确保人们食用到新鲜的食品，保鲜技术是关键。采用适宜的温度保存食品是人们常用的办法，而如何保证容易腐败变质的食品在一种持续适宜的温度下保存，这就需要冷藏链（cold chain，简称冷链）技术与装备。冷藏链是建立在食品冷冻工艺学的基础上，以制冷技术为手段，使易腐食品从原料捕获、加工、运输、贮藏、销售流通的整个过程中，始终保持合适的低温条件，以保证最大限度地保持食品原有品质、减少损耗为目的一项系统工程。它能有助于易腐食品在一定时间内保持其色香味和营养接近刚收获时的状态。同时，完整的冷藏链也是保证食品安全的重要手段。

随着经济的快速发展和人们生活水平的不断提高，社会对新鲜、优质及冷冻加工食品的需求越来越大。2009 年颁布的《中华人民共和国食品安全法》，对食品安全也提出了更高的要求。这些需求推动了食品冷藏链的建设和发展。在我国许多经济较为发达的地区，人们对物质的需求已从温饱型转为营养调剂型。市场上的肉、蛋、奶、鱼、水果、蔬菜等易腐食品需求量迅速增加，使食品运输行业的主导趋势也向着以高保鲜、多品种为特征的鲜活易腐食品的运输方向发展。为此，2010 年国家发展改革委员会专门出台了《农产品冷链物流发展规划（2010—2015 年）》，国务院在近几年下发的中央 1 号文件中也反复强调要加快农产品冷藏链物流系统建设，促进农产品流通，给冷藏链发展带来了强有力的政策支持。2011 年商务部又出台了《全国药品流通行业发展规划纲要（2011—2015 年）》，这些都给冷藏链发展带来了强有力的政策支持，该领域的相关规范标准也在陆续出台。这一系列举措说明国家对冷藏链发展的高度重视，我国食品冷藏链产业迎来了快速发展的机遇期。

然而，由于我国食品冷藏链发展起步晚，以及市场经济发展的随机性和不完整性，当前我国食品冷藏链在设备技术、行业标准和系统管理水平等方面与发达国家相比均有一定的差距，暴露出由于我国食品冷藏链物流成本高、食品运输过程中损耗大并导致食品安全隐患等众多问题。

第一节　食品冷藏链

食品冷藏链是指易腐食品从产地收购或捕捞之后，在产品加工、贮藏、运输、分销和零售，直到消费者手中各个环节始终处于产品所必需的低温环境下。对于食品冷藏链的实现条件及基本要求，1958 年美国人阿萨德提出了保证冷冻食品品质的 3T 原则：食品最终质量取决于食品在冷藏链中贮藏和流通的时间（time）、温度（temperature）和耐藏性（tolerance）。接着美国的左儿补充提出了 3P 原则：原料（product）、处理工艺（processing）、包装（package），后来又有人提出 3C 原则：冷却（cool）、清洁（clean）、小心（care），冷藏链中的设备数量（quantity）、质量（quality）、冷却速度（quick）需要达到一定的要求即 3Q 要求，以及冷藏保鲜的工具和手段（means）、方法（methods）和管理措施（management）需要达到一定的要求的 3M 条件。这些都是低温食品加工及流通环节必须遵循的技术理论依据。

一、食品冷藏链的对象及环节

食品冷藏链的对象包括初级农产品——蔬菜、水果、肉、禽、蛋、水产食品、花卉等产品；加工食品——速冻食品，禽、肉、水产等包装熟食，冰淇淋和奶制品，快餐及半成品等。食品冷藏链包括低温加工、低温贮藏、低温运输及配送、低温销售四个环节。食品冷藏链所涉及的主要设备如图 10-1 所示。

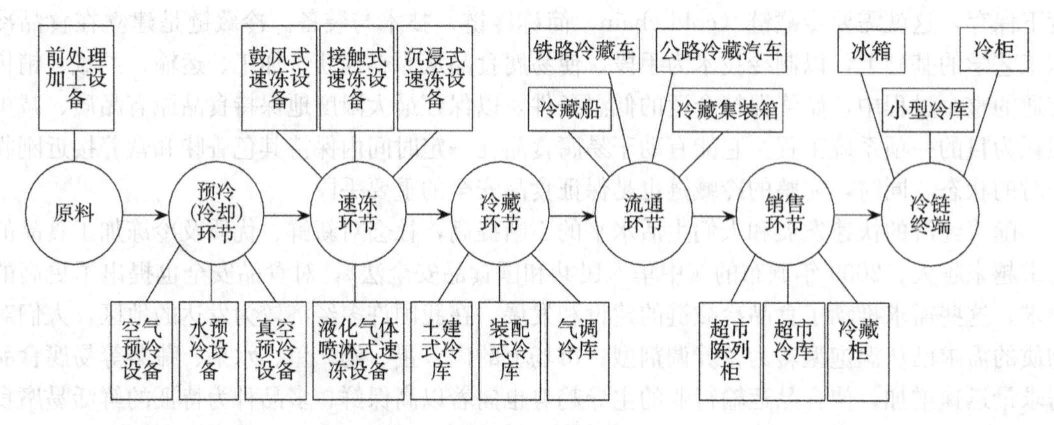

图 10-1 食品冷藏链的组成

低温加工：肉禽类、鱼类和蛋类的冷却与冻结，即在低温状态下的加工作业过程；果蔬的预冷；各种速冻预制食品和奶制品的低温加工等。这个环节主要涉及的冷藏链装备有冷却、冻结装置以及冷冻干燥装置。

低温贮藏：食品的冷却贮藏和冻结贮藏；水果蔬菜等食品的气调贮藏等。此环节主要涉及的冷藏链设施有各类冷藏库、冷藏柜及家用冰箱等。

低温运输：食品的中、长途运输及短途配送等物流环节的低温状态。此环节主要涉及的冷藏链设备有冷藏汽车、铁路冷藏车、冷藏船、冷藏集装箱等低温运输工具。

低温销售：各种冷链食品进入批发零售环节的冷冻贮藏和销售。此环节主要涉及冷藏冷冻陈列柜等设备。

二、国内外食品冷藏链的发展现状

我国的食品冷藏链建设始于 20 世纪 50 年代初的肉食品外贸出口，当时因冷冻食品运输需要改装了一部分保温车辆。1982 年，国家颁布了《中华人民共和国食品卫生法》，从而推动了食品冷藏链的发展，但真正起步是 20 世纪 90 年代以后。自 90 年代中期后，随着我国国民经济稳定持续增长，食品工业的迅猛发展，食品冷冻、冷藏行业得到快速增长。但当前我国冷藏链发展面临着设备相对落后、物流成本较高、管理不规范、冷链不完善导致的食品安全隐患等问题。

据统计，我国年调运易腐货物大约为 4000 万 t，其中铁路运输率为 10%，公路运输率为 80%，水路运输率为 0.1%。除上述低温运输外其余的易腐货物均采用普通棚、敞车运送。由于冷藏流通设备不足、运输效率低，造成食品损耗高，我国每年有20%～25%的果品和30%的蔬菜在中转运输和存放中腐烂损坏，易腐食品的损耗每年高达几百亿元，整个物流费用占到食品成本的70%。欧美及日本等发达国家和地区由于较早重视冷藏链建设和管理问题，现在已经形成了完整的冷藏链体系。美国在20世纪60年代就已经普及冷藏链技术，日本自20世纪60年代开始推行冷藏链技术，80年代完成了现代化冷藏链系统的建设。他们在运输易腐食品过程中全部使用冷藏车或冷藏集装箱，并配以先进的信息技术，采用铁路、公路、水路、多式联运等多种运输方式，使新鲜物品的冷冻、冷藏运输率及运输质量完好率得到极大的提高。美国的水果、蔬菜等农产品在采收、运输、贮藏等环节的损耗率仅有2%～3%，已经形成一种成熟的模式。日本果蔬在流通中有98%采用了冷藏链。

我国食品冷藏链主要环节的现状如下：

1. 食品低温加工　食品低温加工是冷藏链的第一步，包括原料的前处理、预冷/冷却、冻结或冻干。

前处理主要是指原料的采收、包装等过程。对于果蔬食品来说，采收过程中不仅要考虑到成熟度、大小、质地、色泽、风味等因素，而且还要注意病虫害、机械损伤、微生物和农药的污染。良好的包装可以使产品处于一个稳定的温度和湿度环境，也可保护果蔬产品免受机械损伤。

预冷/冷却主要指在原产地将刚收获或捕捞、屠宰的易腐农产品的中心温度快速降低到适宜贮藏或运输的温度，该方法是将温度降低到接近其冰点但不冻结的状态。对于果蔬可以除去果蔬采后的所带的田间热量，抑制呼吸作用，从而达到减缓新陈代谢，推迟采后失重、萎蔫、黄化等现象出现的目的。若将未经预冷的、带有田间热量的果蔬直接送入冷库，则需要很大的制冷量，会增加制冷机的负荷并影响整个贮藏环境的温度。根据计算，当温度为20℃的果蔬入库时，所需排出的热量为0℃果蔬入库时的40～50倍。果蔬采后应尽快预冷，如苹果在常温（20℃）下延迟1d，就相当于缩短冷藏条件（0℃）下7～10d的贮藏寿命，但果蔬类的冷却温度不能低于其发生冷害的临界温度。常用的预冷/冷却方法有空气冷却、冷水冷却、冰冷却和真空冷却等。

冻结是将易腐食品的温度降至冻结点以下的方法，在设备方面，目前国内生产的速冻设备主要有鼓风式、接触式、液体喷淋和沉浸式四大类。与国外相比较，国产速冻设备存在体积大、传热性能差、能耗高、噪声大等问题。

2. 食品低温贮藏　因食品在贮藏环节停留时间最长，所以食品低温贮藏是冷藏链中的一个重要环节。食品的低温贮藏主要依靠冷藏库（简称冷库）。

冷藏库按结构形式可分为土建冷藏库、装配式冷藏库、夹套式冷藏库等。我国现有的冷藏库中，建于20世纪七八十年代的多层土建式冷藏库占大多数。以上海市为例，若按容量计算，土建式冷库要占全市冷藏库总容量的82.4%；若按座数统计，土建式要占总座数的86.1%。但20世纪90年代起新建的冷库，绝大多数已采用单层、高货位的预制装配式夹芯板的做法，这种形式的冷库现场安装迅速，大大缩短了建库周期。20世纪80年代前，冷库隔热主要采用稻壳、炉渣、软木和膨胀珍珠岩等，此后新型保温材料迅速发展，岩棉、玻璃棉、聚苯乙烯泡沫塑料（EPS、XPS）和聚氨酯泡沫塑料等越来越被广泛使用。目前冷库建设主要有两种形式：①多层的钢筋混凝土混合结构，多采用聚氨酯现场发泡法；②单层高货位冷库，多采用预制装配式夹芯板，两面为薄钢板，中间充填发泡聚氨酯（或发泡聚苯乙烯）。

在制冷系统应用上，我国万吨级以上的冷库基本采用氨制冷系统，20 世纪 90 年代前建造的原采用活塞式压缩机、水冷壳管式冷凝器，随着国内制冷技术的进步和装备的发展，目前大多都改造为螺杆压缩机和蒸发式冷凝器。螺杆压缩机与活塞式压缩机的效率基本相当，但螺杆压缩机易损件少，更可靠安全。蒸发式冷凝器与水冷壳式冷凝器相比，能耗低、节约水。万吨级以下的冷库有氨制冷系统，也有卤代烃制冷系统，氨制冷系统几乎全部采用螺杆压缩机和蒸发式冷凝器，卤代烃制冷系统全部采用半封闭式单机螺杆或并联机组，风冷或蒸发式冷凝器大多数采用 R22，采用 R404A、R407C 等新型环保型制冷剂的也在不断增加。

3. 低温运输 低温（冷藏）运输是指将易腐食品在合适的低温下从一个地方输送到另一个地方的过程，由冷藏运输设备来完成。冷藏运输包括陆上冷藏运输（公路冷藏运输、铁路冷藏运输）、冷藏集装箱、船舶冷藏运输和航空冷藏运输。我国现有冷藏运输方式主要以公路及铁路为主。冷藏汽车分为冷藏汽车和保温汽车两大类，冷藏汽车有隔热车厢和制冷装置，温度下限低于−18℃，用于运输冻结食品，保温汽车只有隔热车厢而无制冷装置，仅适用于短途运输。按制冷方式可将冷藏汽车分为机械冷藏汽车、冷冻板冷藏汽车、干冰冷藏汽车、冰冷冷藏汽车等，其中以机械冷藏汽车为今后发展的重点。铁路运输具有运量大、运输快等特点，铁路冷藏列车可以分为加冰冷藏车、机械冷藏车、冷冻板式冷藏车、无冷源保温车、液氮和干冰冷藏车等不同类型。目前加冰冷藏车已经基本淘汰，机械冷藏车是发展的重点，但为了充分利用铁路运输的优势，公铁联运的装备与标准是今后值得关注的方面。表 10-1 列出了我国现有冷藏运输装备特点以及发展现状。

表 10-1 我国现有冷藏运输装备特点及发展现状

种　类	优　点	缺　点	适用范围	发展现状
加冰/盐冰冷藏车	冰吸热能力强，可维持新鲜农产品湿度；车体结构简单；成本低	温度可控范围窄；对车体及货物腐蚀严重；需中途加冰，影响运送速度	中短途运输	铁路：有千余辆冰冷车在使用但已停产。 公路：主要用于水产品冷藏运输
机械冷藏车	温度可控范围广，温度分布均匀；可实现制冷、加热、通风换气、融霜自动化	铁路：成组（5节一组）运行，运用不灵活；维护费用高；技术要求高 公路：初投资大；噪声大；结构复杂	铁路：批量大、远距离运输。 公路：应用范围较广	铁路：以成组形式为主；应发展单节机械冷藏车。 公路：使用广泛，向节能环保方向发展
冷板冷藏车	结构简单；制冷费用低；恒温性能好	自重大；调温困难；抗振性能差	中短途运输	中短途及定点定线运输中有发展前景
液氮、干冰冷藏车	制冷速度快，温控范围广，温度场均匀；维护费用少；具有气调功能；节能环保	中途需补充液氮或干冰	时间在一天内短途运输	已有使用，有较好前景
隔热保温车	无冷源及制冷设备；初投资小；结构简单；能耗小；运行费用少	温度可控范围小；易受环境影响	中短途运输；经预冷/热货物	可在一定程度上替代加冰冷藏车

（续）

种　类	优　点	缺　点	适用范围	发展现状
气调保鲜车	能更好地保证货物品质	车体制造工艺要求高	对货物品质有较高要求	处于研发阶段，其应用必要性还存在争论
蓄冷板冷藏车	能耗低；成本低；灵活、可操作性强	自重大；一次充冷工作时间短（一般8～15h）	小批量、中短途运输	蓄冷板冷藏车及保温箱已有使用
冷藏集装箱	有效容积大；可用于多种交通运输工具间联运；调度灵活，操作简便；温度稳定；损失低	初投资大；对各运输环节配套措施要求高；运输管理系统庞大	多种交通工具联运情况下优势明显	尚未大规模使用，处于起步阶段

目前我国的肉类食品厂有2500多家，年产肉类6000万t，年增长约为5%；速冻食品厂2000多家，年产量超过850万t；冷饮企业4000多家（其中具有一定规模的有200多家），年产量150多万t，年增长约为7%；乳品业1500多家，年产量800万t，年增长约为20%；水产品2005年产量为5100万t，年增长约为4%。易腐食品产量的增加，相应地推动了冷藏运输业的发展。而冷藏运输是我国食品冷藏链中最薄弱的环节。目前我国冷藏汽车约有4.5万辆，而与我国国土面积差不多的美国有30多万辆。我国国土面积是日本的20多倍，而日本冷藏保温车的保有量为20多万辆。我国冷藏保温汽车占货运汽车的比例仅为0.35%左右，而美国为0.8%～1%，英国为2.5%～2.8%，法国、德国等发达国家均为2%～3%。我国的冷藏运输率（易腐食品采用冷藏运输所占比例）不到20%，而美国、欧洲、日本等发达国家和地区为80%以上。

从总体上看，我国冷藏保温汽车数量较少，冷藏保温汽车占货运汽车的比例低，我国冷藏保温汽车的品种和技术水平也有待提高，特别是在设计能力、装备制造能力、技术服务能力等方面。

4. 食品低温销售　低温销售是大型超市、便利连锁店以及相关的贩卖机构在低温冷柜进行销售的过程。自20世纪90年代初，超市作为一种新的零售方式在我国快速发展起来，至2009年超市零售额已占我国城市零售额的25%以上。随着大中城市各类连锁超市的快速发展，各类连锁超市正在成为冷链食品的主要销售渠道，目前超市的主要销售设备是超市冷藏陈列柜。

冷藏陈列柜根据结构形式，可分为敞开式和封闭式；按空气冷却方式分类，可分为自然对流冷却式和强制对流冷却式；从功能上可分为卧式冷藏陈列柜（也称岛柜）和立式冷藏陈列柜：卧式冷藏陈列柜温度为－18℃左右，主要贮藏水产品、肉类食品和各种速冻食品，立式冷藏陈列柜温度为0℃左右，主要贮藏乳制品、液体饮品、低温肉制品、净菜及一些凉拌菜等。

5. 食品冷藏链的信息化建设　近年来，我国冷藏链物流信息化水平有了较大提高，主要表现在冷藏链信息网络建设方面，并且生产者与经营者也自发组建了信息开发和交流组织，各种冷冻食品都在市场内公布批发市场的价格。信息交流的加快促进了冷冻食品的销售。但从总体上看，我国冷藏链物流信息化程度还较低。目前尚未建立食品冷藏链流通的网络体系，服务网络和信息系统不够健全，有些地区信息化还处于空白状态，以致很多初级农副产品缺乏准确及时的供销信息。虽然国内很多企业都拥有管理信息系统，但所使用的信息系统基本是独立的，缺少基于全供应链的物流信息平台。由于信息化水平低，大部分食品冷藏链相关企业都无法做到可追溯，存在着安全隐患。

第二节　典型的食品冷藏链

一、水产品冷藏链

以冷冻水产品冷藏链为例进行介绍，见图 10-2。

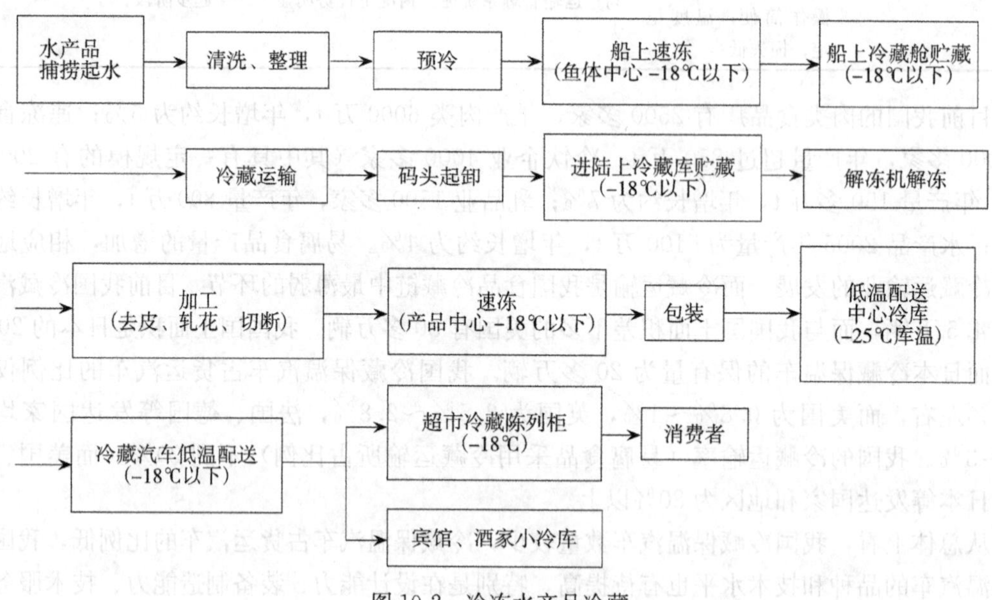

图 10-2　冷冻水产品冷藏

我国是世界水产品生产大国，年产量已连续十几年位居世界第一，但我国淡水养殖的水产品绝大部分以鲜活形式或加工冻藏形式进入流通领域。因此研究针对水产品生产地域性强，鲜活水产品在贮运、交易、配送等环节存活时间短、死亡率高等问题，以研究水产品运输中的生理生态变化为基础，研究运前处理、贮运条件及唤醒方式等对鲜活水产品应激反应、代谢和存活率的影响，开发鲜活水产品的保活、低温贮运技术，以显著延长水产品的保活时间或货架期，并开发相应的装备，集成水产品保鲜、保活贮运技术，建立水产品长距离物流技术体系，并进行产业化示范，促进我国水产品物流业的发展是十分有意义的。

二、冷却肉制品冷藏链

冷却肉冷藏链（图 10-3）就是保证冷却肉屠宰、加工、运输等各个环节都能维持低温状态（0～4℃），从而实现冷却肉冷链不间断，提高冷却肉的品质及安全性。建议的冷却肉的冷藏链工艺如下：

屠宰后的猪胴体在冷却间 2～4℃环境下冷却排酸 24h；冷却肉出厂输送时，先根据运输车辆情况将月台封闭滑升门升起到相应位置，连接车辆密封对接装置，将冷却后的猪胴体

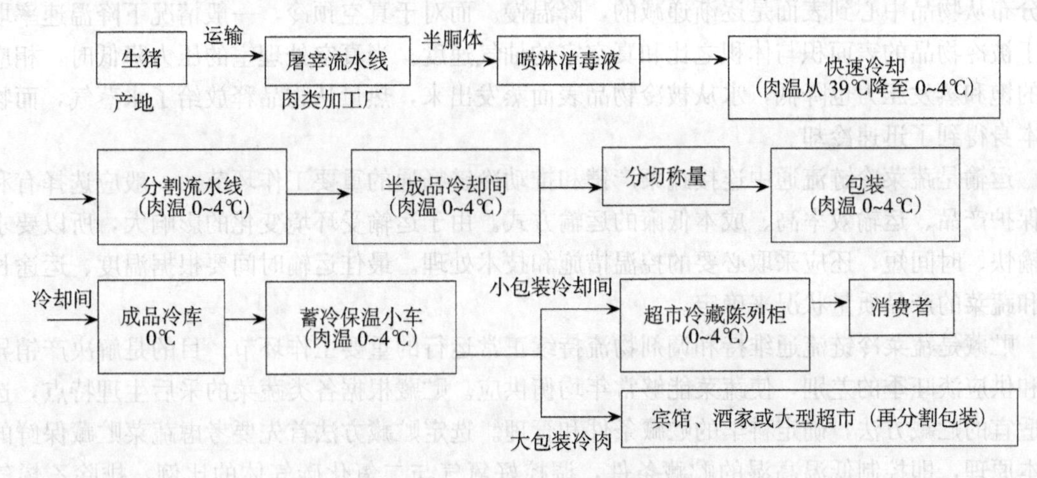

图 10-3　冷却肉冷藏链

（胴体温度为0～4℃）通过冷却间月台连接廊（发货前提前制冷，保证输送环境温度低于10℃）输送到冷藏车前，调节轨道提升装置到合适位置，将吊挂的猪胴体装入冷藏运输车，要求月台连接廊温度控制在8～10℃，停留时间不超过0.5～1h；通过冷藏运输车（环境温度低于10℃）将冷却肉运输到分布在不同区域的分割配送中心，对该环节冷链的要求是冷藏输送车控制温度在8～10℃，运输时间最好不超过3～5h；连接轨道提升装置，将吊挂的猪胴体输送存放于冷藏间，然后在分割车间（不超过4℃）进行分割、包装，最终成品出厂。终端销售平台的要求为0～4℃贮藏和销售陈列。

三、蔬菜水果冷藏链

以叶菜类冷藏链为例进行介绍，见图10-4。

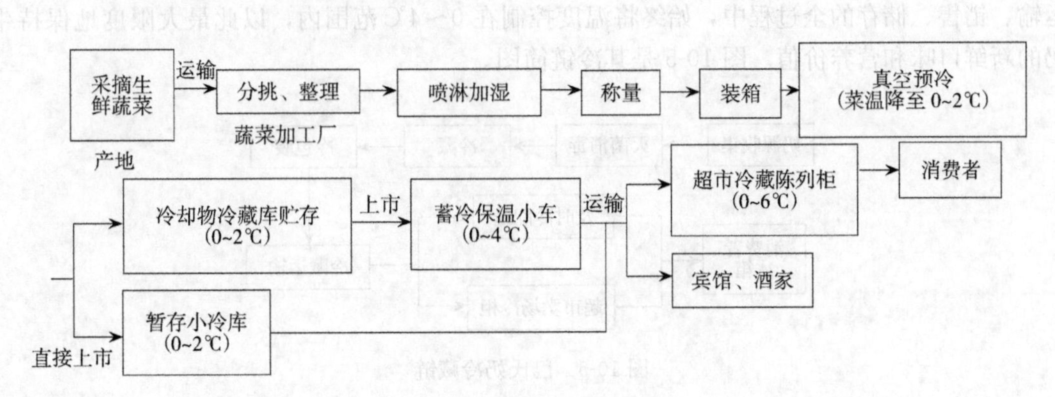

图 10-4　叶菜类冷藏链

由于蔬菜的品种、出产地、不同的生长期等都将影响到冷藏链的设置，所以蔬菜所需的冷藏链的要求较为复杂。冷藏链采用的技术主要手段包括预冷却、包装、环境控制、运输传送平台、配送和冷藏。常用的预冷方法有四种：风冷、水冷、冰冷和真空（预）冷却。真空（预）冷却和前三种方法在传热机制上有所不同，前三种方法中热量首先通过导热方式从物品的中心传递至外表面，然后主要靠对流从外表面放热至冷却介质，温差是驱动力，因而温度分布从物品中心到表面是逐渐递减的，降温慢。而对于真空预冷，一般情况下降温速率取决于被冷物品的表面积与体积之比和真空室的抽气速度。当真空处理室的压力降低时，相应水的饱和蒸发压力也降低，水从被冷物品表面蒸发出来，热量从物品释放给了水蒸气，而物品本身得到了迅速冷却。

运输是蔬菜冷链流通中连接蔬菜产销和推动冷链畅通的重要工作环节。一般应选择有利于保护产品、运输效率高、成本低廉的运输方式。由于运输受环境变化的影响大，所以要求运输快、时间短，还应采取必要的控温措施和技术处理。最佳运输时间要根据温度、运途长短和蔬菜的产品质量状况来确定。

贮藏是蔬菜冷链流通维持和调剂物流持续正常运行的重要工作环节。目的是解决产销异地和供应淡旺季的差别，使蔬菜能够常年均衡供应。贮藏根据各类蔬菜的采后生理特点，选择适宜的贮藏方法，确定科学的贮藏条件和管理。选定贮藏方法首先要考虑蔬菜贮藏保鲜的基本原理，即控制低温高湿的贮藏条件，调控好氧气与二氧化碳气体的比例，排除乙烯气体，再配合其他的保鲜技术，有效地抑制或延缓蔬菜采后的生理生化等变化，防止采后病害的发生。其次还应考虑所选的贮藏方法能否大批量的贮藏，以适应蔬菜大流通和大市场的要求。我国目前大多采用机械冷藏库的方法贮藏蔬菜，也可利用现有的冷库设备进行简易气调贮藏。在贮藏期间，应确定和控制好每种蔬菜的贮藏温度和相对湿度，还应确定贮藏期限。

四、奶制品冷藏链

奶制品中的鲜奶需要依赖冷链流通的主要是巴氏奶，即巴氏杀菌鲜牛奶，它是采用72～85℃的加工温度生产出的牛奶，这种温度可以保证杀死牛奶中可能含有的致病微生物，而不破坏乳球蛋白和大部分的活性酶，可以最大限度地保留牛奶中的营养成分。虽然巴氏奶在我国乳业市场上的占有量不是那么刺眼，但其在世界上一直是液态牛奶的主流。

巴氏奶冷链的特点体现在“全过程”和无缝衔接的不断运动的连续过程。要求在生产、运输、销售、储存的全过程中，始终将温度控制在0～4℃范围内，以此最大限度地保持牛奶的新鲜口味和营养价值。图10-5是其冷链简图。

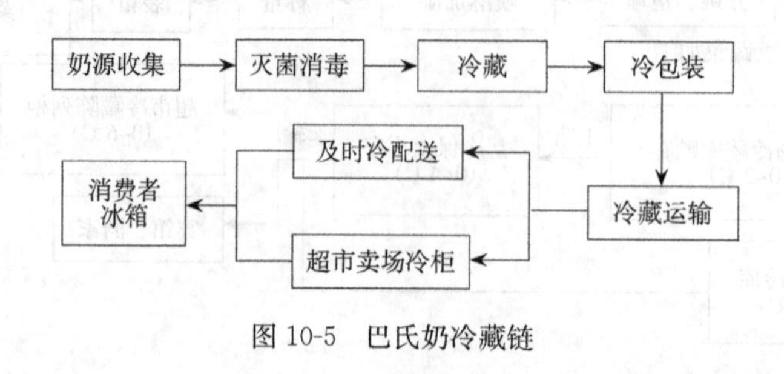

图10-5　巴氏奶冷藏链

第三节　食品流通中的安全技术

一、HACCP在食品冷藏链中的应用

HACCP（hazard analysis critical control point）即危害分析与关键控制点，是一种保证食品安全、维护人们健康的质量控制系统。随着对HACCP体系认同性的提高，HACCP的

应用领域在不断拓宽，不仅仅局限于生产和加工企业，其应用范围可以扩展到整个供应链，即对从“原料到餐桌”的整个流通过程实行有效的监控和预防，将温度、湿度等品质调控因子的影响，以及诱发危害的各因素的影响控制到最低程度。

HACCP体系是一个确认、分析、控制生产过程中可能发生的生物、化学、物理危害的管理系统，其有效的实施基础是良好操作规范（GMP）和卫生标准操作程序（SSOP）。GMP要求蔬菜企业具有良好的运输设备、加工工艺以及完善的卫生质量管理体系，根据企业的实际情况首先制订出符合《食品企业通用卫生规范》的GMP计划，在HACCP小组的监督下强制实行。同时，在完善GMP计划的前提下，针对企业现有的生产条件制订出符合“国际上通用的SSOP基本内容”的SSOP计划，对生产车间、操作人员以及接触的工器具的卫生状况加以管理。此外，为保证HACCP的有效性，还要兼顾其他辅助计划，如设备保养计划、维修计划、人员培训计划。

近10年来，“菜篮子工程”的实施使我国成为世界上蔬菜生产的第一大国，但是由于没有对蔬菜供应链给予足够的重视，导致我国的蔬菜产业发展缓慢，其中蔬菜损耗和安全问题是影响我国蔬菜产业发展的主要原因。为了满足食用蔬菜的品质和安全性的要求，促进蔬菜产业的健康发展，运用HACCP原理，确立优质蔬菜供应链，建立“从农田到餐桌”的全过程质量安全监控和管理体系，减少蔬菜采后损耗、提高蔬菜产品的附加值。

下面以上海市某大型蔬菜配送企业为研究对象，阐述HACCP在其蔬菜供应链中的应用，对供应链中各个环节潜在的危害进行分析，确定影响蔬菜品质和安全的关键控制点，并制订相应的HACCP计划表。应用结果表明，该体系对于保障企业上市蔬菜的安全和品质起到了关键的作用。

1. HACCP体系建立的预备条件　HACCP体系的预备条件保证HACCP体系的实施更具可靠性与有效性。主要包括：①组建HACCP体系的工作小组，落实各小组成员的职责；②描述蔬菜产品的特点，了解其主要的消费群体，确定流通场所以及主要的销售方式；③制定蔬菜供应链的流程图并确认工艺流程。

通过对上海市一些蔬菜配送企业的调查与统计，发现由于各企业配送的蔬菜数量大、种类多，不同的蔬菜工艺流程不完全相同，考虑应用的普遍性，确定蔬菜供应链流程如图10-6所示。

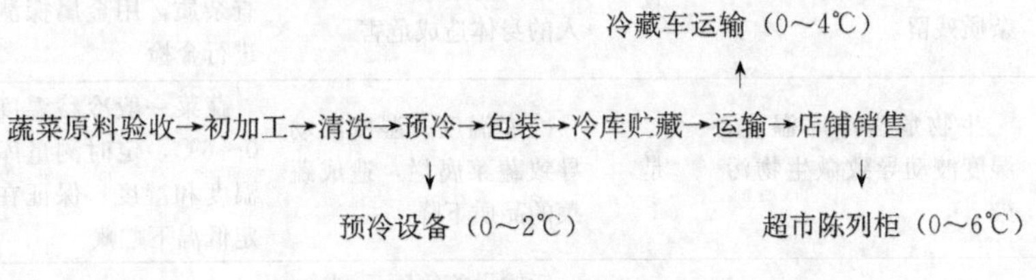

冷藏车运输（0～4℃）

↑

蔬菜原料验收→初加工→清洗→预冷→包装→冷库贮藏→运输→店铺销售

↓　　　　↓

预冷设备（0～2℃）　　超市陈列柜（0～6℃）

图10-6　蔬菜供应链流程

2. 蔬菜供应链危害分析

（1）危害分析的依据　在对企业卫生状况进行的调查中发现：该企业厂房设备、生产车间、工作人员卫生状况良好，原料贮藏库、冷藏库卫生状况合格，基本符合SSOP要求。企业现存的主要问题是蔬菜产品中物理杂质易混入，库房温度不稳定，运输车温度无法实时监控等。这些问题的存在降低了蔬菜产品的商品率。

（2）危害分析　表10-2是对蔬菜供应链的危害分析。经过分析确立了蔬菜原料验收、预冷、包装、冷库贮藏、运输为蔬菜品质和安全控制的5个关键控制点。

表10-2 蔬菜供应链危害分析

(1)加工工序	(2)可能存在的危害	(3)潜在危害是否显著	(4)对是否显著的判断依据	(5)对显著危害采取的预防措施	(6)该步是否为关键控制点
蔬菜原料验收	生物危害微生物污染	是	收割、运输过程蔬菜受挤腐烂使微生物繁殖，会造成蔬菜质量损耗	及时检查并挑除腐烂的蔬菜	否
	化学危害农药残留	是	生长过程施用不合理的农药造成农药残留	由供应商提供产地用药证明，对原料进行抽样检测检验	是
	物理危害金属异物、杂质混入	是	金属异物的存在会对人体造成伤害	严格履行SSOP要求	否
初加工	物理危害金属异物、杂质残留	是	原料中金属异物残留及分级处理不当混入杂质	严格按照质量标准工艺操作，提高加工人员的素质和责任心	否
清洗	生物危害微生物污染	否	清洗用水被微生物污染及清洗次数不完全	清洗用水必须符合GB 5749—85的要求	否
	物理危害杂质残留表面	否	清洗在非流动水中进行，导致杂质的残留	严格履行SSOP对原料清洗的要求	否
预冷	生物危害微生物污染	是	预冷设备温度高导致微生物污染，造成蔬菜损耗	对库温进行适时监控，及时检测中心温度	是
	物理危害杂质残留表面	否	预冷设备不卫生导致杂质混入	严格按照SSOP规定和加工工艺要求操作	否
包装	生物危害微生物污染残留	否	预冷后没有进行及时包装，导致腐烂微生物繁殖	在预冷后及时包装，缩短包装时间	否
	化学危害有害化学物质污染	是	采用含有有害化学物质的包装材料污染蔬菜	包装材料到定点厂家生产	是
	物理危害金属异物、杂质残留	是	金属异物的残留将对人的身体造成危害	定期检测，如专人检查杂质，用金属探测仪进行金检	是
冷库贮藏	生物危害冷库温度、湿度波动导致微生物污染	是	冷库温度、湿度波动导致蔬菜腐烂，造成蔬菜的品质下降	蔬菜一般冷藏温度为0～6℃，定时测量库房温度和湿度，保证在恒定低温下贮藏	是
运输	生物危害振动损伤以及温度、湿度波动等导致的微生物污染	是	运输设施简陋无制冷，运输车温度、湿度高，货物在车上过长时间堆放等导致蔬菜腐烂	温度全程控制和记录，及时卸货，尽量减少振动损伤	是
销售	物理危害挑选损伤	否	销售区温度偏高，野蛮挑选，造成人为损耗	销售过程的合理管理，保持低温销售	否

蔬菜原料的验收直接关系到蔬菜供应链的质量安全，其中可能存在的安全问题有蔬菜生长环境的恶化，如水体、土壤、空气的污染等造成的有毒物质残留；农业投入品的不合理使

用，如造成农药残留等。这些问题的存在严重影响蔬菜供应链的安全性，为此确立为蔬菜供应链质量安全控制体系的第一个关键控制点，利用 HACCP 体系加强对蔬菜原料的检测和验收。

蔬菜采后的预冷是指及时将蔬菜冷却到适宜的低温范围，以去除田间热、抑制其呼吸，减少养分消耗，保证蔬菜的风味和品质。预冷对蔬菜的品质有很好的保持作用，陶菲对白蘑菇真空预冷实验研究表明：预冷后其呼吸强度、可溶性固形物较对照组明显降低。所以预冷对蔬菜后期的贮藏和流通品质有很好的改善作用，在 HACCP 体系的应用中将其作为关键控制点进行特别的监控与管理。

包装是现代消费领域不可缺少的部分，包装好坏直接影响到产品的销售率。包装是以保护产品、方便储运、促进销售为目的，然而包装材料及方式的选择是公司的首选问题，特别是即食产品如蔬菜的包装，在材料的选择上一定要慎重。近年来，不合格的包装材料在市场上频频出现，给人们的健康带来了极大的危害。此外，在包装时金属异物及杂质的混入也大大影响了蔬菜的商品率。所以，对包装材料和包装方式的选择进行适当的监控与预防，在遵循 SSOP 卫生操作条件下，提高蔬菜的商品率。

冷库贮藏是蔬菜供应链的一个必经环节，冷库的温度与湿度是直接影响蔬菜质量的重要因素。不同蔬菜有不同的适宜贮藏的温度和湿度，但同一个配送型的冷库内不可能单放一种蔬菜，所以在进行存放时应根据蔬菜的不同特点，选择贮藏温度和湿度要求相近的蔬菜于同一个库内。HACCP 管理体系要求：应根据企业的实际情况实时对库内温度和湿度进行调整，并适当通风，以保证蔬菜贮藏期的品质。

运输是蔬菜供应链的核心，运输设备的选择是关键，蔬菜品质控制要求蔬菜的运输过程始终维持在低温。然而有了制冷设备并不等于蔬菜的运输一直能保持低温，因此建立一套对蔬菜运输的全程温度监控系统是 HACCP 体系需要关注的问题，以便确保蔬菜在运输中一直处于控温环境。此外，应注意减少运输中的振动损耗，这可以从合理选择路况、运输堆装方式、改善运输工具稳定性等方面入手。

（3）建立 HACCP 计划表　表 10-3 列出的是在危害分析的基础上制订的 HACCP 计划。

表 10-3　蔬菜供应链 HACCP 计划

(1)	(2)	(3)	(4)			(5)	(6)	(7)
关键控制点	显著危害	预防措施的关键限值	内容	监控方法	监控者	纠偏行动	记录	验证
蔬菜原料验收	农药残留	蔬菜农药含量不超过最大残留限量	查验蔬菜原料中农药残留量	化学检验法	质量检测员	按不同产地进行抽样检查，拒收不合格的原料	检验记录	定期检查验收记录
预冷	微生物污染	预冷到要求的温度 0～2℃	检查蔬菜的中心温度	温度检测	质量检测员	将有田间热残留的蔬菜进行二次预冷	温度记录	分批检查并记录

（续）

(1)	(2)	(3)	(4)	(5)	(6)	(7)	(8)	(9)
关键控制点	显著危害	预防措施的关键限值	内容	监控方法	监控者	纠偏行动	记录	验证
包装	有害化学物污染 金属异物杂质残留	保证包装材料不含有害化学物，金属异物不得检出	金属异物和有害化学物检出率	金属探测仪法 化学检验法	质量检测员	经金检和化学检测后人工包装保证无杂质混入	杂质检出及温度记录	对包装好的蔬菜进行抽样检查
冷库贮藏	冷库温度、湿度波动导致的腐烂	冷藏库温度一般为0～6℃，波动≤2℃，相对湿度为85%～95%	冷库温度及湿度波动范围检测	温度、湿度测定	库房管理人员	及时调整温度、湿度变化，拆封有腐烂的蔬菜进行重新包装	温度、湿度记录	定期检测调整，并核对记录
运输	振动损伤以及温度、湿度波动等导致的腐烂	运输车内温度维持在0～4℃	运输车卫生状况及制冷设备的温度	温度计记录仪及其他辅助设备	运输部质量检测员	环境卫生按SSOP要求建立运输过程温度全程控制系统，并及时卸货	运输车内温度记录	运输车的制冷系统检查

（4）建立合理的企业验证程序　合理的自我验证程序有利于促进HACCP体系的有效运行，即贯彻HACCP体系的计划表，使实际操作与制定的HACCP文件相匹配，更好地达到对蔬菜供应链损耗的预防与减少，及时找出出现问题的主要环节。其中验证程序包括：①关键控制点验证，通过进一步确认HACCP危害分析的可靠性，使确立的关键点具有有效性，一般要求做质量分析的专业人员进行；②HACCP计划的确认，蔬菜加工企业一定要根据实际情况随时对制定的HACCP计划进行适当的调整，以便灵活地适应市场发展的需求。

（5）建立有效的书面性文件和记录保持程序　HACCP体系的应用必须保持有效的记录，蔬菜供应链HACCP系统应包括以下内容：①原料蔬菜验收检查记录；②预冷设备卫生状况以及环境温度和湿度记录；③冷库环境清洁、消毒检查记录，贮藏环境温度、湿度记录；④运输车的卫生状况、温度记录；⑤员工卫生及工器具卫生检验记录；⑥CCP监控记录；⑦纠偏行动记录；⑧验证程序记录；⑨其他辅助计划记录。这些记录为完善和加强HACCP的管理提供可参考的依据，使HACCP管理模型更具有效性。

3. 结论　HACCP体系在蔬菜供应链实施的好坏，取决于操作人员的整体技能与素质，因为所有操作控制环节均由操作员来完成。此外，企业的管理水平同样对HACCP体系的实施起到了至关重要的作用，所以在加强对员工素质的教育与培训的同时，应注重对管理体系的建设与完善，以更好地在蔬菜供应链中实行HACCP体系。

结合冷链技术和HACCP理念的蔬菜品质和安全管理体系，已在该蔬菜配送企业及其蔬菜专卖店中进行了试运行，实践表明该体系可以有效地提高蔬菜产品的安全性和品质，延长商品货架期，鲜食蔬菜上市腐损率由15%降至约8%，农产品商品率提高10%。

二、食品的 TTT 概念及货架期的监控

1. 食品的 TTT　TTT（time-temperature tolerance，TTT）理论是美国 Arsdel 等人于1948—1958 年在所做大量实验的基础上，总结出的为保持冷冻食品的优良品质，所容许的贮藏时间和品温之间存在的关系。其主要内容如下：

（1）冷冻食品在流通过程中的品质变化主要取决于温度　冷冻食品的品温越低，其优良品质的保持时间越长。大多数冷冻食品的品质稳定性随食品温度的降低而呈指数关系增大。在－10～30℃的冷藏温度范围内，冷冻食品的贮藏温度与实用冷藏期之间的关系，基本上是呈倾斜的直线形状，这样的曲线叫 TTT 曲线，如图 10-7 所示。根据 TTT 曲线的斜率可知道贮藏温度对于冷冻食品品质的影响，用温度系数 Q_{10} 表示。在－15～25℃的实用冷藏温度范围内，Q_{10} 的值为 2～5。

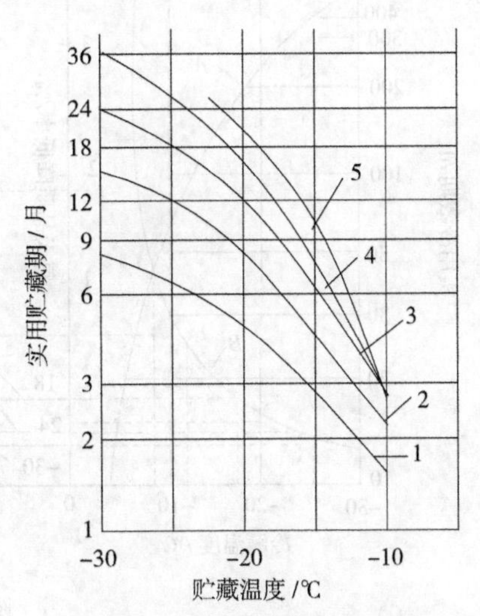

图 10-7　冷冻食品的 TTT 曲线

1. 多脂肪鱼（鲑）和炸仔鸡　2. 少脂肪鱼　3. 四季豆和汤菜　4. 青豆和草莓　5. 木莓

（2）时间—温度的经历对品质的影响　冷冻食品在贮藏、运输、销售等流通环节中，因时间—温度的经历而引起的品质降低量是累积的、不可逆的，但与所经历的顺序无关。例如，把相同的冷冻食品分别放在两种场合进行贮藏：一种是开始放在－10℃贮藏一个月，然后放在－25℃贮藏 4 个月；另一种是开始放在－25℃贮藏 4 个月，然后放在－100℃贮藏 1 个月。这两种场合分别贮藏 5 个月后，其品质下降量是相等的。

（3）对于大多数冷冻食品来讲，－18℃是最经济的贮藏温度　冷冻食品从生产出来一直到消费者手上，经历了贮藏、运输、批发、零售店冷藏、冷冻陈列柜销售等各个环节。从 TTT 理论可知道，冷冻食品在流通过程中的品质变化主要取决于温度。为了使生产出来的优质冷冻食品，其优良品质能一直持续到消费者手上，则必须从生产者到消费者之间流通的所有环节都维持低的品温，都有冷藏设施，用低温的链把各个环节连接起来。运输环节可看作冻结贮藏的延长，需要普及低温运输的冷藏火车、冷藏汽车及冷藏船等设施。这种从生产到消费之间的连续低温处理叫冷藏链。由于欧美等发达国家实施和完善了冷藏链，使冷冻食品生产出采后，品温一直可以维持在－18℃以下，其优良品质得到很好保持，冷冻食品的消费量逐年上升，有些食品如法式油炸土豆条、比萨饼等还在国际范围内得到流通。我国在上海、北京等大城市中，随着冷冻食品消费量的增加，冷藏链的设施也正在逐步建立和完善。

（4）利用 TTT 线图对冷冻食品在流通过程中的品质变化进行计算　冷冻食品从生产出采直到消费者手上，如果品温能保持在－18℃以下，并能稳定不变，这对冷冻食品优良品质的保持是十分理想的。但是在实际的贮藏、运输、销售等流通过程的各个环节中，温度经常会上下变动，这对冷冻食品的品质会带来很大影响。因此如何知道冷冻食品在流通过程中的品质变化，在实用上就显得十分重要。我们把某个冷冻食品在流通过程中所经历的温度和时间记录下来，可利用 TTT 线图进行品质变化的计算。

根据 TTT 曲线可知道，一个冷冻食品在某个温度的实用冷藏期是 A，也就是这个冷冻食品原来的品质是 100%，经过时间 A 后其品质下降到 0，那么在此温度下，该冷冻食品每天的品质降低量为 $B=100/A$。根据这个关系可作出它的品质保持特性曲线 B。TTT 线图就是在这个基础上绘制的，参见图 10-7。图 10-8 所示是利用 TTT 线图进行计算的一例。

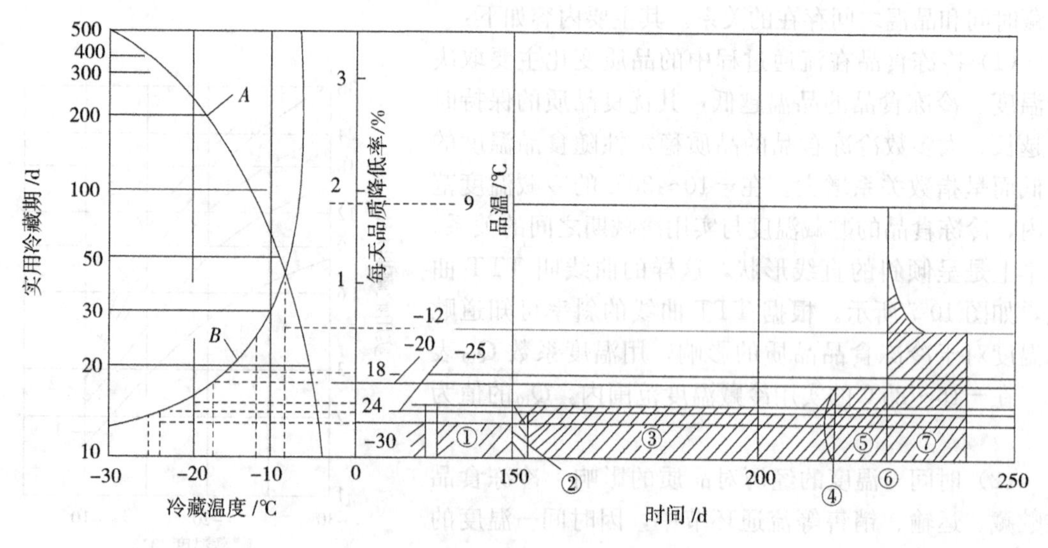

图 10-8 TTT 线图一例

图 10-8 中横坐标是天数，纵坐标是各种温度下的品质降低率（用百分数表示）。我们把某冷冻食品从生产出来一直到消费者手上，所经历的贮藏、运输、销售等环节的温度、时间画在图上，这一曲线下的面积就是该冷冻食品在流通过程中品质降低的总量。品温变化越大，曲线下的面积也越大，品质降低的量也越大。例如，有一个冷冻食品，从生产到消费共经历了七个阶段，见表 10-4。可用 TTT 的计算方法，根据各个温度下每天的品质降低率，与在此温度下所经历的天数相乘，即可算出某冷冻食品各个阶段的品质降低量。刚生产出来时，该冷冻食品的冷藏性为 100%，从生产者到消费者共经历了 214d，七个阶段的品质降低总量为 70.9%，这说明该冷冻食品还有 30%的剩余冷藏性。当品质降低总量超过 100%时，说明该冷冻食品已失去商品价值，不能再食用了。

表 10-4 某冷冻食品流通过程中温度、时间经历一例

阶段	保管温度（平均）/℃	每天品质降低率/%	保管时间/d	品质降低量/%
1. 生产者保管中	−30	0.23	150	33.0
2. 运输中	−25	0.27	2	0.5
3. 批发商保管中	−24	0.28	60	17.0
4. 送货中	−20	0.40	1	0.4
5. 零售商保管中	−18	0.48	14	6.8
6. 搬运中	−9	1.90	1/6	0.2
7. 消费者保管中	−12	0.91	14	13.0

目前 TTT 理论的应用已经从冷冻食品货架期的预测拓展到了冷藏食品。

2. 货架期的监控 1975 年，Gacula 等人将工程产品失效的概念引入食品领域。认为食品品质随着时间的推移不断下降，并最终降低到人们不能接受的程度，这种情况称为食品失效（food failure），失效时间则对应着食品的货架寿命。食品的货架寿命是指从感官和食用安全的角度分析，食品品质保持在消费者可接受程度下的贮藏时间。食品的货架寿命主要取决于 4 个因素：组成结构、加工条件、包装和贮藏条件。

对易腐需低温保存食品而言，食品从生产到分配、贮藏和消费的整个过程，食品的品质和它的货架期在很大程度上取决于它的实际温度历程，因此在低温流通过程中进行温度监控是非常有必要的。例如，通常在 4℃的低温条件冷却肉的保质期约为 5d，而在 37℃或更高的温度下保存则不过几小时。但由于食品在整个储存—运输—销售过程温度变化的不可预测性，使得食品标注的货架期与食品真正可流通期限很难一致，仅标明食品使用期限难以保证食品品质，而造成浪费。因此有关食品货架期模型的研究是目前研究的热点问题之一。

尽管不同食品腐败的机理各不相同且变质反应非常复杂，但通过对变质机理的研究能找到预测食品货寿命的方法，食品腐败过程中品质的损失可以通过动力学模型得到很好的反映。化学反应动力学模型是反映食品品质变化基础的理论模型，可根据在不同条件下，对食品品质分析推导出一系列的预测模型，如基于食品色泽变化来测定食品品质损失程度的亮度法（L^*），可预测杀菌操作中食品货架寿命的 Z 值模型，根据食品中特定微生物 SSO 生长来预测易腐食品货架寿命的微生物动力学生长的数学模型。另外，也可以通过对化学反应动力学模型进行推导而获得货架期寿命预测模型，如 Q_{10} 是以 Arrhenius 关系式为基础推导出的预测模型。

从研究现状看，对于同一研究对象可以有几种预测模型进行回归拟合，但还不能找出一个精确的货架期预测模型，因此，需要进行大量的实验进行验证，以确定最佳的预测模型。

三、时间温度指示器（TTI）

食品安全问题已受到社会的广泛关注，各种食品安全设备也应运而生。时间-温度指示器就是一种典型的食品安全检测设备。

时间-温度指示器（time temperature indicator，TTI）又称为货架寿命指示器，可以监测产品时间温度变化，通过时间温度积累效应指示食品的温度变化历程，进而可根据温度变化过程估计食品的变质范围、安全性及估计剩余货架期，并进行可视化指示。它既可以放在食品包装箱内，也可以贴于食品或食品包装上。因此，要求 TTI 应该制造简便，易贴到商品包装上，易于识别，与商品有同步的质量变化反应。

TTI 主要用于反映冷藏或冷冻时对储藏温度敏感的食品（如新鲜牛奶、冻结肉类、水产品等）的时间-温度历程，同时也可以反映食品的剩余货架期，以便控制食品的销售。

TTI 的研究意义有以下四点：

（1）TTI 可以预测食品的安全性　生鲜水产类食品在贮藏及运输的过程中需要低温环境，贮藏温度的波动会对该类食品的安全性造成重要影响。美国食品及药物管理局（FDA）指出，在食品和药品的分销过程中更易形成促进有害物质扩散的条件。为了保证食品的安全，需要对食品的储藏温度进行有效的监控。可以利用与食品安全相关的食品的化学腐败和微生物腐败模型建立一个 TTI 体系，该体系可以根据食品储藏的温度和时间来预测食品的安全性。

（2）TTI 可以指示食品的剩余货架信息　食品腐烂变质的主要原因是微生物作用和酶

的催化作用，而作用的强弱都与所存放温度紧密相关。当食品储藏温度较高时，酶的活性增大，微生物代谢活动加快，食品变质的速率提高。当食品的储藏温度较低时，酶的活性降低，微生物代谢活动减慢，食品变质的速率也随之速率降低。可以建立一个不同温度下食品质量变化的TTI模型，根据这个模型可以获得食品在某些温度下储藏的剩余货架期。芬兰的Maria Smolander在研究气调冷藏鸡块的可储藏性中验证了其TTI模型与食品的变质情况相当吻合。

（3）TTI可以指导食品的销售　1990年Labuza和Taoukis最先利用TTI所提供的产品在冷链中剩余货架期信息，优化流通的控制和存货周转。在没有使用TTI之前，通常最先销售离公开货架期终点最近的产品（first-in/first-out，FIFO）。这种销售方式以公开货架期为依据，而公开货架期是基于产品销售过程中的平均外界条件而建立的，不能对单个包装的实际销售条件负责。TTI能够记录产品在销售过程中的温度历程，及时反映该产品的实时质量信息。这样就可以以食品的实际质量状况为前提，执行最短货架/最先销售（least-shelf-life/first-out，LSFO）的原则。

（4）TTI可以增加消费者对食品的信任度　对于消费者来说，食品的新鲜度是非常重要的。明尼苏达州立大学的Sherlock和Labuza在对104名消费者进行问卷调查后发现，在被调查的消费者中，94%的消费者认为日常用品的保质期很重要，但是仅有14%的人觉得保质期是完全可靠的。在向这些消费者介绍了TTI的功用之后，49%的人认为使用TTI后食品的质量将会更有保证。有TTI的包装将使95%的消费者对日常消费品的新鲜度更加信任。TTI可以很大程度上影响人们购买消费品的信心，96%的消费者表示他们将会购买带有TTI的商品。

主要参考文献

高志立，谢晶．2012．水产品低温保鲜技术的研究进展［J］．广东农业科学，39（14）：98-101．
郭孝礼．1991．冷库制冷设计技术［M］．北京：农业出版社．
韩宝琦，李树林．2002．制冷空调原理及应用［M］．北京：机械工业出版社．
华泽钊，李云飞，刘宝林．2003．食品冷冻冷藏原理与设备［M］．北京：机械工业出版社．
姜利红，潘迎捷，谢晶，等．2009．基于HACCP的猪肉安全生产可追溯系统溯源信息的确定［J］．中国食品学报，9（2）：87-91．
姜利红，晏绍庆，谢晶，等．2007．畜产品可追溯性技术的研究进展［J］．肉类工业，11：45-47．
姜利红，晏绍庆，谢晶，等．2008．猪肉安全生产全程可追溯系统设计［J］．食品工业科技，29（6）：265-268．
李杰，谢晶，张珍．2008．食品冻结时间预测方法的研究分析［J］．安徽农业科学，36（23）：10178-10181．
李杰，谢晶．2007．我国鼓风冻结技术及连续式鼓风冻结装置的发展现状［J］．渔业现代化，34（4）：61-63，66．
刘北林．2004．食品保鲜与冷藏链［M］．北京：化学工业出版社．
刘骁，谢晶，林永艳．2011．复合生物保鲜剂对猪肉保鲜的研究［J］．食品与机械，27（6）：199-203．
卢士勋，杨万枫．2006．冷藏运输制冷技术与设备［M］．北京：机械工业出版社．
潘迎捷，谢晶，王锡昌．2008．世博会特供农产品质量与安全保障体系的建设［J］．食品与机械，24（2）：5-8．
施建兵，谢晶．2012．冰温技术在水产品中的应用［J］．广东农业科学，39（17）：96-99．
田秋实，谢晶．2009．时间-温度指示器（TTI）的发展现状［J］．渔业现代化，36（6）：50-53．
佟懿，谢晶．2008．时间温度指示器响应动力学模型的研究［J］．安徽农业科学，36（22）：9341-9343，9348．
屠康．2006．食品物流学［M］．北京：中国计量出版社．
尉迟斌，卢士勋，周祖毅．2011．实用制冷与空调工程手册［M］．北京：机械工业出版社．
尉迟斌．1999．制冷工程技术辞典［M］．上海：上海交通大学出版社．
谢晶，陈维刚．2006．制冷与空调技术（技师）［M］．北京：中国劳动社会保障出版社．
谢晶，刘丽媛．2009．贮藏温度对水产品品质影响的研究现状［J］．制冷技术，1：17-20．
谢晶，刘龙昌，邱嘉昌．2008．中国冷藏库的现状及发展趋势［J］．现代物流，34：31-36．
谢晶，刘敏，夏雅敏．2008．HACCP在蔬菜采后加工和配送中的应用［J］．上海水产大学学报，17（3）：357-360．
谢晶，潘迎捷，王锡昌．2007．构建世博会特供食品质量与安全保障体系的思考［J］．食品工业，28（6）：1-5．
谢晶，邱伟强．2013．我国食品冷藏链的现状及展望［J］．中国食品学报，13（3）：1-7．
谢晶，徐世琼．2003．果蔬气调库设计时需考虑的几个问题［J］．制冷技术（3）．
谢晶．2005．食品冷冻冷藏原理与技术［M］．北京：化学工业出版社．
谢晶，2007．中国食品低温物流的现状和发展展望［J］．中国食品工业，1：58-59．

谢晶 . 2010. 中国食品冷藏链的现状与发展趋势 [R] //潘蓓蕾，张莉，2010 中国食品工业与科技发展报告 . 北京：中国轻工业出版社 .
谢晶 . 2011. 食品储运与物流学科的现状与发展 [R] //中国科学技术协会，中国食品科学技术学会 . 2010—2011 食品科学技术学科发展报告 . 北京：中国科学技术出版社 .
谢晶 . 2011. 食品冷藏链技术与装置 [M] . 北京：机械工业出版社 .
谢晶专家组成员，中国科学技术协会 . 2007. 食品科学技术学科发展报告 [M] . 北京：中国科学技术出版社 .
徐世琼 . 1996. 新编制冷技术问答 [M] . 北京：中国农业出版社 .
姚行健，孙利生，张昌 . 1996. 空气调节用制冷技术 [M] . 北京：中国建筑工业出版社 .
原中国华人民共和国机械工业部 . 1998. GB50274—98 制冷机、空气分离设备安装工程施工及验收规范[S]. 北京：中国计划出版社 .
张洪磊，谢晶 . 2012. 冰温结合充气包装保鲜技术在蔬菜保鲜中的应用 [J] . 湖北农业科学，51 (4)：652-654，659.
张建一，李莉 . 2007. 制冷空调装置节能技术 [M] . 北京：机械工业出版社 .
张青，谢晶，徐世琼，等 . 2003. 果蔬气调贮藏和气调运输的最新进展 [J] . 冷藏库技术与国际接轨论坛论文集 .
张祉祜 . 1994. 气调贮藏和气调库——水果保鲜新技术 [M] . 北京：机械工业出版社 .
赵越，周洪剑，谢晶 . 2012. 蒸发式冷凝器的国内外研究进展 [J] . 食品与机械，28 (2)：254-256.
曾名湧 . 2007. 食品保藏原理与技术 [M] . 北京：化学工业出版社 .
郑贤德 . 2011. 制冷原理与装置 [M] . 北京：机械工业出版社 .
郑永华 . 2006. 食品贮藏保鲜 [M] . 北京：中国计量出版社 .
中华人民共和国商务部 . 2010. GB/T50072—2010 冷库设计规范 [S] . 北京：中国计划出版社 .
ASHRAE. 2008. ASHRAE Handbook Refrigeration [M] . Atlanta GA：Inc.
Clive V J. 2000. Dellino，Cold & Chilled Storage Technology [M] . Maryland：Aspen Publishers，Inc.
Gosney WB. 2001. Principles of Refrigeration [M] . Cambridge：Cambridge University Press.
Kennedy C J. 2000. Managing Frozen Foods [M] . New York：CRC Press.
Stringer M，Dennis C. 2000. Chilled Foods. [M] . 2nd ed. New York：CRC Press.

图书在版编目（CIP）数据

食品冷冻冷藏原理与技术/谢晶主编．—北京：中国农业出版社，2014.9（2024.7 重印）
普通高等教育农业部“十二五”规划教材
ISBN 978-7-109-19422-9

Ⅰ.①食…　Ⅱ.①谢…　Ⅲ.①食品冷藏－高等学校－教材　Ⅳ.①TS205.7

中国版本图书馆 CIP 数据核字（2014）第 164413 号

中国农业出版社出版
（北京市朝阳区麦子店街 18 号楼）
（邮政编码 100125）
责任编辑　王芳芳　甘敏敏
文字编辑　李兴旺

北京印刷集团有限责任公司印刷　　新华书店北京发行所发行
2015 年 4 月第 1 版　　2024 年 7 月北京第 3 次印刷

开本：787mm×1092mm 1/16　　印张：19.25
字数：462 千字
定价：38.50 元